普通高等教育“十一五”国家级规划教材
科学出版社“十四五”普通高等教育本科规划教材
卓越工程师教育培养计划食品科学与工程类系列教材

食品标准与法规

（第三版）

王世平　王增利　主编

科学出版社

北京

内 容 简 介

本书较为全面、系统地对国内外相关食品标准与法规内容进行了阐述。本书结合食品安全法规最新发展动态编写，与时俱进，具有新颖性；本书很多章节能依据法规标准的基本要素结合本领域应用需求进行编写，具有实效性；本书条理清晰、内容丰富、通俗易懂，通过实例及思政案例的解读分析，使学生能够摆脱法规类教材抽象枯燥无味的不足，可读性强。本书可扫码查阅相关法规文件及思考题答案要点，便于读者借鉴学习。

本书为食品质量与安全、食品科学与工程等相关专业的教材，也可作为食品安全监督管理部门、食品检验机构、食品企业质量控制管理人员的主要参考书籍。

图书在版编目（CIP）数据

食品标准与法规 / 王世平，王增利主编. —3 版. —北京：科学出版社，2023.4

普通高等教育“十一五”国家级规划教材 科学出版社“十四五”普通高等教育本科规划教材 卓越工程师教育培养计划食品科学与工程类系列教材

ISBN 978-7-03-074562-0

Ⅰ. ①食… Ⅱ. ①王… ②王… Ⅲ. ①食品标准-中国-高等学校-教材 ②食品卫生法-中国-高等学校-教材 Ⅳ. ①TS207.2 ②D922.16

中国版本图书馆 CIP 数据核字（2022）第 253834 号

责任编辑：席 慧 马程迪 / 责任校对：严 娜

责任印制：赵 博 / 封面设计：蓝正设计

科学出版社出版

北京东黄城根北街 16 号

邮政编码：100717

http://www.sciencep.com

三河市骏杰印刷有限公司印刷

科学出版社发行 各地新华书店经销

*

2010 年 7 月第 一 版 开本：787×1092 1/16

2023 年 4 月第 三 版 印张：16

2025 年 1 月第二十一次印刷 字数：400 000

定价：59.80 元

（如有印装质量问题，我社负责调换）

《食品标准与法规》（第三版）编写委员会

主　　编　王世平（中国农业大学）

王增利（中国农业大学）

副 主 编　王越男（内蒙古农业大学）

陈　艳（成都中医药大学）

任大勇（吉林农业大学）

郭晓晖（中国农业大学）

编　　委（按姓氏笔画排序）

王世平（中国农业大学）

王越男（内蒙古农业大学）

王增利（中国农业大学）

丹　彤（内蒙古农业大学）

叶　华（江苏科技大学）

任大勇（吉林农业大学）

李永亮（中国检验认证集团-检科测试集团有限公司）

佟世生（北京城市学院）

张军政（哈尔滨工业大学）

陈　艳（成都中医药大学）

陈若晞（大连产品质量检验检测研究院有限公司）

陈晋明（山西农业大学）

尚　楠（中国农业大学）

郑艺梅（闽南师范大学）

赵小然（大连海洋大学）

郭晓晖（中国农业大学）

程永霞（河南农业大学）

第三版前言

随着社会经济发展，保证食品既安全又营养，注重健康，关爱生命已成为当今社会最热门的话题之一。了解国内外食品安全领域法律、法规、标准、指南的基本内涵要求，是食品科学研究、食品加工技术、食品质量与安全专业、食品营养与健康领域必须掌握的基本知识要素；通过对相关食品标准与法规的应用，可保证在各生产技术、流通储运、消费管理环节上保持高度协调统一，对实际生产活动具有重要指导作用。加强食品质量安全相关管理知识的学习，对维护消费者利益及市场秩序和谐稳定，保障消费者身心健康和生命安全具有现实指导意义。通过对本书的专业化、系统性学习，准确掌握食品法律法规标准基本知识，有助于在实际应用中及时识别食品安全过程中可能出现的问题，有效预防食品生产、经营活动中的食品安全事故发生；有助于在实际应用中减少食品经济活动中贸易障碍及争端，促进食品经济活动健康发展，提高产品在市场上的竞争能力；有助于利用法律法规武器，很好地保护生产者、消费者权益。通过全面了解、掌握食品法律法规相关常识，有助于食品相关专业学生真正适应社会发展的需求。目前，“食品标准与法规”已成为众多高等学校食品科学与工程专业、食品质量与安全专业开设的专业主干课程之一，本书可作为该课程配套参考教材。

本书为第三版修订教材，在前两版基础上根据近年来国内外最新修订、发布的食品标准与法规的发展动态，对各章节内容大幅进行更新、增减、修改，新编、更改内容达 70%以上。编者参考了国内外相关领域资料，针对目前国内外食品法律法规体系特点、定义范畴、管理内涵、技术分类、基本要求等，结合相关法规条款内容进行了较为详尽的阐述及解读。本书中理论知识力求宏观与微观相结合、理论与实践相结合、定性与定量相结合，条理清楚、内容丰富、通俗易懂。本书内容能结合食品安全具体问题进行辨析，通过思政案例解读分析，进一步提升对法规标准关键要素的理解认识。全书可通过扫描二维码查看相关法律条文、思考题参考答案等资料，使学生能很好地了解全书的实质内涵，为全面掌握食品法律法规相关常识起到指导作用，具有很好的借鉴作用。

本书共分 11 章。第 1 章由郑艺梅、叶华、李永亮编写；第 2 章由陈晋明、尚楠编写；第 3 章由王越男、张军政、丹彤编写；第 4 章由王越男、丹彤编写；第 5 章由王增利、赵小然编写；第 6 章由郭晓晖编写；第 7 章由程永霞、王世平编写；第 8 章由任大勇、尚楠编写；第 9 章由陈艳、陈若晞编写；第 10 章由陈艳、张军政编写；第 11 章由佟世生编写。全书由王世平统稿。

本书能够顺利出版，是全体编委共同努力的结果，同时也包含着科学出版社编辑的辛勤工作，在此向他们表示感谢。

虽然参加本书编写的人员多为从事食品质量安全管理与检验的教学和实践的专业技术人员，但由于食品法律法规的不断发展，涉及的内容非常广泛，加之对法规常识理解不同、编写水平有限，书中难免存在不足，敬请广大读者批评指正。

编　者

2022 年 10 月于北京

第二版前言

当前食品安全问题一直是全社会广泛关注的热门话题之一。全面了解和掌握食品法律法规相关常识，已是食品质量与安全专业学生真正适应社会发展需求而必须掌握的专业知识。因此，食品标准与法规已成为高等学校食品质量与安全专业一门专业主干课程。

本教材在第一版普通高等教育“十一五”国家级规划教材内容的基础上，结合 2015 年新修订发布的《食品安全法》、国家各类标准法规条例，针对部分重点章节内容进行了重大修改，针对全书的理论体系逻辑关系的准确性、语言表述的流畅性进行了斟酌修改，编者参考了国内外相关领域资料，就目前国内外食品法律法规体系特点、定义范畴、管理内涵、技术分类及基本要求等内容进行了较为详尽的阐述。教材中理论知识力求宏观与微观相结合、理论与实践相结合、定性与定量相结合，教材内容条理清楚、知识丰富、通俗易懂。结合对食品安全具体问题的比较、分析评价，使学生能围绕国内外食品安全领域法律政策体系，很好地了解其实质内涵，对了解和掌握食品法律法规相关常识起到一定的指导作用，也更增加了本教材的理论性和实用性。

本教材共分 12 章。第 1 章由郑艺梅、王世平编写；第 2 章由冯力更、叶华编写；第 3 章由侯玉泽编写；第 4 章由李道敏编写；第 5 章由王增利、张泽俊编写；第 6 章由曹冬梅编写；第 7 章由王世平、陈湘宁编写；第 8 章由张海英编写；第 9 章由杨勇编写；第 10 章、第 11 章由杨富民编写；第 12 章由佟世生编写。全书由王世平教授修订、统稿。

本教材能够得以顺利出版，是全体编委共同努力的结果，同时也包含着科学出版社编辑的辛勤工作，在此向他们表示感谢。

虽然参加本教材编写的人员均为多年从事食品质量管理与检验的教学和实践的专业技术人员，但由于食品法律法规不断制定、更新发展，涉及的内容非常广泛，加之编者对法规常识的理解和编写水平有限，书中难免存在不足之处，敬请广大读者批评指正。

编　者

2016 年 10 月于北京

第一版前言

随着科学技术的发展，食品生产的工业化程度越来越高，生产规模越来越大，技术要求越来越复杂，产品种类越来越多，生产协作越来越广泛。而工业的不断发展，农作物生产形式的改变，农药化肥的大量使用，环境污染以及食品生产与加工过程中不恰当的操作手段等带来的食品安全问题已引起国家的高度重视。如何保证食品既营养又安全，注重健康，关爱生命也成为当今社会最热门的话题之一。这就必须了解掌握国际食品安全领域法律法规的基本内涵，基本技术要求，通过制定相应法规和标准，来保证各生产环节的活动，在技术上保持高度的统一和协调，保证食品质量安全，维护消费者利益，保障消费者身心健康和生命安全。准确掌握食品法律法规基本知识，有助于及时修正食品安全过程中可能出现的问题，有效预防食品安全事故发生；有助于解决、消除食品经济活动中贸易障碍及争端，促进食品经济贸易发展，提高产品在国际市场上的竞争能力；有助于推动国内外食品质量和安全领域法律体系的协调一致。全面了解掌握食品法律法规相关常识，已是食品质量与安全专业学生真正适应社会发展需求而必须掌握的专业知识。因此，“食品标准与法规”已成为高等学校食品质量与安全专业一门专业主干课程。

本教材在内容上和编排上较为全面，编者参考了国内外相关领域资料，就目前国内外食品法律法规体系特点、定义范畴、管理内涵、技术分类及基本要求等内容进行了较为详尽的阐述。教材中理论知识力求宏观与微观相结合、理论与实践相结合、定性与定量相结合；全书条理清楚、内容丰富、通俗易懂。结合食品安全具体问题，进行比较、分析、评价，使学生能围绕国内外食品安全领域法律政策体系，很好了解其实质内涵，对全面掌握食品法律法规相关常识起到一定的指导作用。

本教材共分 12 章。第 1 章由郑艺梅、王世平编写；第 2 章由冯力更、叶华编写；第 3 章由侯玉泽编写；第 4 章由李道敏编写；第 5 章由王增利、张泽俊编写；第 6 章由曹冬梅编写；第 7 章由王世平、陈湘宁编写；第 8 章由张海英、陈志红编写；第 9 章由杨勇编写；第 10 章、第 11 章由杨富民编写；第 12 章由佟世生编写。全书由王世平教授修订、统稿。

本教材能够得以顺利出版，是全体编委共同努力的结果，同时也包含着科学出版社编辑们的辛勤工作，在此向他们表示感谢。

虽然参加本书编写的人员均为多年从事食品质量管理与检验的教学与实践的专业技术人员，但由于食品法律法规不断制定、更新发展，涉及的内容非常广泛，加之对法规常识的理解和编写水平有限，书中难免存在不足之处，敬请广大读者批评指正。

编　者

2010 年 4 月于北京

教学课件索取单

科学 EDU

凡使用本书作为教材的主讲教师，可获赠教学课件一份。欢迎通过以下两种方式之一与我们联系。本活动解释权在科学出版社。

1．关注微信公众号“科学 EDU”索取教学课件

关注→“教学服务”→“课件申请”

2．填写教学课件索取单拍照发送至联系人邮箱

姓名：	职称：	职务：
学校：	院系：	
电话：	QQ：	
电子邮箱（重要）：		
所授课程 1：		学生数：
课程对象：☐研究生　☐本科（____年级）　☐其他________		授课专业：
所授课程 2：		学生数：
课程对象：☐研究生　☐本科（____年级）　☐其他________		授课专业：
使用教材名称/作者/出版社：		食品专业教材 最新书目

联系人：席慧　咨询电话：010-64000815　回执邮箱：xihui@mail.sciencep.com

目 录

第1章　绪　论

【本章重点】了解国内外食品法律法规发展历史；掌握主要食品安全法律法规体系及有关标准的关键特点、特性，以便在市场经济活动中能及时有效运用食品标准与法规规范市场经济秩序，管理与监督食品质量与安全，确保食品企业和消费者的合法权益。

1.1　食品法规

1.1.1　国内外食品法规概况

1.1.1.1　中国食品法规发展

中文的“法”字古体写作“灋”。据东汉许慎所著《说文解字》一书的解释“灋，刑也，平之如水，从水；廌，所以触不直者去之，从去”。就词义而言，“法”是“公平”地判断行为的是非、制裁违法行为的依据，即包含维护公平、铲除邪恶之意。中国古代管子说“尺寸也，绳墨也，规矩也，衡石也。斗斛也，角量也，谓之法”“法律政令者，吏民规矩绳墨也”。

中国当代法的渊源分为宪法、法律、行政法规、地方性行政法规、民族自治法规、规章、国际条约等。宪法是国家的根本大法，具有综合性、全面性和根本性。法律（狭义的）是指全国人民代表大会及其常务委员会制定的规范性文件，地位和效力仅次于宪法。行政法规是国务院制定的关于国家行政管理的规范性文件，地位和效力仅次于宪法和法律。地方性行政法规是地方国家权力机关根据行政区域的具体情况和实际需要依法制定的本行政区域内具有法律效力的规范性文件。民族自治法规是民族自治地方的自治机关根据宪法和法律的规定，依照当地的政治、经济和文化特点制定的自治条例和单行条例。规章是国务院的组成部门及其直属机构在他们职权范围内制定的规范性文件。省（自治区、直辖市）人民政府也有权依照法定程序制定规章。国际条约是我国作为国际法主体同外国缔结的双边、多边协议和其他条约、协定性质的文件。法规是法律、法令、条例、规则、章程等的总称。

新中国食品法治化管理的探索始于20世纪50年代，大致经历了4个历史阶段。

第一阶段为20世纪五六十年代。新中国成立初期，物资极度匮乏，粮食供应严重短缺，食品生产长期在低水平徘徊。这一阶段我国百姓仍处于小农经济的自给自足状态，食品种类主要以初级农产品为主，消费主要以简单的加工甚至冷食为主，食品卫生问题突出，从而容易引起食物中毒等现象。针对这一现状，由卫生部和有关部门发布的一些对食品卫生进行监督管理的单项规章和标准，是食品法规工作的起步阶段。新中国成立后，我国第一个食品卫生法规是《清凉饮食物管理暂行办法》，1953年颁布后扭转了因冷饮卫生问题引起的食物中毒和肠道疾病暴发的状况。针对滥用有毒色素现象，1960年发布了《食用合成染料管理办法》，并先后颁发了有关粮、油、肉、蛋、酒和乳的卫生标准和管理办法。1965年国务院转发了卫生部、商业部等五部委发布的《食品卫生管理试行条例》，使得食品卫生管理由单项管理向全面管理过渡。

第二阶段为20世纪七八十年代。这个时期卫生部会同有关部门制定、修订了调味品、食品添加剂、黄曲霉素等50多种食品卫生标准，微生物及理化检验等方法标准，食品容器及包装材料标准等。1979年国务院正式颁布《中华人民共和国食品卫生管理条例》，将食品卫生管理重点从预防肠道传染病发展到防止一切食源性疾患，并对食品卫生标准、食品卫生要求、食品卫生管理等做出了详细的规定。1982年中华人民共和国全国人民代表大会常务委员会（以下简称全国人大常委会）制定了我国第一部专门针对食品卫生的法律，即《中华人民共和国食品卫生法（试行）》，结束了我国食品领域缺乏专门基本法的立法空白。该法律第一次全面、系统地对食品、食品添加剂、食品容器、包装材料、食品用具和设备等方面卫生要求，食品卫生标准和管理办法的制定、食品卫生管理与监督、法律责任等进行了具体规定，为《中华人民共和国食品卫生法》（以下简称《食品卫生法》）的制定、正式颁布和实施奠定了坚实的基础。

第三阶段为20世纪90年代到21世纪初。《中华人民共和国食品卫生法（试行）》实施后，我国民众的食品卫生意识有所提高，食品卫生知识逐步普及，食品卫生水平总体提高幅度较大。随着食品工业的快速发展，食品生产经营方式发生了较大的变化，人民对食品卫生的要求日益增高，食品贸易不断扩大，在总结《中华人民共和国食品卫生法（试行）》实施13年的经验基础上，1995年第八届全国人大常委会第十六次会议通过了《食品卫生法》。这部法规是我国批准实施的第一部涉及卫生、标准、管理、监督范畴的正式法规文本。它的颁布实施对保证食品卫生、杜绝食品污染、防止食品中的有害因素对人体造成危害发挥重要作用，标志着我国食品卫生管理工作正式纳入法治轨道，是我国食品卫生法治建设的重要里程碑。

第四阶段为21世纪初至今。2009年2月28日，第十一届全国人大常委会第七次会议审议通过的《中华人民共和国食品安全法》（以下简称《食品安全法》）标志着我国食品安全法治建设达到一个新的里程碑。《食品安全法》超越了原来停留在对食品生产、经营阶段发生食品安全问题的规定，扩大了法律调整范围，涵盖了“从农田到餐桌”食品安全监管的全过程，对涉及食品安全的相关问题做出了全面规定，通过全方位构筑食品安全法律屏障，防范食品安全事故的发生，切实保障食品安全。从《食品卫生法》到《食品安全法》，不只是两个字的改变，更是监管观念上的转变，即从注重食品干净、卫生，对食品安全监管的外在为主，转变为深入食品生产经营的内部进行监管，这个转变的目的就是要解决食品生产经营等环节存在的安全隐患。但是，随着社会的发展，许多食品安全问题暴露出来，尤其是小作坊、小餐饮及网购食品的管理等在《食品安全法》中没有相应规定。2013年国务院机构改革，新组建了国家食品药品监督管理总局。食品安全监管机制有了重大调整，改变了以前多部门各管一段管理格局，对食品生产、流通、餐饮环节的监管责权进行了整合。由此，2009年实施的《食品安全法》已经不能完全适应我国食品安全监管的需要，修订《食品安全法》变得非常紧迫。经第十二届全国人大常委会第九次会议、第十二次会议两次审议，三易其稿，2015年4月24日这部被称为“史上最严”的修订后的《食品安全法》经第十二届全国人大常委会第十四次会议审议通过，自2015年10月1日实施。2018年3月国务院再次进行机构改革，组建国家市场监督管理总局，其主要职责包括负责市场综合监督管理、市场监管综合执法、食品安全监督管理综合协调及食品安全监督管理等17个方面的工作，2018年再次修订《食品安全法》，并经第十三届全国人大常委会第七次会议于2018年12月29日通过。2021年4月第十三届全国人大常委会第二十八次会议审议通过了修正的《食品安全法》。目前的《食品安全法》共十章一百五十四条，比之前增加了五十条，字数也由之前的1.5万字增加到将近3万字。新法坚持依法治国，充分体现出了食品安全需“社会共治”的理念。新法正式实施后，必将切实维护好百姓的饮食安全，创建良好的食品安全环境。

1.1.1.2　国际食品法规概况

国际上对食品质量安全法律法规的建设非常重视，各国纷纷制定了相关食品法规并不断修订和完善。例如，美国食品安全监管体系分为联邦、州和地区三个层次，制定的食品法律法规涵盖食品生产的各个环节，主要食品法律法规有《联邦食品、药品和化妆品法》《食品质量保护法》《食品添加剂修正案》等。

欧洲联盟（简称欧盟）食品安全方面的法律法规主要有《食品安全白皮书》《食品基本法》等。制定的技术法规涉及食品中有毒有害物质限量和卫生要求、检测分析方法、食品安全管理和控制、标签标志、与食品接触的包装材料卫生和特殊膳食等。2006年1月1日起施行的新食品卫生法规，即《有关食品卫生的法则》（EC No. 852/2004）、《制定有关食品卫生的具体卫生规程》（EC No. 853/2004）、《规定人类消费用动物源性食品官方控制组织的特殊规则的法规》（EC No. 854/2004）、《确保符合饲料和食品法、动物健康和动物福利规定的官方控制》（EC No. 882/2004），对欧盟各成员国生产的及从第三国进口的水产品、肉类食品、肠衣、奶制品和部分植物源性食品的管理与加工企业的卫生要求提出了新的规定。

日本《食品卫生法》规定食品卫生的宗旨是防止因食物消费而受到健康危害。在《食品卫生法》的框架下，建立了详细的食品和食品添加剂的卫生标准。2003年5月颁布的《食品安全基本法》提出“保护国民健康是首要任务”“在食品供应每一阶段都应采取相应的管理措施”“政策应当建立在科学的基础上，并考虑国际趋势和国民意愿”。

加拿大实行联邦、省和市三级食品安全行政管理体制，并设立了食品监督署统一对食品生产整个过程的监督和管理。涉及食品安全的主要法律法规有《食品与药品法》《农业产品法》《消费品包装和标识法》等。

英国是世界上最早制定食品法规的国家之一。早在1202年英格兰国王就颁布了英国的第一部食品法《面包法》，旨在禁止在面包中掺假。1984年开始又分别制定了《食品法》《食品安全法》《食品标准法》《食品卫生法》等，同时还出台了一些规定，如《食品标签规定》《食品添加剂规定》等。1990年起又将防御保护机制引入食品安全法案，保证“从农田到餐桌”整个食物链各环节的安全。

澳大利亚和新西兰在维护食品安全方面合作非常密切。1981年，澳大利亚发布了《食品法》，1984年发布了《食品标准管理办法》，1989年发布了《食品卫生管理办法》，同时发布了与之配套的《国家食品安全标准》，构成了一套完善的食品安全法规体系。两国食品管理的法律基础是1991年颁布的《澳大利亚新西兰食品标准法令1991》，制定的《澳大利亚新西兰食品标准法规1994》作为这一法令的实施细则。2002年制定了《澳大利亚新西兰食品标准法典》来保证食品的安全供应。

1.1.2　食品法规的定义及特性

1.1.2.1　食品法规的定义

1. 食品法律法规的定义　　食品法律法规是指由国家制定或认可，以加强食品监督管理，确保食品卫生与安全，防止食品污染和有害因素对人体的危害，保障人民身体健康，增强人民体质为目的，通过国家强制力保证实施的法律法规的总和。食品法律法规虽然是法律法规中的一种类型，但因其固有的特性，与其他法律法规有着重要的区别。

2．食品法律法规具有的特点 在制定食品法律法规时，主要以宪法中有关保护人民健康的规定作为立法的来源和法律依据；以保护和增进人体健康作为立法的思想依据、出发点和落脚点；把食品科学作为立法的科学依据，科学立法，使得法学和食品科学有机结合起来，促进食品科技进步；以我国社会经济条件作为食品立法的物质依据，正确处理好食品立法与现实条件、经济发展之间的关系，以适应社会主义市场经济的需要，保护人体健康、保障经济和社会的可持续发展；以国家政策为立法的政策依据，立法时客观反映社会发展规律和要求，充分体现人民的意愿，使食品法律法规能够在现实生活中得到普遍遵守和贯彻；还体现和履行已参与的国际条约和惯例等有关规定，学习、借鉴国外先进的食品法律法规，不断完善我国的食品法律法规体系。

食品立法活动主要遵循以下原则：遵循宪法的基本原则；依照法定的权限和程序的原则；从国家整体利益出发，维护社会主义法制的统一和尊严的原则；坚持民主立法的原则；从实际出发的原则；对人民健康高度负责的原则；预防为主的原则；发挥中央和地方两方面积极性的原则。

食品法律法规的制定具有四大特点：一是权威性。食品立法是国家的一项专门活动，只有具有食品立法权的国家机关才能进行立法，其他任何国家机关、社会组织和公民个人均不得进行食品立法。二是职权性。享有食品立法权的国家机关只能在其特定的权限范围内进行与其职权相适应的食品立法活动。三是程序性。食品立法活动必须依照法定程序进行。四是综合性。食品立法活动不仅包括制定新的规范性食品法律文件的活动，还包括认可、修改、补充或废止等一系列食品立法活动。因此，食品法律法规的制定是国家权力机关依照法定的权限和程序，制定、认可、修改、补充或废止规范性食品相关法律文件的活动。

食品法律法规在实施过程中要考虑到其效力范围和适用规则。食品法律法规效力范围是指食品法律法规的生效范围或适用范围，具体包括时间效力、空间效力、对人的效力三个方面。食品法律法规适用规则是指食品法律法规间发生冲突时如何选择适用的食品法律法规。

食品法律法规的时间效力是指食品法律法规何时生效、何时失效、对食品法律发挥生效前所发生的行为和事件是否具有溯及力的问题。食品法律法规的生效时间通常表现为在食品法律法规文件中明确规定从法律法规文件颁布之日起施行；由其颁布后的某一具体时间生效；公布后先予以试行或暂行，然后由立法机关加以补充修改，再通过为正式法律法规公布试行，在试行期间也具有法律效力；在食品法律法规中没有规定其生效日期，在实践中均以公布的时间为生效时间。食品法律法规的失效时间通常表现为从新法颁布实施之日起，相应的旧法即自行废止；新法代替了内容基本相同的旧法，在新法中明确宣布旧法废止。食品法律法规的溯及力是指新法颁布实施后对它生效前所发生的事件和行为是否适用的问题。我国食品法律法规一般不溯及既往，但为了更好地保护公民、法人和其他组织的权利和利益而做的特别规定除外。

食品法律法规的空间效力是指食品法律法规生效的地域范围。由全国人大常委会制定的食品法律法规，国务院及其各部委发布的食品行政法规和规章等规范性文件在全国范围内有效；由地方人大及其常委会、民族自治机关颁布的地方性食品法规、自治条例、单行条例、地方人民政府制定的政府食品规章，只在规范性文件管辖区域范围内有效；中央机构制定的食品法律法规，若明确规定特定适用范围的则在规定的范围内有效；某些法律法规还具有域外效力。

食品法律法规对人的效力是指食品法律法规对哪些人具有约束力。我国公民、外国人、无国籍人在我国境内，适用于我国食品法律法规；我国公民在我国境外，原则上适用于我国食品法律法规，若有特别规定的按规定办；外国人、无国籍人在我国境外侵害了我国国家或公民、法人的权益，或者与我国公民、法人发生食品法律关系，也适用于我国食品法律法规。

食品法律法规的适用原则包括上位法优于下位法；同位阶的食品法律法规具有同等法律效力，在各自权限范围内适用；特别法优于一般法；新法优于旧法；不溯及既往原则。

1.1.2.2　主要食品法律法规

中国现行的食品法律法规主要有《食品安全法》《中华人民共和国农产品质量安全法》（以下简称《农产品质量安全法》）、《中华人民共和国食品安全法实施条例》（以下简称《食品安全法实施条例》），以及其他相关的食品安全管理法律和行政法规，如《中华人民共和国农业法》（以下简称《农业法》）、《中华人民共和国产品质量法》（以下简称《产品质量法》）、《中华人民共和国标准化法》（以下简称《标准化法》）、《中华人民共和国标准化法实施条例》《国务院关于加强食品等产品安全监督管理的特别规定》《中华人民共和国消费者权益保护法》（以下简称《消费者权益保护法》）、《中华人民共和国广告法》（以下简称《广告法》）、《中华人民共和国反食品浪费法》（以下简称《反食品浪费法》）、《农药管理条例》《兽药管理条例》《饲料和饲料添加剂管理条例》《农业转基因生物安全管理条例》《中华人民共和国固体废物污染环境防治法》等。

1. 《食品安全法》　《食品安全法》制定工作于2004年7月启动，制定工作始终贯彻科学发展观，立足中国实际，积极吸收国际先进经验。2007年10月31日国务院第195次常务会议讨论通过《食品安全法（修订草案）》并将草案全文向社会公布征求意见，在一个月的时间内共收到各方面意见11 327条，充分体现了国家立法和人民意志的统一性，体现了科学立法、民主立法的精神。2007年11月13日国务院提请全国人大常委会审议。经过前后四次审议，2009年2月28日由第十一届全国人大常委会第七次会议通过，于2009年6月1日正式实施，同时《食品卫生法》自行废止。2013年5月，实施四年的《食品安全法》修订提上了议事日程。2014年5月14日，国务院常务会议原则通过《食品安全法（修订草案）》，2015年4月24日，新修订的《食品安全法》经第十二届全国人大常委会第十四次会议审议通过，并于2015年10月1日起正式施行。后来由于国务院机构改革，2018年和2021年又分别再次进行了修订和修正。

1）《食品安全法》的作用及意义　《食品安全法》实施后，对规范食品生产经营活动、保障食品安全发挥了重要作用，使食品安全整体水平得到提升，食品安全形势总体稳中向好。但与此同时，我国食品企业违法生产经营现象依然存在，食品安全事件时有发生，监管体制、手段和制度等尚不能完全适应食品安全需要，法律责任偏轻、重典治乱的威慑作用没有得到充分发挥，食品安全形势依然严峻。新《食品安全法》不仅在食品安全总体上提出了“预防为主、风险防范”“建立最严格的过程监管制度”“建立最为严格的法律责任制度”“社会共治”等基本要求，还对婴幼儿配方乳粉、农药使用、保健食品、特殊医学用途配方食品等较受争议的五大核心问题做出了部分修改。这些内容修改势必对今后我国食品安全制度产生深远影响，在保证人民群众生命安全、身心健康方面发挥重大作用。

2）《食品安全法》内容　现行《食品安全法》共十章一百五十四条。第一章总则，共十三条，阐述了立法目的、从事食品生产经营活动范围，明确食品安全监管体制责任，以及食品生产经营者、各级政府、食品行业协会、新闻媒体等相关部门及社会团体在食品安全监管、舆论监督、食品安全标准和知识的普及、增强消费者食品安全意识和自我保护能力等方面的责任和职权。第二章食品安全风险监测和评估，共十条，规定了食品安全风险监测制度，食品安全风险评估制度及评估范围，食品安全风险评估结果的建立、依据和程序。第三章食品安全标准，共九条，规定了食品安全标准制定的宗旨、属性、范围和应用要求等。第四章食品生产经营，共五十一条，共分一般规定，生产经营过程控制，标签、说明书和广告，特殊食品四个小节。详细地规定了食品生产经营应当符合的要求，加强了对食品生产加工小作坊和食品摊贩的监管，建立了食品生产经营许可制度、食品添加剂生产许可制度、食品安全全程追溯制度等；加强并细化了食品生产经营过程控制，对食品标签、说明书和广告做了详细规定，并对保健食品、特殊医学用途配方食品等特殊食品加强了监管。第五章食品检验，共七条，规定了食品检验机构的资质认定条件、检验规范、检验程序、检验监督等内容。第六章食品进出口，共十一条，规定了进出口食品的监督管理部门及进出口检验检疫要求等。第七章食品安全事故处置，共七条，规定了国家食品安全事故应急预案、食品安全事故处置方案、食品安全事故的责任调查和处理等内容。第八章监督管理，共十三条，规定了县级以上人民政府食品药品监督管理、质量监督部门食品安全监督管理职责、工作权限和程序等内容。第九章法律责任，共二十八条，规定了违反《食品安全法》规定的食品生产经营活动、食品检验机构及检验人员、食品安全监督管理部门、食品行业协会等处罚的原则、程序和量刑等。第十章附则，共五条，规定了《食品安全法》中相关的术语和实施时间等。

3）《食品安全法》亮点

（1）重新法律界定监管体系及职能转变。实行制度创新，确保最严监管。食品安全经历了从“食品卫生”到“食品安全”再到“食品安全制度创新”的过程。这些制度主要包括确立完善、统一、权威的食品安全监管机构，由分段监管变成国家市场监督管理总局统一监管，采取最严格的全过程监管制度。明确提出“国务院食品安全监督管理部门依照本法和国务院规定的职责，对食品生产经营活动实施监督管理”，国务院卫生行政部门负责风险评估及标准制定发布。更加突出预防为主、风险防范，通过建立最严格的标准，对食品生产经营中的每一个环节实行严格监管，加强对农药的管理、加强风险评估管理、建立最严格的法律责任制度体系。

（2）进一步强化突出食品风险监管评估价值。新修订《食品安全法》进一步强化法律界定食品风险监管及评估的作用，为更加有效制定及修订食品安全国家标准、确定食品安全监督管理的重点领域提供科学依据。

（3）重新法律界定食品许可证管理体系。提出比较严格的审核管理程序，将食品生产、食品流通、餐饮服务三项许可整合为两项，即从事食品生产活动的需申请食品生产许可证，从事食品流通、餐饮服务的需要申请食品经营许可证。对食品添加剂生产同样要取得食品添加剂生产许可方可生产。

（4）首次法律强调食品安全源头控制必要性。食用农产品生产者应当按照食品安全标准和国家有关规定使用农药、肥料、兽药、饲料和饲料添加剂等农业投入品，严格执行农业投入品使用安全间隔期或者休药期的规定，不得使用国家明令禁止的农业投入品。禁止将剧毒、高毒农药用于蔬菜、瓜果、茶叶和中草药材等国家规定的农作物。县级以上人民政府农业行政部门应当加强对农业投入品使用的监督管理和指导，建立健全农业投入品安全使用制度。

除了强调经营者和行政部门的责任、职权，也非常重视行业协会、消费者协会等社会组织、新闻媒体乃至消费者个人的作用。

（5）进一步强调企业食品安全主体责任义务。明确提出食品生产经营者是“食品安全第一责任人”，应当履行企业“诚信自律”的义务，提出建立食品安全管理人员职业资格制度。随着现代电子商务及快递业的迅猛发展，更加强化网络食品监管。新版《食品安全法》增加了对互联网食品交易的监管。通过明确网络食品第三方交易平台的一般性义务和管理义务，同时规定消费者权益保护的义务，以提高第三方交易平台的维护食品安全责任意识，确保互联网食品安全交易质量。

（6）进一步细化食品生产经营条款，更具有操作性。针对食品生产经营中特定公共场所（学校、托幼）、公益场所（养老）、企（如工地）事业单位的食品安全监管从不同角度进行规定，为依法有效进行食品安全监督管理提供保障依据，进一步强调食品产品包括转基因产品规范标识、标注。

（7）建立更加严厉的处罚制度。明确责任职权，呼吁社会共治。“要管好食品安全，不仅需要依靠监管部门的执法，更需要社会各界的一致关注，协同共管。”在新修订的《食品安全法》中，充分体现出了社会共治理念，加大处罚力度，确保“重典治乱”。通过强化刑事责任追究、增设行政拘留、大幅提高罚款额度，重复违法行为加大处罚，非法提供场所增设罚则，强化民事责任追究等，进一步实现“重典治乱”。

总体来讲，新修订的《食品安全法》充分体现了我国法制体系的不断发展进步及严肃性；在管理体系中促进管理机制创新；在具体条款内容上更有针对性；在实际应用中更具有可操作性。

2. 《农产品质量安全法》　农产品质量事关人民群众身体健康。为了全程监管和保障农产品质量安全，维护公众的身体健康，2006 年 4 月 29 日第十届全国人大常委会第二十一次会议表决通过了《农产品质量安全法》，并于 2006 年 11 月 1 日起实施。2018 年全国人大常委会对施行了 12 年的《农产品质量安全法》进行了执法检查，提出了加快修订的监督意见并于当年纳入第十三届全国人大常委会立法规划。2019 年 6 月 18 日，《农产品质量安全法修订草案（征求意见稿）》向社会公开征求意见，2021 年 9 月 1 日，国务院常务委员会审议通过了修订草案并提请全国人大常委会审议。2022 年 6 月 23 日，《农产品质量安全法（修订草案二次审议稿）》再次进行公开征求意见。2022 年 9 月 2 日，第十三届全国人大常委会第三十六次会议表决通过了新修订的《农产品质量安全法》，并于 2023 年 1 月 1 日起施行。

1）《农产品质量安全法》的意义　《农产品质量安全法》是为保障农产品质量安全，维护公众健康，促进农业和农村经济发展而制定的一部重要法律，填补了我国农产品质量监管的法律空白，是农产品质量安全监管的重要里程碑，标志着我国农产品由数量管理进入数量、质量并重，并更加注重安全的新阶段；标志着农产品质量安全监管从此走上依法监管的轨道，是国务院农业农村主管部门、市场监督管理部门等加强农产品质量安全监管的有效手段。

2）《农产品质量安全法》的基本内容　现行的《农产品质量安全法》包括总则、农产品质量安全风险管理和标准制定、农产品产地、农产品生产、农产品销售、监督管理、法律责任及附则等八章共八十一条。第一章总则，明确了立法目的、农产品和农产品质量安全定义及本法适用范围、监管原则及各级职能部门监管职责与社会团体、农产品生产经营者的义务等。第二章农产品质量安全风险管理和标准制定，明确国家建立农产品质量安全风险监测制度、风险评估制度，建立健全农产品质量安全标准体系等事项。第三章农产品产地，明

确建立健全农产品产地监测制度，加强农产品产地安全调查、监测和评价工作，以及对农产品产地环境的保护义务。第四章农产品生产，强调县级以上地方人民政府农业农村主管部门要结合实际因地制宜加强对农产品生产经营者的培训和指导；农产品生产企业、农民专业合作社、农业社会化服务组织等要加强农产品质量安全管理工作，建立农产品生产记录；同时明确国家支持农产品产地冷链物流基础设施建设，保障冷链物流农产品畅通高效、安全便捷，扩大高品质市场供给。第五章对农产品销售提出明确要求，如规定了“六不得”销售，如不得销售含有国家禁止使用的农药、兽药或者其他有害化合物的农产品，不得销售农药、兽药等化学物质残留或含有的重金属等有毒有害物质不符合农产品质量安全标准的农产品。第六章详细规定了农产品的监督管理，如县级以上人民政府农业农村主管部门和市场监督管理等部门应当建立健全农产品安全全程监督管理协作机制；同时还就如何开展农产品质量安全监督抽查、监督检查及如何做好农产品质量安全突发事件的应急预案工作等。第七章则对违反本法规定的情形明确了相关责任方应承担的法律责任。第八章主要明确了粮食收购、储存、运输环节的质量安全管理要依照有关粮食管理的法律、行政法规执行。

3）*《农产品质量安全法》的特点*　新颁布的《农产品质量安全法》全面落实“四个最严”要求，实行源头治理、风险管理、全程控制，并建立科学、严格的监督管理制度，构建协同、高效的社会共治体系来保障农产品质量安全，维护广大公众健康。具体来说，具有以下 5 个亮点。一是突出源头治理，加强风险防范。主要是通过健全风险监测、风险评估等基础制度，强化产地监测与评价等制度，完善农业投入品科学合理使用等来加强源头监督管理，防范风险。二是突出全程管控、全链条治理。明确将农户纳入法律范畴调整范围，由原来只管企业和合作社，扩大到覆盖所有农产品生产经营主体；推行农产品承诺达标合格证制度，加强农产品质量安全追溯管理，同时新增冷链物流质量安全要求和网络农产品质量安全销售要求，不仅扩大了监管对象范围，还覆盖了线上、线下及冷链物流过程监管。三是突出科学管理，标本兼治。主要体现在推进农产品质量安全信用体系建设、农产品质量安全公益知识宣传及行业协会、农业技术推广机构等提供技术服务；同时还建立投诉举报制度、增设农产品质量安全行政约谈环节及突发事件应急预案手段。四是突出绿色优质，提质增效。新颁布的《农产品质量安全法》鼓励和支持选用特殊农产品品种采用绿色生产技术和全程质量控制技术，鼓励和支持生产绿色优质农产品，加强地理标志农产品保护，推进农业标准化示范建设等。五是突出从严监管，压实责任。本法强调了农产品生产经营者是农产品质量安全的第一责任人，明确了乡镇政府落实监管责任、细化部门责任，对违法行为整体提高了处罚额度，对违法结果增加了行政拘留，强化与刑事司法衔接。

3. 《产品质量法》　我国的产品质量责任立法主要始于 20 世纪 80 年代，如 80 年代以来制定的《工业企业全面质量管理暂行办法》《国家监督抽查产品质量的若干规定》《工业产品生产许可证试行条例》《进口商品质量监督管理办法》《工业产品质量责任条例》等一系列单行法规，上述法规涉及食品等各领域产品质量管理及应用。在此基础上，1993 年 2 月 22 日，第七届全国人大常委会第三十次会议审议，通过了《产品质量法》，并于 1993 年 9 月 1 日起施行。进入 21 世纪，全国人大常委会分别于 2000 年 7 月、2009 年 8 月、2018 年 12 月进行了三次修正，修正后的《产品质量法》使产品质量监督有了更加严谨的法律依据。

1）*《产品质量法》的范畴及意义*　《产品质量法》是调整产品的生产、流通和监督管理过程中，因产品质量而发生的各种经济关系的法律规范的总称。本法所称产品，是指经过加工、制作，用于销售的产品。其范围包括：①《产品质量法》适用的产品，是经过加工、制作的产品。“产品”一词，从广义上说，是指经过人类劳动获得的具有一定使用价值的物品，既包括直接从自然界获取的各种农产品、矿产品，也包括手工业、加工工业的各种产品。从法律上说，要求生产者、销售者对产品质量承担责任的产品，应当是生产者、销售者能够对其质量加以控制的产品，即经过“加工、制作”的产品，而不包括内在质量，主要取决于自然因素的产品。②适用《产品质量法》规定的产品，必须是用于销售的产品。非用于销售的产品，即不作为商品的产品，如自己制作自己使用或馈赠他人的产品，不属于国家进行质量监督管理的范围，也不对其制作者适用《产品质量法》关于产品责任的规定。

《产品质量法》的宗旨是加强对产品质量的监督管理，提高产品质量水平，明确产品质量责任，保护消费者的合法权益，维护社会经济秩序。

2）《产品质量法》的基本内容　《产品质量法》主要是对立法的目的和意义、产品质量管理制度规范的建立、产品质量监督工作的开展及责任要求等做出规定；对产品责任的标准、企业产品质量体系的认证制度、国家对产品质量实行的监督检查制度、质量监督部门对涉嫌违反本法规定的行为查处时行使的职权、消费者对产品质量问题的申诉等做出规定；对生产者和销售者的产品质量责任和义务等做出规定；对产品存在缺陷造成损害及赔偿要求等做出规定；对生产、销售不符合保障人体健康和人身、财产安全的国家标准及行业标准产品的处罚，产品质量检验机构和认证机构、产品质量监督部门违反本法的处理等做出规定。其重要内容体现为产品质量监督管理和产品质量责任及义务。最新修正后，该法共六章七十四条，包括总则，产品质量的监督，生产者、销售者的产品质量责任和义务，损害赔偿，罚则，附则等。

（1）《产品质量法》的立法目标。

第一，加强对食品产品质量的监督管理，提高产品质量水平。食品产品质量是指产品“反映实体满足明确和隐含需要的能力和特性的总和”。不同食品质量水平或质量等级的产品，反映了该产品在满足适用性、安全性、可靠性等方面的不同程度。提高食品产品质量是人类社会生活必需的基本要求，也是发展经济不可缺少的强大推动力。

加强食品产品的监督管理是提高食品质量的有力手段，主要内容有：一是明确政府职责和企业职责，加强食品产品质量工作的监督管理；二是督促企业不断提高产品质量，完善企业内部的食品质量监督工作；三是通过加强对食品的生产许可、强制性认证和强制性标准等手段，以加强对涉及人体健康和人身、财产安全产品的监督工作；四是通过生产及销售等环节，打击假冒伪劣产品，扶持优质产品。

国务院市场监督管理部门主管全国产品质量监督工作。国务院有关部门在各自的范围内负责产品质量监督工作。县级以上地方市场监督管理部门主管本行政区域内的产品质量监督工作。县级以上地方人民政府有关部门在各自的职责范围内负责产品质量监督工作。

第二，明确食品产品质量责任。《产品质量法》第四条规定：“生产者、销售者依照本法规定承担产品质量责任”。明确了生产者、销售者在产品质量方面的责任。承担食品产品质量责任可以分为民事责任、行政责任和刑事责任三类。民事责任包括合同责任和侵权责任两种，合同责任即违反法律规定或者合同约定的质量标准，构成违约，违约方应当向非违约方承担违约责任；侵权责任，既包括假冒他人的商标、专利，构成的侵权，也包括因产品质量如食品质量不合格，给消费者、用户造成人身、财产损害，构成侵权。行政责任是指生产者、销售者违反本法规定，应当承担的行政责任。刑事责任，根据质量法的规定，对于具有下列情况之一，情节严重，构成犯罪的，应当依法追究刑事责任：未按国家标准、行业标准生产、销售保障人体健康和人身财产安全的食品；在食品中掺杂、掺假、以假充真、以次充好，或者以不合格食品冒充合格食品；销售失效、变质食品；产品质量检验机构、认证机构及其工作人员徇私舞弊，伪造检验结果或者出具假证明的。

第三，保护消费者的合法权益，维护社会经济制度。食品质量问题涉及千家万户，关系到人民群众的切身利益，《产品质量法》的实施使消费者所购商品有了质量保证，同时督促了企业产品质量的提高，有力地打击了假冒伪劣产品的生产与销售，很好地保护了消费者的合法权益，维护了产品生产经营的正常秩序，规范了市场，保障了市场经济的健康发展。

（2）产品质量监督管理。产品质量监督是指国家授权的产品质量监督检验机构依法对产品质量进行监督管理，并对不满足规定要求的产品及其责任者进行处理的过程。产品质量监督管理包括国家产品质量管理机构、社会各界对产品质量管理的监督，以及产品生产者、销售者对产品的生产经营活动的监督管理。对企业来说，产品质量监督管理是外部监督管理和内部监督管理的结合。《产品质量法》关于产品质量监督检查，有如下规定。

第一，按照《产品质量法》的规定：国家对产品质量实行以抽查为主要方式的监督检查制度。抽查的样品应当在市场上或者企业成品仓库内的待销产品中随机抽取。监督抽查工作由国务院市场监督管理部门规划和组织。县级以上地方市场监督管理部门在本行政区域内也可以组织监督抽查。根据监督抽查的需要，可以对产品进行检验。检验抽取样品的数量不得超过检验的合理需要，并不得向被检查人收取检验费用。监督抽查所需检验费用按照国务院规定列支。

第二，按照《产品质量法》第十五条规定：“生产者、销售者对抽查检验的结果有异议的，可以自收到检验结果之日起十五日内向实施监督抽查的市场监督管理部门或者其上级市场监督管理部门申请复检，由受理复检的市场监督管理部门作出复检结论。”

第三，《产品质量法》第十七条规定：“依照本法规定进行监督抽查的产品质量不合格的，由实施监督抽查的市场监督管理部门责令其生产者、销售者限期改正。逾期不改正的，由省级以上人民政府市场监督管理部门予以公告；公告后经复查仍不合格的，责令停业，限期整顿；整顿期满后经复查产品质量仍不合格的，吊销营业执照。监督抽查的产品有严重质量问题的，依照本法第五章的有关规定处罚。”

（3）产品质量监督管理制度。

第一，标准化管理制度。《产品质量法》规定产品质量应当检验合格，不得以不合格产品冒充合格产品。可能危及人体健康和人身、财产安全的产品，必须符合保障人体健康和人身、财产安全的国家标准、行业标准；未制定国家标准、行业标准的，必须符合保障人体健康和人身、财产安全的要求。禁止生产、销售不符合保障人体健康和人身、财产安全标准和要求的工业产品。具体管理办法由国务院规定。

第二，企业质量体系认证制度。《产品质量法》规定国家根据国际通用的质量管理标准，推行企业质量体系认证制度。企业根据自愿原则可以向国务院市场监督管理部门认可的或者国务院市场监督管理部门授权的部门认可的认证机构申请企业质量体系认证。经认证合格的，由认证机构颁发企业质量体系认证证书。

第三，产品质量认证制度。《产品质量法》规定国家参照国际先进的产品标准和技术要求，推行产品质量认证制度。企业根据自愿原则可以向国务院市场监督管理部门认可的或者国务院市场监督管理部门授权的部门认可的认证机构申请产品质量认证。经认证合格的，由认证机构颁发产品质量认证证书，准许企业在产品或者其包装上使用产品质量认证标志。

第四，产品质量监督检查制度。这是一项以监督抽查为主要方式的强制性行政措施，监督抽查工作由国务院市场监督管理部门规划和组织。县级以上地方市场监督管理部门在本行政区域内也可以组织监督抽查。

（4）生产者、销售者的产品质量责任和义务。

第一，生产者的产品质量责任和义务。根据《产品质量法》规定生产者的责任和义务如下：生产者应当对其生产的产品质量负责；产品或者其包装上的标识必须真实，并符合要求。产品包装上的标识内容有：产品质量检验合格证明，中文标明的产品名称、生产厂厂名和厂址，产品规格、等级、所含主要成分的名称和含量、生产日期和安全使用期或者失效日期、警示标志或者中文警示说明等。还要坚持七个“不得”，即生产者不得生产国家明令淘汰的产品；不得伪造产地；不得伪造或者冒用他人的厂名、厂址；不得伪造或者冒用认证标志等质量标志；生产者生产产品，不得掺杂、掺假，不得以假充真、以次充好，不得以不合格产品冒充合格产品。

第二，销售者的产品质量责任和义务。根据《产品质量法》规定销售者的责任和义务如下：销售者应执行进货检查验收制度，验明产品合格证明和其他标识。销售者应当采取措施，保持销售产品的质量。不得销售国家明令淘汰并停止销售的产品和失效、变质的产品，不得伪造产地，不得伪造或者冒用他人的厂名、厂址。销售者销售产品，不得掺杂、掺假，不得以假充真、以次充好，不得以不合格产品冒充合格产品，不得伪造或者冒用认证标志等质量标志。

3）《产品质量法》的特点 修正后的《产品质量法》突出六个方面的内容：一是明确了各级人民政府在产品质量中的工作责任，必须组织、督促生产经营者提高产品质量，对假冒伪劣不得进行任何形式的地方保护；二是建立企业产品质量的约束机制，防止伪劣产品的生产和销售；三是赋予从事产品质量检验技术管理的市场监督部门必要的行政制裁措施；四是加大了对产品质量的违法行为的法律制裁力度；五是加强了对从事产品质量管理的市场监督部门及产品质量检验机构、认证机构的约束；六是建立了产品质量的社会监督机制。《产品质量法》是全面、系统地规范产品质量问题的重要经济法，是一部包含产品质量监督管理和产品质量责任两大范畴的基本法律。

产品质量监督管理是指国家产品质量管理机关依法对产品质量进行监督、检查、管理活动，社会各界对产品质量的监督活动，以及产品生产者、销售者按照产品质量法要求进行产品的生产和经营活动的总和。

《食品安全法》《农产品质量安全法》《产品质量法》三个法律相互补充、相互协调，形成了“从农田到餐桌”全程食品安全保障的法律体系，使得我国食品质量安全方面有法可依、有法必依、执法必严、违法必究。

4. 其他 为进一步加强食品质量安全管理，国家有关部门还制定了一系列相关的法律法规。现行的《食品安全法实施条例》从三个方面入手，保证《食品安全法》严格实施：一是进一步落实企业作为食品安全第一责任人的责任，强化事先预防和生产经营过程控制及食品发生安全事故后的可追溯。二是进一步强化各部门在食品安全监管方面的职责，完善监管部门在分工负责与统一协调相结合体制中的相互协调、衔接与配合。三是将《食品安全法》一些较为原则的规定具体化，增强制度的可操作性。其他相关的法律法规有：涉及食品及其原料管理，如《新资源食品管理办法》《保健食品注册与备案管理办法》《婴幼儿配方乳粉产品配方注册管理办法》《网络食品安全违法行为查处办法》等；涉及食品包装标签管理，如《预包装食品营养标签通则》等；涉及餐饮管理，如《餐饮业经营管理办法（试行）》《餐饮服务食品安全飞行检查暂行办法》等。

国家在加大食品生产经营阶段立法力度的同时，也加强了农产品种植和养殖阶段、环境保护对农产品安全影响、进出口食品安全管理等方面的立法，先后颁布实施了《农业转基因生物安全管理条例》《中华人民共和国动物防疫法》《中华人民共和国进出境动植物检疫法》《中华人民共和国国境卫生检疫法》《中华人民共和国环境保护法》《有机食品认证管理办法》等。

1.1.3 食品安全法律法规体系

食品安全法律法规体系是指以法律或政令形式颁布的，对全社会具有约束力的权威性规定。它既包括法律法规，也包含以技术规范为基础所形成的各种法规。具体的食品法规通常偏重技术规范，并随时代的发展不断地发展和完善。

1.1.3.1 中国食品安全法律法规体系

根据食品法律法规的具体表现形式及其法律效力层次，我国的食品法律法规体系由以下不同法律效力层次的规范性文件构成。

1. 法律　《食品安全法》是我国食品安全法律体系中法律效力层次最高的规范性文件，是制定食品安全法规、规章和其他规范性文件的依据。此外，现已颁布实施的与食品安全相关的法律还有《产品质量法》《农产品质量安全法》《消费者权益保护法》《标准化法》《反食品浪费法》《农业法》《广告法》《中华人民共和国进出境动植物检疫法》《中华人民共和国进出口商品检验法》《中华人民共和国商标法》《中华人民共和国反不正当竞争法》等。

2. 行政法规　行政法规分国务院制定的行政法规和地方性行政法规，其地位和效力仅次于法律。食品行业管理行政法规是指国务院部委依法制定的规范性文件，行政法规的名称为条例、规定和办法。对某一方面的行政工作做出的比较全面、系统的规定，称为“条例”；对某一方面的行政工作做出的比较具体的规定，称为“办法”，如《食品安全法实施条例》《中华人民共和国标准化法实施条例》《国务院关于加强食品等产品安全监督管理的特别规定》等。

地方性食品法规是指省（自治区、直辖市）及省级人民政府所在地的市和经国务院批准的较大的市的人民代表大会及其常委会制定的适用于本地方的规范性文件。地方性食品法规和地方其他规范性文件不得与宪法、食品法律和食品行政法规相抵触，并报全国人大常委会备案，才可生效。

3. 部门规章　部门规章包括国务院各行政部门依法在其职权内制定的规章和地方人民政府制定的规章，如《食品召回管理办法》《食品生产许可管理办法》《食品经营许可管理办法》《食品添加剂新品种管理办法》《新食品原料安全性审查管理办法》《食品安全国家标准管理办法》等。

4. 规范性文件　规范性文件不属于法律、行政法规和部门规章，也不属于标准等技术规范，如国务院或行政部门发布的各种通知、地方政府相关行政部门制定的食品卫生许可证发放管理办法，以及食品生产者采购食品及其原料的索证管理办法等。这类规范性文件也是不可缺少的，是食品法律体系的重要组成部分，代表国家及各级政府在一定阶段的政策和指导思想，如《市场监管总局关于修订公布食品生产许可分类目录的公告》（2020 年第 8 号）、《市场监管总局关于仅销售预包装食品备案有关事项的公告》（2021 年第 40 号）、《市场监管总局办公厅关于印发食品生产经营监督检查有关表格的通知》（市监食生发〔2022〕18 号）、

《国家发展改革委办公厅等关于印发〈反食品浪费工作方案〉的通知》（发改办环资〔2021〕949 号）等。

5. 食品标准　标准是由专门管理机构批准、颁布实施的，是生产和生活中重复发生的一些事件的技术规范。食品标准是食品工业领域各类标准的总和，包括食品术语标准、食品标签标准、食品产品标准、食品卫生标准、食品分析方法标准、食品管理标准和食品添加剂标准等。

1.1.3.2　国际食品安全法律法规体系

1. 国际《食品法典》体系　国际食品法典委员会（Codex Alimentarius Commission，CAC）是由联合国粮食及农业组织（Food and Agriculture Organization of the United Nations，FAO）和世界卫生组织（World Health Organization，WHO）共同建立，以保障消费者的健康和确保食品贸易公平为宗旨的唯一制定国际食品标准的政府间国际机构。CAC 下设秘书处、执行委员会（商品法典委员会、一般问题法典委员会、地区协调法典委员会）及政府间特别工作组。所有国际食品法典标准都主要在其各下属委员会中讨论和制定，然后经 CAC 大会审议后通过。该委员会的主要工作是通过执行委员会下属的三个法典委员会及其分支机构进行，见图 1.1。

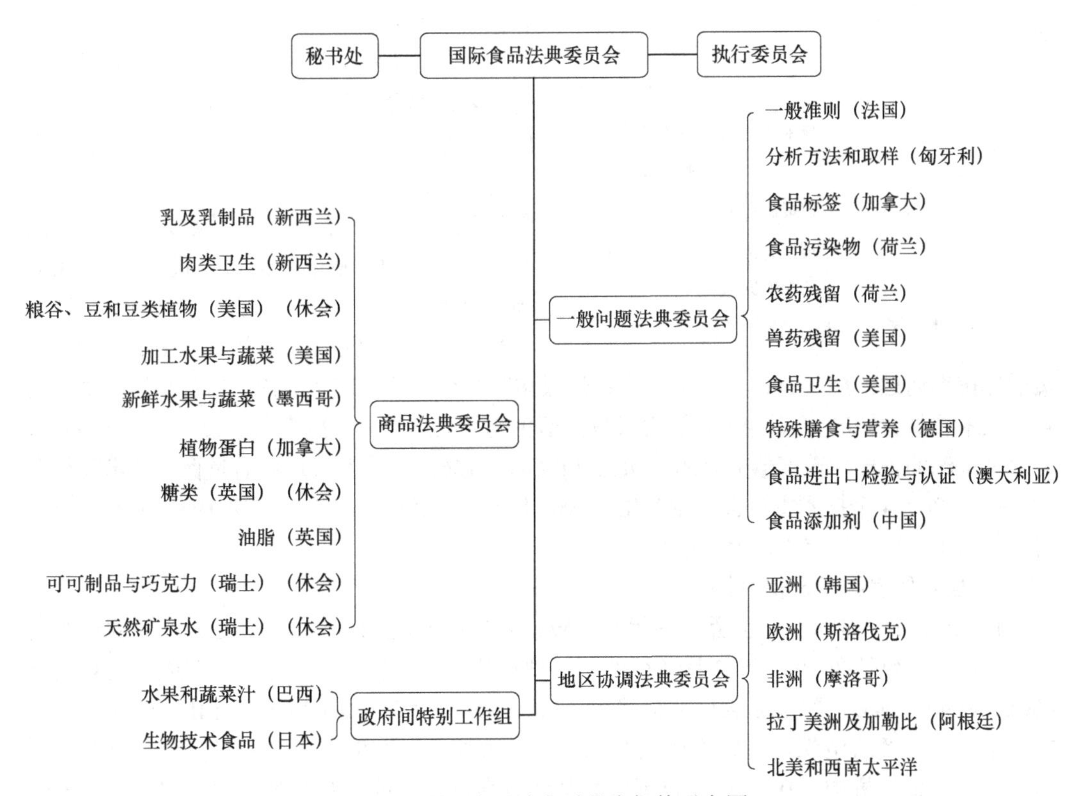

图 1.1　国际食品法典委员会机构示意图

（1）商品法典委员会：食品及食品类别的分委会，它垂直地管理各种食品。

（2）一般问题法典委员会：与各种食品、各个产品委员会有关的基本领域中的特殊项目，包括分析方法和取样、食品标签、食品污染物、食品添加剂、农兽药残留、特殊膳食与营养等。

（3）地区协调法典委员会：负责处理区域性事务。

《食品法典》是CAC按照一定的程序制定与食品安全质量相关的标准、准则和建议，并提出各国采纳《食品法典》标准的程序，是全球食品生产加工者、消费者、食品管理机构和国际食品贸易重要的基本参照标准。这些标准都是以科学为基础，并在获得所有成员国的一致同意的基础上制定出来的。《食品法典》是一套食品质量与安全的国际标准、食品加工规范和准则，这些规范或标准是推荐性的，是国际组织解决食品卫生国际贸易争端的重要参考依据。其内容有食品及残留限量标准、法典指南两部分。《食品法典》还包括《预包装食品标签的食典通用标准》《关于产品说明的食典通用守则》《食品微生物指标的制定和应用以及意外核污染之后国际贸易中使用的食品中放射性核素水平》等守则。

2. 国际标准体系　国际标准化组织（International Organization for Standardization，ISO）是目前世界上最大、最具权威的非政府性标准化专门机构，成立于1946年10月14日。其宗旨是在全世界范围内促进标准化工作及其相关活动的开展，以便于国际物质交流和服务，并扩大在知识、科学、技术和经济方面的合作。其活动主要是制定国际标准，直辖世界范围内的标准化工作，组织各成员和技术委员会进行情报交流，以及与其他国际组织合作，共同研究有关标准化问题。

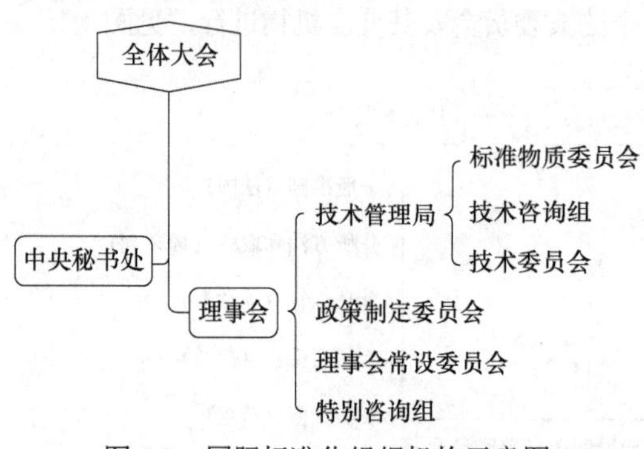

图1.2　国际标准化组织机构示意图

ISO包括全体大会、理事会、中央秘书处，如图1.2所示。

ISO最高权力机构是全体大会，它是由官员和各成员团体指定的代表组成。其官员由主席、副主席（政策）、副主席（技术）、司库和秘书长组成。一般每年举行一次，议事日程包括ISO年度报告、ISO有关财政和战略规划及司库关于中央秘书处的财政状况报告。ISO国际标准制定过程一般可分为7个阶段：提出项目；形成建议草案；标准草案登记；ISO成员团体投票通过；提交ISO理事会批准；形成国际标准；公布出版。ISO的食品标准主要由食品技术委员会（ISO/TC 34），淀粉（包括衍生物及其副产品）技术委员会（ISO/TC 93），与食品接触的瓷器、玻璃器皿技术委员会（ISO/TC 166），质量管理和质量保证技术委员会（ISO/TC 176）4个技术委员会制定产生。1969年9月，ISO理事会发布第1969/59号决议，将每年的10月14日定为世界标准日。

3. 世界贸易组织及相关协定

1）*世界贸易组织*　世界贸易组织（World Trade Organization，WTO）（简称世贸组织）的建立设想是在1944年7月举行的布雷顿森林会议上提出，当时设想在成立世界银行（World Bank，WB）和国际货币基金组织（International Monetary Fund，IMF）的同时，成立一个国际性贸易组织，使它们成为第二次世界大战后左右世界经济的“货币—金融—贸易”三位一体的机构。1947年联合国贸易与就业会议签署的《哈瓦那宪章》同意成立世贸组织，后来由于美国的反对，世贸组织未能成立。同年，美国发起拟订了《关税与贸易总协定》（General Agreement on Tariffs and Trade，GATT）（简称关贸总协定），作为推行贸易自由化的临时契约。1986年关贸总协定乌拉圭回合谈判启动后，欧洲共同体和加拿大于1990年分别正式提出成立世贸组织的议案，1994年4月在摩洛哥马拉喀什举行的关贸总协定部长级会议正式决定成立世贸组织。

WTO 的前身关税与贸易总协定并不是一个组织协定，而只是一个没有经过缔约方立法机关批准的多边条约，只是事实上逐渐获得了某些组织的职能，而演变成组织。关税与贸易总协定并无组织性条款，没有组织机构、人员、预算。严格意义上，关税与贸易总协定不具有国际法上的国际组织的地位。而 WTO 是根据各成员立法机关批准的 WTO 协定设立的永久性组织，是国际法上的国际组织，具有法律人格，可以以自己的名义享有权利、履行义务，处分财产，其官员可以享有各国给予的外交豁免。

关税与贸易总协定有两个含义：一是指一个国际协议，即于 1947 年签署、1948 年 1 月 1 日临时适用的关税与贸易总协定；二是指管理该协议的国际机构。关税与贸易总协定在 1947～1994 年共举行了八轮多边贸易谈判，第八轮谈判于 1993 年 12 月 15 日在日内瓦举行，1994 年 4 月 15 日签署最后文件，在第八轮谈判中，各国谈判者决定建立一个正式的贸易组织——WTO。WTO 替代了关税与贸易总协定，从此作为组织意义上的关税与贸易总协定已不再存在。但作为规则的《关税与贸易总协定》仍然存在，经过修订、补充，与其他相关协议一起，以 GATT 1994 的形式，成为 WTO 协议的一部分。关税与贸易总协定的缔约方成为 WTO 的创始成员。

WTO 于 1995 年 1 月 1 日正式取代 1947 年创立的关贸总协定临时机构，是一个独立于联合国的具有法人地位的永久性国际组织，在调解成员争端方面具有更高权威性地位，总部设在日内瓦。WTO 的目标在于建立一个完整、更加具有活力和永久性的多边贸易体制。其基本职能是管理和执行共同构成世贸组织的多边及诸边贸易协定，作为多边贸易的讲坛，旨在解决成员间的贸易争端，监督各成员的贸易政策，同制定全球经济政策有关的国际机构进行合作等。

WTO 成员是加入 WTO 的各国政府和单独关税区政府，任何个人、企业或其他非政府机构都不能成为 WTO 的成员，也不能向它主张权利。单独关税区，是指在货物进出境的监管、关税及其他各税的征免，均按该地区政府颁布的海关法规执行的一个区域，如中国香港、澳门。欧洲经济共同体及其成员都是 WTO 的成员。WTO 成员分为创始成员和加入成员，中国于 2001 年 12 月 11 日正式成为 WTO 的第 143 个成员，属于加入成员。WTO，是以规则为依据、由全体成员管理组织，各成员在该组织中的地位是平等的，各成员无论加入先后、势力强弱，在规则面前一律平等。

中国加入 WTO 后，将享受各成员方的多边的、无条件的最惠国待遇，并可以通过 WTO 争端解决机构解决国际贸易纠纷。同时中国也将承担降低进口关税、逐步取消若干非关税措施、增加贸易政策透明度、开放服务贸易领域、开放贸易经营权、扩大对知识产权的保护范围等。中国在 WTO 中的权利义务，与其他成员一样，由两部分组成：一部分是各成员都承担的规范性义务，如各协议条款规定的义务；另一部分是《中华人民共和国加入世界贸易组织议定书》中中国做出的承诺，这是中国承担的独特义务。中国加入 WTO，建立在权利义务平衡的基础上。中国在履行成员义务的同时，也享有作为成员的权利。

WTO 与国际货币基金组织、世界银行一起被称为世界经济发展的三大支柱。WTO 致力于全球范围的食品安全工作，围绕食品安全问题提出了许多建设性的建议和策略，具体体现为：①把食品安全作为公共卫生的基本职能之一，提供足够的资源，以建立和加强食品安全规划。②制定和实施系统的、持久的预防措施，以显著减少食源性疾病的发生。③建立和维护国家或区域水平的食源性疾病调查及食品中有关微生物和化学物质的监测和控制手段，强化食品加工者、生产者和销售者在食品安全方面应负的责任，提高实验室能力，尤其是发展中国家。④防止微生物抗药性的发展，将综合措施纳入食品安全策略中。⑤支持食品危险因素（包括与食源性疾病相关）分析评估科学的发展。⑥把食品安全问题纳入消费者卫生和营养教育与资讯网络，开展相关的食品卫生和营养教育。⑦从消费者角度建立包括个体从业人员在内的食品安全改善规划，并通过与食品企业合作，探索提高对良好生产规范的认识。⑧协调国家级食品安全相关部门进行大的食品安全活动，尤其是与食源性疾病危险性评估相关的活动。⑨积极参与食品法典委员会和其他委员会的工作。⑩各国应加强食源性疾病的监测系统建设，危险性评价、交流和合作，增强 WTO 在食品法典委员会中科学性和公共健康方面的作用等。

2）*《世界贸易组织/实施卫生与植物卫生措施协定》* 为保护人类和动植物的健康，最大程度降低贸易负面影响，WTO 各成员方达成了《世界贸易组织/实施卫生与植物卫生措施协定》（WTO/SPS 协定）。该协定指出，保护食品安全、防止动植物病害传入本国，各国有权制定或采取一定防护措施，但这些措施不能人为地或不公正地对各国商品贸易形成不平等待遇，或超过保护消费者要求的更加严格的标准，造成潜在的贸易限制。因此，WTO/SPS 协定要求各国的检疫措施应遵守科学原则、国际标准化原则、等效原则、区域化原则、透明度原则和预防原则等，以期客观、公正判断和评价某一特定的措施，解决贸易双方之间可能发生的冲突。此协定适用于所有可能直接或间接影响国际贸易的卫生和植物卫生措施，涉及动物卫生、植物卫生和食品安全三个领域。通过制定 SPS 措施应遵循的基本原则，规范各成员执行 SPS 措施的行为，达到既保护人类、动植物健康又促进国际贸易发展的目的。

3）*《世界贸易组织/技术性贸易壁垒协定》* 《世界贸易组织/技术性贸易壁垒协定》（WTO/TBT 协定）是非关税壁垒的主要表现形式。WTO/TBT 协定以技术为支撑条件，即商品进口国在实施贸易进口管制时，通过颁布法律、法令、条例、规定，建立技术标准、认证制度、卫生检验检疫制度、检验程序、包装、规格标签标准等，提高对进口产品的技术要求，增加进口难度，最终达到保障国家安全、保护消费者利益、保持国际收支平衡的目的。该协定可遏制以带有歧视性的技术要求为主要表现形式的贸易保护主义，最大限度地减少和消除国际贸易中的技术壁垒，为世界经济全球化服务。采用的主要原则有最少贸易限制原则、非歧视原则、协调性原则、等效和相互承认原则、透明度原则、对发展中国家实行差别和优惠待遇原则等。

WTO/TBT 协定基本内容有 6 部分，包括 15 条、129 款和 3 个附件，对各成员在国际贸易中制定、采用和实施的技术法规、标准及合格评定程序等做出了明确的规定。内容有：①序言、总则。主要阐述该协定的目的、宗旨和适用范围。②技术法规和标准。规范各成员中央政府、地方政府和非政府机构制定、采用和实施技术法规和标准的行为。各成员在制定技术法规、标准方面要以国际标准为基础，否则必须在文件的初期阶段进行通报。③符合技术法规和标准。规定各成员中央政府、地方政府、非政府机构、国际级区域性组织制定、采用和实施合格评定程序的行为。其原则是采用通用的国家规范，尽可能承认其他国家的认证结果，积极参加国际和区域性的合格评定活动。④信息和援助。要求各成员设立国家级 WTO/TBT 咨询点，代表政府按规定开展通报咨询工作；对其他成员提出的请求给予技术援助；对发展中国家成员提供特殊和差别待遇。⑤机构、磋商和争端解决。设立技术性贸易壁垒委员会，就协定执行中出现的有关事项进行磋商，并负责解决争端。⑥最后条款。要求各成员在加入 WTO 时，对执行 WTO/TBT 协定做出承诺。未经其他成员的同意，不得对执行本协定的任何条款提出保留。⑦附件。包括本协定中的术语及其定义；技术专家小组；关于制定、采用和实施标准的良好行为规范。

4. 欧盟食品安全法律法规体系　欧盟具有较为完善的食品安全法律法规体系，主要由欧盟食品管理机构与欧洲各个成员国以及生产者和经营者共同组成。欧盟统一并协调内部各成员国的食品安全监管。目前，欧盟形成了以《食品安全白皮书》为核心的各种法律、法令、指令等并存的食品安全法律法规新框架。

该《食品安全白皮书》于2000年公布，对加强“从农田到餐桌”的食品质量安全控制，提高科学咨询系统能力，保证消费者健康方面具有积极的作用。

在《食品安全白皮书》框架下，2002年欧盟委员会和欧洲理事会通过了《食品法通则》，规定了食品安全一般性原则和食品安全程序。《食品法通则》包含三部分内容：一是确立了食品立法的一般原则和要求；二是规定了建立欧洲食品安全局；三是规定了食品安全方面的程序。此外，该通则提出，必须制定食品和饲料及其成分的可追溯性政策，包括食品和饲料的生产企业确保制定适当的追溯程序，以及召回对健康可能造成危害的产品等。2020年5月20日，欧盟委员会正式发布“从农场到餐桌战略：建立公平、健康和环保的粮食体系”（A Farm to Fork Strategy: for a fair, healthy and environmentally-friendly food system），该战略将通过法规制定、资金引导等措施，促进农药可持续利用，减少污染、发展有机农业，支持农牧渔民、水产养殖者向可持续生产过渡。

5. 部分发达国家食品安全法律法规体系

1）美国食品安全法律法规体系　美国十分重视食品安全工作，建立了由总统食品安全顾问委员会综合协调，卫生部、农业部（United States Department of Agriculture，USDA）、环境保护署（EPA）等多部门具体负责的综合性监管体系。其中，食品药品监督管理局（Food and Drug Administration，FDA）、农业部和环境保护署分工负责相关的食品安全，并制定有关的法规和标准。美国联邦层面重要法典就有35个左右，主要包括《联邦食品、药品和化妆品法》《食品质量保护法》《营养标签及教育法》《包装和标签法》《检疫法》《公共卫生服务法》《肉类检查法》《禽类检查法》《蛋类食品检查法》《2002年公众健康安全和生物恐怖主义防范与应对法》等。其中，《联邦食品、药品和化妆品法》是美国有关农产品（食品）质量安全的基本法，是其他法规的基础与核心。同时，各执法部门针对生产和贸易实践环节出台了大量条例、守则性文件。

2）加拿大食品安全法律法规体系　加拿大有关食品安全的法律主要包括《加拿大农产品法》《食品和药品法》《加拿大食品检验局法》，还配备了《肉类检验法》《鱼类检验法》《消费者包装和标识法》《动物健康法》《植物保护法》《饲料法》《种子法》《化肥法》《农业和农业食品行政管理处罚法》等。其中《食品和药品法》是一部刑法范畴的法律，而非商业法。加拿大的实体性农产品（食品）质量安全法律法规都匹配有规定具体操作标准与程序的条例，如《新鲜水果蔬菜条例》《食品药品条例》《谷物条例》《肉类检验条例》等。

3）英国食品安全法律法规体系　英国第一部食品法《面包法》问世以后，从1984年起分别制定了《食品法》《食品安全法》《食品标准法》《食品卫生法》等，出台了一些规定如《甜品规定》《食品标签规定》《肉类制品规定》《饲料卫生规定》《食品添加剂规定》等。1990年起又将防御保护机制引入食品安全法案，保证“从农田到餐桌”整个食物链各环节的安全。

4）日本食品安全法律法规体系　日本负责食品安全的机构主要由3个隶属于中央政府的部门组成，即厚生劳动省、农林水产省、食品安全委员会。其中厚生劳动省和农林水产省承担食品卫生安全方面的行政管理职能，农林水产省具体负责食品生产和质量保证，厚生劳动省负责稳定的食品供应和食品安全。主要的食品法律有《食品卫生法》《食品安全基本法》。《食品卫生法》内容有36条，涉及对象众多，规定食品卫生宗旨是防止因食物消费而

受到健康危害。2003 年 5 月颁布的《食品安全基本法》，为日本食品安全行政管理提供了基本原则和要素。其特点主要体现在确保食品安全；协调政策原则；建立食品安全委员会；强调地方政府和消费者共同参与，食品生产和流通企业对确保食品安全负有首要责任。

5）澳大利亚和新西兰食品安全法律法规体系　1981 年澳大利亚发布了《食品法》，1984 年发布了《食品标准管理办法》，1989 年发布了《食品卫生管理办法》，同时发布了与之配套的《国家食品安全标准》，构成了一套完善的食品安全法规体系。两国食品管理的法律基础主要是 1991 年颁布的《澳大利亚新西兰食品标准法令 1991》，制定的《澳大利亚新西兰食品标准法规 1994》作为这一法令的实施细则。2002 年制定了《澳大利亚新西兰食品标准法典》来保证食品的安全供应。

根据上述各国法规的性质及适用范围，可以将其分为五类：第一类是确立农产品（食品）质量安全管理机构权限和管理程序的创设性立法。这类法律中有的是明显的部门创设立法，单独编纂成法，详尽规范某一农产品（食品）质量安全管理机关的职权范围、工作规则、责任和监督机制等。第二类是规定农产品（食品）质量安全基本原则和基本内容的法律法规。这类法通常是一国农产品质量安全最基本、最核心的立法，且都是联邦立法，如美国《联邦食品、药品和化妆品法》《食品质量保护法》，加拿大《食品和药品法》《农产品法》等。第三类是针对重点环节的法律法规。主要有独立规范商品经营环节的“标签法”“包装法”“检疫法”“注册法”等，还包括为实现目标管理所规定相关的危害分析与关键控制点（Hazard Analysis and Critical Control Point，HACCP）、良好生产规范（Good Manufacture Practices，GMP）、良好农业规范（Good Agricultural Practices，GAP）等标准措施。第四类是针对粮食、禽、蛋、肉、水产品等重点产品的专门性法律法规。此类法律法规详细规定了重点产品的企业注册、生产要求、检测内容、检测标准、检测方法、检测主体及违规处理途径。指导行业标准和企业安全计划相互配合，实现对重点产品质量安全的有效监控。此类法律法规所规定的标准、程序往往比综合性农产品（食品）安全法中规定得更加严格。第五类是规范化肥、种子、农药等农业投入品生产、销售与使用的法律法规，如《联邦种子法》《联邦化肥法》和条例等。这些法律法规对农业投入品生产企业注册登记、产品安全性标准、产品有效性标准、产品标志、检测方法、产品使用等问题做出详细规定。

1.2 食品标准

1.2.1 食品标准起源及特点

1.2.1.1 食品标准起源

按照现代汉语词典的定义，标准有两种含义：第一是衡量事物的准则。清代方苞在《狱中杂记》描述监狱中不同犯人的生活时提到“惟极贫无依，则械系不稍宽，为标准以警其余”。第二是本身合于准则，可供同类事物比较核对的事物。我国关于标准的应用要追溯到秦朝。秦始皇统一中国之后，用政令对衡量、文字、货币、道路、兵器进行大规模的标准化，用律令如《工律》《田律》《金布律》规定“为器同物者，其大小、短长、广袤亦必等”就是中国标准的起源。在国外，19 世纪美国发明家伊莱·惠特尼的滑膛枪大量制造，亨利·福特的汽车零件环形传送带的运用都是标准的作用。无论古今中外，对于“标准”一词的解释都很相近，即标准是一个准则或特殊规范。

标准是为了在一定范围内获得最佳的秩序，经协商一致制定并由公认的机构批准，共同使用和重复使用的一种规范性文件。标准宜以科学、技术和经验的综合成果为基础，以促进最佳共同效益为目的。WTO/TBT 协定定义“标准是被公认机构批准的、非强制性的、为了通用或反复使用的目的、为产品或其加工或生产方法提供规则、指南和特性的文件”。

关于标准的定义，概括起来有六大要素：①标准目的——获得最佳秩序、促进最佳共同效益，这也是制定标准的出发点。②标准对象——重复性的事物。当事物或概念具有重复出现的特性并处于相对稳定时才有制定标准的必要，使标准作为今后实践的依据，以最大限度地减少重复劳动，又能扩大“标准”重复利用范围。③标准内容——科学技术成果与生产经验的总结。就是说标准既是科学技术成果，又是实践经验的总结，并且这些成果和经验都是在经过分析、比较、综合和验证基础上，加之规范化，只有这样制定出来的标准才能具有科学性，这是标准产生的基础之一。④标准制定规则——各方协商一致。标准反映的不是局部片面的经验和局部利益，制定标准要发扬技术民主，与有关方面充分协商一致，考虑共同利益。这样制定出来的标准才具有权威性、科学性、民主性、公正性和适用性，这是标准产生的基础之二。⑤标准批准发布——公认的权威机构。标准是社会生活和经济技术活动的重要依据，是各相关方利益的体现，必须由能代表各方利益，并为社会公认的权威机构批准发布。⑥标准适用范围——一定的范围内共同实施。

1.2.1.2 标准的特点

标准是一种特殊规范，就其本质而言属于技术规范范畴，具有规范的一般属性：标准是社会和社会群体的共同意识，即社会意识的表现，它不仅要被社会所认同（协商一致），而且须经过公认的权威机构批准，是人们在社会活动（包括生活活动）中的行为准则；标准具有一般性，它不是针对具体人，而是针对某类人在某种情况下的行为规范；标准是社会实践的产物，它产生于人们的社会实践，并服从和服务于人们的社会实践，是实践活动和实践发展在特定阶段的产物；标准受社会经济制度的制约，是一定经济要求的体现，具有继承性，可为不同的社会关系服务；标准是进行社会调整、建立和维护社会正常秩序的工具。

标准又具有和一般规范不同的特点：标准和一般规范都是调整社会秩序的规范，但标准调整的重点是人与自然规律的关系，它规范人们的行为，使之尽量符合客观的自然规律和技术法则，其目的是要建立起有利于社会发展的技术秩序；标准和一般规范都是社会和社会群体意识的体现，是被社会所认同的规范，但这种认同是通过利益相关方之间的平等协商达到的，标准是协调的产物，不存在一方强加于另一方的问题；标准虽是一种规范，但它本身并不具有强制力，即使强制性标准，其强制性质也是法律授予的，如果没有法律支持，它是无法强制执行的，因为标准中不规定行为主体的权利和义务，也不规定不承担义务应承担的法律责任；标准有特定的产生（制定）程序、编写原则和体例格式，它不仅与立法程序完全不同，而且与其他社会规范的生成过程不同。

1.2.2 食品安全标准

1.2.2.1 食品安全标准的含义

食品安全标准是指为了对食品生产、加工、流通和消费（“从农田到餐桌”）食品链全过程中影响食品安全和质量的各种要素及各关键环节进行控制和管理，经协商一致制定并由公认机构批准，共同使用的和重复使用的一种规范性文件。食品安全标准皆为强制性标准，包括食品安全国家标准、食品安全地方标准、食品安全团体标准和食品安全企业标准。

食品安全国家标准由国务院卫生行政部门会同国务院食品安全监督管理部门制定、公布，国务院标准化行政部门提供国家标准编号。制定食品安全国家标准，应当依据食品安全风险评估结果并充分考虑食用农产品安全风险评估结果，参照相关的国际标准和国际食品安全风险评估结果，并将食品安全国家标准草案向社会公布，广泛听取食品生产经营者、消费者、有关部门等方面的意见。对地方特色食品，没有食品安全国家标准的，省（自治区、直辖市）人民政府卫生行政部门可以制定并公布食品安全地方标准，报国务院卫生行政部门备案。食品安全国家标准制定后，该地方标准即行废止。食品安全团体标准是由具备相应能力的学会、协会、商会、联合会等社会组织和产业技术联盟协调相关市场主体共同制定，为满足市场和创新需要、供市场自愿选用，增加标准的有效供给。企业生产的食品没有食品安全国家标准或者地方标准的，应当制定企业标准，作为组织生产的依据。国家鼓励食品生产企业制定严于食品安全国家标准或者地方标准的企业标准，在本企业适用，并报省（自治区、直辖市）人民政府卫生行政部门备案。省级以上人民政府卫生行政部门应当在其网站上公布制定和备案的食品安全国家标准、地方标准和企业标准，供公众免费查阅、下载。

1.2.2.2 食品安全标准的范围及主要内容

《食品安全法》对食品安全标准的制定原则，食品安全标准的强制性，食品安全标准的内容，食品安全国家标准的制定和公布主体，制定食品安全国家标准、食品安全地方标准及食品安全企业标准，食品安全标准施行过程中的监管管理等内容做了具体规定。

《食品安全法》第二十六条规定，食品安全标准包括八个方面的内容：①食品、食品添加剂、食品相关产品中的致病性微生物，农药残留、兽药残留、生物毒素、重金属等污染物质以及其他危害人体健康物质的限量规定；②食品添加剂的品种、使用范围、用量；③专供婴幼儿和其他特定人群的主辅食品的营养成分要求；④对与卫生、营养等食品安全要求有关的标签、标志、说明书的要求；⑤食品生产经营过程的卫生要求；⑥与食品安全有关的质量要求；⑦与食品安全有关的食品检验方法与规程；⑧其他需要制定为食品安全标准的内容。

人体通过食品会摄入致病性微生物、农药残留、兽药残留、重金属、有机污染物等有害物质，对身心健康会产生危害，因此必须规定食品中各种危害物质的限量。与食品安全有关的质量要求，如食品营养要求、理化要求、感觉要求等也属于食品安全标准的内容。例如，食品添加剂使用范围和限量标准，婴幼儿和其他特定人群主辅食的营养成分标准，食品的标签、标识使用标准等。食品的生产经营过程是保证食品安全的重要环节，其中的每一个流程都有一定的卫生要求，都需要制定统一标准要求。食品采用不同的检验方法或规程会得到不同的检验结果，所以要对检测或试验的原理、抽样、操作、精度要求、步骤、数据计算、结果分析等方法或规程做出统一规定。

1.3 食品标准与法规的应用

1.3.1 食品标准与法规的异同

1. 食品标准与法规的相同点 人类活动的目的性和社会性决定了社会对人们的行为

进行必要的社会调整，这种调整最初就是通过规范来实现的。在法学意义上，规范是指某一行为的准则、规则。规范通常分为两大类：一是社会规范，即调整人们在社会生活中相互关系的规范，如法律、法规、规章、制度、政策、纪律、道德、教规等；二是技术规范，即调整人与自然规律相互关系的规范。在科学技术和社会生产力高度发展的现代社会，越来越多的立法把遵守技术法规确定为法律义务，从而把社会规范和技术规范紧密结合在一起。

食品标准与法规的相同点主要表现在：①二者都是现代社会和经济活动不可缺少的统一规定，是社会和社会群体共同意识，具有一般性。②二者在制定和实施过程中都要公开透明，具有公开性。③二者都必须经过公认的权威机构批准，按照法定的职权和程序制定、修订或废止，文字表述严谨，具有明确性和严肃性。④二者都是进行社会调整、建立和维护社会正常秩序的机器工具，得到广泛的认同和普遍的遵守，具有权威性。⑤二者要求社会组织和个人要以此作为行为的准则，具有约束性和强制性。⑥二者都不允许擅自改变和轻易修改，具有稳定性和连续性。

2．食品标准与法规的差异 食品标准与法规的差异主要表现在：①法律效力不同。食品法规是强制性的，从本质上看，是政府运用技术手段对食品市场进行干预和管理，是国家机器工具之一。而食品标准是自愿的，标准的强制力是法规赋予的。②制定主体不同。食品法规是由国家立法机关或其授权的政府部门制定的法律规制，具有基础性和本源性的特点。而食品标准是经过协商一致制定、由公认机构批准的一种规范性文件，必须有法律依据，要严格遵守有关的法律和法规，不得与法律或法规相抵触和冲突。③制定目的不同。食品法规的制定主要出于国家食品安全的要求，保护人类健康、保障社会稳定、防止欺诈行为等，体现对公共利益的维护。食品标准则偏重指导生产，保证食品的质量与安全。④内容不同。食品法规除了规定食品原料及其产品的基本要求外，还包括整个过程的管理与监督，一般较为宏观和笼统。食品标准涉及的是食品的规范生产，主要侧重于技术层面，一般较为微观和具体。⑤对国际贸易的影响力不同。与食品标准相比，食品法规的强制性和法律约束力使其对国际贸易的影响更大、更直接。对不符合食品法规要求的产品，禁止进口及销售。⑥形式不同。食品标准和法规都是规范性文件，但食品标准在形式上有文字的，也有实物的。⑦食品标准强调多方参与、协商一致，具有相对统一性、民主性和可协调性。食品法规缺乏这种特性，因国家或地区的不同而有一定的差异。此外，食品法规相对较稳定，而食品标准常随着科学技术和生产力的发展而不断被修订和补充。

1.3.2 食品标准与法规的互补作用

食品标准与法规是保证市场经济正常运行和公平竞争的重要而特殊的工具，法治是市场经济的必备条件和基本特征，而标准是市场经济运行的必备条件。市场经济是自主经济，要求法律法规确认市场的主体资格，平等保护市场主体的财产权；市场主体为了生存和发展，必须执行或制定先进的产品质量标准，满足市场和用户的需求。市场经济是契约经济，要求法律法规确认契约式处理经济关系的法律形式，并保护契约在市场经济中的作用；在契约合同中设定的产品质量标准是双方检验产品质量的依据，是发生经济纠纷时仲裁的技术基础。市场经济是竞争经济，要求法律法规维护和保障正当竞争，限制和惩处不正当竞争；市场主体运用标准化加快新产品开发和执行先进的产品质量标准，可以提高产品的竞争力。市场经济是开放经济，要求法律法规与现代国际法治规则接轨，营造统一开放的国内市场和全球化的国际市场；而标准是国内国际市场贸易中必须遵守的技术准则，是国际条约和基本规则的技术层面的组成内容。

标准就本质而言不等于法律法规，标准不具有像法律法规那样代表国家意志的属性，它更多的是以科学合理的技术规定，为人们提供一种最佳选择。但标准与法律法规之间关系密切。在我国市场经济还不完善、企业行为不够规范的情况下，保持市场经济良好秩序，运用国家政权的力量，制定规范市场经济运行的法规，对不合理的经济行为进行必要的干预是非常重要的；同时必须要有完善的标准体系来支撑法规的实施。就食品行业而言，建立食品法规，实行多层次的监管，配合食品标准的使用，充分发挥各自特有的功能，才能有效地保证食品的质量与安全，保证市场经济的正常运行和健康可持续发展。

1.3.3 食品安全事故处置

关于食品安全事故处置，《食品安全法》第七章的相关条例专门做了明确规定，其内容涉及食品安全事故应急预案、报告制度、责任调查等。国务院组织制定国家食品安全事故应急预案。发生食品安全事故的单位应当立即采取措施，防止事故扩大。事故单位和接收病人进行治疗的单位应当及时向事故发生地县级人民政府食品安全监督管理、卫生行政部门报告。县级以上人民政府农业行政等部门在日常监督管理中发现食品安全事故或者接到事故举报，应当立即向同级食品安全监督管理部门通报。在食品安全事故调查处理过程中，任何单位和个人不得对食品安全事故隐瞒、谎报、缓报，不得隐匿、伪造、毁灭有关证据。《食品安全法实施条例》第五十四至五十八条进一步对食品安全事故处置有关情况进行了规定。

1.3.4 食品安全法律责任

1.3.4.1 《食品安全法》的法律责任

1）行政责任　《食品安全法》第五条规定，国务院设立食品安全委员会，其职责由国务院规定。国务院食品安全监督管理部门依照本法和国务院规定的职责，对食品生产经营活动实施监督管理。国务院卫生行政部门依照本法和国务院规定的职责，组织开展食品安全风险监测和风险评估，会同国务院食品安全监督管理部门制定并公布食品安全国家标准。国务院其他有关部门依照本法和国务院规定的职责，承担有关食品安全工作。

第六条规定，县级以上地方人民政府对本行政区域的食品安全监督管理工作负责，统一领导、组织、协调本行政区域的食品安全监督管理工作以及食品安全突发事件应对工作，建立健全食品安全全程监督管理工作机制和信息共享机制。县级以上地方人民政府依照本法和国务院的规定，确定本级食品安全监督管理、卫生行政部门和其他有关部门的职责。有关部门在各自职责范围内负责本行政区域的食品安全监督管理工作。县级人民政府食品安全监督管理部门可以在乡镇或者特定区域设立派出机构。

第七至八条规定了县级以上地方人民政府实行食品安全监督管理责任制，同时应当将食品安全工作纳入本级国民经济和社会发展规划，将食品安全工作经费列入本级政府财政预算，加强食品监督管理能力建设，为食品安全工作提供保障。同时还规定，县级以上人民政府食品安全监督管理部门和其他有关部门应当加强沟通、密切配合，按照各自职责分工，依法行使职权，承担责任。

第九条还对食品行业协会、消费者协会和其他消费者组织等在食品安全监督管理中的职责进行了要求。食品行业协会应当加强行业自律，按照章程建立健全行业规范和奖惩机制，提供食品安全信息、技术等服务，引导和督促食品生产经营者依法生产经营，推动行业诚信建设，宣传、普及食品安全知识。消费者协会和其他消费者组织对违反本法规定，损害消费者合法权益的行为，依法进行社会监督。

第十条规定各级人民政府应当加强食品安全的宣传教育，普及食品安全知识，鼓励社会组织、基层群众性自治组织、食品生产经营者开展食品安全法律、法规以及食品安全标准和知识的普及工作，倡导健康的饮食方式，增强消费者食品安全意识和自我保护能力。新闻媒体应当开展食品安全法律、法规以及食品安全标准和知识的公益宣传，并对食品安全违法行为进行舆论监督。有关食品安全的宣传报道应当真实、公正。

2）民事责任　《食品安全法》第一百二十二条规定，违反本法规定，未取得食品生产经营许可从事食品生产经营活动，或者未取得食品添加剂生产许可从事食品添加剂生产活动的，由县级以上人民政府食品安全监督管理部门没收违法所得和违法生产经营的食品、食品添加剂以及用于违法生产经营的工具、设备、原料等物品；违法生产经营的食品、食品添加剂货值金额不足一万元的，并处五万元以上十万元以下罚款；货值金额一万元以上的，并处货值金额十倍以上二十倍以下罚款。

第一百三十一条规定，违反本法规定，网络食品交易第三方平台提供者未对入网食品经营者进行实名登记、审查许可证，或者未履行报告、停止提供网络交易平台服务等义务的，由县级以上人民政府食品安全监督管理部门责令改正，没收违法所得，并处五万元以上二十万元以下罚款；造成严重后果的，责令停业，直至由原发证部门吊销许可证；使消费者的合法权益受到损害的，应当与食品经营者承担连带责任。

3）刑事责任　《食品安全法》第一百四十九条规定，违反本法规定，构成犯罪的，依法追究刑事责任。

第一百二十三条规定，违反本法规定，情节严重的，吊销许可证，并可以由公安机关对其直接负责的主管人员和其他直接责任人员处五日以上十五日以下拘留。违法使用剧毒、高毒农药的，除依照有关法律、法规规定给予处罚外，可以由公安机关依照第一款规定给予拘留。

《食品安全法》对一些严重危害人体健康的食品安全违法行为体现了“刑事责任追究优先”，在加大民事、行政处罚力度的同时，首次明确规定了行政拘留处罚，首次以法律的形式明确行刑衔接的机制和要求，确保行政责任追究和刑事责任追究无缝衔接。

1.3.4.2 《农产品质量安全法》的法律责任

《农产品质量安全法》第七章明确规定了农产品质量安全的法律责任，包括行政责任、民事责任和刑事责任。

1）行政责任　《农产品质量安全法》第六十二条规定，违反本法规定，地方各级人民政府有下列情形之一的，对直接负责的主管人员和其他直接责任人给予警告、记过、记大过处分；造成严重后果的，给予降级或者撤职处分：①未确定有关部门的农产品质量安全监督管理工作职责，未建立健全农产品质量安全工作机制，或者未落实农产品质量安全监督管理责任；②未制定本行政区域的农产品质量安全突发事件应急预案，或者发生农产品质量安全事故后未按照规定启动应急预案。

2）民事责任　《农产品质量安全法》第六十五条规定，农产品质量安全检测机构、检测人员出具虚假检测报告的，由县级以上人民政府农业农村主管部门没收所收取的检测费用，检测费用不足一万元的，并处五万元以上十万元以下罚款，检测费用一万元以上的，并处检测费用五倍以上十倍以下罚款；对直接负责的主管人员和其他直接责任人员处一万元以上五万元以下罚款；使消费者的合法权益受到损害的，农产品质量安全检测机构应当与农产品生产经营者承担连带责任。第六十九条还规定，农产品生产企业、农民专业合作社、农业社会化服务组织未依照本法规定建立、保存农产品生产记录，或者伪造、变造农产品生产记录的，由县级以上地方人民政府农业农村主管部门责令限期改正；逾期不改正的，处二千元以上二万元以下罚款。

3）刑事责任　《农产品质量安全法》第七十八条规定，违反本法规定，构成犯罪的，依法追究刑事责任。第七十九条规定，违反本法规定，给消费者造成人身、财产或者其他损害的，依法承担民事赔偿责任。当违法生产经营者财产不足以同时承担民事赔偿责任和缴纳罚款、罚金时，先承担民事赔偿责任。

1.3.4.3 《产品质量法》的法律责任

1）行政责任　《产品质量法》第四条规定，生产者、销售者依照本法规定承担产品质量责任。第六十五条规定，各级人民政府工作人员和其他国家机关工作人员有下列情形之一的，依法给予行政处分；构成犯罪的，依法追究刑事责任：包庇、放纵产品生产、销售中违反本法规定行为的；向从事违反本法规定的生产、销售活动的当事人通风报信，帮助其逃避查处的；阻挠、干预产品质量监督部门或者工商行政管理部门依法对产品生产、销售中违反本法规定的行为进行查处，造成严重后果的。第六十八条规定，市场监督管理部门的工作人员滥用职权、玩忽职守、徇私舞弊，构成犯罪的，依法追究刑事责任；尚不构成犯罪的，依法给予行政处分。此外，第六十六条和第六十七条也对行政责任做了具体的规定。

2）民事责任　《产品质量法》第六十四条规定，违反本法规定，应当承担民事赔偿责任和缴纳罚款、罚金，其财产不足以同时支付时，先承担民事赔偿责任。

3）刑事责任　《产品质量法》第五章罚则中第四十九条、第五十条、第五十二条、第五十七条、第五十九条、第六十一条、第六十五、第六十八和六十九条对违法应承担的刑事责任做了规定。例如，第六十八条明确，市场监督管理部门的工作人员滥用职权、玩忽职守、徇私舞弊，构成犯罪的，依法追究刑事责任。第六十九条明确，以暴力、威胁方法阻碍市场监督管理部门的工作人员依法执行职务的，依法追究刑事责任。

1.3.4.4 其他法律、法规责任

1）《中华人民共和国刑法》的法律责任　《中华人民共和国刑法》第一百四十三条和第一百四十四条分别明确了两种食品罪：生产、销售不符合食品安全标准的食品罪；生产、销售有毒、有害食品罪。对这两种食品罪的法律责任做了明确规定，如生产、销售不符合食品安全标准的食品，足以造成严重食物中毒事故或者其他严重食源性疾病的，处三年以下有期徒刑或者拘役，并处罚金；对人体健康造成严重危害或者有其他严重情节的，处三年以上七年以下有期徒刑，并处罚金；后果特别严重的，处七年以上有期徒刑或者无期徒刑，并处罚金或者没收财产。在生产、销售的食品中掺入有毒、有害的非食品原料的，或者销售明知掺有有毒、有害的非食品原料的食品的，处五年以下有期徒刑，并处罚金；对人体健康造成严重危害或者有其他严重情节的，处五年以上十年以下有期徒刑，并处罚金；致人死亡或者有其他特别严重情节的，依照本法第一百四十一条的规定处罚。

2）《消费者权益保护法》的法律责任　《消费者权益保护法》在第七章“法律责任”

中众多条款规定生产者、经营者在提供商品或者服务中有侵害消费者权益行为的应负有相应法律责任，包括民事责任、侵权责任、赔偿责任、行政责任、刑事责任等。例如，经营者对消费者未尽到安全保障义务，造成消费者损害的，应当承担侵权责任。经营者明知商品或者服务存在缺陷，仍然向消费者提供，造成消费者或者其他受害人死亡或者健康严重损害的，受害人有权要求经营者依照本法第四十九条、第五十一条等法律规定赔偿损失，并有权要求所受损失两倍以下的惩罚性赔偿。经营者违反本法规定提供商品或者服务，侵害消费者合法权益，构成犯罪的，依法追究刑事责任等。

思 考 题

1. 简述食品法律法规及标准的特点。
2. 什么是食品法律法规的效力范围？
3. 食品法律法规的适用原则包括哪些内容？
4. 食品安全法律责任有哪些？
5. 当前我国食品安全监督管理主体是什么，其下属的食品生产安全监督管理司的主要职责有哪些？

第2章 食品安全标准的制定

【本章重点】掌握标准与标准化的概念和基础知识；掌握食品安全标准的分类及其效力；了解我国标准和标准化的发展历程、国际食品标准发展概况，以及我国标准化实施过程中存在的问题；掌握标准代号的含义、国家标准的制定程序和原则；掌握撰写企业标准的基本要求。

2.1 标准与标准化的概念

中华人民共和国国家标准 GB/T 20000.1—2014《标准化工作指南 第 1 部分：标准化和相关活动的通用术语》条目 5.3 中对标准定义为：通过标准化活动，按照规定的程序经协商一致制定，为各种活动或其结果提供规则、指南或特性，供共同使用和重复使用的文件。而国际标准化组织（ISO）的标准化原理委员会（STACO）对标准的定义是由一个公认的机构制定和批准的文件。它对活动或活动的结果规定了规则、导则或特殊值，供共同和反复使用，以实现在预定领域内最佳秩序的效果。就食品生产而言，任何产品都应按照一定标准生产，任何技术都应依据一定标准操作。没有标准，就没有衡量产品质量或生产技术的尺度，产品和技术的质量就会因为没有比较的基准而无从谈起。

同样在 GB/T 20000.1—2014 标准中对标准化的定义为在一定范围内获得最佳秩序，对实际的或潜在的问题制定共同的和重复使用的规则的活动。这里的活动主要包括制定、发布及实施标准的过程。标准化的实质就是：“通过制定、发布和实施标准，达到统一。”“获得最佳秩序和社会效益”是标准化的目的。标准化的重要意义在于改进产品、过程和服务的适用性，防止贸易壁垒，并促进技术合作。

2.2 食品标准化制定作用与发展

2.2.1 标准化的作用意义

标准化的概念揭示了标准化的含义、对象、基本特性、形式及其在国民经济建设发展中的重要作用意义。

1. 标准化的含义

（1）标准化不是一个孤立的事物，而是一个活动过程。主要是制定标准、实施标准，并修订标准的过程。该过程不是简单重复，而是一个在不断循环中螺旋上升的运动过程。每完成一个循环，标准的水平就提高一步。标准化作为一门学科是研究标准化过程中的规律和方法；标准化作为一项工作，就是根据客观情况的变化，不断地促进这种循环过程的进行和发展。

标准是标准化活动的产物。标准化的目的和作用，就是要通过制定和实施具体的标准来体现。所以，标准化活动不能脱离制定、实施和修订标准，这是标准化的基本任务和主要内容。标准化的效果只有当标准在社会实践中实施以后，才能表现出来。如果仅仅是纸上谈兵，再多、再好，但没有经过实施的标准也不能起到其应有的作用，所以标准的实施环节是一个不可或缺的重要环节。没有标准的实施，也就谈不上标准化。

（2）标准化是一项有目的的活动。标准化可以有一个或多个特定目的，使产品、过程或服务具有适用性。该目的可以包括品种控制、可用性、兼容性、互换性、健康、安全、环境保护、产品防护、相互理解、经济效益、贸易等。一般来说，标准化的主要作用，除了为达到预期目的改进产品、过程或服务的适用性之外，还包括防止贸易壁垒、促进技术合作等。

（3）标准化活动是建立规范的活动。标准化活动所建立的规范具有共同使用和重复使用的特征。条款或规范不仅针对当前存在的问题，还针对潜在的问题，这是信息化时代标准化的一个重大变化和显著特点。

2．标准化的对象和基本特性　标准化的对象包括凡是具有多次重复使用和需要制定标准的具体产品，以及各种定额、规划、要求方法、概念等。

标准化的对象一般可以分为两大类——具体对象和总体对象。具体对象是需要制定标准的具体事物；总体对象是各种具体对象的总和所构成的整体，通过它可以研究各种具体对象的共同属性、本质和普遍规律。标准化的基本特性包括：抽象性、技术性、经济性、连续性（继承性）、约束性和政策性。

3．标准化的形式　标准化的形式是标准化内容的存在方式。标准化有多种形式，每种形式都表现出不同的标准化内容，针对不同的标准化任务，达到不同的目的。主要的标准化形式有简化、统一化、系列化、通用化、组合化和模块化。

（1）简化：就是在一定范围内缩减标准化对象的类型和数目，使之在一定时间内既能满足一般需要，又能达到预期标准化效果的标准化形式。通常简化是事后进行的，当事物的多样化已经发展到一定规模后，出现了多余的、低功能的和不必要的类型时，才对事物的类型和数目加以缩减。这种缩减是有条件的，是在一定的时间和空间范围内进行的，其结果是能保证满足一般需要。它既能简化目前的复杂性，也能预防将来产生不必要的复杂性。

（2）统一化：是把同类事物两种或两种以上的表现形态归纳为一种或限定在一个范围内的标准化形式。统一化的实质是使对象的形式、功能（效用）或其他技术特征具有一致性，并把这种一致性通过标准确定下来。简化与统一化是两个不同的概念，前者强调从个性中提炼共性；后者着眼于在个性同时共存中进行精炼。统一化的目的是消除由于不必要的多样化而造成的混乱，为人类的正常活动建立共同遵循的秩序。统一化又分绝对统一和相对统一，前者适用于各种编号、代号、标志、名称、单位、运动方向等，后者具有一定灵活性，如质量指标的分级规定，指标上、下限，以及公差范围等。

（3）系列化：是对同一类产品中的一组产品通盘规划的标准化形式。例如，对同一类产品国内外产需发展形势的预测，结合自身的生产技术条件，经过全面的技术经济比较，对产品的主要参数、型式、功能、基本结构等做出合理的安排与规划，使该类产品系统结构优化、功能最佳。工业产品的系列化一般可分为制定产品基本参数系列标准、编制系列型谱和开展系列设计三方面内容。

（4）通用化：以互换性为前提。互换性是指不同时间、不同地点制造出来的产品或零件，在装配、维修时不必经过修整就能任意替换使用的性质。互换性概念的两层含义分别是功能互换性和尺寸互换性。例如，设备零件通用化的目的是最大限度地减少零部件在设计和制造过程中的重复劳动，简化管理，缩短设计试制周期，扩大生产批量，提高专业化水平，为企业带来一系列经济效益。

（5）组合化：是按照统一化、系列化的原则，设计并制造出若干组通用性较强的单元，根据需要拼合成不同用途的物品的一种标准化形式，亦称“积木化”。组合化的特征是通过统一化的单元组合成为物体，而这个物体又能重新拆装，组合新的结构，统一化单元则可以多次重复利用。

（6）模块化：是以模块为基础，综合了通用化、系列化、组合化的特点，解决复杂系统类型多样化、功能多变的一种标准化形式。模块通常是由元件或零部件组合而成的、具有独立功能的、可成系列单独制造的标准化单元，通过不同形式的接口与其他单元组成产品，且可分、可合、可互换。

4. 标准化的作用与意义　标准化是国民经济建设和社会发展的重要基础工作之一，是各行各业实现管理现代化的基本前提。搞好标准化工作，对参与国际经济大循环，促进科学技术向生产力的转化，使国民经济走可持续发展道路等都有重要的意义。实践证明，标准化在经济发展中起到的重要作用主要表现在以下几个方面。

（1）标准化是不断提高产品质量和安全性的重要保证。标准化可以促进企业内部采取一系列的保证产品质量的技术和管理措施，使企业在生产过程中对所有生产原料、设备、工艺、检测、组织机构等都按照标准化要求进行，从根本上保证生产质量。

（2）标准化是现代化大生产的必要条件和基础。现代化大生产以先进的科学技术和生产的高度社会化为特征。具体表现是规模大、速度高、节奏快、分工细、生产协作广泛、产品质量要求高、与经济联系密切，所以依据生产技术的发展规律和客观经济规律对企业进行标准化科学管理显然是现代化大生产必不可少的。

（3）标准化可以促进企业经济效益的全面提升。标准化应用于科学研究，可以避免重复劳动；应用于产品设计，可以缩短设计周期；应用于生产，可以使生产在科学和有秩序的基础上进行；应用于管理，可以提供目标和依据，促进统一、协调和高效率的工作。

（4）标准化使企业内部管理与外部制约条件相协调，从而使企业具有适应市场变化的应变能力，并为企业采纳先进的供应链管理模式创造条件。

（5）标准化是推广应用科技成果和新技术的桥梁。标准化的发展历史证明，标准是科研、生产和应用三者之间的重要桥梁。科技成果转化通过新产品（或新工艺、新材料和新技术）的小试—中试—技术鉴定—制定标准—推广应用体现其生产力价值。

（6）标准化是国家对企业产品进行有效管理的依据。食品是关系人类生命安全的必需品，国家依据食品标准对食品行业进行有目的、系统和定期的质量抽查、跟踪，以监督食品质量，促进食品质量的提高，并根据实际情况，确定行业管理方向。

（7）标准化可以消除贸易壁垒，促进国际贸易的发展。尤其是 WTO 成员要遵守 WTO 规则，其目标就是在《关税与贸易总协定》（GATT）原则下促进国际贸易。国际贸易中的关税、知识产权和技术壁垒都有可能成为进出口贸易障碍。尤其是技术壁垒涉及标准、技术规范、合格评价程序，以及卫生与植物检疫检验，其中的标准和技术规范依国家不同而不同，很可能成为交易障碍。《世界贸易组织/技术性贸易壁垒协定》（WTO/TBT 协定）认为：国家有权采纳他们认为合适的标准，但为了避免不必要的多样性，鼓励各国采用国际标准，以促进国际贸易的发展。

2.2.2 我国食品标准化发展概况

2.2.2.1 我国标准化体制发展进程

新中国成立之初，政府设立了中央技术管理局标准规格处，1957 年成立了国家科学技术委员会标准局，负责全国的标准化工作。当时的标准化工作仅仅是中央各部门在各自的业务领域范围内制定产品标准和技术操作规程，主要是企业标准和部颁标准。1962 年国务院颁布了《工农业产品和工程建设技术标准管理办法》，1963 年当时国家科学技术委员会正式颁布国家标准、部标准和企业标准统一代号、编号等规定，由此我国三级标准体制建立。随着经济体制从计划经济体制转向社会主义市场经济体制，三级标准体制在经历了 20 多年的发展后发生了重大改变，1988 年 12 月，第七届全国人大常委会第五次会议通过了《中华人民共和国标准化法》（以下简称《标准化法》），于 1989 年 4 月开始实施，该法的颁布，确立了标准的法律地位，调整了标准化工作的各方面关系，规定了标准化的体制和制定标准的原则，明确了实施标准的办法及违反标准应承担的法律责任。它标志着我国的标准化事业进入了一个新的历史阶段。同时确立了我国的国家标准、行业标准、地方标准和企业标准的四级标准体制，该体制一直持续到现在。

（《标准化法》可扫码查阅）

2006 年 7 月，为实施技术标准战略，中国标准化专家委员会成立，推动了我国标准化事业的发展，重要技术标准的指导协调得到加强，提高了标准化工作科学决策水平，在标准化重大问题的决策和咨询等方面发挥了不可替代的作用。

2015 年 3 月 11 日，国务院印发《深化标准化工作改革方案》（以下简称《方案》），部署改革标准体系和标准化管理体制。《方案》要求改进标准制定工作机制，强化标准的实施与监督，更好发挥标准化在推进国家治理体系和治理能力现代化中的基础性、战略性作用，促进经济持续健康发展和社会全面进步。在《方案》实施过程中一些强制性标准进行清理整合、推荐性标准复审修订、团体标准和企业标准改革试点等重要措施稳步推进，新型标准体系形成并逐渐完善，深化标准化工作改革取得了显著成效。

2017 年 11 月 4 日，第十二届全国人大常委会第三十次会议表决通过了新修订的《标准化法》；习近平主席签署第七十八号主席令，新《标准化法》正式颁布，并于 2018 年 1 月 1 日起施行。新《标准化法》无论是在标准体系、标准化管理体制还是在标准制修订具体要求等方面都做出了适应经济社会发展需要的调整。对于提升产品和服务质量，促进科学技术进步，提高经济社会发展水平意义重大。

2021 年中共中央、国务院印发了《国家标准化发展纲要》（以下简称《纲要》）。党和国家高度重视标准化工作。习近平总书记指出，中国将积极实施标准化战略，以高标准助力高技术创新、促进高水平开放、引领高质量发展。《纲要》提出，到 2025 年，我国标准化发展将实现“四个转变”，即标准供给由政府主导向政府与市场并重转变、标准运用由产业与贸易为主向经济社会全域转变、标准化工作由国内驱动向国内国际相互促进转变、标准化发展由数量规模型向质量效益型转变。要完成“四个目标”，包括全域标准化深度发展，标准化水平大幅提升，标准化开放程度显著增强，标准化发展基础更加牢固，从而实现标准化更加有效推动国家综合竞争力提升，促进经济社会高质量发展，在构建新发展格局中发挥更大作用。《纲要》提出，到 2035 年，要实现结构优化、先进合理、国际兼容的标准体系更加健全，具有中国特色的标准化管理体制更加完善，市场驱动、政府引导、企业为主、社会参与、开放融合的标准化工作格局全面形成。《纲要》部署的七大任务分别是，推动标准化与科技创新互动发展，提升产业标准化水平，完善绿色发展标准化保障，加快城乡建设和社会建设标准化进程，提升标准化对外开放水平，推动标准化改革创新，夯实标准化发展基础。

2.2.2.2 我国食品标准化发展现状

我国食品安全标准体系始建于 20 世纪 60 年代，历经了初级阶段（20 世纪六七十年代）、发展阶段（20 世纪 80 年代）、调整阶段（20 世纪 90 年代）和巩固发展阶段（21 世纪至今）四个阶段。目前中国已初步建立起一个以国家标准为主体，行业标准、地方标准、企业标准和行业协会团体标准相互补充，门类比较齐全，相互比较配套，与我国食品产业发展、人民健康水平提高基本相适应的标准体系。

20 世纪 80 年代以前，我国食品的工业化程度低，产品种类少，食品标准的数量少，水平较低。改革开放以来，国内消费者生活水平提高，对食品质量要求也随之提高；特别是 2001 年 12 月我国加入 WTO 之后，国际贸易竞争激烈，进出口食品数量激增。总体上，我国食品质量标准的数量呈现快速增长的趋势，由于增加了与国际组织和其他国家的交流，标准的水平也有所提高。在我国食品标准体系中，强制性标准与推荐性标准相结合，国家标准、行业标准、地方标准、企业标准和行业协会团体标准相配套，形成了适应社会发展的独特的标准体系。例如，某些食品中的有毒有害物质检测方法尚无国家标准，但为了满足我国现阶段食品安全检验检疫及进出口贸易需求，补充了多项有毒有害物质检测方法的商检行业标准。我国食品标准数量基本涵盖了主要食品种类和食品链环节，有效地保证了食品卫生监督执法工作的进行。

我国食品标准体现了科学性和 WTO/SPS 协定的原则，考虑了我国独特的地理环境因素、人文因素等特殊要求，以“适当的健康保护水平”为目标和原则、以充分的“风险性评估”为科学依据制定标准。例如，我国食品安全标准中不同于 CAC 标准的 9 项农残指标、17 项污染物指标，主要是从我国的膳食因素、地理因素、环境因素和加工因素等方面，采用“风险性评估”原则，进行充分的科学分析，提出合理的依据和理由后制定的。

2.2.3 食品标准化制定实施过程中的常见问题

我国标准化工作已经取得显著成绩，但是依然存在一些问题。

（1）从企业看，部分企业标准化意识比较薄弱，特别是中小型以内销为主的企业。

（2）从国家标准化管理机构看，对标准的宣贯和培训不够。应该定期举办各种类型的标准宣贯班和标准化知识培训班，加强对食品生产加工企业产品标准的备案管理；推动食品行业开展创建“标准化良好行为企业”工作；加强食品标准实施的监督检查等。

（3）科研开发与标准的制定和修订结合不够紧密，使标准的合理性和有效性欠佳；标准化信息服务有待于加强；标准化专业人才比较缺乏；应该努力克服改革开放以来，由于政府机构调整改革，造成标准化管理工作失去连续性的问题。

（4）标准种类繁多，同类标准之间存在重复和冲突现象，国家标准、地方标准、行业标准和企业标准层次不分明；行业标准和企业标准不应与国家标准和地方标准相矛盾；此外有借助地方标准、行业协会团体标准搞地方保护主义的现象。

（5）标准制定与标准执行不能统一管理，导致有标不循，使监管不力，甚至强制性标准也未得到很好的实施，特别是在食品企业中占有相当大比例的中小型食品企业，普遍存在着人员标准化意识低、食品安全控制技术水平落后、设备设施老化等问题，导致无法真正按照相关标准的要求进行食品的生产或流通。

（6）加强对国际和国外先进标准的跟踪和转化研究，如 CAC、ISO、IDF（国际乳品联合会）等国际组织发布的标准、指南等技术文件的搜集、分析和研究，对适合我国国情和发展需要的国际标准，要尽快转化为我国标准；同时积极引导企业实质性地参与国际标准化活动，鼓励企业大力推行和使用采标标志，提高我国食品标准的总体水平。

（7）应该积极开展利用标准手段保护国内食品市场的技术性贸易措施和冲破国外技术壁垒的研究，提高我国食品行业的竞争力；应该更广泛地参与国际标准化活动，以适应竞争日益激烈的国际贸易。

2.3　国际食品标准制定的主要内容

国际标准在协调国际贸易、消除贸易技术壁垒中发挥重要作用。协调一致的国际标准可以降低或消除卫生、植物卫生和其他技术性标准成为贸易壁垒的风险。国际标准是各国家和地区间技术法规、标准和合格评定以及人类、动植物健康和安全保护措施的协调基础，是解决国际贸易争端的参考依据。

重要国际标准有 CAC、ISO 系列标准，以及发达国家和地区的标准，如欧盟、美国和日本的标准。

2.3.1　国际食品标准

目前公认的国际食品标准是指国际食品法典委员会（CAC）的标准。随着全球经济一体化发展，以及食品安全问题日益受到重视，全世界食品生产者、监管部门和消费者越来越认识到建立全球统一的食品标准是国际及国内食品贸易公平性的体现，也是各国制定和执行有关法规等的基础，同时有利于维护和增加消费者对食品的信任。正是在这样的一个背景下，1962 年，FAO 和 WHO 共同创建了 CAC，并使其成为一个促进消费者健康和维护消费者经济利益，以及鼓励公平的国际食品贸易的国际性组织。该组织的宗旨是通过建立国际标准、方法、措施，指导日趋发展的世界食品工业，消除贸易壁垒，减少食源性疾病，保护公众健康，促进公平的国际食品贸易发展，协调各国的食品标准立法并指导其建立食品安全体系。该组织目前有近 170 个成员，覆盖了全球 98%以上的人口。

CAC 制定了《食品法典》和法典程序。《食品法典》包括标准和残留限量、法典和指南两部分，包含了食品标准、卫生和技术规范、农药、兽药、食品添加剂评估及其残留限量制定和污染物指南在内的广泛内容。法典程序确保了食品法典的制定是建立在科学的基础之上，并保证考虑了各成员和有关方面的意见。目前为止，CAC 已发布大量的标准、导则等，内容涉及食品标准、农兽药残留标准、添加剂标准、各种污染物标准、辐射污染物标准、感官品质检验标准、检验检测方法标准、检验数据的处理准则、安全卫生管理指南等。

2.3.2　欧盟食品安全标准

农业及食品在欧洲经济中占有相当重要的位置，欧盟建立了政府或组织间的纵向和横向管理监控体系，以协调管理食品安全问题。运作机制主要是通过立法制定各种标准、管理措施和方法，并进行严格的控制与监督，使法律得以执行，从而达到实现食品安全、保护人类健康与环境的目的。

欧盟的立法包括各种指令（directive）、条例（regulation）和决定（decision）。指令仅对成员国有约束力，规定成员国在一定期限内所应达到的目标，至于为达到目标而采取的行动方式则由有关成员国自行决定；条例具有普遍适用性、直接适用性和全面约束力的特点；决定具有特定的适用性，可以针对特定成员国或所有成员国发布，也可以针对特定的企业或个人发布，对发布对象具有绝对的法律约束力。此外，欧盟还可以就某些问题形成建议（recommendation）和意见（opinion），但建议和意见不具有法律约束力，仅仅是反映发布这些建议和意见的欧盟机构关于某些问题的想法。通过以上法律、法规及相关建议等，形成了完备的食品标准体系。

欧盟通过技术法规和标准的相互配合，大大加快了食品安全技术法规的立法，并使食品安全技术法规的内容更为全面和具有可操作性，协调标准的内容也更为详细和具体。欧盟的食品安全要求主要以技术法规的形式制定和颁布。欧盟的食品安全指令有：食品安全基础性指令、食品安全管理和控制等指令、食品安全检测方法方面的指令、食品和饲料中有毒有害物质限量和卫生相关指令、标签标识相关的指令、与食品接触的物品和材料相关的指令、特殊营养用途食品相关的指令、其他指令等。

《欧盟食品安全协调标准》是指在 1985 年实施《新方法指令》后由欧盟标准化委员会（CEN）制定的标准。欧盟制定了关于食品安全方面的协调标准（包括术语标准和检测方法标准）、厂房及设备卫生要求方面的标准。欧盟制定的食品安全标准目前主要以食品中各种有毒有害物质的测定方法为主。

欧盟食品安全技术法规与标准体系的特点是：强调以预防为主，贯彻风险分析为基础的原则，对“从农田到餐桌”整个食品链的全过程进行控制；食品安全技术法规与标准分工明确，相互协调配合；食品安全技术法规与标准体系严密，具体技术法规详细。欧盟食品安全标准体系对我国食品安全标准体系的构建有如下启示：①食品安全标准体系的构建要贯彻预防为主、以风险分析为基础、对食品链全过程进行监控的思想；②应明确定位各类标准的范围，保证相互之间协调；③加大标准的前期研究投入，充分发挥市场和企业在制定推荐性标准方面的作用。

2.3.3 美国食品安全标准

美国涉及食品标准管理的机构主要有 4 个，包括美国食品安全检验局（FSIS）、美国环境保护署（EPA）、美国农业市场服务局（AMS）、美国食品药品监督管理局（FDA）。其中 FSIS 负责制定肉、禽、蛋制品的安全和卫生标准；EPA 负责饮用水标准及食品中的农药残留限量标准；AMS 负责蔬菜、水果、肉、蛋等常见食品的市场质量分级标准；FDA 负责监管标准和其他所有食品的安全和卫生标准，包括食品添加剂、防腐剂和兽药标准。各部门职责界定清晰，各司其职，有利于标准的顺利实施。

美国的食品安全技术协调体系由技术法规和标准两部分组成。从内容上看，技术法规是强制遵守的、规定与食品安全相关的产品特性或者相关的加工和生产方法的文件，包括适用的行政性规定，类似于我国的强制性标准。而食品安全标准则体现通用或者反复使用的目的，是由公认机构批准的、非强制性遵守的，为规范产品或者相关的食品加工和生产方法出台的规则、指南或者特征性的文件。通常，政府相关机构在制定技术法规时引用已经制定的标准，作为对技术法规要求的具体规定，这些被参照的标准就被联邦政府、州或地方法律赋予强制性执行的属性。标准是在技术法规的框架要求的指导下制定，必须符合相应的技术法规要求。

美国推行的是民间标准优先的标准化政策，鼓励政府部门参与民间团体的标准化活动。自愿性和分散性是美国标准体系两大特点，也是美国食品安全标准的特点。目前，美国全国的标准以十万计，约有 700 家机构在制定各自的标准。美国的食品安全标准有 660 余项，主要是检验、检测方法标准和被技术法规引用后的肉类、水果、乳制品等产品的质量分等、分级标准两大类。这些标准的制定机构主要是经过美国国家标准学会（ANSI）认可的与食品安全有关的行业协会、标准化技术委员会和政府部门等。

1. 美国行业协会参与制定标准

（1）美国分析化学师协会（Association of Official Analytical Chemists，AOAC）：从事检验与各种标准分析方法的制定工作。标准内容包括：肥料、食品、饲料、农药、药材、化妆品、危险物质和其他与农业及公共卫生有关的材料等。

（2）美国谷物化学师协会（American Association of Cereal Chemists，AACC）：旨在促进谷物科学的研究，保持科学工作者之间的合作，协调各技术委员会的标准化工作，推动谷物化学分析方法和谷物加工工艺的标准化。

（3）美国饲料官方管理协会（Association of American Feed Control Officials，AAFCO）：1909 年成立，目前有 14 个标准制定委员会，涉及产品 35 个。制定各种动物饲料术语、官方管理及饲料生产的法规及标准。

（4）美国奶制品学会（American Dairy Products Institute，ADPI）：进行奶制品的研究和标准化工作，制定产品定义、产品规格、产品分类等标准。

（5）美国饲料工业协会（American Feed Industry Association，AFIA）：具体从事各有关方面的科研工作，并负责制定联邦与州的有关动物饲料的法规和标准。

（6）美国油料化学师协会（American Oil Chemists Society，AOCS）：主要从事动物、海洋生物和植物油脂的研究，油脂的提取、精炼和在消费与工业产品中的使用，以及有关安全包装、质量控制等方面的研究。

（7）美国公共卫生协会（American Public Health Association，APHA）：主要制定工作程序标准、人员条件要求及操作规程等。标准包括食物微生物检验方法、大气检定推荐方法、水与废水检验方法、住宅卫生标准及乳制品检验方法等。

2. 标准化技术委员会制定标准

（1）3A 卫生标准是由美国牛奶工业基金会（Milk Industry Foundation，MIF）、乳制品和食品工业供应协会（Dairy and Food Industries Supply Association，DFISA）及美国奶制品学会等团体联合制定的关于奶酪制品、蛋制品加工设备清洁度的卫生标准，并发表于《奶牛与食品工艺杂志》（*Journal of Milk and Food Technology*）上。

（2）烘烤业卫生标准委员会（Baking Industry Sanitation Standards Committee，BISSC）：从事标准的制定、设备的认证、卫生设施的设计与建筑、食品加工设备的安装等。由政府和工业部门的代表参加标准编制工作，特殊的标准与标准的修改由协会的工作委员会负责。协会的标准为制造商和烘烤业执法机关所采用。

3. 政府部门制定标准 FDA、USDA 等是负责不同类别食品安全标准制定的主要政府部门。例如，美国农业部农业市场服务局（AMS）制定的农产品分等、分级标准，收集在美国《联邦法规法典》的 CFR7 中。涉及新鲜果蔬、加工用果蔬和其他产品等 85 种农产品；加工的果蔬及其产品分级标准分为罐装果蔬、冷冻果蔬、干制和脱水产品、糖类产品和其他产品五大类；此外还有乳制品分级标准、蛋类产品分级标准、畜产品分级标准、粮食和豆类分级标准。这些农产品分级标准是依据美国农业销售法制定的，对农产品的不同质量等级予以标明。新的分级标准根据需要不断制定，大约每年对相应的分级标准进行修订。

2.4　我国食品安全标准制定

2.4.1　标准分类

我国的标准有几种分类方法，按效力性质可分为强制性标准和非强制性标准两类。按层次可分为国家标准、行业标准、地方标准、企业标准和行业协会团体标准等；按标准内容可分为技术标准、管理标准和工作标准。不同分类标准之间的相互关系见图 2.1。

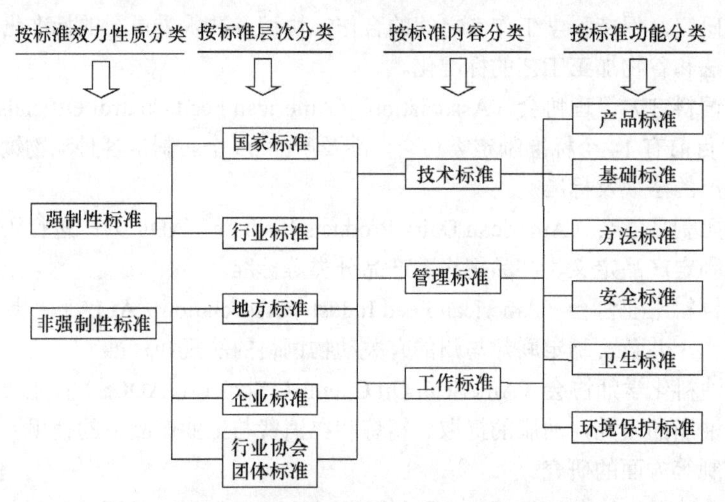

图 2.1　不同分类标准之间的相互关系

1．标准按效力性质分类　强制性标准是由法律规定必须遵照执行的标准。强制性标准以外的标准是自愿执行的非强制性标准，又叫推荐性标准。依据《标准化法》规定，国家标准和行业标准都可分为强制执行和自愿执行两类标准，涉及公共健康、人身安全、财产保护和环境方面内容及其相关法律法规为强制性标准，除此以外的内容为推荐性标准。省（自治区、直辖市）标准化行政主管部门制定的地方标准中涉及工业产品安全、卫生要求等，在本地区域内是强制性标准。一旦某国家标准被核准颁布执行，现行的相关行业标准或地方标准都将随之被撤销。

根据《食品安全法》第二十五条规定，我国现行的食品安全标准是强制执行的标准。在我国除食品安全标准外，不得制定其他食品强制性标准。

2．标准按层次分类　标准按层次可分为国家标准、行业标准、地方标准、企业标准和行业协会团体标准。

国家标准体现了在全国范围统一技术要求，以及在国家经济发展和技术进步中的重要性。

行业标准是指我国某个行业领域作为统一技术要求所制订的标准。行业标准比国家标准的专业性和技术性更强，是对国家标准的补充，当相应的国家标准实施后，该行业标准应自行废止。

地方标准是在没有国家标准和行业标准的情况下，由省（自治区、直辖市）标准化行政主管部门统一制定的标准。地方标准仅适用于当地行政管辖区域内。地方标准通常包括工业产品的安全与卫生要求；药品、兽药、食品卫生、环境保护、节约能源、种子等法律、法规所规定的要求，以及其他法律、法规规定的要求等。

企业标准是企业针对自身产品，按照企业内部需要协调和统一的技术、管理和生产等要求而制订的标准。企业标准或用于没有国家标准、行业标准和地方标准的产品，或是比国家标准、行业标准和地方标准更严格的标准。在我国鼓励企业制订自身的产品企业标准。

在行业协会团体标准制定管理上，对团体标准不设行政许可，由社会组织和产业技术联盟自主制定发布，通过市场竞争优胜劣汰。国务院标准化主管部门会同国务院有关部门制定团体标准发展指导意见和标准化良好行为规范，对团体标准进行必要的规范、引导和监督。在工作推进上，选择市场化程度高、技术创新活跃、产品类标准较多的领域，先行开展团体标准试点工作。支持专利融入团体标准，推动技术进步。

为了适应某些领域标准快速发展和变化的需要，作为对国家标准的补充，我国出台了“国家标准化指导性技术文件”。符合下列情况之一的项目，可以制定指导性技术文件：①技术尚在发展中，需要有相应的文件引导其发展或具有标准化价值，尚不能制定为标准的项目；②采用国际标准化组织、国际电工委员会及其他国际组织（包括区域性国际组织）的技术报告的项目。指导性技术文件仅供使用者参考。

3．标准按内容分类　标准按内容可以分为技术标准、管理标准和工作标准三类。

技术标准是对标准化领域中需要统一的技术事项所制定的标准。技术标准按功能又可以进一步分为：基础技术标准、产品标准、工艺标准、检验和试验方法标准、设备标准、原材料标准、安全标准、环境保护标准、卫生标准等。其中的每一类还可以进一步细分，如基础技术标准还可再分为术语标准、图形符号标准、数系标准、公差标准、环境条件标准和技术通则性标准等。

管理标准是对标准化领域中需要协调统一的管理事项所制定的标准。主要是针对管理目标、管理项目、管理业务、管理程序、管理方法和管理组织所做的规定。

工作标准是为实现工作（活动）过程的协调，提高工作质量和工作效率，对每个职能和岗位的工作制定的标准。按岗位制定的工作标准通常包括：岗位目标、工作程序和工作方法、业务分工和业务联系（信息传递）方式、职责权限、质量要求与定额、对岗位人员的基本技术要求、检查考核办法等内容。

企业及行业根据市场的发展，通过行业协会自主制定团体标准，充分展示技术、管理和工作中标准化需求，释放市场经济活力，国家鼓励支持专利融入团体标准，推动技术进步。鼓励标准化专业机构支持企业标准化发展，强化社会监督，鼓励社会组织和产业技术联盟、企业积极参与国内外标准化活动，增强话语权。

4．标准按信息载体分类　标准按信息载体可以分为标准文件和标准样品。

（1）标准文件：为了规范某行业内或某种工作而制定的统一标准，以便促进该行业的工作。它以文字形式表达、以文件形式颁布。

（2）标准样品：它是以实物形式表达，分内部标准样品和有证标准样品。内部标准样品是在企业、事业单位或其他组织内部使用的标准样品，其性质是一种实物形式的企业内控标准；而有证标准样品具有一种或多种性能特性，经过技术鉴定附有说明上述性能特征的证书，并经国家标准化管理机构批准的标准样品，其特点是经国家标准化管理机构批准并发给证书，并由经过审核和准许的组织生产和销售。

（《食品安全法》可扫码查阅）

2.4.2 我国食品安全标准的分类

我国原有食品标准的分类按其效力性质同样可分为强制性标准和非强制性标准两类；有国家标准、行业标准、地方标准和企业标准 4 个不同层次。《食品安全法》实施后将各个层面标准统一整合为食品安全国家标准，均为强制性食品安全国家标准。食品安全标准按内容分类见表 2.1。

表 2.1 我国食品安全标准按内容分类

食品安全标准	对象	主要内容
食品中有毒有害物质限量标准	确定的人类致癌物	2004 年 WHO 所属国际癌症研究机构（IARC）将 900 种化学物、混合物和接触场所对人致癌性的综合评价结果分为 4 组
	食品中污染物限量标准	食品中污染物铅、镉、汞、砷、铬、硒、氟、苯并[a]芘、*N*-亚硝胺、多氯联苯、亚硝酸盐的限量，以及面粉中的铝，植物性食品中稀土，食品中锌、铜、铁等的限量标准
	食品中其他污染物限制浓度标准	粮食、蔬菜及水果、肉鱼虾类和奶类食品中的天然和人工放射性物质；与食品接触的陶瓷制品铅、镉溶出限量
	食品中农（兽）药、激素（植物生长素）及抗生素残留限量	食品中农药的最大残留限量；动物性食品中兽药最大残留限量
食品添加剂标准	食品添加剂、营养强化剂	食品化学合成或天然物质，如营养强化剂、食品用香料、胶基糖果中基础剂物质、食品工业用加工助剂等
食品包装与标签标准	预包装食品标签通则	预先定量包装或装入（灌入）容器中，向消费者直接提供的食品
	食品包装材料及容器标准、食（饮）具卫生标准	包括工具、设备用洗涤、消毒剂
食品产品标准	动物性食品安全标准	乳制品；鲜（冻）畜肉及其他肉制品；鲜、冻禽产品；鲜、冻动物性水产品；蛋品等
	植物性食品安全标准	植物油料、油炸食品
	森林食品安全标准	食用类林特产品及其加工产品
	婴幼儿食品安全标准	婴儿和幼儿配方食品、婴幼儿谷类辅助食品、婴幼儿罐装辅助食品等
	超市食品安全标准	流通领域食品
	辐照食品安全标准	花粉、果干果脯类、香辛料类、新鲜水果和蔬菜类、猪肉、冷冻包装畜禽肉类、豆类、谷类、薯干酒等辐照食品
食品卫生管理生产规范	食品厂卫生规范	食品加工厂卫生规范、食品企业通用卫生规范、良好生产规范

续表

食品安全标准	对象	主要内容
食品检验标准	食品理化检验标准	水分、蛋白质、脂肪、灰分、还原糖、蔗糖、淀粉、食品添加剂、重金属及有毒有害物质的测定
	食品微生物检验标准	菌落总数、大肠菌群、各类致病菌、常见产毒霉菌、抗生素残留、双歧杆菌等
	食品检验与评价标准	食品试验检验方法，食品与农产品检验检疫标准，食品中放射性物质检验标准，食物中毒诊断标准及技术处理原则，食品安全性毒理学评价程序与实验方法，转基因食品检测标准

需要说明的是，食品企业卫生规范是以国家标准的形式列入食品安全标准中的，但它不同于产品的卫生标准，它是企业在生产经营活动中的行为规范。

鉴于目前食品安全事件频繁发生，从现代食品供应链质量管理的观点出发，本着对食品实施“从农田到餐桌”的全过程监控，强调在食品的产前、产中至产后的全过程实行标准化管理的指导思想，食品安全标准体系可以按照整个生产过程分为产地环境要求、农业生产技术规程、工业加工技术规程、包装贮运技术标准、商品质量标准和卫生安全要求等内容。

强制性国家食品安全标准按食品种类可分为动物性食品安全标准、植物性食品安全标准、婴幼儿食品安全标准、辐照食品安全标准等；强制性国家食品安全标准中的基础标准主要是对食品中某些毒素、污染物及某些元素的限量标准，并包括食品添加剂、营养强化剂等标准，如涉及食品中真菌毒素限量和食品中污染物限量标准等。强制性国家食品安全标准涉及食品包装材料的标准，如容器、食具、包装纸等卫生标准，以及产品标签通则等。推荐性国家食品标准包括了微生物学检验方法和理化检验方法等标准内容。

2.4.3　标准代号及表示方法

我国标准代号在《国家标准管理办法》《行业标准管理办法》《地方标准管理办法》《企业标准化管理办法》中都有相应规定。国家质量技术监督局于1999年8月24日发布了《关于规范使用国家标准和行业标准代号的通知》，国家标准代号、行业标准代号、地方标准代号和企业标准代号见表2.2，食品标准的表示方法见表2.3。

表2.2　部分标准代号

分类	代号	含义	管理部门
国家标准	GB	中华人民共和国强制性国家标准	国家标准化管理委员会
	GB/T	中华人民共和国推荐性国家标准	国家标准化管理委员会
	GB/Z	中华人民共和国国家标准化指导性技术文件	国家标准化管理委员会
行业标准	HJ	环境保护	生态环境部
	NY	农业	农业农村部
	QB	轻工	中国轻工业联合会
	LS	粮食	国家粮食和物资储备局
	SC	水产	农业农村部（水产）
	SN	商检	国家市场监督管理总局
	WS	卫生	国家卫生健康委员会

续表

分类	代号	含义	管理部门
行业标准	YC	烟草	国家烟草专卖局
地方标准	DB＋*	中华人民共和国强制性地方标准代号	省级市场监督管理局
	DB＋*/T	中华人民共和国推荐性地方标准代号	省级市场监督管理局
企业标准	Q＋*	中华人民共和国企业产品标准	企业

表 2.3　食品标准表示方法

按标准层次分类	标准表示方法	应用举例
强制性国家标准	GB 标准发布顺序号—标准发布年代号	GB 25192—2022《食品安全国家标准 再制干酪和干酪制品》
非强制性国家标准	GB/T 标准发布顺序号—标准发布年代号	GB/T 10781.2—2022《白酒质量要求 第 2 部分：清香型白酒》
国家实物标准（样品）	GSB 一级类目代号—二级类目代号—三级类目内的顺序号—四位数年代号	GSB 16—1524—2002《武夷岩茶国家标准样品》
推荐性行业标准	推荐性行业标准代号 标准发布顺序号—标准发布年代号	WS/T 799—2022《污水中新型冠状病毒富集浓缩和核酸检测方法标准》
强制性地方标准	强制性地方标准代号 标准发布顺序号—标准发布年代号	DB 31/2007—2012《食品安全地方标准 现制饮料》
企业标准	Q/×××企业标准代号 标准发布顺序号—企业标准发布年代号	Q/JTHS 0034 S—2022《酸枣仁 γ-氨基丁酸复合植物饮品》

2.4.4　食品安全标准的制定程序和原则

我国的国家标准由国务院标准化行政主管部门，如国家标准化管理委员会编制计划和组织草拟，并统一审批、编号和发布。其制定程序划分为以下几个阶段：预阶段、立项阶段、起草阶段、征求意见阶段、审查阶段、批准阶段、出版发布阶段、复审阶段和废止阶段。我国在《食品安全法》中规定，涉及食品的国家食品安全标准是强制性执行标准，由国务院卫生行政部门会同国务院食品安全监督管理部门制定、公布，国务院标准化行政部门提供国家标准编号。

我国的行业标准由相应的国务院各有关行政主管部门制定和颁布。按行业归类的标准产生过程是：由国务院各有关行政主管部门提出其所管理的行业标准范围的申请报告，经国务院标准化行政主管部门（目前是国家标准化管理委员会）审查确定，同时公布该行业的标准代号。地方标准由省（自治区、直辖市）标准化行政主管部门统一编制计划、组织制定、审批、编号和发布。企业标准由企业法人代表或法人代表授权制定、发布，政府核准、备案。

对下列情况，制定国家标准可采用快速程序：①对等同采用、等效采用国际标准或国外先进的标准制定、修订项目，可直接由立项阶段进入征求意见阶段，省略起草阶段；②对现有国家标准的修订项目或其他各级标准的转化项目，可直接由立项阶段进入审查阶段，省略起草阶段和征求意见阶段。

标准的制定应体现先进性、适用性、经济性和可证实性，即标准的内容和技术水平应当是先进的，并且有利于促进技术水平和科学管理水平的提高，否则标准就失去了存在的价值；标准要求把“满足规定用途的能力”放在首位，即满足需方要求，特别是把安全、可靠性放在首位；标准中的统一规定，原则上应该是能用试验方法等加以验证的要求，即标准中的要求应尽可能用准确的数值定量地表示出来，不应是不明确的概念性用语，涉及的数值应该是能够检测的。

食品安全标准在国民经济中起重要作用，随着中国进入全球化经济中心进程的推进和国际竞争的日益加剧，标准的外延不断扩展，各标准主体之间的利益互动更加频繁，标准的作用和地位经历着不断深化的过程。食品安全标准从多方面规定了食品的技术要求和品质要求，是食品安全的保证，其作用主要表现在以下方面：是国家管理食品行业的依据；是食品企业进行科学管理的基础；可以保证食品的食用安全性；促进食品生产；推动国际贸易。

《食品安全法》规定，制定食品安全标准，应当以保障公众身体健康为宗旨，做到科学合理、安全可靠。食品安全标准是为了保证食品安全，必须从源头抓起，对食品生产经营的每道工序、每个环节、每个渠道，实行严格的监督管理制度。由于食品行业分布广、种类多，涉及方方面面，需要制定一系列的标准，所以有必要对食品安全标准的制定提出总的原则性要求，以确保所制定的食品安全标准能够真正起到保障广大人民群众身体健康和生命安全的目的。

因此，食品安全的法规明确规定了制定食品安全标准应当遵循的原则就是以保障公众身体健康为宗旨，做到科学合理、安全可靠。所谓“以保障公众身体健康为宗旨”，就是要求有关方面在制定食品安全标准时，必须以保障公众身体健康为根本的出发点和归宿点，必须充分考虑食品的安全、卫生要求，确保按照标准生产经营的食品符合保障公众身体健康的要求。所谓“科学合理”，就是要求有关方面在制定食品安全标准时，对于标准的具体内容，既应当符合科学技术发展水平的要求，又应当符合现实生产经营所能达到水平的要求，而不能超越现实的客观条件，提出难以达到的要求，即食品安全标准应当具有现实可能性和可操作性。所谓“安全可靠”，就是要求有关方面在制定食品安全标准时，对于标准的内容，既要能够保证食品的无毒、无害，又要能够保证食品应当具有的营养要求，确保对人体健康不会造成任何急性、慢性及潜在性的危害。

2.4.5　食品安全标准的起草制定

标准起草制定时不仅内容要符合政策、经济合理、技术先进，而且表达形式要力求准确、简明、表述要规范化。标准的文体应简单明了，通俗易懂，不给使用者在理解上造成任何困难。制定行业、企业等标准时还应考虑标准接口、互换、兼容或配合。标准有其特定格式、编号、文字结构与表达方式，简述如下。

2.4.5.1　食品安全标准制定的资料性概述要素

资料性概述要素包括技术标准的封面、目次、前言和引言等内容。

1. 封面　封面为必备要素，需写明：①标准的分类号和备案号、类别和标志、编号和代替标准号；②中、英文名称，与国际标准一致性程度的标识；③发布日期、实施日期和发布部门等，如图 2.2 所示。

标准名称为必备要素，是对标准的主题最集中、最简明的概括。名称可直接反映标准化对象的范围和特征，也直接关系到标准化信息的实施效果。标准名称是读者使用、收集和检索标准的主要判断依据。编写标准的中、英文名称力求简练，既要明确表明标准的主题，又要使之与其他类别标准相区别。

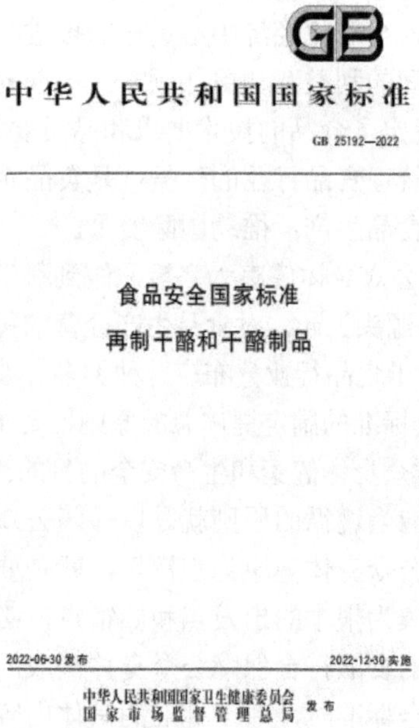

图 2.2　标准封面示例

标准的中文名称最多包括三个要素，即引导要素、主体要素和补充要素。其中主体要素为必备要素，其余为可选要素。

引导要素表示标准所属的领域；主体要素表示所述领域的标准化对象；补充要素表示标准化对象的特定方面。例如，《食品安全国家标准 再制干酪和干酪制品》（GB 25192—2022）中的名称“再制干酪和干酪制品”即主体要素，《食品安全国家标准 水果、蔬菜及其制品中甲酸的测定》（GB 5009.232—2016）名称中的引导要素为“水果、蔬菜及其制品”；主体要素为“甲酸的测定”；其补充要素为“重量法”（需要时才写明）。

（相关法规可扫码查阅）

标准的英文名称应尽量从相应国际标准的名称中选取，避免直译标准的中文名称。在采用国际标准时，应直接采用原标准的英文名称。英文名称写法：每一段第一个单词的首字母大写，其余小写，如“Pasteurized milk”“Determination of acidity in milk and milk products”。例如，2010年的国家标准名称的最新规则：食品国家标准名称前冠以“食品安全国家标准（National food safety standard）”字样。

2. 目次　目次为可选要素。其功能为：层次结构框架、引导阅读和检索，其中应列出完整的标题及所在页码。目次中所列出的内容次序如下：①前言；②引言；③章的编号、标题；④带有标题条的编号、标题（需要时列出）；⑤附录编号、附录性质（在圆括号中注明“规范性附录”或“资料性附录”）、标题；⑥附录章的编号、标题（需要时才列出）；⑦附录条的编号、标题（需要时才列出，并且只能列出带有标题的条）；⑧参考文献；⑨索引；⑩图的编号、图题（需要时才列出）；⑪表的编号、表题（需要时才列出）。

3. 前言　标准的前言为必备要素，不应包含图、表和要求。前言由特定部分和基本部分组成，特定部分用于说明系列标准或多个部分组成的技术标准的结构，与对应国际标准的一致性程度，代替或废除的其他文件，与此标准前一版相比的重大技术变化，与其他文件的关系，标准中附录的性质等。前言的基本部分用于说明该项标准的提出单位、批准部门、归口单位、起草单位、主要起草人和所代替标准的历次版本发布情况等。

如果是标准更新，则在前言部分主要说明的内容有：①现制定的标准适用范围，可替代哪些旧标准；②现制定标准与旧标准或其他标准相比的主要变化的内容。

例如，《食品安全国家标准 再制干酪和干酪制品》（GB 25192—2022）的前言描述如下。

> 前言
>
> 本标准代替 GB 25192—2010 《食品安全国家标准 再制干酪》。
>
> 本标准与 GB 25192—2010 相比，主要变化如下：
>
> ——修改了标准名称；
>
> ——修改了范围；

——修改了术语和定义；
——修改了感官要求；
——删除了理化指标；
——修改了微生物限量；
——增加了“4 其他”。

4．引言　标准的引言为可选要素，是对“前言”中有关内容的特殊补充或对标准中有关技术内容的特殊说明、解释，以及制定该标准原因的特殊信息或说明。引言位于标准前言之后，一般不分条，也不编号。

2.4.5.2　食品安全标准的正文

标准正文的内容包括：范围、规范性引用文件、术语和定义、技术要求、其他等内容。

1．范围　标准的范围是规范性一般要素，同时又是必备要素，应位于标准的正文之首。范围应明确说明技术标准的对象和所涉及的各个方面，由此指明技术标准或其特定部分的适用界限，即标准中一切技术内容的规定都在范围所界定的界限内起作用，超出范围，这些规定就不适用。范围的编写应做到完整（提供的信息要全面，不缺项）、规范（用语要准确规范）、简洁（高度提炼所要表达的所有内容）。

例如，《食品安全国家标准 再制干酪和干酪制品》（GB 25192—2022）中的范围描述如下：

1　范围
本标准适用于再制干酪和干酪制品。

范围使用陈述句形式表达有“本标准规定了……的方法（特征等）”“本标准确立了……的系统（一般原则等）”“本标准给出了……的指南”“本标准界定了……的术语”等。

范围应给出标准适用性的陈述，如有必要还应给出标准不适用的范围，如“本标准适用于……”“本标准适用于……，也适用于……”“本标准适用于……，……也可参照（参考）使用”“本标准适用于……，不适用于……”“本标准不适用于……”等。

2．规范性引用文件　为可选要素，是指技术标准中对规范性文件进行引用的说明，不应包括非公开的文件、资料性引用文件、在标准编制过程中参考过的文件。这些文件一经引用即成为该项技术标准实施时不可缺少的内容。对于标注日期的引用文件，应给出其年号及完整的名称，对规范性引用文件的说明如下：

规范性引用文件
本标准中引用的文件对于本标准的应用是必不可少的。凡是注日期的引用文件，仅所注日期的版本适用于本标准。凡是不注日期的引用文件，其最新版本（包括所有的修改单）适用于本标准。

3．术语和定义　术语和定义（有时包括符号和缩略语）均为可选要素。通常为了理解一项技术标准，对其中使用的某些术语尚无统一规定时，应加以必要的定义或给出说明，对其中使用的某些符号和缩略语可以列出它们的一览表，并对所列符号、缩略语的功能、意义、具体使用场合给出必要的说明。例如，《食品安全国家标准 再制干酪和干酪制品》（GB 25192—2022）中对名称“再制干酪、干酪制品”定义如下：

2　术语和定义

2.1　再制干酪

以干酪（比例大于 50%）为主要原料，添加其他原料，添加或不添加食品添加剂和营养强化剂，经加热、搅拌、乳化（干燥）等工艺制成的产品。

2.2　干酪制品

以干酪（比例 15%～50%）为主要原料，添加其他原料，添加或不添加食品添加剂和营养强化剂，经加热、搅拌、乳化（干燥）等工艺制成的产品。

术语和定义的引导语表示方式有“下列术语和定义适用于本标准”“……确立的以及下列术语和定义适用于本标准”“下列术语和定义适用于 GB/T ××××—××××的本部分”“……确立的以及下列术语和定义适用于 GB/T ××××—××××的本部分”。

通常在制定行业级别以上的标准时才制定术语和定义，而在企业标准中一般很少出现。

4. 技术要求　各类标准中的“技术要求”内容差异较大，要根据各类标准的技术特征及其制定目的合理地选择必要的内容。以下原则主要针对产品标准，适用时也可用于过程标准或服务标准。

技术要求的原则包括：该标准所涉及的产品具有需要在较大范围内统一协调的特性，目的是要保证适用性；只要可能就应使用性能特性而不使用设计和描述特性来表达标准中的技术要求；该技术要求能够被试验方法在较短时间内证实其符合稳定性、可靠性或寿命等，应使用明确的数值附带公差，或者指出最大、最小值来表示；应避免重复，如果需要借用其他技术标准中的某项要求，应采用引用方式而不必重复其内容。

1）*产品标准*　以《食品安全国家标准 再制干酪和干酪制品》（GB 25192—2022）标准为例，其技术要求包括以下内容：原料要求、感官要求、污染物限量、真菌毒素限量、微生物限量、食品添加剂和营养强化剂等内容。

3　技术要求

……

3.2　感官要求

感官要求应符合表 1 的规定。

表 1　感官要求

项目	要求	检验方法
色泽	具有该产品正常的色泽	取适量试样置于洁净的白色盘（瓷盘或同类容器）中，在自然光下观察色泽和组织状态。闻其气味，用温开水漱口，品尝滋味
滋味、气味	具有该产品特有的滋味和气味	
状态	具有该产品应有的组织状态，可有与产品口味相关原料的可见颗粒；粉状产品为干燥均匀的粉末；无正常视力可见的外来杂质	

3.3　污染物限量和真菌毒素限量

……

3.5　食品添加剂和营养强化剂

3.5.1　食品添加剂的使用应符合 GB 2760 中再制干酪的规定。

2）*检测标准*　　如果制定的技术标准涉及检测技术，除满足“范围”“规范性引用文件”的规则外，内容还包括“原理、试剂和材料、仪器和设备、分析步骤和分析结果的表述”等，以下为标准《食品安全国家标准 乳和乳制品杂质度的测定》（GB 5413.30—2016）部分内容的描述。

原理：生鲜乳、液体乳、用水复原的乳粉类样品经杂质度过滤板过滤，根据残留于杂质度过滤板上直观可见非白色杂质与杂质度参考标准板比对确定样品杂质的限量。

试剂和材料：除非另有说明，本方法所用试剂均为分析纯，水为 GB/T 6682 规定的三级水。

杂质度过滤板：直径 32mm、质量 135mg±15mg、厚度 0.8～1.0mm 的白色棉质板，应符合附录 A 的要求。杂质度过滤板按附录 A 进行检验。

杂质度参考标准板：杂质度参考标准板的制作方法见附录 B。

仪器和设备：天平，感量为 0.1g。过滤设备：杂质度过滤板或抽滤瓶，可采用正压或负压的方式实现快速过滤（每升水的过滤时间为 10～15s）。安放杂质度过滤板后的有效过滤直径为 28.6mm±0.1mm。

分析步骤：样品溶液的制备为液体乳样品充分混匀后，用量筒量取 500mL 立即测定。准确称取 62.5g±0.1g 乳粉样品于 1000mL 烧杯中，加入 500mL 40℃±2℃的水，充分搅拌溶解后，立即测定。测定将杂质度过滤板放置在过滤设备上，将制备的样品溶液倒入过滤设备的漏斗中，但不得溢出漏斗，过滤。用水多次洗净烧杯，并将洗液转入漏斗过滤。分次用洗瓶洗净漏斗过滤，滤干后取出杂质度过滤板，与杂质度参考标准板比对即得样品杂质度。

分析结果的表述：过滤后的杂质度过滤板与杂质度参考标准板比对得出的结果，即为该样品的杂质度。当杂质度过滤板上的杂质量介于两个级别之间时，应判定为杂质量较多的级别。如出现纤维等外来异物，判定杂质度超过最大值。

精密度：按本标准所述方法对同一样品做两次测定，其结果应一致。

3）*生产规范类标准*　　生产规范类标准的正文，除了“范围”“规范性引用文件”“术语和定义”之外，其余内容还包括：选址及厂区环境；厂房和车间（包括设计和布局、内部建筑结构、设施）；设备（包括生产设备、监控设备、设备的保养和维修）；卫生管理（包括卫生管理制度、厂房及设施卫生管理、清洁和消毒、人员健康与卫生要求、虫害控制、废弃物处理、有毒有害物管理、污水、污物管理、工作服管理）；原料和包装材料的要求（包括一般要求、原料和包装材料的采购和验收要求、原料和包装材料的运输和储存要求，以及保存原料和包装材料采购、验收、储存和运输记录）；生产过程的食品安全控制（包括微生物污染的控制、化学污染的控制、物理污染的控制、食品添加剂和食品营养强化剂、包装材料、产品信息和标签）检验；产品的贮存和运输；产品追溯和召回；培训；管理机构和人员；记录和文件的管理（包括记录管理、文件管理）。

5. 其他　　标志和标签可以规定生产者的识别标志及其地址或总经销商的标志，如商品名、商标或识别标志；或产品标志，如商标、型式或型号、标记，以及对产品标签和（或）包装上诸如搬运说明、危险警示、生产日期等标志的要求，从而使产品便于识别，并向外界提供有关信息，有利于产品的发配和使用；或标志的使用方法（如通过铭牌、标签、印记、颜色、条纹等使用标志）。但标志和标签不应涉及合格标志。对于食品来说，现阶段产品标签应符合 GB 7718、相应产品国家标准及国家其他相关规定。

例如，《食品安全国家标准 再制干酪和干酪制品》（GB 25192—2022）中“其他”，说明了以下的事项：

> 4　其他
> 4.1　产品标签应明确标识干酪使用比例。
> ……

2.4.5.3　食品安全标准制定一般性规则和要素

一般性规则和要素指标准的文字要求、图、表、引用、数和公式、量、单位、符号等。

标准中应使用规范文字，标点符号应符合通常的使用习惯。对要求的表述应该容易识别，并使其与可选择的条款相区分，以便使用者实施技术标准时，能了解哪些条款必须遵守，哪些条款可以选择。

如果用图、表提供信息更有利于对技术标准的理解，则最好使用图、表。每个图、表都应该在条文中明确提及。

通常会采用引用文件中特定条文的方法，不必重复抄录需引用的具体内容，以避免可能产生的错误或矛盾，也避免增加篇幅。如果认为有必要重复抄录有关内容，则应准确标明出处。

表示物理量的数值使用阿拉伯数字后应跟法定计量单位符号。表示非物理量的数，1～9宜用汉字表示，大于 9 的数字一般用阿拉伯数字表示。小数点符号用圆点。小于 1 的数值写成小数形式时，应在小数点符号左侧补零。对于任何数，应从小数点符号起，或向右每三位数字一组，组间留 1/4 字符间隙，但表示年号的四位数除外。为清晰起见，数和数值相乘应使用乘号，而不用圆点。

标准中的公式尽量用量关系式，特殊情况下才用数值关系式。

标准中应使用法定计量单位，尽可能从相关标准中选择量的符号和数字符号。表示量值时，应写出其单位。度、分和秒（平面角度）的单位符号应紧随数值后，所有其他单位符号前应有 1/4 字符间隙。

标准的终结线：在标准的最后一个要素之后，应有标准的终结线，以示标准完结。标准的终结线为居中的粗实线，长度为版面宽度的 1/4。

2.4.6　我国食品安全标准和标准制定、执行中存在的问题

截至 2022 年 8 月，我国共发布食品安全国家标准 1455 项，其中通用标准 13 项、食品产品标准 70 项、特殊膳食食品标准 10 项、食品添加剂质量规格及相关标准 633 项、食品营养强化剂质量规格标准 62 项、食品相关产品标准 16 项、生产经营规范标准 34 项、理化检验方法标准 237 项、微生物检验方法标准 32 项、毒理学检验方法与规程标准 29 项、农药残留检测方法标准 120 项、兽药残留检测方法标准 74 项、被替代（拟替代）和已废止（待废止）标准 125 项。

可以说我国已建立起一个比较完善的食品安全标准体系。但相较习近平总书记于 2015 年 5 月中央政治局集体学习时所提出的“最严谨的标准、最严格的监管、最严厉的处罚、最严肃的问责”，尤其是“最严谨的标准”还有一定的差距。“最严谨的标准”既包括标准制定严谨，也包括标准执行严谨。因此，我国的食品安全标准和标准制定、执行还存在一些问题，具体表现在以下几个方面。

（1）一些标准的制定过程不科学，有的是前期研究薄弱，有的缺乏对全国性同类产品的调研，有的缺少科学依据，导致标准的实用性差，使企业难以遵守。例如，对某些有毒有害物质（农药、重金属残留等）方面的限量标准缺乏基础性研究，尚未依据“风险评估”原则考虑总暴露量在各类食品中的分配状况；检测标准提供的技术方法落后，即使产品质量能达到客户要求，但因不能提供准确的检测数值而被视为不合格产品。

（2）有的标准可操作性不强，尤其是一些推荐性标准让企业无所适从。在产品没有相应的强制性标准可以执行的情况下，有的企业选择推荐性标准，一旦产品出现质量问题应如何处罚，依据不充分。主要问题有：一是推荐性标准一旦被企业采纳并实施是否等同于强制性标准；二是推荐性标准是否适用《食品安全法》、是否可作为处罚依据。

标准执行过程中遇到问题沟通不畅。《食品安全法》规定食品安全标准在执行过程中如果遇到问题，县级以上卫生行政部门应会同有关监督管理部门及时给予指导和解答。从法条来看，卫生行政部门是负责标准解读的主要责任部门，但在部分标准执行过程中，因各监管部门之间沟通不畅，影响了标准的准确解读与有效实施。

（3）标准更新不及时，标龄过长，不能跟上时代发展的速度，没有起到提高产品质量的目的，特别是某些陈旧的食品标准已经阻碍了企业的发展。例如，《食品安全国家标准 预包装食品标签通则》（GB 7718—2011）为 2011 年颁布，距今已超过十年。这期间，我国与其他国家之间的交流日趋频繁，中国的食品工业发生了翻天覆地的变化，我国部分标准内容已无法满足市场和食品工业发展的需要。

（4）现行标准与国际标准不能接轨，与国际通用标准的要求相比，总体水平还偏低；同时部分制定标准者对国际标准的了解研究不够，尤其是有些出口食品企业因为不完全了解国际标准的内容（如欧盟对农残的要求），或者不能及时了解国际标准的更新情况，导致出口经济损失，所以要支持国际和多边协作。应该全面考虑国际标准化组织（ISO）和国际食品法典委员会（CAC）推行的现行国际标准，从而避免资源浪费于重复工作之中。另外，与一些国家对标准管理的高额财政投入和科学、严谨、系统的标准培训相比，我国标准的宣传、培训等投入力度相对不足，尤其是危机管理、沟通技巧、微生物学、流行病学和过敏原认知管理等专业知识的缺失导致执法不严谨等情况应引起有关部门的高度重视和积极回应。

适用的标准对企业发展，对经济社会是至关重要的。对产品标准来说，首先要保证标准的先进性，即能够满足客户需求，或让消费者满意，并能使产品达到标准要求，这样企业才能更好地生存和发展；从保护消费者和生产者健康观点出发，应该对食品质量与安全控制进行全面强化检测，确保安全生产、良好制造和公平贸易；标准的制定应保护消费者不受非安全、低质量、掺假、假商标或污染食品的困扰。

思 考 题

1. 标准与标准化的定义是什么？
2. 标准与标准化的区别和联系是什么？
3. 国际食品法典委员会（CAC）标准，我国国家标准、行业标准、地方标准和企业标准的效力如何？
4. 标准代号由几部分组成，其含义分别是什么？
5. 练习撰写某产品的企业标准。
6. 总结在实际工作中发现的食品标准或标准化方面存在的问题。

第3章 食品质量与管理

【本章重点】掌握食品质量概念及特征；了解食品标准构成的技术贸易壁垒、计量标准的基本内容；掌握目标管理应用的基本原则及特点，并能运用于实际。

3.1 食品质量概论

发展食品工业是我国经济发展的一大战略。民以食为天，食品质量与安全是重大的民生问题、经济问题和政治问题，食品是人类赖以生存和发展的最基本的物质条件，加强食品质量管理是人民安居乐业、社会安定有序、国家长治久安的需要。中国加入 WTO 后，国际市场为我国企业提供了更广阔的交易平台，但同时也加剧了市场竞争。食品企业要想使产品在激烈的竞争中占有一席之地，首先必须提高产品质量和服务质量，满足不断变化的顾客需求。保证产品的质量、提高服务水平不仅是企业参与市场竞争的利器，也是对广大消费者认真负责的重要表现，有助于提高企业形象，树立良好的品牌。在我国国民经济中，食品工业已逐渐成为国民经济主要支柱产业，构建完整的食品安全保障体系，规避和降低食品安全问题是今后较长一段时间里我国食品安全工作非常重要的战略目标。

3.1.1 食品质量的概念及范畴

3.1.1.1 食品质量概述

从逻辑上推论，食品质量的定义可由质量定义前加限定词构成。质量，是指产品或工作的优劣程度。为了经济社会的发展和全球一体化的进程，ISO 9000：2015 版标准已于 2015 年 9 月发布，我国也等同采用了该标准，即《质量管理体系 基础和术语》（GB/T 19000—2016）。ISO 9000：2015 中关于质量（quality）的定义是：客体的一组固有特性满足要求的程度。米兰（美国著名质量管理专家）定义：产品的质量就是产品的适用性，即“产品在使用时能成功地满足用户需要的程度”。ISO 8402：1994 定义：反映实际满足明确隐含需要的能力的特性总和。GB/T 15091—1994《食品工业基本术语》定义：食品质量是指食品满足规定或潜在要求的特征和特性总和，反映食品品质的优劣。其概念应包括两层内涵，一是产品特性满足顾客需求，二是产品制造和服务过程的无缺陷。

通常在社会发展、进步过程中，人类生存就要利用各种天然及人造的材料和动力去生产各种产品，产品质量涉及广泛，主要有三类：实物，如食品、机械、房屋、布匹等；服务，如授课、送信、供电、售货等；软件，如信息、概念、专利、文件、规程等。上述内容都与质量有密切的关系。在质量定义中，可以从“使用要求”和“满足要求”两个方面去理解。

1. “使用要求”的影响因素

（1）使用时间：过去认为质量很好的东西随着时间的推移、科技的发展、社会的进步，会变成落后的东西。

（2）使用地点：在某一地区受欢迎的产品，因技术因素、人为因素、地理因素、气候因素等，在另一地区不一定受欢迎。

（3）使用对象：因使用者的年龄、性别、职业、经济条件、宗教信仰、文化修养、个人兴趣和爱好、生活环境不同，对产品质量的要求也不同。

（4）社会环境：社会的发展、进步，环境的变化，会使人们对质量的要求随之改变。

（5）市场竞争：原来认为质量较好的产品，由于市场竞争的出现，人们改变了对其适用性的评价，对产品质量提出新的要求。

2. “满足要求”的表现

（1）产品质量、性能的满足包括静态性能和动态性能。静态性能包括外观、外形、色泽、气味、功能性指标等。食品营养指标和国内外的标准属静态指标。动态指标包括可靠性、安全性、保质期等。

（2）产品经济特性的满足：包括成本、价格、包装费、损耗、维持费等。

（3）产品服务特性的满足：包括服务态度、服务技能、备品、售后服务等。

（4）产品环境特性的满足：包括产品产生的噪声、废水、废气、辐射等污染指标要符合特定要求。

（5）心理特性的满足：包括兴趣、爱好、习俗、消费层次等。

3.1.1.2 食品质量特征及关系

食品质量的构成有三类主要品质特性——外观质量（感官）、营养性（理化）、卫生性。

其一，消费者容易知晓的食品质量特性称为直观性品质特性，也称作感官质量特性。这些特性用技术术语讲有色泽、风味、质构，用俗语来讲是色、香、味、形。其二，消费者难以知晓的质量特性称为非直观性品质特性，如营养及功能等特性，并通过理化指标反映出来。其三，食品卫生、安全，在食品的质量要素中是最重要的。某种食品如在上述各方面能满足消费者的需求，就是一种高质量的食品。

食品作为一种产品，在质量特性上的显著差异有以下几方面。①食用性。为食品所特有，只能有一次。②内在特性。所用的原辅材料的种类和性状。③营养特性。营养素、营养成分种类和性质。④感官特性。包括色、香、味、形等。⑤安全性。不会对消费者身心造成危害。⑥卫生性。对食品要求无毒无害、无污染，对重金属、微生物等有害物质有严格限量标准。⑦时间性。保质期限严格，超过保质期的不能食用。⑧经济性。物美价廉，食用方便。

食品安全与食品质量是两个容易混淆的概念。食品安全是指预防所有对人体健康可能造成的急性或慢性危害，是一个绝对概念，从目前的研究情况来看，国际社会已基本达成共识，食品安全即指食品的种植、养殖、加工、包装、贮藏、运输、销售、消费等活动应符合国家强制标准和要求，不得存在可能损害或威胁人体健康的有毒有害物质致消费者病亡或者危及消费者及其后代的隐患。食品质量不仅要考虑到农产品的安全性（农药、兽药、环境化学物质的残留，是否是转基因的农产品等），还要考虑到食品加工过程中化学、物理和生物的污染，以及食品的营养性、功能性和嗜好性等方面的质量因素。能够及时掌握食品安全与食品质量的不同质量特征，对制定国家法规政策，预防并建立有效食品安全控制管理体系具有指导作用。

例如，在动物性食品生产中，努力提高和改善动物饲养环境条件，减少抗生素类药物的使用，可以大大提升产品质量。随着农产品原料的流通范围拓展，不同地区间农产品原料的流通增加了疾病传播的风险，如疯牛病、非洲猪瘟和禽流感有可能会传染给人类，影响人体健康。辐射、低温加热、微波加热、高压处理等许多技术在预防新鲜食品微生物污染的方面取得了明显的效果。食品加工过程和流通过程中存在大量影响食品质量的因素，需要在管理中统筹考虑，食品质量控制应当贯穿“从农田到餐桌”的所有过程。因此，在食品质量管理中，既要有 ISO 9000 质量保证标准体系，还要符合良好农业规范（GAP）、良好生产规范（GMP）、卫生标准操作程序（Sanitation Standard Operating Procedure，SSOP）和危害分析与关键控制点（HACCP）的要求，使食品质量满足顾客的要求。

由此可知，两者都是对食品质量特征的一种保证形式，不同的是两者侧重点不同。食品安全强调食品食用后无危害影响，食品质量强调食品具有消费者认可的性状特征，从而能够满足消费者某种需要。两者区别有：①食品质量有好次、高低的程度之分。质量差的食品，并非都不能食用，是否能食用往往取决于该食品质量的程度和消费者自身的经济条件、辨别能力甚至是消费习惯，是否肯接受该食品；而食品安全的概念中不含有类似的等级划分，不安全的食品不能食用。②对食品质量的判断，人们通常可以根据经验、常识等做出比较正确的判断；对于食品是否安全，除感官分析外往往要借助较为专业的检测手段进行判断。例如，蔬菜是否新鲜，凭借消费者的经验可以做出基本正确的判断，但对于蔬菜中农药残留问题就无法凭借自己的能力获得比较准确的判断。对于普通消费者来说，食品安全信息的获得要比食品质量信息的获得困难得多，因而政府在保障消费者对食品安全信息知情权方面有着更多的责任义务。为了客观地对食品质量进行测量和评价，在制定食品质量标准时一般将这些质量指标具体化为三大类指标 8 小类因子，如图 3.1 所示。

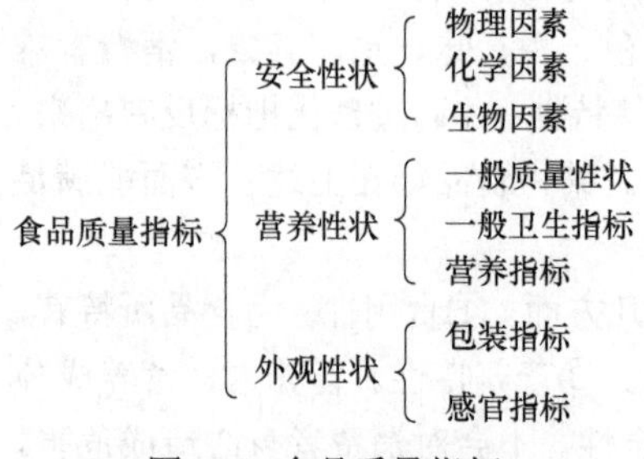

图 3.1　食品质量指标

3.1.2　食品质量管理基础

为了保证市场有序发展，对企业及市场食品生产、流通等方面能够进行有效食品质量监督管理，并围绕着食品质量监管的目标、制度、职责及义务等基本内容，我国早已在《产品质量法》进行了相应规定，该法规的实施对有效规范市场秩序，推动国民经济及现代化发展，尤其是保证我国食品安全发挥了重要作用。

随着生活质量的提高，基本温饱的概念已经成为过去，营养平衡、健康安全的质量意识已经在不知不觉中进入了人们的思想。高质量、严格安全的食品生产作为质量管理工作的重要组成部分，已受到世界的广泛关注。

3.1.2.1　食品质量目标管理

食品质量目标管理是一种以目标为导向，以人为中心，以成果为标准，而使组织和个人取得最佳业绩的现代管理方法。“目标管理”可源于美国管理专家彼得·德鲁克（Peter Drucker），在他 1954 年出版的《管理实践》中，首先提出了“目标管理和自我控制的主张”，认为“企业的目的和任务必须转化为目标。企业如果无总目标及与总目标相一致的分目标，来指导员工的生产和管理活动，则企业规模越大，人员越多，发生内耗、浪费和产品质量问题的可能性越大”。目标管理，即让企业的管理人员和员工共同努力制订工作目标，在工作中实行“自我控制”，并努力完成工作目标的一种管理制度和形式。

1. 目标管理的原则

（1）企业的目的和任务必须转化为目标，并且要由单一目标评价，变为多目标评价。

（2）必须为企业各级各类人员和部门规定目标。如果一项工作没有特定的目标，这项工作就做不好。

（3）目标管理的对象包括从领导者到普通员工的所有人员，大家都要被“目标”所管理。

（4）实现目标与考核标准一体化，即按实现目标的程度，考核各类人员，由此决定升降奖惩和薪酬的高低，而不是根据其他的标准。

（5）强调发挥各类人员的创造性和积极性。每个人都要积极参与目标的制订和实施。领导者应允许下级根据企业的总目标设立自己参与制订的目标，以满足“自我成就”的要求。

（6）任何分目标，都不能离开企业总目标自行其是。在企业规模扩大和分成新的部门时，不同部门有可能片面追求各自的目标，而这些目标未必有助于实现用户需要的总目标。企业总目标往往是摆好各种目标位置，实现综合平衡的结果。

2. 目标管理的特点　目标管理指导思想认为在目标明确的条件下，人们能够对自己负责。其特点如下。

（1）员工参与管理：目标管理是员工参与管理的一种形式，由上下级共同商定，依次确定各种目标。

（2）以自我管理为中心：目标管理的基本精神是以自我管理为中心。目标的实施，由目标责任者自我进行，通过自身监督与衡量，不断修正自己的行为，以达到目标的实现。

（3）强调自我评价：目标管理强调自我对工作中的成绩、不足、错误进行对照总结，经常自检自查，不断提高效益。

（4）重视成果：目标管理将评价重点放在工作成效上，按员工的实际贡献大小如实地评价一个人，使评价更具有建设性。

3. 目标管理的三个阶段

1）目标的设置阶段　这是目标管理最重要的阶段，这一阶段可以分为四个步骤。

（1）高层管理预定目标，这是一个暂时的、可以改变的目标预案，即可以由上级提出，再同下级讨论；也可以由下级提出，上级批准。无论哪种方式，必须共同商量决定。另外，管理者必须根据企业的使命和长远战略目标，估计客观环境带来的机会和挑战，对本企业的优劣有清醒的认识，对能够完成的目标心中有数。

（2）重新审议组织结构和职责分工。目标管理要求每一个分目标都有确定的责任主体，尤其是食品企业（食品安全管理目标是重中之重）。因此预定目标之后，需要重新审查现有组织结构，根据新的目标分解要求进行调整，明确目标责任者和协调关系。

（3）确立下级的目标。首先下级明确组织的规划和目标，然后商定下级的分目标。在讨论中上级要尊重下级，平等待人，耐心倾听下级意见，帮助下级发展一致性和支持性目标。分目标要具体量化，便于考核；分清轻重缓急，以免顾此失彼；既要有挑战性，又要有实现可能。每个员工和部门的分目标要和其他的分目标协调一致，支持设定目标的实现。

（4）上级和下级就实现各项目标所需的条件及实现目标后的奖惩事宜达成协议。分目标制订后，要授予下级相应的资源配置的权力，实现权责利的统一。由下级写成书面协议，编制目标记录卡片，整个组织汇总所有资料后，绘制出目标图。

2）实现目标过程的管理　目标管理重视结果，强调自主、自治和自觉。并不等于领导可以放手不管，相反由于形成了目标体系，一环失误，就会牵动全局。因此领导在目标实施过程中的管理是不可缺少的。应通过定期检查、经常性信息反馈及通报、积极协调解决工作问题，及时修改不切合实际的目标。

3）*总结和评估*　达到预定期限后，应进行自我评估，提交书面报告；然后考核目标完成情况，决定奖惩；同时讨论下一阶段目标，开始新循环。如果目标没有完成，应分析原因，寻找是哪一层次、哪一环节出现问题，总结教训，切忌相互指责，保持相互信任的气氛。

3.1.2.2　食品质量计量标准

食品质量计量标准：为了定义、实现、保存或复现量的单位或一个或多个量值，用作参考的测量仪器、参考（标准）物质或测量系统。

食品质量计量工作是保证产品质量的重要手段，做好计量工作，保证计量的量值准确和统一，是确保食品技术标准有效贯彻执行的一项重要基础工作。食品质量计量工作要求必需的量具器皿、分析仪器仪表等配备齐全、完整无缺、质量稳定、示值准确一致、检定及时，根据不同情况选择正确的测定计量方法。应特别注意食品质量计量工作中采用或引用的参考标准及计量统计方法的关键指标单位示值合理准确，一定要符合国际标准单位制的表示方式。涉及食品质量计量工作的企业应建立健全计量检验机构，配备计量检验人员，建立必要的食品质量计量管理制度，充分发挥其在质量管理中的作用。

3.2　食品质量标准的双重性

3.2.1　食品质量标准对经济的促进作用

食品产业在国民经济中占有重要的地位。食品产业广泛，涉及粮食、油脂加工业、奶业、畜禽业、水产业、果蔬、饮料业、制糖业、罐头产业、保健食品、调味品、食品添加剂、酿酒业、食品包装机械工业、运输业、流通领域等直接关系国计民生的产业。近年来，国家从国民经济发展的战略高度，把发展食品工业、大力开展农产品深加工与解决“三农”问题密切结合起来，在政策上给予了大力扶持，为食品产业发展创造了良好的环境。

在国际上，联合国粮食及农业组织（FAO）和世界卫生组织（WHO）所属的国际食品法典委员会（CAC），为保障消费者健康、维护消费者的利益，鼓励公平的国际食品贸易，促进全球经济发展发挥巨大作用，该组织的宗旨在于在全球范围内保护消费者健康，保证开展公正的食品贸易和协调所有食品标准的制定工作，并为食品质量与安全提供法律依据。

食品质量标准是衡量食品卫生安全是否合格的依据。全球经济一体化发展使人们对食品安全问题日益重视，全世界食品生产者、管理者和消费者越来越认识到建立全球统一的食品标准是食品公平贸易，也是维护和增加消费者信任的重要基础。我国加入 WTO 后，食品质量与安全标准的作用显得越来越重要。世界各国制定的技术性措施既提高生产效率、保证产品质量安全，又促进技术及经济的进步。同时在经济全球化的今天，对于国际贸易关系，各国都把技术性贸易壁垒作为维护国家利益、调整和优化产业结构、支持出口、限制和规范进口的重要措施，因此食品质量与安全标准在促进经济发展中的地位和作用日渐重要。

通过建立和提高食品质量标准，提升市场准入门槛，促进食品产业技术和装备创新，通过关闭一大批产品质量低劣、浪费资源、污染严重和不具备安全生产条件的企业；淘汰一大批落后的产品、设备、技术和工艺，压缩过剩生产能力，推广先进技术，使整个食品产业统筹规划、突出重点、合理布局，从而实现整个食品产业结构的战略性调整，对经济的发展有很好的促进作用。

3.2.2 食品质量标准构成技术性贸易壁垒

技术性贸易壁垒是指一个国家或区域组织以维护基本安全，保障生命、健康和安全，保护环境，防止欺诈，保证产品质量等为由采取的一些强制性或自愿性的技术性贸易保护措施。技术性贸易壁垒是国际贸易中商品进出口国在实施贸易进口管制时通过颁布法律、法令、条例、规定，建立技术标准、认证制度、检验制度等方式，对外国进出口产品制定过分严格的技术标准、卫生检疫标准、商品包装和标签标准，从而提高进口产品的技术要求，增加进口难度，最终达到限制进口目的的一种非关税壁垒措施。

经济发展使得人们生活质量不断提高，对产品质量的要求也越来越高。各国都制定了许多技术标准，建立了产品质量认证制度，进而扩展到安全认证。但是，技术标准也为各国尤其是发达国家利用技术优势限制国外产品进口、保护本国产业提供了合理的法律借口。技术标准发展到今天，已经形成了阻碍国际贸易发展的最复杂、最难对付的壁垒，而且呈现出标准越来越高、要求越来越苛刻、检验制度越来越严格的趋势。各种技术标准已经成为名副其实的“技术壁垒”，严重阻碍了经济的发展。随着经济全球化的发展和 WTO 的建立，关税壁垒和一些传统的非关税壁垒在国际贸易中的地位逐渐削弱，技术壁垒作为一种新的贸易壁垒在国际贸易中扮演着越来越重要的角色，名目繁多的技术壁垒将成为影响 21 世纪国际贸易发展的重要因素。WTO 诞生后国际贸易最突出的问题已渐渐由关税壁垒转为非关税壁垒。而非关税壁垒中又以技术性贸易壁垒最为突出。

食品贸易在货物贸易中占重要地位，食品的进出口既关系到国家的食品供给安全、卫生安全和生态安全，也关系到本国民众和食品生产者的切身利益。因此，任何一个国家的政府必须制定科学的食品安全标准，对进口食品提出其认为合理的安全要求，将不符合标准的食品拒之门外，以保护本国人民的健康，有些国家为了保护本国民众和食品生产者的利益，通过制定各种贸易壁垒来限制进口食品。

中国加入 WTO 以后，已经切身感受到经济全球化对我们的影响，如一些国外食品对我国饮食文化的冲击，现在一些国人已经不能百分之百地接受中国的东方式饮食文化。农产品生产、食品加工业是人类永不衰退的行业，随着民众人均收入的增长，中国有着巨大的消费市场，经济发展吸引着一些跨国公司、企业及各种外资的注入，国内的食品企业不仅要面对国内区域之间、企业之间的竞争，可能更多地还要面临国外跨国公司和大企业的竞争；另外，中国的食品企业还要走出国门，走向国际市场，这对我国食品企业来说既是机遇又是挑战。可以说，我国食品行业正处于一个关键时期，在经济全球化背景下，食品行业面临超强的竞争环境，食品企业要想得到更快发展，就应努力创出自己的品牌，生产出有自己特色的产品。由于食品工业的特殊性，食品质量和安全是企业存在的基础，也直接关系到国民身体健康和生命安全。

3.2.2.1 食品技术贸易壁垒

1. 出口面临的技术贸易壁垒问题 美、日、欧盟等发达国家或地区是中国食品出口的主要市场，这些国家和地区对进出口食品的安全要求很高，制定了许多高于国际标准的食品安全标准，特别是与食品安全关系密切的农药残留标准和检验检疫制度。

（1）严格的食品农药残留标准。世界各国颁布了许多法律法规，严格禁止或限制高毒农药的使用，并制定了食品中农药残留允许的最大残留限量。国际食品法典委员会就多种农药在食品中的最大残留限量（MRL）制定了国际标准。日本、欧盟和美国等发达国家或地区对食品中农药残留最大残留限量的规定极为严格，分门别类地制定了不同食品的各种农药最大残留限量，有些农药最大残留限量标准明显严于CAC的标准。虽然《食品安全法》（2021修正）强调剧毒、高毒农药不得用于瓜果、蔬菜、茶叶、中草药材等国家规定的农作物，但是中国的环境污染比较严重，病虫害较多，农药使用量较大，许多食品中的农药残留标准较低，难以达到发达国家的标准要求，这对中国食品的出口造成了较大的冲击。与欧盟标准相比，中国一些农药的最大残留限量是欧盟的2～5倍，有的甚至是几十倍、上百倍。国内生产的许多农产品，即使达到国家标准，也不一定能达到发达国家的标准。所以，出口农副产品和食品（包括一些传统出口产品如茶叶等）的农残含量超标，使国内食品的出口面临困境，退货、索赔等案例时有发生，给我国农副产品和食品出口造成了巨大的损失，每年损失高达上百亿美元。

（2）严格的检验检疫制度使动物源性食品出口严重受阻。有些国家规定禁止从发生病虫害或疫情的国家或地区进口相关食品，而无论该地区是不是非疫区。我国地域广阔、气候多样，加上农业病虫害治理和检疫制度相对滞后，所以食品出口因病虫害和疫情问题受阻的事件时有发生。每年接到我国出口到世界各国食品的通报，有相当部分食品被查出有问题未通过检验检疫。另外个别媒体肆意炒作，造成消费群体的恐慌。媒体的恶意操作，进一步加大了解决食品安全问题的难度。

（3）食品生产技术水平偏低，个别企业唯利是图、守法意识淡漠，致使一些国家对我国出口的食品采取了相应的限制措施。2008年三聚氰胺事件发生以后，先后有97个国家和地区，对中国乳制品类食品采取全面禁止、退货、销毁、限制进口，加强检验检疫的措施，使乳制品、含乳食品的出口几乎陷入停顿状态。使用国家禁用的非食品添加剂、逃避检验检疫、非法出口，这些都对我国的出口贸易产生严重影响。

2. 进口食品贸易被动地位

（1）食品安全事件不只在中国发生，在世界任何一个时间、地点都可能或大或小地发生。这些问题的发生，导致进口食品的风险进一步加大。

（2）我国的标准数量偏少、技术水平相对较低，导致进口食品的准入门槛降低。2021年9月3日起，由农业农村部会同国家卫生健康委员会、国家市场监督管理总局发布的新版《食品安全国家标准 食品中农药最大残留限量》（GB 2763—2021）正式实施。其中，农药品种和限量标准数量达到CAC相关标准的近2倍，包括10 092项农药残留限量指标，涉及564种农药、376种（类）食品，标志着我国农药残留标准制定工作迈上新台阶。但与日本等国家的农药残留标准相比，农药残留限量指标和检测手段差距很大。

（3）随着我国加入WTO及贸易的自由化，我国对进口食品的关税在下降、配额在取消，导致越来越多的食品能轻而易举地进入中国市场。

（4）非法进口活动扰乱了正常的贸易秩序，给我国进口食品的安全带来很大隐患。

（5）中国食品的市场潜力、消费群体很大。

3.2.2.2 农产品标准中技术贸易壁垒

加入WTO以来，我国农产品出口遭遇到前所未有的贸易壁垒。近年来，我国90%的农业及食品出口企业受国外技术性贸易壁垒影响。对中国实行技术壁垒最多的是欧盟、日本、美国，其中欧盟为 41%，日本为 30%，美国为 24%，这些国家采取技术壁垒的主要方法是增加检疫项目、提高检验标准等。

美国的农产品技术性标准壁垒体系主要是常规农产品质量标准体系和有机食品标准体系两大部分。常规农产品质量标准体系包括国家标准、行业标准和企业标准三类。行业标准是美国标准的主体。有机食品标准主要包括有机生产加工处理系统计划、土地法规、土壤肥力和作物营养管理标准等。2009 年 3 月 16 日，美国相关农业法案要求的强制性实施原产国标签信息生效。法规规定提供牛（包括小牛）、羊（山羊）、鸡和猪肉，牛、羊、鸡和猪肉糜，野生及人工养殖的鱼和贝类，易腐农产品（新鲜和速冻果蔬），澳洲坚果、美国山核桃、人参和花生等产品给零售商的任何人，须向零售商提供产品的原产地信息，零售商可通过在上述产品上使用标签，或销售时在其包装上或容器上使用标签或印章等手段将这些信息传达给消费者。相关法案还规定，野生及人工养殖的鱼和贝类需标示生产方式、野生或人工养殖等内容，但加工食品项目中的上述成分（包括经过物理或化学变化如烹饪、固化、烟熏等）将从上述管制范围豁免。此外，该法案对涉及多个国外原产地商品的标签作了规定。

欧盟的农产品技术性标准壁垒体系要求进入欧盟市场的农产品至少达到三个条件之一，即符合欧洲标准，取得欧洲标准化委员会（CEN）认证标志；与人身安全有关的农产品，要取得欧洲共同体（CE）安全认证标志；进入欧共体市场的产品厂商，要取得 ISO 9000 合格证书。同时，欧共体还明确要求进入欧共体市场的产品，凡涉及欧共体指令的，必须符合指令的要求并通过一定的认证，才允许在欧洲统一市场流通。

日本的农产品技术性标准壁垒体系主要体现其标准体系细、指标严格，日本的标准体系分为国家标准、行业标准和企业标准三个层次。国家标准即有机农业认证标准（Japanese Agriculture Standard，JAS），以农产品、林产品、畜产品、水产品及其加工制品和油脂为主要对象。行业标准多由行业团体、专业协会和社团组织制定，主要是作为国家标准的补充和技术储备。企业标准是由各株式会社制定的操作规程或技术标准。日本是农产品进口大国，作为我国农产品出口的第一大市场，日本凭借着其先进的技术水平，对进口农产品制定并实施了大量技术性贸易措施，大大提高了我国对日本出口农产品的门槛。日本农产品技术标准主要有 JAS 和《肯定列表制度》。JAS 由农产品的规格和品质组成，规格即一般由政府权威部门或权威组织做出的，关于农产品的性能或档次的标准化规定，这些标准中许多进口农产品的农药最大残留限量标准均严于国内标准。《肯定列表制度》是日本为加强食品中农业化学品残留管理而制定的一项新制度。该制度要求：食品中农业化学品含量不得超过最大残留限量标准；对于未制定最大残留限量标准的农业化学品，其在食品中的含量不得超过“一律标准”，即 0.01mg/kg。日本的技术法规涉及多个行业，在农产品食品工业方面有《蔬菜水果进口检验法》《肉类制品进口检验法》《包装与标签法》《动植物防疫法》《食品卫生法》等。这些法规强制性地对很多商品提出技术标准要求，不管产品的产地，只有满足各种技术指标，才能进行生产、销售和使用。

3.2.2.3　中国出口欧美农食产品受阻案例

1. 出口美国受阻案例　美国的技术性贸易措施体系主要由技术法规、技术标准、认证与合格评定组成。美国非常重视食品安全，有关食品安全的法律法规繁多，如《美国联邦食品、药品和化妆品法》《食品质量保护法》《公共卫生服务法》等综合性法规。这些法律法规覆盖了所有食品，为食品安全制定了非常具体的标准及监管程序。在美国，负责食品安全管理的机构有 3 个，即食品药品监督管理局（FDA）、美国农业部（USDA）和环境保护署（EPA）。如果食品不符合安全标准，就不允许其上市销售。

2017 年，FDA 共计通报拒绝进口（含食品、药品、医疗器械和化妆品）17 441 批次，对中国（含港澳台地区）出口的产品通报拒绝进口 2535 批次，占 FDA 通报的 14.5%。在食品方面，2017 年中国输美农食产品被通报拒绝进口 817 批次。近几年来中国被通报拒绝进口最多的是水果类产品和水产品，其中标签问题是中国食品被 FDA 拒绝进口的主要原因之一，具体问题以“无营养标签”“未标注原料的常用或通用名称”为主，其他标签问题还有“未标注制造商或者分销商名称和地址”“未声明过敏原”“未标注食品重量或者尺寸”“缺少英文信息”等。除了食品标签问题外，“含有污秽腐烂变质”“食品添加剂”“含有杀虫剂物质”也是影响中国食品出口美国的主要原因，因为“食品添加剂”问题被拒绝进口食品中，大多数是因为含有“不安全色素”“不安全的食品添加剂”等。

2．出口欧盟受阻案例 在区域一体化过程和对外贸易中，欧盟清楚地意识到技术性贸易措施的意义与作用，利用这一有效工具，限制或者禁止第三国的进口，特别是利用高科技手段，设置能效标签、生态标签等绿色壁垒，对来自发展中国家的产品进行严格检测，以达到延缓或者阻碍进口的目的。

2017 年欧盟食品和饲料快速预警系统（Rapid Alert System for Food and Feed，RASFF）共发布了 3765 例召回通报，其中来自中国（未含港澳台）的产品有 303 例，食品为 207 例，食品接触材料 88 例。近几年被通报的食品中，坚果/种子产品为被通报最多的食品类别，主要是花生或者花生制品的黄曲霉毒素不符合要求。2014 年 8 月欧盟委员会发布，为降低进口食品和饲料被黄曲霉毒素污染的风险，对来自中国、埃及、巴西、土耳其和伊朗等 8 个国家的花生、开心果和无花果等实施特殊监控。另外，被通报较多的还包括鱼和鱼制品、头足类动物及其制品、甲壳类动物及其制品在内的水产品。在被通报的食品中，通报原因最多的是黄曲霉毒素超标严重，其次为农残和兽药残留超标、含不合格的食品添加剂等。

3.3 国际食品质量安全管理体系

3.3.1 美国食品质量安全管理体系

美国对食品安全问题十分重视，建立了较为科学、全面和系统的食品质量安全管理体系。美国共有 16 个不同的联邦机构对食品安全有管辖权，其中最重要的是食品药品监督管理局（FDA）及美国农业部（USDA）下属的食品安全检验局（Food Safety and Inspection Service，FSIS）和动植物卫生检验局（Animal and Plant Health Inspection Service，APHIS）。FDA 主要负责农副产品中农药残留量的监测工作和总膳食的调查，监测目标侧重于已发现过食品污染超标严重地区的食品，对超标的农副产品具备处罚权。FSIS 和 APHIS 分别负责畜禽食品安全和农产品进口检验检疫工作，如兽药残留的监测。同时 USDA 农业市场服务部为了对食品进行暴露评估开展了农药残留监测项目。美国与食品安全风险有关的监测网络多、参与部门多、监测项目多、监测方式多，国家一级的监测网络有 100 多个。这些网络既有分工也能有机地连接交流和合作，部门之间注重交流和合作，做到信息畅通共享，职责明确，为保障食品安全提供了有力的组织和技术支撑。2011 年，美国颁布了《食品安全现代化法案》，赋予了 FDA 在公司未能自愿召回食品时强制进行召回的权利。

另外海关部门定期检查、留样监测进口食品，其他部门，如疾病控制预防中心、国家健康研究所、农业研究服务部、国家研究教育及服务中心、农业市场服务部、经济研究服务部、监测包装及畜牧管理局、美国法典办公室、国家水产品服务中心等，承担研究、教育、预防、监测、制定标准、对突发事件做出应急对策等工作。例如，食品安全与监测服务部主管肉、家禽、蛋制品的安全；食品药品监督管理局则负责食品掺假、食品安全隐患分析及调查、违法标签及虚假夸大宣传等工作。美国食品安全管理体系有如下特征：执法、立法和司法三部门权力分离、工作公开透明、决策以科学为依据、公众广泛参与。美国宪法中规定了国家食品安全管理体系由政府执法、立法和司法三个部门负责。为了保证供给食品的安全，国家颁布立法部门制定的法规，委托执法部门强制执行或修订法规来贯彻实施法规，司法部门对强制执法行动、监测工作或一些政策法规产生的争端给出公正的裁决。美国最高法律、法规和总统执委会制度建立了法规修订工作制度，采取与公众相互交流和透明的工作方式。

美国食品安全管理体系具有很高的公众信任度，主要依靠科学的、强有力的、灵活的国家法律，规范生产企业对其生产的食品安全负有法律责任来保证食品的安全。联邦、州和地方行政部门在食品和食品加工设施管理方面对保证食品安全起到互相补充和互相依赖的作用。美国食品安全法规、条例和政策制定的重要方法主要是以风险评估分析为基础，同时拥有切实可行的预防措施。

美国有关食品安全的法律法规种类繁多，既有《联邦食品、药品和化妆品法》《食品质量保护法》《公共卫生服务法》等综合性法规，也有《联邦肉类检查法》等非常具体的法律。这些法律法规覆盖了所有食品，为具体制订食品安全标准及监管程序提供法律依据。此外，联邦政府和地方政府负责食品安全的部门构成了一套综合有效的安全保障体系，对食品从生产到销售的各个环节实行严格的监管。

针对不同生产经营主体及不同行业、不同品种，美国形成了多元化的农产品、食品认证体系，包含十多种各具特色的认证制度。除强制推行危害分析与关键控制点（HACCP）、良好农业规范（GAP）、良好生产规范（GMP）等认证外，美国还建立了多种自愿认证制度，如有机食品认证与公平贸易认证等，在保障食品质量安全的同时提高农产品的市场竞争力。为支持认证制度的实施，美国大力推行认证补贴与奖励政策，以提高各主体安全生产的积极性。例如，针对肉禽制品的食品质量安全管理，1996 年美国就颁布了《美国肉禽屠宰加工厂（场）食品安全管理新法规》，同时建立 HACCP 为基础的加工控制系统与微生物监测规范，致病菌减少操作规范及卫生标准操作规范等，以减少肉禽产品致病菌的污染，预防食品中毒事件。新修订法规强调预防为主，实行生产全过程的监控，这是对美国使用了近百年之久的以感官检查加终端产品检测为手段的旧食品安全管理体系的全面改革。

3.3.2 欧盟食品质量安全管理体系

欧洲共同体 1985 年即通过立法程序，决定对涉及安全、健康和环境保护与消费者保护的产品，统一实施单一的 CE（欧洲共同体）安全合格认证标志制度。1993 年一个没有内部边境的欧洲统一大市场——欧洲联盟建成。欧盟建立了统一完善的食品安全法律体系，食品安全风险监测工作均是在具有法律效力的指令下进行的。

欧盟食品管理机构与欧洲各个成员国及生产者和经营者共同组成食品安全管理体系。欧盟及主要成员国的食品安全管理体系是一个动态的、发展的体系，需要各个国家当局发挥积极作用。欧盟为统一并协调内部各成员国的食品安全监管规则，30多年来陆续制定了《通用食品法》《食品卫生法》等20多部食品安全方面的法规，形成强大的法律体系。欧盟还制订了一系列食品安全规范，主要包括动植物疾病控制、药物残留控制、食品卫生生产规范、良好实验室的检验、进口食品准入控制、出口国官方兽医证书规定、食品的官方监控等规范。2000年初，欧盟发表了《食品安全白皮书》，提出了包括食品安全政策体系、法规框架、管理体制、国际合作等一系列连贯性强、透明度高的具体内容，对欧盟及其成员国完善食品安全法规体系和管理机构具有指导作用。2002年1月生效、2003年修订的《欧盟食品法》，即欧洲议会与理事会178/2002法规，是欧盟迄今出台的最重要的食品法，填补了欧盟没有总的食品法规的空白。2004年欧盟根据通用食品法建立了欧洲食品安全局（European Food Safety Authority，EFSA），以便更好地完成欧洲食品污染物的监测工作。在其指导下，欧洲各国既有每个国家独立的监测活动，也有欧盟统一的监测方案。欧盟统一的污染物监测内容包括植物源性食品的农药残留、动物源性食品的兽药残留和对其他污染物的监测。

欧盟建立的食品和饲料快速预警系统（RASFF）是一个涵盖欧盟成员国、欧洲自由贸易联盟、欧洲经济区欧盟委员会及欧盟食品安全局在内的巨大网络。RASFF的建立为欧盟成员国食品安全主管机构提供了有效交流途径，促进了彼此之间的信息交换，进一步保障并提升了食品安全管理措施的成效。2006年1月，欧盟开始实施新的《欧盟食品及饲料安全管理法规》，新法规侧重食品与饲料、动物健康与福利等法律实施监管，不仅要求终端产品符合标准，整个生产过程中的每一个环节都要符合标准，强化了食品安全的检查手段，进一步提高了食品市场的准入门槛。近年来，欧盟食品管理体制与管理措施不断发展、创新、完善，以适应内、外部形势的变化。欧盟食品安全管理体系主要有如下几个特点。

（1）遵循消费者至上的基本原则，实施各部门协调一致的食品安全管理策略。随着食品生产与贸易的全球化，消费者的食品安全意识越来越强。欧盟及其成员国在食品安全管理中遵循了保护消费者健康的基本原则：把保护消费者健康和维护消费者利益放在最高地位，食品生产与加工企业对食品安全负有全部责任，在保障健康和安全中应用预防性原则（在不确定风险的情况下尽可能采取预防性措施），食品安全管理必须是高效的、透明的、可靠的。其食品安全管理的基本策略是：法规管理机构的一致性；风险管理与风险评估的一致性；利益相关者责任的一致性；各部门协作的一致性；公众的积极参与性。

（2）欧盟遵循法规为指导依据，建立层次分明的食品安全法规体系。欧盟委员会签署了一系列食品安全指令，2006年1月1日欧盟食品安全一系列法规全面生效，食品安全的监督管理成为一个统一、透明的整体。法规要求欧盟的每个成员国在2007年1月1日建立和实施对于食品和饲料的国家控制计划。

（3）遵循信息公开透明度原则。在食品安全风险管理过程中，风险信息的交流与传播是一个非常重要的工作。欧盟为了增强食品安全工作的透明度，将食品安全局实施的环境风险评估、人类与动物健康安全风险评估结果及其他的一些科学建议向公众公布，管理委员会举行的会议也允许公众参加，并邀请消费者代表或其他感兴趣的组织来参观管理机构的一些活动，使公众可以广泛获取该机构掌握的文件和信息。

（4）以风险评估为科学依据，开展食品安全风险管理。根据CAC和欧盟关于食品安全管理要以科学为依据的原则，各成员国的食品安全管理均基于科学研究的结果，即以风险评估结果为依据。设立了专门且独立的部门负责食品安全风险评估，并把风险评估结果如实提交风险管理部门，风险管理部门依照风险评估结果，进行风险管理，这些管理活动包括标准、法律和实施指南的制定、食品安全事故应急处理等。

（5）以食品安全利益相关者的合作为前提，建立部门间的协调机构。但是食品安全还牵涉到其他管理部门和科技部门，同时消费者协会、食品业协会也与食品安全管理密切相关，即所谓的食品安全利益相关者（stakeholders），它们之间的交流与合作是实施食品安全管理的重要前提。在德国，食品安全管理链上有联邦消费者保护、食品与农业部，联邦消费者保护与食品安全局，联邦消费者与食品安全管理委员会，联邦风险评估研究所，联邦研究中心等机构。在州一级还有地区政府与委员会、食品与兽医监测部门及消费者和企业。上述各部门或个人之间建立良好合作关系，要么执行计划，要么提供数据，相互形成一个有机的体系。它们的合作和交流由联邦消费者保护、食品与农业部协调。

（6）以预防为主。欧盟建立了食品危害快速预警系统，该系统由欧盟委员会、欧盟食品安全管理局和各成员国组成。一旦发现来自成员国或者第三方国家的食品与饲料可能会对人体健康产生危害，而该国无能力完全控制风险时，欧盟委员会将启动快速预警系统，并采取终止或限定有问题食品的销售及使用等紧急控制措施。成员国获取预警信息后，会采取相应的举措，并将危害情况通知公众。预警系统的启动取决于委员会对具体情况的评估结果，成员国也可建议委员会就某种危害启动预警系统。

3.3.3　日本食品质量安全管理体系

日本市场规模大、消费水平高，对商品质量要求较高，市场日趋开放，进口的比重较大。日本的技术标准不仅数量较多，而且很多技术标准不同于国际通行的标准。日本采用三方协同相互制衡的农产品、食品质量安全监管模式。农林水产省、厚生劳动省与食品安全委员会作为日本农产品、食品质量安全监管的三大机构，相互协作、相互制约。中央管理机构负责制定方针政策，地方农业机构及其他独立行政组织执行具体的监管工作，权责明晰。日本以《粮食、农业、农村基本法》为母法，以《食品安全基本法》《食品卫生法》《农作物检查法》《农林物资的规格化》等相关法律为基础，形成了一套完善的农产品质量安全法律法规体系。

日本的食品质量安全管理体系有其自身的特点，按照食品从生产、加工到销售流通等环节来明确有关政府部门的职责。在日本，“安全”“安心”是国民普遍关注的话题，尽管国产食品较进口食品价格高出几倍，但是消费者在购买食品时，仍然将本国产品作为首选，反映出日本民众对国产食品及食品安全管理体系具有很强的信心。日本具有完善严格的食品安全管理体系。

（1）在法律上实现“公共卫生”向“国民健康”、“单一管理”向“全过程管理”、“政府管理为主”向“食品业者自觉管理”的转变。日本食品安全管理有一个完整的法律体系，与食品有关的法律多达13个。日本于2003年对《食品安全基本法》《食品卫生法》等法律从立法宗旨到实施内容都做了较大的调整，修改后的《食品安全基本法》特别强调食品业者有义务“从农田到餐桌”的各阶段都采取确保食品安全的措施。政府以检查和许可方式对食品质量进行监督的同时，食品业者在食品原料的流通、使用，农产品、食品的加工，进口和流通环节都采取了防止危害发生的措施，并成为自己的责任和自觉自愿的行为。同样，修改后的《食品卫生法》也将立法宗旨从“确保公众卫生”向“保护国民健康”转变，即将以往“社会防护”的概念向以个人为关注点的“国民健康保护”方向转变。该法除明确政府部门责任义务外，还重点规定了食品业者的责任，强化保证食品原料安全、实施自主检查、建立食品生产记录等义务。

（2）采取政府管理资源集中，以保护本国国民生命健康为目标。日本对食品、农产品的管理主要由农林水产省和厚生劳动省负责。前者负责农产品生产、运输、加工、流通及农药管理，后者负责食品加工、流通、餐饮及进口食品管理。各地方政府都设有农业局、厚生局、保健所等部门，具体实施政府的法律和政策。日本食品管理以国内为立足点，出口食品则由企业根据出口合同和出口国食品安全要求进行生产，政府没有特殊管理规定。事实上，日本是通过提高国内食品整体质量安全水平来间接提高出口食品质量，保证日本食品的国际声誉，两者互为因果关系。

（3）突出食品安全委员会作用。2002 年日本内阁府新设食品安全委员会，该委员会不受政治和业界的影响，独立于各政府部门之外，从公正、客观的立场对食品健康影响进行风险评估。根据评估结果，对各大臣发出政策建议，并对政策的实施进行评估。委员会的建立使得日本食品安全整体水平得以系统化提升，特别对食品标准的制定、修改等实行统一组织和领导，也为有效促进政府部门对食品政策和食品标准贯彻实施发挥了重要作用。根据食品安全需要，日本利用其强大经济实力和科技实力，建立了范围广、数量大、数值严、更新快的完备的食品标准体系。以农药残留标准为例，日本建立了 2470 项正式标准和 51 392 项暂定标准，并配以“一律标准”，涵盖面很宽。通过建立标准体系，既提升了本国食品安全整体水平，还可借此根据国内需求，调控国外产品进入本国市场。

（4）把农药管理作为提高食品安全质量的关键点。日本高度重视对农用物资，特别是农药的管理。2003 年修订的《农药取缔法》规定，禁止使用未经登记的农药，在法律上堵住了以往只禁止销售但对农药使用未作任何规定的漏洞。同时，法律还对使用未经登记农药的处罚、回收未登记农药及农药的标识等做出了明确规定。

（5）积极引入以食品业者为主体的食品安全管理新制度，提高管理有效性，降低政府管理成本。近年来，日本食品管理观念发生较大转变，食品业者被推到管理的前台，目的是发挥其主观能动性，使之成为食品安全管理的主角，政府主要负责制定规则，并进行引导和监督。HACCP、GAP、ISO 9000、ISO 22000、食品溯源制度等都是政府从这一角度出发，积极从欧美国家引进的食品安全管理制度。

HACCP、GAP、ISO 9000、ISO 22000 等制度各有所长，在农产品、食品的生产、加工、销售等各个环节都建立了一套完整的管理体系。特别是这些制度普遍具有自我约束和相互制约机制，将食品安全管理由表及里渗透到业者的各个环节，实现了以前政府想做却很难做甚至无法做到的事情。出口食品必须进行 HACCP 认证，否则食品就无法进入国外市场。如果要获得 HACCP 认证，就必须符合其具体的管理标准，而且要接受经销商、第三方定期的符合性检查。

“食品溯源制度”是日本政府大力推广的一项食品安全管理制度，目的是利用当今发达的信息技术，对每一件产品建立生产、加工、流通所有环节的“履历”，将其产地、农药使用情况、生产者、加工者、销售者等通过电子信息进行记录，一旦出现问题，通过记录就能够迅速找到原因，从而避免鱼目混珠、无从查找的现象发生。例如，为保证销售日本和牛的品质，商场出售的和牛都会有一个电子标签，一经扫描，所有履历一目了然。诚信是企业立身之本。诚信使得社会秩序井然、企业经营环境优良，政府管理社会的成本降低。社会上形成了凡是超越法律和道德界限、欺骗公众、造假违规者，必然丧失信誉，无以立足的氛围。

总之，实现食品 100%安全管理是日本政府和社会的永恒目标。日本将食品业者作为食品安全管理的主体推到前台，承担主要责任，并通过媒体宣传与监督，在全社会树立诚信意识，挤掉不守诚信者的生存空间，在法律制度和社会伦理体系中，让违法企业无处藏身的做法值得借鉴。

3.3.4　澳大利亚食品质量安全管理体系

澳大利亚食品安全管理体系有着很强的技术力量支撑，其明显的特点是充分整合和利用全社会的技术力量，为食品卫生安全服务。卫生部门除了依靠自身的技术力量外，同时有综合大学、中立检验机构、政府部门（如农业、经济发展、工业生产管理部门）的检验力量及各州环境健康部门的检验设施，形成了强大的技术支撑体系。特别是中立检验机构，除了提供食品检验服务外还可以帮助企业进行 HACCP 的设计，研究新的食品工艺和食品信息技术的查询。各州环境健康部门可以向食品生产经营企业提供产品质量、食品安全、风险管理的咨询，食品原料的管理、索证的指导，食品生产经营者、负责人及制作者卫生知识、操作技术的培训等。

历史上，澳大利亚的食品管理法律体系分散而不统一。因此，20 世纪八九十年代，澳大利亚开始了由联邦引导的食品标准化运动，澳大利亚食品安全监督管理职能在州以上分属几个部门管理，即州一级设有食品安全局。在市一级（相当于我国的县）均由政府统一管理，避免了多头管理的矛盾。澳大利亚食品安全保障体系非常健全，除全国制定有食品法外，各州都有相关的实施办法和标准。为协调国内标准，澳大利亚和新西兰农业资源管理理事会（ARMCANZ）针对销往国内市场的主要生产企业制定了澳大利亚标准。澳大利亚新西兰食品管理局（Australia New Zealand Food Authority，ANZFA）法案建立了食品联合管理手段（食品标准或实施规范）的发展机制，同时也规定了由澳大利亚新西兰食品管理局负责制定与维护澳大利亚新西兰食品标准与法规。尽管食品标准是由澳大利亚新西兰食品管理局制定的，但负责食品标准的强制执行和检查检验的是澳大利亚各州、各地区政府部门。每个政府内的卫生机构都有一个或多个食品监督部门，它们的任务是保证所有的食品都符合食品标准。随着食品安全问题日益严重及食品安全标准规定的滞后，2005 年澳大利亚和新西兰联合颁布了《澳大利亚新西兰食品标准法典》，在 ANZFA 法案的基础上，逐渐形成了比较完善的食品安全和食品标准法律法规体系。此法典适用于澳大利亚各州，部分适用于新西兰。

3.4　我国的食品安全管理体系

我国食品工业标准化经历了初级阶段、发展阶段、调整阶段和巩固阶段，到 20 世纪 90 年代后期，已经形成比较完整的食品工业标准化体系。但我国的食品供应体系主要是围绕解决食品供给量问题而建立起来的，对于食品质量安全的关注程度不够。我国食品行业在原料供给、生产环境、加工、包装、贮存运输及销售等环节的质量安全管理，都存在严重的不适应性，食品安全标准体系与发达国家之间差距明显。

（1）包装标识管理方面问题较多，营养标签格式混乱、营养声明不准确、卫生声明用词缺乏规范性等，需要建立与这些法律和法规相互支持配合的食品营养标签技术性文件、标准或法规。随着经济全球化，食品和国际贸易逐步扩大，特别是我国成功地加入 WTO，为了适应时代的发展，食品标签的标准或法规必须和国际接轨并进一步完善，这也是我们占领国际市场的必要手段。可以根据不同产品的特点，逐步推行产品分级包装上市；对包装上市的产品，要标明产地和生产单位。我国发布的食品安全国家标准《预包装食品标签通则》（GB

7718—2011）对进一步规范市场发挥了重要作用。

（2）对于转基因食品管理，研究与商品化开发尚处于发展的初期阶段。对它的实验室检测、验证技术水平、安全性评估与发达国家还有一定差距。面对转基因食品的安全性问题和日趋增加的转基因食品贸易，我国应尽快发展建立转基因食品检验检测机构，以满足转基因食品发展的需求。农业农村部负责转基因生物相关的监管，对转基因生物实行安全评价管理，批准后方可进行生产活动。从事转基因生物生产加工的，需要取得农业转基因生物加工许可证。销售、经营转基因食品，部分省份要求进行专区销售。2016 年中央 1 号文件提出“要加强农业转基因技术研发和监督，在确保安全的基础上慎重推广”的新政理念，《食品安全法》（2021 修正）第六十九条规定“生产经营转基因食品应当按照规定显著标示”。我国对转基因食品实行强制标识制度。只要食品含有或使用了转基因成分就按转基因食品监管，没有具体的含量界定要求。《农产品质量安全法》第四十三条规定“属于农业转基因生物的农产品，应当按照农业转基因生物安全管理的有关规定进行标识”。

（3）通过与其他国家食品安全标准比较分析可以发现，我国标准的质量指标偏低，可操作的技术体系十分薄弱。为有效加强食品质量安全管理体系，应积极采取以下几方面措施。

第一，加快食品质量安全标准制定和修订。食品安全标准体系中性能要求及其检测方法标准要尽量采用国际标准。出口产品除符合国际标准外，还要符合进口国标准和技术法规的要求。从某种意义上说，原有的标准可能适应于解决温饱问题的国内市场，而不适合于目前向全面小康目标快速发展的与国际接轨的市场需求。在制定和修订食品质量安全标准时，必须高度重视现代食品质量安全的关键原则，一是安全性原则，只要可能对人身和健康造成危害的，就必定要用相应的技术标准或技术指标来加以控制；二是环保性原则，在现有技术条件下，以尽可能苛刻的技术标准或技术指标来减轻产品对环境的污染或破坏。这两大原则实际上就是体现了以人为本、以顾客满意为最高标准的现代质量观。

第二，逐步建立完善我国食品安全法律体系。自 1993 年 7 月第八届全国人大常委会第二次会议通过《农业法》以来，我国有关农业领域的相关法律、法规已逾百部。1994 年，我国卫生主管部门参照 FAO/WHO 食品法典委员会《食品卫生通则》，制订了《食品企业通用卫生规范》，作为我国食品企业必须执行的国家标准。1995 年 10 月第八届全国人大常委会第十六次会议通过了《食品卫生法》，确立了一切关于食品、食品添加剂、食品容器、包装材料和食品用工具、设备、洗涤剂、消毒剂及食品的生产经营场所、设施和有关环境的法律法规框架。2009 年 2 月第十一届全国人大常委会第七次会议通过了《食品安全法》，随后的十几年对《食品安全法》的内容及关键条款陆续进行了 4 次修订、修正，2019 年 12 月《食品安全法实施条例》也同时重新修订施行，充分体现了国家对食品安全法律法规体系建设的高度重视。

第三，建立完善统一的、权责明晰的食品质量安全监管体系，强化食品安全的保障能力，由市场监管部门统一监管。《食品安全法》提出全过程监管法律制度，对在生产经营过程中的一些过程控制的管理制度，进行细化和完善，强调了食品生产经营者的主体责任和监管部门的监管责任。由国务院食品安全委员会统一协调、管理涉及国家食品安全的相关部门，彻底改变原有相关行政部门各自为政、协调不力、重复管理、执法软弱的局面。法律的尊严是执行出来的，而不是制定出来的。无论多么严密、多么完善的法律，必须经由各级政府职能部门正确施行，才能真正发挥其重要作用。

第四，加快、加强食品安全认证体系的建设，组建食品安全认证机构，做好农产品产地地理标识认定管理工作。在已开展的绿色食品和有机食品认证的基础上，积极推行 GAP、HACCP 体系认证。从标准的严格程度来看，绿色食品的标准次之，有机食品的标准最高。绿色食品为中国特有产物，有机食品则是国际通用标准。在绿色食品认证管理方面，绿色食品认证是我国主要的认证体系，它分为 AA 级绿色食品和 A 级绿色食品，主要从环境质量标准、生产操作规程、产品标准、包装标准、储藏和运输标准及其他相关标准等方面进行质量检验认证；在有机食品认证管理方面，我国采取按本国的标准到出口国检查，实施直接认证，加贴认证标志的认证方法。

我国食品认证体系的最大问题在于，我国建立的绿色食品认证体系与国际不接轨，使相当于国际通行的有机食品标准的 AA 级绿色食品不能得到国际认可；而国际通行的有机食品认证体系在我国正处于发展阶段，推进产品认证和质量体系认证（互认）不断与国际接轨，是提升市场活力的重要抓手。

第五，建立科学的风险管理体系及食品危害快速预警系统。新修正的《食品安全法》增设了责任约谈、风险分级管理等重点制度，重在防患于未然，消除隐患，有利于开展食品安全风险监测、风险评估工作。风险管理在食品质量安全控制体系中有着重要的作用。它是一个系统工程，不但要考虑与风险有关的因素，还需考虑政治、社会、经济等因素，管理者需要理解与风险评估相关的不确定因素，并在风险管理决策中予以考虑，以确保决策的科学性、有效性。建立完善的食品质量安全监测系统，坚持重点监控与系统监控结合；监测不同地区和不同食品品种的生产、消费、贸易状况，分析不同地区、不同的食品生产、食品供给、食品分配和食品贸易等环节的安全动态；密切关注市场变化、重大自然灾害对食品供给带来的影响，提前做好各种应对准备，确保我国食品质量安全。

第六，发挥政府在食品安全管理中的主导作用。政府在食品安全中占据重要位置并起关键的作用，政府是管理者，代表国家执行立法并监督管理；政府必须在立法方面体现科学性、完整性、全面性、系统性和可操作性，通过法律手段约束政府、企业、销售商、消费者等所有食品链参与者的行为，能够依法保证食品安全。关于食品安全的法律条文必须包括从农场到生产加工，从产品到最终用户的整个消费过程。另外，政府还要就消费者食品安全教育培训、食品安全的设施建设、执法标准问题、国际合作与协调、质量投诉机制及其风险沟通等等问题上发挥应有作用，切实地推动我国食品质量安全管理体系全面发展。

案例：《食品安全法》立法沿革

1995 年 10 月 30 日我国实行的《食品卫生法》对保障食品安全、人民群众身体健康发挥了积极作用，食品安全的总体状况不断改善。但食品行业的激烈竞争、政府在市场监管中的职能交叉及空缺，不少食品频发并存在食品安全隐患问题，如多宝鱼事件、苏丹红事件、安徽阜阳毒奶粉事件等食品安全事故等，人民群众对食品缺乏安全感。这已表征《食品卫生法》不适应时代发展需要。

2006 年，《食品卫生法》修订被列入年度立法计划，此后将修订的《食品卫生法》改为制定《食品安全法》，并形成了《食品安全法（草案）》。2008 年三鹿奶粉事件的发生加快了该法制定出台的速度，于 2009 年 2 月 28 日全国人大常委会通过最终审议，2009 年 6 月 1 日开始实施。该法具有很多的亮点，如明确了食品安全监管体制，确立了安全风险评估制度，惩罚性赔偿制度的确立，对保健食品实行严格监管和明星代言的连带责任等。随着社会经济发展及食品安全监管职能的调整，也促使市场食品安全问题不断演变发展，使得《食品安全法》到了必须要修订的地步。《食品安全法》修订草案坚持保持基本框架，对关键章节条款进行修订、修正，体现了一定的传承性，既有中国食品安全的国情，如强调食品安全风险监测制度；又结合国外先进的法规制度经验，确立了风险预防原则，全面采纳了国际通行的食品安全监管的风险分析机制，新法 2015 年 10 月 1 日起正式实施。随后陆续进行了三次修正。同时期《食品安全法实施条例》也发布实施，随后也进行了修订。目前，我国已经形成比较完善的食品质量安全法律法规体系。

思 考 题

1. 简述食品质量及其特征。
2. 分析目标管理的基本特点。
3. 简述我国食品安全法律体系是如何发展的。
4. 简述食品质量与食品安全的区别。

第4章 食品安全与管理

【本章重点】掌握食品安全、食品卫生、SSOP、GMP、食品标签的基本概念及GMP、SSOP、HACCP三者之间的关系；能够辨识食品安全、食品卫生和食品质量三者之间的关系；掌握GMP的主要内容和影响食品安全的主要因素及食品标签标准的特点。

4.1 食品安全的基本概念

4.1.1 食品的概念及范畴

生活中我们一般认为食品是指各种供人食用或饮用的成品或原料，是人类生存和发展的最基本物质。所谓食品，实际上是指供人们饮食的，可维持、改善或者调节人体代谢机能的，具有营养性、功能性、多样性的食物类产品。

1. 我国关于食品的定义　《食品工业基本术语》（GB/T 15091—1994）对食品的定义为：可供人类食用或饮用的物质，包括加工食品、半成品和未加工食品，不包括烟草或只作药品用的物质。

《食品安全法》第一百五十条关于食品的含义为：各种供人食用或者饮用的成品和原料以及按照传统既是食品又是中药材的物品，但是不包括以治疗为目的的物品。从食品安全和管理的角度来讲，广义食品概念还包括生产食品的原料，食品原料种植、养殖过程接触的物质和环境，食品的添加物质，所有直接或间接接触食品的包装材料、设施及影响食品原有品质的环境。实际上食品定义有三层意思：①食品是指供人（高级动物）食用或饮用的物品，不包括动物（低级）吃、喝的物品，那些物品应称为饲料；②食品既包括成品又包括半成品和原料；③天然食品和加工食品中，有一些食品具有一定药用功能，既可以食用又可以治疗（食疗）某些疾病，这些属食品范畴。在出入境食品检验检疫管理工作中，通常还把“其他与食品有关的物品”列入食品的管理范畴。

2. 美国关于食品的定义　供人和动物食用或饮用的各种物品；口香糖；用于制作上述食品的原料；包括但不限于水果、蔬菜、鱼、乳制品、蛋类、动物饲料（包括宠物食品）、食品及配料的添加剂、可饮用食品包装及其他与食品接触的物品、食品补给品及其配料、婴儿喂养奶、饮料（包括含酒精饮料和瓶装水）、活的动物、烧烤食品、小吃、糖果、罐头食品等。

3. 欧盟关于食品的定义　食品是指经过整体的加工，或局部的加工，或未加工，能够作为或可能预期被人摄取的任何物质和产品。食品，包括饮料、口胶和其他任何用来在食品生产、准备和处理中混合的物质（包括水）。食品将不包括：①饲料；②活动物（除非是用于市场供给日常消费的）；③未收割的作物；④医学产品；⑤烟草和烟草产品；⑥农药残留和污染物。

从食品的定义来看，我国同美国或欧盟等关于食品定义的主要区别在于我国食品是指供人类食用的各种物品；而美国等国家的相关食品质量安全法，将供动物食用或饮用的各种物品即饲料，也纳入食品范畴。上述内容不同的定义及理解，为我国市场出现食品安全问题、食品安全管理的判断及国际市场经济贸易法律界定带来一系列难以解决的问题。

4.1.2　食品安全的概念及范畴

食品安全包含两个方面的内容：一是一个国家或社会的食物保障（food security），即是否具有足够的食物供应；另一个是食品中有毒、有害物质对人体健康产生影响的公共卫生问题（food safety）。

根据世界卫生组织的定义，食品安全是“食物中有毒、有害物质对人体健康影响的公共卫生问题”。1996 年世界卫生组织（WHO）在其发表的《加强国家级食品安全计划指南》中把食品安全解释为“对食品按其原定用途进行制作、食用时不会使消费者健康受到损害的一种担保”。其中包括两点：第一不能含有“有毒有害物质”。第二不会“对人体健康影响”。食品安全是指食品及其相关产品不能存在对人体健康造成现实的或潜在的侵害的一种状态，也指为确保此种状态所采取的各种管理方法和措施。食品安全要求食品对人体健康造成急性或慢性损害的所有危险都不存在，是一个绝对概念。食品安全是专门探讨在食品加工、存储、销售等过程中确保食品卫生及食用安全，降低疾病隐患，防范食物中毒的一个跨学科领域。2006 年颁布的《国家重大食品安全事故应急预案》中“食品安全”是指食品中不应包含有可能损害或威胁人体健康的有毒、有害物质或不安全因素，不可导致消费者急性、慢性中毒或感染疾病，不能产生危及消费者及其后代健康的隐患。

《食品安全法》规定：食品安全指食品无毒、无害，符合应当有的营养要求，对人体健康不造成任何急性、亚急性或者慢性危害。

按照危害程度来看，目前我国食品安全的主要问题依次为：微生物引起的食源性疾病、化学性污染（农药残留、兽药残留、重金属、天然毒素、有机污染物等）、非法使用食品添加剂等。食品安全的定义是对食品按其原食品食用方法的特殊要求，更关注个体的差异性。

从食品安全定义的发展历程，我们深刻体会到：食品安全是一个综合性的概念，不仅指公共卫生问题，还包括一个国家粮食供应是否充足的问题。食品安全是社会概念，影响社会经济发展的导向；食品安全是政治概念，与国民的生存发展、食品贸易、国家政治形势紧密相关；食品安全同样是法律概念，世界各国一系列有关食品安全的法律法规的出台，反映了食品安全法律规制的重大意义。

国际一些学者建议把食品安全分为绝对安全和相对安全两种不同概念。事实上绝对零风险是很难达到的，要按相应规范对其进行评价。食品安全概念涉及公共安全问题，即外来有毒有害物质、自身有害污染物质。发达国家主要面对的是食品新技术、新材料、新工艺安全问题（经济发达地区面临化学污染和生物污染双重问题），欠发达国家主要面临食品供应安全问题、环境卫生安全问题。

4.1.3　食品卫生的概念及范畴

“卫生”一词来源于拉丁文“*sanita*”，意为“健康”。食品卫生的含义关键在于如何理解卫生。卫生是指社会和个人为增进人体健康、预防疾病，创造合乎生理要求的生产环境、生活条件所采取的措施。从狭义的角度理解卫生，是卫生的原本含义，强调了卫生与干净、避免细菌污染、预防疾病、促进健康等方面的联系。依据狭义的解释，食品卫生主要是食品干净、未被细菌及其他有毒有害的物质污染，不使人致病。

1996 年世界卫生组织将食品卫生定义为：“为确保食品安全性和适合性，在食物链的所有阶段必须采取的一切条件和措施”。食品卫生只是食品安全的一部分。另外，食品安全与食品卫生在公共管理方面的差异也比较明显。

《食品工业基本术语》（GB/T 15091—1994）将“食品卫生”定义为：为防止食品在生产、收获、加工、运输、储藏、销售等各个环节被有害物质（包括物理、化学、微生物等方面）污染，使食品有益于人体健康所采取的各项措施。

1984 年世界卫生组织（WHO）在《食品安全在卫生和发展中的作用》中定义：生产、加工、储存、分配和制作食品过程中确保食品安全可靠，有益于健康并且适合人消费的种种必要条件和措施。其中“食品安全”与“食品卫生”被定义为同义词。

4.1.4　食品安全、食品卫生及食品质量三者间的关系

关于食品安全、食品卫生、食品质量的概念及三者之间的关系，有关国际组织在不同文献中有不同的表述。国内外专家、学者对此也有不同的认识。1996 年以前，WHO 曾把“食品卫生”和“食品安全”列为同义语。1996 年 WHO 在其发表的《加强国家级食品安全计划指南》中把“食品安全”和“食品卫生”作为两个不同的概念进行阐述。食品安全是对最终产品而言的，它依赖于食品在生产过程中良好的卫生管理和有效的安全控制措施，需要对食品“从农田到餐桌”的全过程中可能产生或引入的各种损害或威胁人体健康的有毒、有害物质和因素加以控制。食品安全主要采用良好生产规范（GMP）、良好农业规范（GAP），辅以卫生标准操作程序（SSOP）和食品安全控制体系，即危害分析与关键控制点（HACCP）等管理措施进行控制。而食品卫生是对食品的生产过程而言的，它一般由 SSOP 进行控制。食品卫生反映一个国家和民族的生活习俗、文化水平和素质修养。食品安全是国家安全的一部分，是一个民族生存的重要基础要素之一。

食品卫生与食品安全各自的内涵不同，两者今后的发展也就各不相同，其中两者之间有交叉重合部分，也有各自独立的部分。从涉及的内容上看，安全侧重于宏观、面上的工作，偏重结果；卫生则侧重于微观、点上的工作，偏重过程。两者的目的是一致的，都是为了保护人类的生存发展。重视食品安全并不排斥卫生，二者相辅相成。食品卫生的要求应是在卫生安全条件下的以点带面，防范控制因食用某种食品（在规定的保质期内）可能产生威胁人体健康的急、慢性损害或疾病问题，研究如何最大可能地降低食品中各种致病因子的含量，并提供适合人体生长发育所需要的营养物质。食品既卫生又安全是食品的基本属性，但伴随着社会、经济的发展，也不可避免地会出现不符合这种属性的食品。

从国内外的食品安全与卫生情况及定义范畴之间的关系来看，食品安全是个综合概念。食品安全包括食品卫生、食品质量、食品营养等相关方面的内容和食品（食物）种植、养殖、加工、包装、储藏、运输、销售、消费等环节。而食品卫生、食品质量、食品营养等（通常被理解为部门概念或者行业概念）均无法涵盖上述全部内容和全部环节。食品卫生、食品质量、食品营养等在内涵和外延上存在许多交叉，由此造成食品安全的重复监管。

食品安全是一个社会概念。与卫生学、营养学、质量学等学科概念不同，食品安全是个社会治理概念。不同国家及不同时期，食品安全所面临的突出问题和治理要求有所不同。在发达国家，食品安全所关注的主要是因科学技术发展所引发的问题，如转基因食品对人类健

康的影响；而在发展中国家，食品安全所侧重的则是市场经济发育不成熟所引发的问题，如假冒伪劣、有毒有害食品的非法生产经营。我国的食品安全问题则包括上述全部内容。

食品安全也是一个政治概念。无论是发达国家，还是发展中国家，食品安全都是企业和政府对社会最基本的责任和必须做出的承诺。食品安全与生存权紧密相连，具有唯一性和强制性，通常属于政府保障或者政府强制的范畴。而食品质量等往往与发展权有关，具有层次性和选择性，通常属于商业选择或者政府倡导的范畴。近年来，国际社会逐步以食品安全的概念替代食品卫生、食品质量的概念，更加突显了食品安全的政治责任。

食品安全又是一个法律概念。进入20世纪80年代以来，一些国家和有关国际组织从社会系统工程建设的角度出发，逐步以食品安全的综合立法替代卫生、质量、营养等要素立法。1990年英国颁布了《食品安全法》，2000年欧盟发表了具有指导意义的《食品安全白皮书》，2003年日本制定了《食品安全基本法》。部分发展中国家也制定了《食品安全法》。我国也于2009年发布了《食品安全法》，《食品卫生法》同时废止，2015年、2018年、2021年分别对《食品安全法》重新进行修正发布。

食品安全和食品卫生是有区别的，一是范围不同，食品安全包括食品（食物）的种植、养殖、加工、包装、贮藏、运输、销售、消费等环节的安全，而食品卫生通常并不包含种植、养殖环节的安全。二是侧重点不同，食品安全是结果安全和过程安全的完整统一。食品卫生虽然也包含上述两项内容，但更侧重于过程安全。

食品加工过程中容易产生质量的波动，需要适当的工艺处理进行调整。农产品的初级生产要经过许多精细的农艺操作，增加了食品质量控制的难度，如作物的施肥和病虫害防治、牲畜喂养和疾病防治等过程中经常会使用化学物质，这使得食品质量控制变得更为复杂。如果食品的源头原料已经受到一些有毒化学物质的污染，后续加工过程中质量控制得再好，也无法去除原料内在原有的一些危害性物质，不能保证食品的质量。

1996年FAO和WHO在发布《加强国家级食品安全性计划指南》中把“食品质量”定义为“食品满足消费者明确的或者隐含的需要的特性”。食品质量包含影响食品消费价值的所有其他特性，不仅包括一些有益的食品特性如食品的色、香、质等，还包括一些不利的食品品质特性，如食品变色、变味、腐烂等问题。食品的安全性可以通过质量保证体系如GMP、ISO 22000、HACCP及ISO 9000质量体系来体现。食品在种植养殖、运输、加工、贮藏、消费整个链上，均可能造成食品向容易腐烂变质的不利因素的一面发展。因此对食品质量管理者，需要掌握更多的专业知识，熟悉产品的特性，才能在质量管理中考虑各种关键因素的制约，提高企业管理水平。食品质量关注的要素是食品本身的使用价值和性状。而食品安全关注要素则是如何通过“关键控制点的控制”去保障食品消费者的健康问题。食品质量和食品安全在有些情况下容易区分，在有些情况下较难区分，因而多数人通常将食品安全问题理解为食品质量问题。在食品的质量要素中，食品安全是第一位的。

从上面的分析可以看出，食品安全、食品卫生、食品质量三者之间的关系，绝不是相互平行，也绝不是相互交叉。食品安全包括食品卫生与食品质量，而食品卫生与食品质量之间存在着一定的交叉。以食品安全的概念涵盖食品卫生、食品质量的概念，并不是否定或者取消食品卫生、食品质量的概念，而是在更加科学的体系下，以更加宏观的视角来看待食品卫生和食品质量工作。2009版《食品安全法》第二十二条规定“国务院卫生行政部门应当对现行的食用农产品质量安全标准、食品卫生标准、食品质量标准和有关食品的行业标准中强制执行的标准予以整合，统一公布为食品安全国家标准”。以食品安全标准统筹食品标准，就可以避免当时食品卫生标准、食品质量标准、食用农业产品质量安全标准之间的交叉与重复。2021 修正版《食品安全法》删除了 2009 版《食品安全法》第二十二条的相应条款。修正版《食品安全法》第二十五条规定“食品安全标准是强制执行的标准。除食品安全标准外，不得制定其他食品强制性标准”。

在我国，确立“食品安全”的法律概念，并以此概念涵盖“食品卫生”“食品质量”等概念，以《食品安全法》替代《食品卫生法》，具有以下几方面的意义。

第一，突出了全局性。食品安全可以涵盖食品生产经营的多环节和多要素，也可以涵盖食品企业、监管部门、中介机构等多单位和多部门，可以弥补单一部门立法的缺陷，构建环节紧密、要素齐全的食品安全保障体系。

第二，突出了科学性。从国际社会来看，《食品卫生法》与传统社会治理相联系，突出政府许可和处罚，属于第一代食品保障法。而《食品安全法》则与现代社会治理相联系，以科学的风险评估为基点，兼顾行政许可与行政指导，政府宏观监管与企业微观保障，属于第二代食品保障法。例如，修正版《食品安全法》中风险交流的条款明显增多，更加突出预防为主、风险管理，对食品安全风险监测、风险评估这些食品安全中最基本的制度做了进一步的完善，建立了风险分级管理、风险交流、风险自查、责任约谈等制度，重在防患于未然，消除隐患，确保食品安全。

第三，突出了统一性。我国基本确立了以主体部门统筹为主监管体制。食品安全要求各环节、各部门的准入条件、标准内容统一，避免在同一环节对同一企业进行卫生、质量等多要素的重复监管。《食品安全法》设立最严格的全过程监管法律制度，建立最严格的法律责任制度，并且实行社会共治。

因此，是以食品安全，还是以食品卫生或者食品质量为要素来构筑我国的食品保障体系，绝不是简单的概念划分与理解，而是社会治理理念的变革。

4.2　食品安全管理

4.2.1　食品安全现状

自 20 世纪 90 年代以来，国内外食品安全事件时有发生，如英国的疯牛病、比利时的二噁英、我国的三聚氰胺事件等。随着全球经济一体化的推进，食品安全已经没有国界，世界上某一地区食品安全问题可能波及全球，甚至引发双边或多边的国际食品贸易争端。

食品安全是人类无法忽视的重大问题。近年来世界各国加强了食品在安全工作，包括设置监督管理机构、强化或调整政策法规、增加科技投入等。各国政府纷纷采取措施，建立和完善食品管理体系和有关法律法规。在 GMP、SSOP、HACCP、ISO 22000 等标准规范体系的支撑下，强调从农场到餐桌整个食物供应链的全面控制和严格监督，已经成为各国实现食品安全、保障人类健康和保证市场经济正常运转的重要指导原则，也体现了各国政府加大力度构建和完善食品安全管理体系的决心。美国、欧盟等发达国家和地区不仅对食品原料和加工品有完善的标准和检测体系，而且对食品的生产环境的影响都有相应的标准。

近年来，我国食品安全预警、监督、管理和惩戒机制已逐渐完善，2009 年《食品安全法》出台，进一步强化食品安全管理力度，消费者的认识和自我保护意识也不断增强，食品安全性状况总体上有巨大的改善。由于 2009 版《食品安全法》立法时相关的食品安全监管体制没有彻底理顺，许多食品安全制度尚不够全面和完善。我国长期以来的食品安全监管体制强调已经不能适应食品安全治理的复杂性、艰巨性的要求。食品生产经营者违法生产经营现象依然存在，食品安全事件时有发生，食品安全形势依然严峻。因此，食品安全面临新的挑战和新问题，为解决食品安全领域存在的突出问题，以法治方式维护食品安全，2015 年国家对 2009 版《食品安全法》进行了全面修正。由于职能机构改革及市场管理需求，2018 年 12 月第十三届全国人大常委会第七次会议再一次提议对《食品安全法》进行修正，把“食品药品监督管理”修改为“食品安全监督管理”，把相关条款中的“质量监督”修改为“市场监督”，紧接着《食品安全法实施条例》也再修订施行。随后 2021 年 4 月第十三届全国人大常委会第二十八次会议又提议对《食品安全法》关键条款再次修正，有关食品安全法配套的技术法规也出现了全方位的发展，基本覆盖了食品原料生产、食品生产、餐饮服务、销售、网络食品、电子商务等领域，实现了有法可依。自此，我国已经形成比较完善的食品质量安全法律法规体系。

4.2.2 影响食品安全的主要因素

“民以食为天，食以安为先”。食品是人类赖以生存和发展的最基本的物质条件，食品安全涉及人类最基本权利的保障，关系到人民的健康幸福。食品是人类赖以生存的物质基础。食品“从农田到餐桌”通常需要经过加工、包装、运输和贮藏等很多环节，有许多因素（如各种理化因素和生物因素）都会影响到食品食用品质和营养价值，这就涉及食品安全问题。

世界卫生组织认为，凡是因通过食物摄入引发的进入人体的各种致病因子，且具有感染性的或中毒性食源性疾病的一类疾病，称为食源性疾病，即指通过食物传播的方式和途径致使病原物质进入人体并引发的中毒或感染性疾病，包括常见的食物中毒、肠道传染病、人畜共患传染病、寄生虫病及化学性有毒有害物质所引起的疾病。就目前情况来讲，食源性危害大致上可以分为化学性、生物性和物理性危害等，目前影响较大的危害物主要有以下几种。

1. 食源性化学危害

1）农业化学污染物的危害影响 食物原料的种植、养殖过程中，为提高生产数量与质量常施用各种化学控制物质，如农药、化肥、兽药、饲料添加剂、动物激素与植物激素等。化学物质的大量使用，虽然对现代工农业生产、社会经济和生活起着巨大的推进作用，但同时也污染了环境和食物，给人类带来了危害。这些物质的残留对食品安全产生着重大的影响。食品中农药残留已成为全球性的共性问题和一些国际贸易纠纷的起因，也是当前我国农畜产品出口的重要限制因素之一。β-兴奋剂（如瘦肉精）、固醇激素（如己烯雌酚）、镇静剂（如氯丙嗪、利血平）等是目前畜牧业生产中常见的滥用违禁药品。据报道，全世界每年患癌症的 500 万人中，有 50%左右与食品的污染有关。

2）环境污染物的危害影响 通常食品中环境污染物主要来自自然背景和人类活动两方面影响。无机污染物在一定程度上受食品产地的环境条件影响，主要是工业、采矿、能源、交通、城市排污及农业生产等。无机物，如汞、镉、铅等重金属及一些放射性物质；有机物，如苯、邻苯二甲酸酯、磷酸烷基酯、多氯联苯等工业化合物及二噁英、多环芳烃等工业副产品。上述污染物在环境和食物链都具有毒性强、可富集、难分解等特点。在人类环境持续恶化的情况下，食品成分中的环境污染物可能有增无减，必须采取更有效的措施加强治理。

3）食品添加剂 食品添加剂从来源上可分为天然和人工合成添加剂。只有证明具有可行的和可接受的功能或特性，并且是安全的食品添加剂，才允许被使用。食品添加剂的使

用要遵守严格的限量标准，任何添加剂的过量使用都有可能危害到食品的质量安全。食品添加剂的使用对食品产业的发展起着重要的作用，但若不科学地使用或违法违规使用会带来很大的负面影响。食品添加剂的超范围使用和滥用现象时有发生，如苏丹红事件、三聚氰胺事件的发生，动摇了人们对食品安全的信心。

4）*动植物天然毒素*　食品中的天然有害物质是指某些食物本身含有对人体健康产生不良影响的物质，或降低食物的营养价值，或导致人体代谢紊乱，或引起食物中毒，有的还产生“三致”反应（致畸、致突变、致癌）。自然界动植物中有些含有天然有毒物质，这些物质结构成分较复杂。有些有毒物质毒性极强，如河鲀毒素、龙葵碱等。大多数植物中有毒物质的化学结构比较清楚，有的是蛋白质，有的是非蛋白质。例如，马铃薯变绿能够产生龙葵碱，有较强毒性，通过抑制胆碱酯酶活性引起中毒反应，还对胃肠黏膜有较强的刺激作用，并能引起脑水肿、充血。河鲀毒素是一种有剧毒的神经毒素，一般的家庭烹调加热、盐腌、紫外线和太阳光照均不能破坏。其毒性甚至比剧毒的氰化钠要强1250倍，能使人神经麻痹，最终导致死亡。

5）*包装材料*　各种包装材料都有可能存在有毒有害物质或受到有毒有害物质的污染，造成对食品的二次污染。例如，聚氯乙烯本身无毒，但其含有的氯乙烯单体残留具有麻醉作用，同时还有致癌和致畸作用。

2．食源性生物危害　食品的生物性危害因素主要包括微生物、寄生虫和昆虫等对食品的污染。微生物导致食品腐败变质、微生物毒素及传染病流行，是危害人类的顽症。

1）*微生物的危害*

（1）食源性致病菌。在全世界所有的食源性疾病暴发的案例中，66%以上为细菌性致病菌所致。出现在食品中的细菌除了可引起食物中毒、人畜共患传染病等的致病菌外，还有能引起食品腐败变质等对食品本身造成危害的非致病性细菌。对人体健康危害较严重的致病菌有沙门菌、大肠杆菌、副溶血性弧菌、蜡样芽孢杆菌、变形杆菌、金黄色葡萄球菌等十余种，人体如摄入含有上述致病菌侵染的食物后通常会引起恶心、呕吐、腹泻、腹痛、发热等中毒症状。单核细胞增多性李斯特菌引起脑膜炎及与流感类似的症状，甚至致流产、死胎。我国发生的细菌性食物中毒以沙门菌、变形杆菌和金黄色葡萄球菌的食物中毒较为常见，其次为副溶血性弧菌、蜡样芽孢杆菌食物中毒等。

（2）真菌及其毒素。自然界中真菌分布非常广泛，真菌的种类很多，有5万多种。由食品传播的真菌毒素主要是霉菌产生的。受霉菌污染的农作物、空气、土壤等都可污染食品。霉菌是真菌的一种，广泛分布于自然界。霉菌和霉菌毒素污染食品后，引起的危害主要有两个方面，即霉菌引起食品变质和产生毒素引起人类中毒。霉菌污染食品可使食品食用价值降低，甚至完全不能食用，造成巨大经济损失。据统计，全世界每年平均有2%谷物由于霉变不能食用。霉菌毒素引起的中毒大多通过被霉菌污染的粮食、油料作物及发酵食品等引起，而且霉菌中毒往往表现为明显的地方性和季节性特征，尤其是连续低温的阴雨天气应引起重视。一次大量摄入被霉菌及其毒素污染的食品，会造成食物中毒；长期摄入少量受污染食品也会引起慢性病或癌症等。

（3）病毒。病毒到处存在，只对特定动物的特定细胞产生感染作用。因此，食品安全只需考虑对人类有致病作用的病毒。容易污染食品的病毒有甲型肝炎病毒（Hepatitis A virus，HAV）、诺如病毒（Norovirus）、嵌杯病毒（Calicivirus）、星状病毒（Astrovirus）等。这些病毒主要来自患者、病畜或带毒者的肠道，污染水体或与手接触后污染食品。已报道的所有与水产品有关的病毒污染事件中，绝大多数由于食用了生的或加热不彻底的贝类而引起。

2）寄生虫的危害　各种禽畜寄生虫病严重危害着家畜家禽和人类的健康，如猪、牛、羊肉中常见的易引起人兽共患疾病的寄生虫有片形吸虫、囊虫、旋毛虫、弓形虫等。人们在生吃或烹调不当的情况下容易引发一些疾病，如片形吸虫可致人食欲减退、消瘦、贫血、黏膜苍白等；猪囊虫可致癫痫；旋毛虫可致急性心肌炎、血性腹泻、肠炎等；弓形虫可引发弓形虫病。2006年，我国北京、广州等地人们食用管圆线虫污染的福寿螺时，由于加工不当没能及时有效地杀死寄生在螺内的管圆线虫，致使寄生虫的幼虫侵入人体，到达人的脑部造成大脑中枢神经系统的损害，患者出现一系列的神经症状。

3）昆虫污染　当食品和粮食贮存的卫生条件不良，缺少防蝇、防虫设备时，食品很容易招致昆虫产卵，滋生各种害虫，如粮食中的甲虫类、蛾虫类；肉、鱼、酱、咸菜中的蝇蛆；某些在干果如枣、荔枝、栗及糕饼中生长的昆虫。例如，苍蝇能传播多种人畜疾病，其传播方式主要是机械性传播和生物性传播。苍蝇的繁殖生长需经过卵、蛆、蛹、成蝇4个阶段，当环境适合时，10天左右就可成为蝇。苍蝇的嗅觉发达，喜欢在粪便及腐败食物上爬来爬去，有边吃、边吐、边排泄的习性。苍蝇一身细毛，全身及内脏能携带各种微生物，是各种肠道传染病、寄生虫病的重要传播媒介。

3．食源性物理危害　物理性危害通常是因异物等原因导致个人损伤，如牙齿破损、嘴划破、窒息等，如外来物质金属碎片、碎玻璃、木头片、碎岩石或石头等潜在危害异物，食品自身的碎骨片、鱼刺、昆虫及昆虫残骸、啮齿动物及其他哺乳动物的头发等物质。

要在食品生产过程中有效地控制物理危害，及时除去异物，必须坚持预防为主，保持厂区和设备的卫生，要充分了解一些可能引起物理危害的环节，如运输、加工、包装和贮藏过程及包装材料的处理等，并加以防范。例如，许多金属检测器能发现食物原料及食品中金属、非金属微粒，X线技术能发现食品中各种异物，特别是骨头碎片。

4．食品中其他不安全因素

1）饮食结构中的不安全因素　多年来营养失控问题已居于较发达社会首位。因饮食结构失调摄入高热量、高脂肪膳食，高血压、冠心病、肥胖症、糖尿病、癌症等慢性病患者显著增多，这说明食品供应充足不等于食品安全性提高，高能量、高脂肪、高蛋白、高糖、高盐和低膳食纤维，以及忽视某些矿物质和必需维生素的摄入，都可能给人体健康带来慢性损害。现代社会的进步和竞争，工作、生活节奏的加快，使人类的饮食、生活方式也随之变化，并带来一些新的不安全因素。例如，已过保质期的食品、生冷食品、动物性食品、煎炸烧烤食品、预制菜，特别是中餐聚餐的方式等影响因素，都会引起食品安全问题，中国乙型肝炎感染者比例较高，饮食传播是主要感染途径之一。一项对美国4个城市的家庭调查显示，有15%的海绵、洗涤布等洗涤餐具的材料中藏有病菌，我国的情况可能会更严重，在就餐环境、食品卫生不受重视的情况下，可能导致食源性疾病增多，甚至暴发流行。日本人偏爱生鱼片，如果处理不当，很容易引起副溶血性弧菌的胃肠炎疾病；泰国北部人们喜欢吃发酵的猪肉，这极易引发幼体旋毛虫类食品安全事件。

2）“纯天然”食品可能产生不安全因素　自然产生的食品毒素是指食品自身含有的天然有毒有害物质，如一些动植物中含有生物碱、氢氰糖苷等，其中有一些是致癌物质或可转变为致癌物质；粮食、油料等从收获到储存过程中由于方法不当或环境因素等产生的黄曲霉毒素；食品烹饪过程中高温产生的多环芳烃类，都是极强的致癌物质。天然的食品毒素实际上广泛存在于动植物体内，所谓“纯天然”食品也不一定是安全食品。

3）新型食品的安全性因素　当今世界新型食品如雨后春笋，层出不穷，不仅丰富了食物资源，增加了食物的种类和数量，满足人类对食物的需求，也促进了食品科学的发展。但新型食品存在的不安全、不确定的因素，需要得到足够的认识和重视。随着生物技术的发展，转基因食品也陆续推出，如转基因大豆、玉米、番茄、马铃薯、木瓜、牛肉等。转基因食品具有稳产、富营养、抗病虫害、在不利气候条件下可获得好收成等优点。但人们担心某些转基因食品可能含有抗生素基因，危害食用者的安全，还担心转入的基因会扩散到周围环境，包括作物中及人、畜体内，形成某些长期潜在的变化及危害，从而造成农作物多样性的丧失或加重环境污染的程度，并影响人类健康。有研究者指出，许多基因特别是从细菌中提取的基因有可能诱发过敏反应。美国、欧洲等国家或地区，包括中国都规定转基因食品应在食品标签上规范注明，反映了对转基因食品的安全性还需要进一步的深入了解和研究验证。

4）*经济与生活（存）差别影响因素*　这种因素主要体现在两个方面：一个是收入低，另一个是生活条件差。安全性较高的食品往往影响着产品成本和市场销售价格，出于利润空间的考虑，企业往往将刚出厂的产品高价销售，而临近保质期的产品降价销售（国内多表现为买赠促销）。对于可支配收入少、低收入者来说，长期购买的廉价食品中可能存在风险。而生活条件差的地区，交通运输条件不便、储藏加工设施简陋、饮用水不达标、手工作坊（小摊贩）的食品贮藏加工卫生条件等因素很难保证食物安全，也存在大量的食品安全隐患。

5）*食品安全监督管理滞后的影响因素*　在全球贸易走向一体化的影响下，食品的安全性将成为食品市场成败的关键因素，食品安全管理滞后于消费者的需求是世界性的问题。我国食品生产消费量较大，农业生产和多数食品加工组织规模小而分散且数目众多，导致我国食品监管任务繁重。随着我国城市化的快速发展，人民生活方式发生改变，增加了食品监管的工作量。此外，一些从事食品生产经营的不法分子，犯罪手段花样百出，食品安全监管任务异常艰巨。

针对各种食品中的危害因子进行系统的检测与分析，对食品生产的环境开展有害物的背景值调查，为食品安全的有效控制提供基础数据和信息；研究食物中毒的新病原物质，提高食物中毒的科学评价水平和管理水平；进一步推广GMP、HACCP、ISO 22000等有效的现代管理与控制体系；提高食品毒理学、食品微生物学、食品化学等学科的研究水平；研究WTO规则中有关食品安全的条例，充分应用和有效应对国际食品贸易中与食品安全相关的技术壁垒；对食品污染物和添加剂进行评价，预防和降低食品安全事件发生概率，并将这些研究领域的成果不失时机地应用于食品安全保障工作之中，是食品安全管理工作重点。

4.3　食品卫生管理

我国的食品卫生标准目前按《食品安全法》要求统称为“食品安全国家标准”，具有科学性、强制性、安全性、社会性和经济性等特点。食品安全标准是判断某一食品被食用后对人类健康有没有直接或潜在不良影响的标准。对于保证国民身体健康，加强食品卫生监督管理，维护和促进我国社会与经济发展有着极为重要的意义。尤其是我国加入WTO后，在国际食品贸易中，对于维护我国主权、促进食品国际贸易的技术保障等方面将会发挥越来越重要的作用。

4.3.1　食品卫生标准体系的特点

食品卫生标准是政府管理部门为保证食品安全，防止疾病的发生，对食品安全、营养等与健康相关指标的科学规定。《食品安全法》中规定，“食品安全国家标准由国务院卫生行政部门会同国务院食品安全监督管理部门制定、公布，国务院标准化行政部门提供国家标准编号。食品中农药残留、兽药残留的限量规定及其检验方法与规程由国务院卫生行政部门、国务院农业行政部门会同国务院食品安全监督管理部门制定。屠宰畜、禽的检验规程由国务院农业行政部门会同国务院卫生行政部门制定。”

为使标准体系适应现经济发展及进出口贸易需要，2001 年国家卫生行政主管部门组织对 464 个国家食品卫生标准及其检验方法（包括 73 个农残限量标准）进行了清理审查，在清理中对发现的上千个问题进行了修改，使我国食品卫生标准的科学性和与国际标准协调一致性有了较大提高。2013 年国家卫生行政主管部门全面启动国家食品安全标准归口清理工作，到 2013 年底基本完成食品安全标准清理工作，摸清了标准底数，系统梳理近 5000 项现行食品标准，深入研究现行标准存在的问题，构建我国食品安全标准体系框架，明确食品安全国家标准整合工作任务，在食品标准清理工作基础上，组织开展对食品安全国家标准整合修订工作。截至 2022 年 8 月，我国共发布食品安全国家标准 1455 项，标准涉及通用标准、食品产品标准、特殊膳食食品标准、食品添加剂质量规格及相关标准、食品营养强化剂质量规格标准、生产经营规范标准、食品相关产品标准、理化检验方法标准、微生物检验方法标准、毒理学检验方法与规程标准、农药残留检测方法标准、兽药残留检测方法标准等几十类内容。目前，我国已制定和发布包括食品污染物和农药最大残留标准、食品添加剂使用标准、食品企业卫生规范、食物中毒诊断标准、食品产品卫生标准及相应检验方法等方面的国家标准和行业标准。已基本形成一套较为完整的食品卫生标准体系，为提高我国食品工业食品质量安全水平、维护国家和消费者利益及规范市场发挥了保驾护航的作用。

4.3.2 食品卫生标准操作程序（SSOP）

4.3.2.1 SSOP 简介

20 世纪 90 年代，美国频繁暴发食源性疾病，造成每年 700 万人次感染和 7000 人死亡。调查数据显示，其中有大半感染或死亡的原因与肉、禽产品有关。这一结果促使美国农业部（USDA）重视肉、禽产品的生产状况，并决心建立一套涵盖生产、加工、运输、销售所有环节在内的肉禽产品生产安全措施，从而保障公众健康。1995 年 2 月颁布的《美国肉、禽产品 HACCP 法规》中第一次提出了要求建立一种书面的常规可行程序——卫生标准操作程序（Sanitation Standard Operating Procedure，SSOP），确保生产出安全、无掺杂的食品。同年 12 月，美国 FDA 颁布的《美国水产品的 HACCP 法规》中进一步明确了 SSOP 必须包括的 8 个方面及验证等相关程序，从而建立了 SSOP 的完整体系。从此，SSOP 一直作为 GMP 和 HACCP 的基础程序加以实施，成为完成 HACCP 体系的重要前提条件。

SSOP 实际上是落实 GMP 卫生法规的具体程序。GMP 和 SSOP 共同作为 HACCP 体系的基础，保障了企业食品安全计划在食品生产加工过程中顺利实施，没有前期的管理规范措施，工厂不会成功地实施 HACCP。如金字塔的结构一样，仅有顶端的 HACCP 计划的执行文件是不够的，HACCP 体系必须牢固建立在遵守现行 GMP 和可接受 SSOP 的基础上，具备这样牢固的基础才能使 HACCP 体系有效地运行。SSOP 规定了生产车间、设施设备、生产用水（冰）、与食品接触的表面卫生状况、雇员的健康与卫生控制及虫害的防治等要求和措施。SSOP 的制定和有效执行是企业实施 GMP 法规的具体体现，使 HACCP 计划在企业得以顺利实施。GMP 卫生法规是政府颁发的强制性法规，而企业的 SSOP 文本是由企业自己编写的卫生标准操作程序。企业通过实施自己的SSOP达到GMP的要求。SSOP监控记录可以用来证明SSOP执行的情况，并表征SSOP制定的目标和频率能否达到GMP的要求。SSOP实施过程中还必须有检查、监控，如果实施不力，还要进行纠正和记录保持。这些卫生方面适用于所有种类的食品零售商、批发商、仓库和生产操作。

1）*SSOP的定义范畴*　SSOP是食品企业为了满足食品安全的要求，在卫生环境和加工要求等方面所需实施的具体程序。SSOP和GMP是进行HACCP认证的基础。SSOP是食品加工厂为了保证达到GMP所规定要求，确保加工过程中消除不良的因素，使其加工的食品符合卫生要求而制定的，用于指导食品生产加工过程中如何实施清洗、消毒和保持卫生。SSOP的正确制定和有效执行，对控制危害是非常有价值的。企业可根据法规和自身需要建立文件化的SSOP。

2）*SSOP的主要内容*　SSOP主要内容包括：描述在工厂中使用的卫生程序；提供这些卫生程序的时间计划；提供一个支持日常监测计划的基础；鼓励提前做好计划，以保证必要时采取纠正措施；辨别趋势，防止同样问题再次发生；确保每个人，从管理层到生产工人都理解卫生；为雇员提供连续的培训；显示对买方和检查人员的承诺，引导厂内的卫生操作状况得以完善提高。

4.3.2.2　SSOP的基本要求

食品SSOP的基本要求至少要考虑以下几方面内容：与食品接触或与食品接触物表面接触的水（冰）的安全；与食品接触的表面（包括设备、手套、工作服）的清洁度；防止发生交叉污染；手的清洗与消毒，厕所设施的维护与卫生保持；防止食品被污染物污染；有毒化学物质的标记、储存和使用；雇员的健康与卫生控制；害虫的防治。

1）*对食品生产用水（冰）的安全性要求*　生产用水（冰）的卫生质量是影响食品卫生的关键因素。对于任何食品的加工，首要的一点就是保证水（冰）的安全。食品加工企业一个完整的SSOP计划，首先要考虑与食品接触或与食品接触物表面接触的水（冰）的来源与处理应符合有关规定，并要考虑非生产用水及污水处理的交叉污染问题。

（1）食品加工者必须保障在各种条件下提供足够的饮用水（符合国家饮用水标准），对于自备水井，通过专门检测认可水井周围环境、井深度、污水等可能影响因素是否对水源造成污染。井口必须是斜面，要密封，具备防止污水的进入措施。对储水设备（水塔、储水池、蓄水池）要有完善的防尘、防虫鼠措施，并定期清洗和消毒。无论是城市供水还是自备水源都必须有防范控制措施，有合格检验证明。

（2）对于公共供水系统必须提供供水网络图，并清楚标明出水口编号和管网区标记。合理地设计给水、废水和排水管道，防止饮用水与污水及虹吸倒流造成的交叉污染。

（3）重点关注加工操作中易产生交叉污染的区域。水管龙头需采用典型的真空中断器或其他阻止回流装置以避免产生负压；清洗、解冻、漂洗槽要有防虹吸设备，水管离水面距离二倍于水管直径，防止水倒流，水管龙头设有真空排气阀；要定期对大肠菌群和其他影响水质的成分进行分析，至少每月对水质进行一次微生物监测，每天对水的pH和余氯进行监测，当地主管部门每年至少进行一次水的全项目监测，并有正本报告；对自备水源监测频率要增加，一年至少两次。水监测取样必须包括总的出水口，一年内做完所有的出水口监测。

（4）当冰与食品或食品表面相接触时，必须以符合卫生的方式生产和储藏。制冰用水必须符合饮用水标准，制冰设备应卫生、无毒、不生锈。储存、运输和存放的容器应卫生、无毒、不生锈。食品与不卫生的物品不能同存于冰中。必须防止人员在冰上走动引起的污染，应检验确保制冰机内部清洁，无交叉污染。水的监控、维护及其他问题的处理都要有记录。

2）对食品接触表面的清洁要求　食品接触表面是指食品可与之接触的任意表面。保持食品接触表面清洁是为了防止污染食品，与食品接触的表面一般包括直接表面（加工设备、工器具和台案，加工人员的手或手套、工作服等）和间接表面（未经清洗消毒的冷库、卫生间的门把手、垃圾箱等）。

（1）食品接触表面在加工前和加工后都应彻底清洁，并在必要时消毒。加工设备和器具进行彻底清洗消毒（除去微生物赖以生长的营养物质，确保消毒效果），首选82℃水杀菌消毒（肉类加工厂经常使用）；消毒剂杀菌消毒，如次氯酸钠100～150mg/L；物理方法杀菌消毒，如紫外线、臭氧等。例如，大型设备在每班加工结束之后进行消毒；工器具2～4h进行一次消毒；加工设备、器具被污染之后要立即进行消毒；手和手套的消毒要求在上班前和生产过程中每隔1～2h进行一次。

（2）食品安全质量控制人员或检验员需要判断是否达到适度的清洁。必须严格把控检验环节，他们需要检查和监测难清洗的区域和产品残渣可能滞留的地方，应重点关注加工台面下或桌子表面的排水孔内等易使产品残渣聚集或使微生物繁殖的死角区域。

（3）设备的设计和安装应易于清洗。食品加工设备设计及安装应无粗糙焊缝、破裂和凹陷，表里如一，在不同表面接触处应具有平滑的过渡。设备始终保持完好的运行状态，必须用适于食品表面接触的材料制作，具有耐腐蚀、光滑、易清洗、不生锈等特点。对于多孔和难以清洁的木头等材料，不应作为食品接触表面。

（4）工作服和手套的清洁消毒。食品生产车间工人穿戴的工作服和手套属食品接触的表面材料，为食品安全关键控制环节。针对工人的工作服和手套，食品加工厂应具备适当的清洁和消毒的程序及条件，不得使用纱线手套。工作服应集中清洗和消毒，应有专用的洗衣房、洗衣设备，不同区域的工作服分别清洗消毒，清洁区与非清洁区的工作服应分别放置，每天及时清洗消毒，存放工作服的房间应干燥、清洁，并具备臭氧、紫外线等杀菌消毒条件。

（5）固定场所的清洗消毒。推荐使用热水、蒸汽和冷凝水，要用流动水；排水设施要完善，防止清洗剂、消毒剂的残留。及时记录食品接触面状况，如消毒剂浓度、表面微生物检验结果等，记录的目的是便于追溯检查，证实管理措施的有效性，发现问题能及时纠正。

3）防止交叉污染的要求　交叉污染是指通过食品加工者或食品加工环境及食品原料把生物或化学的污染物转移到食品中的过程。此过程涉及预防污染的人员要求、原材料和熟食产品的隔离和工厂预防污染的设计等。

（1）人员要求。操作人员的手必须严格进行清洗和消毒，防止污染。对手清洗的目的是去除有机物质和暂存细菌，若佩戴管形、线形饰物或缠绷带等，手的清洗和消毒不可能达到要求；加工区内严禁吃、喝或抽烟等行为；要注意在所有情况下，手应避免靠近鼻子，约50%人的鼻孔内有金黄色葡萄球菌；皮肤污染也是关键控制点，未经消毒的肘、胳膊或其他裸露皮肤不应与食品或食品表面相接触。个人物品也可能导致污染，必须远离生产区存放。

（2）隔离要求。隔离是防止交叉污染的一种有效方式。工厂的合理选址和车间的合理设计布局是防止交叉污染最重要条件。食品原材料和成品必须与生产和储藏分离以防止交叉污染；生、熟食品应单独生产和存放，防止相接触发生交叉污染；产品贮存区域应建立每日检查制度；食品生产加工区域应注意人流、物流、水流和气流的方向，工艺流程应从高清洁区到低清洁区，要求人走门、物走专用传递口。当生产线增加产量和新设备安装时应防止交叉污染。

（3）人员操作。人员操作不当极易导致产品污染。人员清洗和消毒非食品加工表面未按规范操作时易发生污染，若发生交叉污染要及时采取措施，必要时停产全方位彻底清洗和消毒，或评估产品的安全性及纠正措施是否合理（评估依据为每日监控记录、消毒控制记录、纠正措施记录等）。

4）*严格执行人员与食品接触暴露部位的清洁、消毒和卫生设施的卫生要求*　操作人员清洗方法为清水洗手、用皂液或无菌皂洗手、冲净皂液、于消毒液中浸泡30s、清水冲洗、干手。手的清洗和消毒设施需设在方便之处，且有足够的数量。手清洗台的设计需要防止再污染，水龙头用非手动开关。清洗和消毒频率一般为：加工期间每30～60min进行1次。必要时可采用流动消毒车，但它们与产品不能离得太近，应避免与产品交叉污染的风险发生。

卫生间要进出方便，通风、卫生、冲洗条件良好，地面清洁、干燥；门具有自动关闭功能，不能开向工作区；卫生间数量要与加工人员相适应；手纸和纸篓保持清洁卫生，设有洗手设施和消毒设施；有防蚊蝇设施；厕所最好设有缓冲间，便于人员如厕前脱工作服、换鞋。

5）*防止外来污染物污染的要求*　食品加工企业设施经常要使用一些化学物质，如润滑剂、燃料、清洁剂、杀虫剂、消毒剂等，生产过程中会产生一些废弃物、冷凝物、地板污物等，下脚料在生产中要加以控制。防止食品、食品包装材料和食品接触面被生物类、化学类和物理类污染物污染。

6）*有毒化合物的处理、储存和使用要求*　食品加工生产中需要使用特定的物质，如洗涤剂、消毒剂（如次氯酸钠）、杀虫剂、润滑剂、食品添加剂（如硝酸钠），尤其是实验室用试剂等，必须小心谨慎，要按照生产规范、产品说明书适量使用，做到正确标记、随时准确记录、储存安全，防止污染加工食品。

7）*雇员的健康状况要求*　食品加工者（包括检验人员）是直接接触食品的人，其身体健康及卫生状况直接影响食品卫生质量。所有和加工有关的人员及管理人员，应具备良好的个人卫生习惯和卫生操作习惯，严禁患有妨碍食品卫生传染病（如肝炎、结核等）的患者靠近或接触食品生产环境，应持有效的健康证上岗，并建立体检档案；不能有外伤，不得化妆、佩戴首饰等个人物品进入生产区；生产中必须穿戴工作服、帽、口罩、鞋等，并及时洗手消毒。食品生产企业应制订卫生培训计划，定期对人员进行培训，并记录存档。

8）*害虫的灭除和控制要求*　害虫是传播食源性疾病的主要途径之一，虫害的防治对食品加工厂至关重要。害虫的灭除和控制涉及工厂、企业各个区域，甚至包括工厂周围，重点是厕所、下脚料出口、垃圾箱周围、食堂、储藏室等。安全有效控制害虫传播食源性疾病必须由厂外开始，害虫可通过厂房的窗（天窗）、门、排污口、水泵管道周围的裂缝和其他开口进入加工区。防范措施有清除滋生地，安装风幕、纱窗、门帘、挡鼠板、反水弯等。

企业建立SSOP之后，必须制订监控程序，由专人定期实施检查，对检查结果不合格的必须采取措施进行纠正，对所有的监控行动、检查结果和纠正措施都要记录，通过这些记录说明企业不仅制订并实行了SSOP，而且行之有效。食品加工企业日常的卫生监控记录是工厂重要的质量记录和管理资料，应使用统一的表格，归档保存。卫生监控记录表格基本要素有监控的某项卫生状况或操作、必要的纠正措施等。

4.3.2.3　SSOP应用情况

SSOP实际上是GMP中最关键的基本卫生条件。1996年美国农业部发布的法规中，要求肉禽产品生产企业在执行 HACCP 时，发展和执行 SSOP，即把执行卫生操作规范作为改善其食品安全、执行 HACCP 的主要前提。

SSOP 强调对食品生产车间、环境、人员及与食品接触的器具、设备中可能存在危害的预防及清洗（洁）的措施。SSOP 与 HACCP 的执行有着密切的关联，而 HACCP 体系是建立在已有效实施 GMP 和 SSOP 基础上的。我国食品安全法规标准及食品工厂的卫生规范都借鉴国外 SSOP 和 GMP 的相关内容，如《食品生产通用卫生规范》（GB 14881—2021）、《餐饮服务通用卫生规范》（GB 31654—2021）、《畜禽屠宰加工卫生规范》（GB 12694—2016）和《糕点、面包卫生规范》（GB 8957—2016）、《包装饮用水生产卫生规范》（GB 19304—2018）等都属于这一范畴，上述内容对企业有效实施 SSOP 等规范起到积极的推进作用。

4.3.3 食品良好生产规范（GMP）

食品良好生产规范（good manufacturing practice，GMP）是为保障食品质量安全而制定的贯穿食品生产全过程的技术措施，也是一种食品质量保证体系。主要内容是对企业生产过程的合理性、生产设备的适用性和生产操作的精确性、规范性提出强制性要求。该规范以企业为核心，涉及建厂设计、产品开发、产品加工、产品销售、产品回收等各环节，以质量和卫生为主线，全面细致地确定各种管理方案。国际食品法典委员会（CAC）将 GMP 作为实施危害分析与关键控制点的必备程序之一。1969 年，世界卫生组织向各国推荐使用良好生产规范。1972 年，欧共体 14 个成员国公布了 GMP 总则。应该说 GMP 是国际上普遍推荐使用的用于食品生产的先进管理体系，它要求食品生产企业具备良好的生产工艺设备、合理的生产过程、完善的质量管理和严格的检测系统，以确保终产品的质量符合质量安全标准。

4.3.3.1 食品良好生产规范的起源与作用

1）GMP 的起源　GMP 来源于药品产品生产。第二次世界大战以后，人们在经历了数次较大的药物灾难之后，逐步认识到以成品抽样分析检验结果为依据的质量控制方法有一定缺陷，不能保证生产的药品都做到安全并符合质量要求。美国于 1962 年修改了《联邦食品、药品和化妆品法》，将药品质量管理和质量保证的概念制定成法定的要求。美国食品药品监督管理局（FDA）根据修改法的规定，由美国坦普尔大学 6 名教授编写制定了世界上第一部药品的 GMP，并于 1963 年通过美国国会第一次颁布成法令。1969 年第 22 届世界卫生大会建议各成员国的药品生产采用 GMP 制度，以确保药品质量。同年，美国 FDA 又将 GMP 引用到食品的生产法规中，制定了《通用食品制造、加工包装及贮存的良好工艺规范》。从 20 世纪 70 年代开始，FDA 又陆续制定了低酸性罐头食品等几类食品的 GMP，其中现行药品管理规范（Current Good Manufacture Practices，CGMP）和低酸性罐头 GMP 已作为法规公布。1969 年，国际食品法典委员会公布了《食品卫生通用规范》（CAC/RCP 1—1969），随后在 1985 年、1997 年和 1999 年对其作了修改，并陆续发布了 42 个各类食品的卫生技术规范。欧盟也发布了一系列食品生产、进口和投放市场的卫生规范和要求，如 91/493/EEC 指令“水产品和投放市场的卫生要求”就规定了水产品生产的厂库设备要求、卫生条件、加工卫生、人员卫生等。

20 世纪 80 年代初我国在制药企业中提出推行 GMP，1982 年中国医药工业公司制订了《药品生产管理规范》（试行稿），后续又发布了修订稿，1988 年根据《中华人民共和国药品管理法》，国家卫生行政主管部门颁布了我国第一部《药品生产质量管理规范》作为正式法规执行。1991 年根据《药品管理法实施办法》的规定，国家医药管理局成立了推行 GMP、良好供应规范（Good Supply Practice，GSP）委员会协助组织医药行业实施 GMP 和 GSP 工作。1992 年国家卫生行政主管部门又对《药品生产质量管理规范》（1988 版）进行修订，变成 1992 年修订版，为了使药品生产企业更好地实施 GMP，配套出版了《药品生产质量管理规范实施指南》，对 GMP 实际应用做了比较具体的技术指导，收到比较好的效果。1993 年国家医药管理局制订了我国实施 GMP 的八年规划（1993～2000 年），提出“总体规划，分步实施”的原则，按剂型的先后，在规划的年限内达到 GMP 的要求。1995 年，经国家技术监督局批准，成立了中国药品认证委员会，开始接受企业的 GMP 认证申请并开展认证工作。1998 年新组建的国家药品监督管理局对 GMP 再次进行修订，于 1999 年 8 月 1 日起施行。为了进一步加强药品生产管理，切实做好药品的 GMP 认证工作，全面提高认证工作的质量，2006 年 9 月国家食品药品监督管理局正式启动了修订 1998 版药品 GMP 的工作，在两次公开征求意见的基础上，历经 5 年，2011 年 1 月 17 日《药品生产质量管理规范》颁布实施。我国食品企业质量管理规范的制定工作起步于 20 世纪 80 年代中期，从 1988 年起，先后颁布了罐头厂、白酒厂、啤酒厂、乳品厂、肉类加工厂 20 个食品企业卫生规范，其中 1 个通用 GMP，19 个专用 GMP，并作为强制性标准予以发布。2014 年又颁布了《食品经营过程卫生规范》，2015 年新颁布了《食品接触材料及制品生产通用卫生规范》，形成了我国的 GMP 体系。这些规范制定的指导思想是将保证食品卫生质量的重点放在成品出厂前的整个生产过程的各个环节上，针对食品生产全过程提出相应技术要求和质量控制措施，以确保终产品卫生质量合格。

2）GMP 的作用　GMP 是一种行之有效的科学而严密的生产质量管理制度，可消除不规范的食品生产质量问题，制订和实施 GMP 的主要目的是保护消费者的利益，保证人们食品安全，同时也保护食品生产企业，使企业有法可依、有章可循。另外，实施 GMP 是政府和法律赋予食品行业的责任，也是中国加入 WTO 之后，实行食品质量保证制度的需要。

食品企业实施 GMP 的重要作用：①确保食品生产过程安全性；②防止物理、化学、生物性危害污染食品；③实施双重检验制度，防止出现人为损失；④针对标签管理、人员培训、生产记录、报告存档，建立完善的管理制度。

4.3.3.2　食品良好生产规范的主要内容

GMP 是对食品生产过程的各个环节、各个方面实行全面质量控制的具体技术要求和为保证产品质量必须采取的监控措施。它的内容可概括为硬件和软件两部分。硬件是指对食品企业提出的厂房、设备、卫生设施等方面的技术要求，而软件是指可靠的生产工艺、规范的生产行为、完善的管理组织和严格的管理制度等规定和措施。

GMP 根据 FDA 的法规，分为四个部分：总则；建筑物与设施；设备；生产和加工控制。GMP 适用于所有食品企业，注重常识性生产卫生要求、与食品卫生质量有关的硬件设施的维护和人员卫生管理。应该说，强调食品的生产和储运过程应避免微生物、化学性和物理性污染，符合 GMP 的要求是控制食品安全的第一步。我国食品卫生标准操作规范是在 GMP 的基础上建立起来的，并以强制性国家标准（食品安全国家标准）规定施行，该规范适用于食品生产、加工企业或工厂，并作为制定各类食品厂的专业卫生依据。《食品生产通用卫生规范》规定了食品生产过程中原料采购、加工、包装、贮存和运输等环节的场所、设施、人员的基本要求和管理准则，包括选址及厂区环境、厂房和车间、设施与设备、卫生管理、食品原料和食品添加剂及食品相关产品、生产过程的食品安全控制（产品污染风险控制、生物污染的控制、化学污染的控制、物理污染的控制包装）、检验、食品的贮存和运输、产品召回管理、培训、管理制度和人员、记录和文件管理等方面的内容。

GMP 实际上是一种包括 4M 管理要素的质量保证制度，即选用规定要求的原料（material），以合乎标准的厂房设备（machines），由胜任的人员（man），按照既定的方法（methods），制造出品质既稳定又安全卫生的产品的一种质量保证制度。

GMP 是对食品生产过程中的各个环节、各个方面实行严格监控而提出的具体要求并采取必要的良好质量监控措施，从而形成和完善了质量保证体系。GMP 是将保证食品质量的重点放在成品出厂前的整个生产过程的各个环节上，而不仅仅着眼于最终产品上，其目的是从全过程入手，根本上保证食品质量。

4.3.3.3　食品良好生产规范的实施

国际食品法典委员会（CAC）隶属于联合国粮食及农业组织（FAO）和世界卫生组织（WHO）。CAC 一直致力于制定一系列的食品卫生规范、标准，以促进国际食品贸易的发展。CAC 的标准规范是推荐性的，一旦被进口国采纳，这些国家就会要求出口国的产品达到标准规定。《食品卫生通用规范》［CAC/RCP 1—1969，Rev.3（1997）］适用于全部食品加工的卫生要求，作为推荐性的标准，提供给各国。其是按食品由最初生产到最终消费的食品链，说明每个环节的关键控制措施，尽可能地推荐使用以 HACCP 为基础的方法，提高食品的安全性，达到 HACCP 体系及其应用导则的要求。《食品卫生通用规范》中总则所述的控制措施是保证食品食用的安全性和适宜性的国际公认的重要方法。总则主要内容有以下几点。

1）目标　　明确可用于整个食品链的必要卫生原则，以达到保证食品安全和适宜消费的目的；推荐采用 HACCP 体系提高食品的安全性。

2）使用范围和定义　　内容应涉及食品初级生产、加工及流通各环节必要的卫生条件。政府可参考执行，确保企业生产食品适于人类食用，保护消费者健康，维护食品在国际贸易中的信誉。

3）初级生产　　最初生产的管理应根据食品的用途保证食品的安全性和适宜性。食品生产加工应避免在有潜在危害物的场所中进行。生产采用 HACCP 体系预防危害，避免由空气、泥土、水、饮料、化肥、农兽药等对食品的污染。在搬运、储藏和运输期间保护食品及配料免受化学、物理及微生物等污染物的污染，并注意控制温度、湿度，防止食品变质、腐败。设备清洁和养护工作能有效进行，能保持个人卫生。

4）加工厂设计与设施　　加工厂的设计目标是使污染降到最低限度。选址要远离污染区。厂房和车间设计布局满足良好食品卫生操作要求。设备保证在需要时可以进行充分的清理、消毒及养护。废弃物、不可食用品及危险物盛放容器和存储池结构合理、不渗漏、醒目，供水达到 WHO《饮用水质量指导标准》，供水系统易识别，排水和废物处理避免污染食品。清洁设备完善，配有个人卫生设施，保证个人卫生，避免污染食品。有完善的更衣设施和满足卫生要求的卫生间。温度控制满足要求，通风（自然和机械）保证空气质量，照明色彩不应产生误导。储藏设施设计与建造可避免害虫侵入，易于清洁，使食品免受污染。

5）生产控制　　目标是通过食品危害的控制、卫生控制等防止微生物交叉感染，原料、未加工食品与即食食品要有效分离；加工区域进出要有序控制，保持人员卫生、工器具的清洁消毒，防止物理和化学污染；在食品加工和处理中都应采用饮用水；建立完善生产文件与记录制度，对超过产品保质期的要建立召回产品程序，并在发现问题时能完全、迅速地从市场将该批食品撤回，具备完好的风险防范机制。

6）*工厂安全养护与卫生*　建立有效防控害虫、废弃物管理、保障食品卫生的机制。

7）*工厂员工*　应保持良好的个人清洁卫生，保证生产人员不污染食品。对患疾病与受伤者（黄疸、腹泻、呕吐、发热、耳眼鼻中有流出物、外伤等）必须调离食品加工岗位；杜绝可能导致食品污染的吸烟、吐痰、吃东西等行为；进入食品加工区不佩戴饰物。

8）*运输*　目标是为食品提供一个良好环境，保护食品不受潜在污染危害、不受损伤，有效控制食品病原菌或毒素产生。应预防食品和包装造成污染，保障食品运输过程温度、湿度条件符合要求等。

9）*产品信息和消费者的意识*　产品应具有完整的信息，保证为食品链中各环节提供完整、易懂的产品信息；对同一批或同一宗产品应易于辨认或者必要时易于撤回；消费者应对食品卫生知识有足够的了解，保证消费者能正确认识产品信息的重要性。

10）*培训*　对于从事食品生产与经营，并直接或间接与食品接触的人员应进行食品卫生知识培训和（或）指导，每个人都应该认识到自己在防止食品污染和变质中的任务和责任，应具有必要的知识和技能，以保证食品的加工处理符合卫生要求。

GMP制度是对生产企业及管理人员的行为长期实行有效控制和制约的措施，体现在如下几个方面：食品生产企业必须有足够的资历，食品生产主要技术人员应具备食品生产质量管理能力并清楚自己的职责；对操作者应进行必要的培训，以便正确地按照食品生产规程操作；企业必须按照规范化加工工艺规程进行生产；企业应确保生产厂房、环境、生产设备符合卫生要求，并保持良好的生产状态；企业加工生产用的物料、包装容器和标签应符合规范要求；按照企业生产食品特性要求应具备合适的储存、运输等设备条件；企业生产全过程严密，并具备有效的质检和管理体系；企业拥有专业的质量检验人员、完善的设备和实验室；企业应具备对生产加工的关键步骤和加工发生的重要变化进行验证的能力；企业在生产中使用手工或记录仪进行生产记录，并证明所有生产步骤是按规程要求进行的，使产品达到预期的数量和质量要求，出现的任何偏差都能记录并做好检查；企业要保存生产记录及销售记录，以便根据这些记录追溯各批产品的全部历史，将产品储存和销售中影响质量的危险性降至最低限度；企业建立由销售和供应渠道收回任何一批产品的有效系统；企业应经常了解市售产品的用户意见，调查出现质量问题的原因，并针对问题提出处理意见。

案例：认证的力量

1956年内蒙古呼和浩特市回民区成立了养牛小组，1958年改名为“呼和浩特市回民区合作奶牛场”，拥有1160头奶牛，日产牛奶700kg，生产量较小，产品单一，质量难以得到保障。1993年2月，呼和浩特市回民奶食品加工厂改制，设立伊利集团，同年6月，成立内蒙古伊利实业集团股份有限公司。在2003年1月中旬伊利北京乳品厂接受了认证公司审核组的审核。审核组就HACCP计划、GMP、SSOP等内容进行了严格的审核，最后北京乳品厂系列酸牛乳、鲜牛乳的生产顺利通过了HACCP体系的认证。2006年，获得了“有机奶牛生产”和“有机液态奶加工”两项认证，并建立完善质量跟踪审查体系，生产最健康、最天然的乳制品。2017年2月依托智能化建设，伊利成为我国第一家全线产品通过FSSC（Food Safety System Certification）22000食品安全体系认证的乳品企业。2020年9月25日，伊利奶粉事业部获得了QbD（质量源于设计）认证，这是食品行业的首张QbD认证。2022年9月，伊利成为全球首批通过金标认证的乳企。伊利以ISO 9001质量管理体系为主线，建立了全面质量管理体系，率先通过了 HACCP 认证。将质量管理战略升级为“质量领先 3210 战略”，建立了世界一流行业标准，实现从源头到终端每一个食品安全和质量控制关键点的监测、分析、把控和预防。从一个街道小厂逐步发展到一个上市公司，拥有原奶、冷饮、奶粉、酸奶、液奶五大事业部，位居全球乳业五强，连续九年蝉联亚洲乳业第一，也是中国规模最大、产品品类最全的乳制品企业。

4.4 食品标签管理

根据国家标准《预包装食品标签通则》（GB 7718—2011）中的定义，食品标签是指食品包装上的文字、图形、符号及一切说明物。食品标签可分为两种形式：一种是把文字、图形、符号印制或压印在食品的包装盒、袋、瓶、罐或其他包装容器上；另一种是单独印制纸签、塑料薄膜签或其他制品签，粘贴在食品包装容器上。无论采用哪种形式，都是食品制造者、包装者（或分装者）或经销者向消费者的承诺。食品标签的基本功能是通过对标识食品的名称、规格、生产者名称等进行清晰准确的描述，科学地向消费者传达食品的配料、安全性、食用方法、保质期等信息。《食品安全法》将食品标签的内容分为强制性标示和非强制性标示两部分。强制性标示的内容有食品名称、配料表、配料的定量标示、净含量和规格、制造者和经销者的名称和地址、生产日期和保质期、食品生产许可证编号、贮存条件、产品标准号等。非强制性标示的内容有产品批号、食用方法等。

4.4.1 食品标签管理现状

目前，我国食品企业违规滥用食品标签现象严重，这不仅给消费者的经济利益造成损失，而且对消费者的安全和企业的发展也构成了威胁。为了防止消费者被不真实的产品标签误导，加快食品业与国际接轨，2005 年 10 月 1 日，国家实施了《预包装食品标签通则》和《预包装特殊膳食用食品标签通则》两项食品标签强制性国家标准，使食品标签标示的内容向着无限接近食品真实属性的目标迈出关键的一步。

《预包装食品标签通则》（GB 7718—2004）是对 1988 年我国首次制定的《食品标签通用标准》的第二次修订，《预包装特殊膳食用食品标签通则》（GB 13432—2004）是对 1993 年制定的与之相配套的《特殊营养食品标签》的首次修订。当时，这两个标准的出台一定程度上改变了食品标签混乱的状况，有效保障了广大消费者的权利，并促进了食品工业的健康有序发展。但随着食品工业的进一步发展，这两个标准有些地方已不适合食品行业的发展需要，有必要进行修订。因此，2011 年又一次对《预包装食品标签通则》进行了修订，新版标准充分考虑了 2004 版《预包装食品标签通则》的实施情况，结合《食品安全法》及其实施条例对食品标签的具体要求，增强了标准的科学性和可操作性。修改了标准的适用范围、“预包装食品”和“生产日期”的定义，增加了“规格”定义、“规格”标示方式和“不应标注或者暗示具有预防、治疗疾病作用的内容，非保健食品不得明示或者暗示具有保健作用”的内容，取消了保存期的定义。并参照国际食品法典标准，增加了食品致敏物质推荐性标示要求，便于消费者根据自身情况科学选择食品。细化了食品添加剂标示要求，明确食品添加剂标示应符合《食品安全标准 食品添加剂使用标准》（GB 2760—2014）中的食品添加剂通用名称。为确保特殊膳食用食品标签标准与现行特殊膳食用食品产品标准和相关标准相衔接，根据《食品安全法》和《食品安全国家标准管理办法》，国家卫生行政主管部门组织修订了《预包装特殊膳食用食品标签通则》（GB 13432—2004），于 2013 年颁布了新的食品安全国家标准《预包装特殊膳食用食品标签》（GB 13432—2013）。新标准涵盖了对预包装特殊膳食用食品标签的一般要求，明确了特殊膳食用食品的定义和分类，规定了特殊膳食用食品标签中具有特殊性的标识要求，特殊膳食用食品标签不应涉及疾病预防、治疗功能。对于符合该标准含量声称要求的营养成分可以进行功能声称，应选择《预包装食品营养标签通则》（GB 28050—2011）中的功能声称标准用语；不强制要求标示配方中氨基酸的种类和含量。《预包装特殊膳食用食品标签》（GB 13432—2013）是在原标准执行的基础上，根据我国特殊膳食用食品产业发展实际，结合公众对特殊膳食用食品标签标识需求进行修订的，注重法律法规和其他食品及标签标准的衔接和配套，确保政策的连贯性和稳定性，并借鉴了国际组织和其他国家管理经验，完善特殊膳食用食品标准标签要求，使消费者拥有知情权和选择权，便于特殊膳食用食品的国际贸易。

食品营养标签是向消费者提供食品营养信息和特性的说明，也是消费者直观了解食品营养组分、特征的有效方式。引导消费者合理选择预包装食品，促进公众膳食营养平衡和身体健康，保护消费者各项权益。现阶段我国居民还存在既有营养不足，也有营养过剩的问题，特别是脂肪和钠（食盐）的摄入较高，是引发慢性病的主要因素。《预包装食品营养标签通则》标准要求预包装食品必须标示营养标签内容，一是有利于宣传普及食品营养知识，指导公众科学选择膳食；二是有利于促进消费者合理平衡膳食和身体健康；三是有利于规范企业正确标示营养标签，科学宣传有关营养知识，促进食品产业健康发展。

《食品安全法》第六十七条规定，“预包装食品的包装上应当有标签。标签应当标明下列事项：名称、规格、净含量、生产日期；成分或者配料表；生产者的名称、地址、联系方式；保质期；产品标准代号；贮存条件；所使用的食品添加剂在国家标准中的通用名称；生产许可证编号；法律、法规或者食品安全标准规定必须标明的其他事项。专供婴幼儿和其他特定人群的主辅食品，其标签还应当标明主要营养成分及其含量。食品安全国家标准对标签标注事项另有规定的，从其规定。”

4.4.2　食品标签管理规范

我国早在 2008 年 9 月实施的《食品标识管理规定》（国家质量监督检验检疫总局令第 102 号）中就规定，食品标签要受到“六个不准”的严格约束：生产日期不准伪造；药用功能不准自吹；“营养”“强化”，不准乱标；转基因食品，中文警示不准少；内含添加剂，不准不标；食品产地，不准缺失。

例如，第六条规定，食品标识应当标注食品名称。食品名称应当表明食品的真实属性，并符合下列要求：国家标准、行业标准对食品名称有规定的，应当采用国家标准、行业标准规定的名称；国家标准、行业标准对食品名称没有规定的，应当使用不会引起消费者误解和混淆的常用名称或者俗名；标注“新创名称”“奇特名称”“音译名称”“牌号名称”“地区俚语名称”或者“商标名称”等易使人误解食品属性的名称时，应当在所示名称的邻近部位使用同一字号标注本条前两个标准项规定的一个名称或者分类（类属）名称；由两种或者两种以上食品通过物理混合而成，且外观均匀一致难以相互分离的食品，其名称应当反映该食品的混合属性和分类（类属）名称；以动、植物食物为原料，采用特定的加工工艺制作，用以模仿其他生物的个体、器官、组织等特征的食品，应当在名称前冠以“人造”“仿”或者“素”等字样，并标注该食品真实属性的分类（类属）名称。

第八条规定，食品标识应当标注生产者的名称、地址和联系方式。生产者名称和地址应当是依法登记注册、能够承担产品质量责任的生产者的名称、地址。有下列情形之一的，按照下列规定相应予以标注：依法独立承担法律责任的公司或者其子公司，应当标注各自的名称和地址；依法不能独立承担法律责任的公司、分公司或者公司的生产基地，应当标注公司和分公司或者生产基地的名称、地址，或者仅标注公司的名称、地址；受委托生产加工食品且不负责对外销售的，应当标注委托企业的名称和地址；对于实施生产经营许可证管理的食品，委托企业具有其委托加工的食品生产经营许可证的，应当标注委托企业的名称、地址和被委托企业的名称，或仅标注委托企业的名称和地址；分装食品应当标注分装者的名称及地址，并注明分装字样。

第九条规定，食品标识应当清晰地标注食品的生产日期、保质期，并按照有关规定要求标注贮存条件。乙醇含量10%以上（含10%）的饮料酒、食醋、食用盐、固态食糖类，可以免除标注保质期。日期的标注方法应当符合国家标准规定或者采用“年、月、日”表示。

第十条规定，定量包装食品标识应当标注净含量，并按照有关规定要求标注规格。对含有固、液两相物质的食品，除标示净含量外，还应当标示沥干物（固形物）的含量。净含量应当与食品名称排在食品包装的同一版面。净含量的标注应当符合《定量包装商品计量监督管理办法》的规定。

第十一条规定，食品标识应当标注食品的成分或者配料清单。配料清单中各种配料应当按照生产加工食品时加入量的递减顺序进行标注，具体标注方法按照国家标准的规定执行。在食品中直接使用甜味剂、防腐剂、着色剂的，应当在配料清单食品添加剂项下标注具体名称；使用其他食品添加剂的，可以标注具体名称、种类或者代码。食品添加剂的使用范围和使用量应当按照国家标准的规定执行。专供婴幼儿和其他特定人群的主辅食品，其标识还应当标注主要营养成分及含量。

第十四条规定，实施生产许可证管理的食品，食品标识应当标注食品生产许可证编号。而2015年10月1日实施的《食品生产许可管理办法》第二十九条规定“食品生产许可证编号由SC（‘生产’的汉语拼音字母缩写）和14位阿拉伯数字组成。数字从左至右依次为：3位食品类别编码、2位省（自治区、直辖市）代码、2位市（地）代码、2位县（区）代码、4位顺序码、1位校验码”。

委托生产加工实施生产许可证管理的食品，委托企业具有其委托加工食品生产许可证的，可以标注委托企业或者被委托企业的生产许可证编号。

第十七条规定，食品在其名称或者说明中标注“营养”“强化”字样的，应当按照国家标准有关规定，标注该食品的营养素和热量，并符合国家标准规定的定量标示。

食品标签标准有以下特点。

（1）强制标示内容构成了两项食品标签新标准的主体。食品标签的标示内容有3部分，分别是“强制标示内容”“强制标示内容的免除”“非强制标示内容”。强制性标示的内容为：食品名称，配料清单，配料的定量标示，净含量和沥干物（固形物）含量，制造者、经销商的名称和地址，日期标示和储藏说明，产品标准号，质量（品质）等级等，以及辐照食品和转基因食品均要标示。

（2）食品名称是食品标签上最重要的内容。食品名称应在标签的醒目位置标示，要标示清晰地反映食品真实属性的专用名称。禁用奇特名称。同时字体大小要一致。食品标签标准进一步强化了食品标签的真实性，不允许利用产品名称混淆食品的真实属性欺骗消费者。

（3）使用规范汉字。食品预包装必须使用规范汉字，而同时使用的拼音、外文或少数民族文字不得大于相应的汉字。这样使消费者容易了解食品的特点，以免误导消费者。食品标签实际上就是食品的说明书，一幅流动广告，它承载着食品制造者对消费者的承诺，关系到消费者的知情权，传递着企业对消费者的真情。

由此可见，食品标签的作用是：引导、指导消费者选购食品；促进销售；向消费者承诺；向监督机构提供监督检查依据；维护食品制造者的合法权益。

净含量作为预包装食品的强制性标示，能够直观反映产品价值的信息。在 20 世纪八九十年代，瓶装啤酒净含量一般以 640mL 的居多，当时啤酒生产线都是按统一的罐装标准设计。后来的啤酒净含量逐渐有减小的趋势，到目前为止市场上最常见的啤酒净含量为 500mL 和 330mL。装瓶时要求净含量与标签上标注的体积之负偏差：小于 500mL/瓶，不得超过 8mL；等于或大于 500mL/瓶，不得超过 10mL。越高品味的啤酒，其净含量就越小，净含量减小，啤酒价格却大幅上涨。但《预包装食品标签通则》（GB 7718—2011）规范了预包装食品净含量的标示方法及其字符最小高度等内容，相关的标准并没有规定净含量减小及产品的价格应如何改变。

思　考　题

1. 简述食品安全、食品卫生、SSOP、GMP、食品标签的概念。
2. 简述食品安全、食品卫生和食品质量三者之间的关系。
3. 简述 SSOP 的主要内容。
4. 简述现行食品标签标准的特点。
5. 简述 GMP、SSOP 和 HACCP 三者之间的关系。

第5章 食品市场准入制度与食品许可证

【本章重点】了解食品许可证及食品市场准入制度建立的重要意义；掌握食品许可证类别、申请程序、管理依据及原则。

5.1 食品质量安全市场准入制度

市场准入是指货物、劳务与资本进入市场程度的许可。市场准入制度是现代市场经济中出现的一个新概念，是指各国政府或授权机构，对生产者、销售者及其商品（或资本）进入市场所规定的基本条件，以及相应的管理制度。市场准入制度是一种行政许可，它通过政府行政手段对生产者、销售者进行生产与销售的基本条件限制，从而达到保护消费者利益的目的。市场准入制度一般应用于与人民生命财产安全、生活质量保障等息息相关的行业，食品行业就是其中之一。

改革开放以来，中国食品工业获得了飞速发展，但在发展过程中也存在不少问题，突出表现在：企业生产规模参差不齐，多数企业相对较小，工艺水平相对落后，致使产品合格率不高；一些不法企业掺杂使假严重，食品安全事件时有发生，严重阻碍了中国食品工业的健康发展。为改变这一状况，2002 年 7 月开始，国家质量监督检验检疫总局首先将大米、小麦粉、食用植物油、酱油、醋 5 类食品及其生产企业纳入食品质量安全市场准入制度管理。

食品质量安全市场准入制度是指为保证食品的质量安全，具备规定条件的生产者才允许进行生产经营活动、具备规定条件的食品才允许生产销售的监督制度。其内容包括食品生产许可、强制检验及市场准入标识标示。

经过几年的努力，食品质量安全市场准入制度的实施已初见成效。2001 年大米、小麦粉、食用植物油、酱油、醋 5 类食品的平均合格率为 59.9%；2009 年这 5 类食品的平均合格率已达到 97.42%。国家主要职能管理机构将食品质量安全市场准入制度管理范围扩大到 28 大类 550 个品种，基本涵盖了食品工业的所有生产品种。

5.1.1 食品质量安全市场准入制度的意义

食品质量安全市场准入制度是建立食品安全机制的重要措施之一，它的出现为中国食品行业未来的健康发展打下坚实的基础，加速了中国食品工业与世界食品工业接轨的脚步。食品质量安全市场准入制度提供衡量产品的标准，促使那些因生产能力和产品质量水平较低而不能达到标准的企业努力提升自身能力，以保证其产品达到进入市场的水平。食品质量安全市场准入制度的实施，对企业和消费者都将产生十分重大的意义。

1. 确保广大消费者的人身健康和生命安全　“民以食为天”，食物是维系人类生存的重要源泉，也是整个人类社会高度关注的核心问题。近年来，食品安全事件时有发生。据不完全统计，早在 1998 年以来，国内就相继发生几十起瘦肉精中毒事件，中毒人数达 2000

多人，死亡 1 人。例如，在 2001 年 7 月对华东、华南、西南地区 16 个省（自治区、直辖市）进行的区域联动联合食品安全治理活动中，没收违法使用“吊白块”生产的食品 9 万余千克，查处违禁企业 372 家，违禁销售企业 160 家，移送公安机关处理案件 18 件。造成这些事件相继发生的根本原因是随着可支配收入的增长，人们对食品的需求不断增加，但基础条件相对薄弱的国内部分食品企业，尚不足以完全满足消费者的需要，同时，中国地域辽阔，各地区经济发展水平不均衡，城市与乡村实际生活水平差距较大，这就留下了较大的市场空间，也给不法商贩提供了可乘之机。一些商贩为满足一己私利制假造假，以次充好从中牟取暴利。假冒伪劣食品严重威胁到了人民的生命健康安全。

2002 年国家质量监督检验检疫总局开始实施食品质量安全市场准入制度，就是希望通过提高市场准入条件，清除那些无法达到条件的小企业、小作坊，从生产源头上杜绝不法分子的制假造假活动，为食品的质量安全提供保障，确保广大消费者的人身健康和生命安全。

2．提高食品企业的生产能力和质量水平　中国食品的制作拥有悠久的历史，但工业化进程开始得较晚，绝大部分企业的工业化进程开始于新中国成立之后。改革开放政策的实施使这一进程的速度明显加快。目前支撑国内食品工业体系的主导力量大体分为四大类：一是国有制食品工业企业，主要来源是新中国成立后由国家投资兴建的国营企业及经过资本主义工商业社会主义改造的企业；二是通过吸纳国外企业投资而建立的三资企业；三是采用股份制或个人投资兴建的中小企业；四是个体工商户。其中一、二类企业的生产量占据主导性地位。各类企业无论是投资规模、生产设计水平还是产品质量都存在着较大差异，有不少企业还停留在“小作坊”阶段，严重影响了食品工业的总体发展。只有提高食品加工业从业门槛才能真正促使技术落后的企业加大投入，以改变其落后的面貌。

2004 年国家质量监督检验检疫总局公布实施的《食品质量安全市场准入审查通则》中对食品企业的环境条件、生产设备、产品标准及包装和检验等都做了具体规定，达不到标准的企业将不再被允许进入市场。这就意味着生产设备条件及工艺水平落后的企业不得不进行大规模的有效调整，这将大大提高食品企业的生产能力和质量水平，同时促进中国食品工业整体水平的提升。2010 年根据市场发展的需求国家质量监督检验检疫总局重新修订了《食品质量安全市场准入审查通则》，进一步提升食品质量安全市场准入的要求及实效性。

3．规范食品市场秩序　原料以次充好、违规使用非食品添加剂、模仿伪造其他企业的产品、擅自夸大保健品疗效等，是不法企业经常使用的方法。而这些不法手段之所以能够奏效，原因是多方面的。消费者是市场消费的主体，企业作为市场消费的客体，有责任、有义务为消费者提供符合食品质量安全标准的产品。通过食品质量安全市场准入制度的实施，政府将形成有效的市场监管体系，促使不合格企业改进生产状况，为消费者提供合格放心的产品，从而达到规范食品市场秩序，便利人们生活的根本目标。

5.1.2　国外食品质量安全市场准入制度实施状况

5.1.2.1　美国食品质量安全市场准入制度实施状况

多年以来，美国联邦政府从各个方面完善本国的食品质量安全体系，以确保公共健康不受不安全食品的影响。目前，美国食品质量安全体系是由立法、执法和司法三个权力部门相互制约，实行食品质量安全联合监管，各个食品安全管理机构职责明确并相互协调制定了详尽的法律法规。

美国联邦、州和地方政府建立了既相互独立又相互协作的食品质量安全网，在每一个层次（联邦、州和地方）监督食品的生产和流通。政府采用多部门管理方式，主要由农业部、食品药品监督管理局、国家环境保护机构及其他相关部门共同管理。美国农业部主要是负责肉类和家禽食品安全管理工作，并授权监督执行联邦使用动物产品安全法规；食品药品监督管理局主要是负责除肉类和家禽产品外其他类别的国内和进口食品安全管理工作，制定畜产品中兽药残留最高限量法规和标准。国家环境保护机构主要负责饮用水、新的杀虫剂及毒药、垃圾等方面的安全管理工作，制定农药、环境化学物的残留限量和相关法规。除了完善的管理体制，各类法律法规也同时发挥重要作用。多年以来，美国联邦政府从各个方面完善本国的食品质量安全市场准入制度，实施了一些强有力的措施，以确保民众公共健康不受损害。1997 年美国召开总统食品安全会议，提出所有食品安全风险管理机构，有责任在食品安全方面建立风险评估联盟。风险分析包括风险评估、风险管理和风险沟通三方面内容。美国管理机构还推广 HACCP 认证，在产品生产、加工、包装过程中可能存在的影响产品质量安全的关键点进行把关，及时提出解决措施并督促检查，从而确保产品的质量安全。此外，自 1991 年 5 月启动农药残留监测计划后，美国政府又陆续推行其他各类监控计划以确保国内食品安全。为了增强国民对国家食品工业的了解，美国政府遵循透明度原则将他们的议案在互联网上公布，通过公开发表引起公众对提议草案和最终规章的关注，以确保公众最大可能地关注参与。这一举措进一步促进了美国食品工业平稳发展。

5.1.2.2 欧盟食品质量安全市场准入制度实施状况

欧盟自成立之日起就一直非常关注食品安全，但是，近年来食品危害事件仍不时发生，特别是疯牛病事件严重地影响了欧洲消费者的信心。为了保护消费者利益，2000 年 1 月欧盟公布了食品质量安全白皮书（以下简称白皮书）。白皮书提出了欧盟食品质量安全的新原则，并提出了需要补充和更新现有欧盟食品质量安全法的一系列可行的措施，制定了一套连贯和透明的法规，其中一个重要目标是使法律更有效实施并对消费者增加透明度。为此欧盟试图建立更加有效的食品质量安全体系，主要从三个方面入手。

1．制定食品质量安全法 欧盟的食品质量安全法是在风险管理的前提下提出的重要预警措施。依据预警原则，管理者可以在缺乏支持数据、信心及未进行风险评估的条件下，识别对人类健康造成的危害。如果在特定的条件下，风险管理决策者则必须搜集更多的科学信息和数据，根据预警原则采取适当的措施和行动，保护人类健康。所选择的措施必须遵循非歧视性和适度的原则。食品质量安全法还将针对食品、饲料的安全性提出溯源性要求，使食品安全管理的法制、法规措施更加行之有效。

2．组建欧洲食品质量安全管理机构 欧洲食品质量安全管理局于 2002 年 1 月 28 日正式成立，为欧洲的最高食品质量安全管理机构。该权威机构独立于工业和政治利益，以最先进的科学技术为指导，进行公开的、严格的、科学的权威评审。食品质量安全管理局依据独立性、科学性和透明性原则，对欧盟各国政府与公民进行食品质量安全监督管理。欧洲食品质量安全管理局运作流程如图 5.1 所示。

3．实施欧盟食品质量安全监控措施 欧盟最新发布食品质量安全白皮书，从十九个方面提出八十四条监控措施，这十九个方面是：饲料；寄生物病；动物健康；动物辅料；防止疯牛病和海绵状脑病；卫生；残留物；食品添加剂和调味料；与食品有关的材料；新型食品；转基因食品；辐射性食品；食疗食品、食物补充物、强化食品；食物标签；营养；种子；

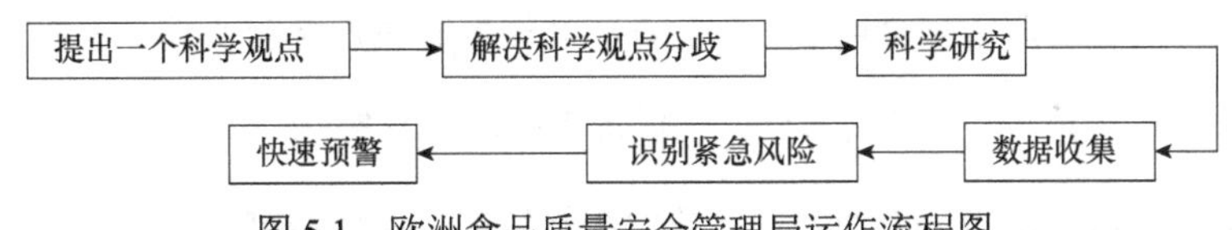

图 5.1 欧洲食品质量安全管理局运作流程图

支持措施；第三方国家政策及国际关系。近年来，欧洲盟理事会针对这八十四条监控措施逐步进行实施，并作为新食品法框架内容不断提升完善。欧盟各国政府也根据本国情况对这些监控措施做出调整，以此促进整个欧盟食品工业共同发展。

5.1.2.3 日本食品质量安全市场准入制度实施状况

日本农业资源稀缺，其食品来源多为进口，为了保护其国民的利益，日本政府十分重视食品安全市场准入制度的实施。日本对食品质量安全管理及行政执法的机构有两个：一是厚生省，根据日本《食品卫生法》开展食品质量安全管理与市场准入工作；二是农林水产省，根据《农林物质标准化及质量标识管理法》开展相关食品工作。

日本实施食品质量安全市场准入制度的措施以严格著称。如一经查出假冒农业标准认证标识或标有日本农业标准标识但产品质量达不到标准要求的产品，对个人可处 1 年监禁和 100 万元日元的罚金，对企业法人代表要处 1 亿日元的罚金。对于进口到日本的外国食品，日本政府主要采取进口食品企业注册管理和进口食品检验检疫管理两种方式进行食品质量安全监管。日本政府主张通过严格的标准实现贸易壁垒。

日本政府注重检验检测体系的建立，对食品安全监管工作长期给予优惠政策和资金扶持。食品质量安全管理所需要的经费列入政府的财政预算中，尤其是检验检疫经费一律根据当年工作计划由财政部门足额解决。因此，日本的食品质量安全检测机构仪器设备精度高，配备全，种类多，适合大批量、多项目、高精度、快速检验的需要。其检验人员素质也非常高，检验技术人员的开支统一纳入政府财政预算。早在 2001 年日本政府仅拨给农林水产消费技术中心的经费就高达 49 亿日元（动物防疫、植物病虫害防治费用另有拨款）。

在日本，食品质量安全认证和 HACCP（危害分析与关键控制点）的认证工作，已成为日本对食品质量安全管理的重要手段，并普遍为消费者所接受，已通过质量认证的产品价格要高出市场普通产品的一倍至几倍。

5.1.3 我国食品质量安全市场准入制度实施状况

5.1.3.1 我国食品质量安全市场准入制度的实施

2002 年 7 月，国家质量监督检验检疫总局开始在全国实施食品质量安全市场准入制度。依据《关于印发小麦粉等 5 类食品生产许可证实施细则的通知》（国质检监函〔2002〕192 号），首先将小麦粉、小米、食用植物油、酱油、食醋 5 类食品列入国家食品质量安全市场准入产品目录。2003 年 7 月又依据《关于印发肉制品等 10 类食品生产许可证审查细则的通知》（国质检监函〔2003〕516 号）公布了肉制品、乳制品、饮料、调味品（糖、味精）、方便面、饼干、罐头、冷冻食品、速冻面米食品、膨化食品等第二批国家食品质量安全市场准入产品目录，此后逐步扩展至 28 大类，几乎涵盖了所有的食品类别。

实施食品质量安全市场准入制度是一种政府行为，由各省（自治区、直辖市）负责食品质量安全监督职能部门，按照国家质量监督检验检疫总局的统一部署，在其职责范围内，负责本行政区域内的食品质量安全监督管理工作，并根据有关规定和要求开展相应的工作。

5.1.3.2　食品质量安全市场准入制度的基本内容

食品质量安全市场准入制度的实施，建立在坚持事先保证和事后监督相结合的基础上。实行分类管理、分步实施；组织架构上，遵循国家总局统一领导，省局负责组织实施，市局、县局承担具体工作的组织管理基本原则。

2003 年 7 月 18 日公布施行的《食品生产加工企业质量安全监督管理办法》中，明确规定了实施食品质量安全市场准入制度的基本原则：对食品生产企业实施生产许可证制度；对企业生产的食品实施强制检验制度；对实施食品生产许可制度的产品实行市场准入标志制度。检验合格食品加贴“QS”标识。食品市场准入标志由“质量安全”英文（Quality Safety）字头“QS”和“质量安全”中文字样组成，也称“QS”标志。标志主色调为蓝色，字母“Q”与“质量安全”为蓝色，字母“S”为白色。标志尺寸可以根据需要按规定比例自行缩放，但不能变形、变色。“QS”标志图案的外框也是“QS”标志图案的一个组成部分，如图 5.2 所示。

图 5.2　QS 标志

彩图

为了更准确地表达生产许可证的内涵，强调食品生产实施许可证制度，2010 年国家质量监督检验检疫总局下发公告，规定自 2010 年 6 月 1 日起，将 QS 标志中的“质量安全”字样变更为“生产许可”，QS 由英文质量安全（Quality Safety）字头（QS）变为企业食品生产许可（Qiyeshipin Shengchanxuke）的首字母缩写“QS”，之前取得食品生产许可的企业有 18 个月的过渡期，完成旧版生产许可证标志包装物的更替，即从 2011 年 12 月 1 日起，所有出厂的食品标签中 QS 标志必须以“生产许可”字样呈现，“质量安全”字样不得再使用。

2015 年 10 月 1 日，随着新版《食品安全法》的实施，食品行业质量安全“QS”标志发生了重大变化，“SC”取代质量安全“QS”标志，食品生产许可也将全面取代以往食品生产许可与食品市场准入并行的管理办法。同时，食品质量监督主管职能部门也由原国家质量监督检验检疫总局转换为原国家食品药品监督管理总局负责管理。

5.1.4　食品生产许可证（SC）的发展

随着新版《食品安全法》正式实施，作为配套法规的《食品生产许可管理办法》（国家食品药品监督管理总局令第 16 号）于 2015 年 8 月 31 日颁布，同年 10 月 1 日起正式实施。其中明确了食品生产许可证编号由 SC（“生产”的汉语拼音字母缩写）和 14 位阿拉伯数字组成。14 位阿拉伯数字包含了食品类别、省市县代码、企业代码及校验码等众多信息。《食品生产许可管理办法》同时规定，以后生产的食品一律不得继续使用原包装和标签及“QS”标志。这意味着，此前广为人知的“QS”将逐渐退出历史舞台。

食品“QS”标志自实施以来，在规范企业经营、建立良好市场准入制度等方面发挥了不小的作用，那么为什么要用“SC”来替代“QS”呢？主要原因如下。

（1）食品包装标注“QS”标志的法律依据是《工业产品生产许可证管理条例》，随着食品监督管理机构的调整和新《食品安全法》的实施，《工业产品生产许可证管理条例》已不再作为食品生产许可的依据。

（2）“QS”仅为市场准入标志，其本身并不包含更多信息。新版《食品安全法》明确规定食品包装上应当标注食品生产许可证编号，不再要求标注食品生产许可证标志，是因为新的食品生产许可证编号由 14 位阿拉伯数字组成，包含了食品生产企业的众多信息，可以达到快速识别、查询及增强食品生产者食品安全主体责任意识的目的。

5.2　食品许可证

食品许可证制度（food licensing）是指一个国家或地区的政府部门，为规范本国或本地区食品企业生产、保护消费者利益而采用的一种行政许可制度。政府部门根据本国或本地区的具体情况，制定出相应的标准，并通过对企业强制实施，以达到繁荣规范市场、保护消费者利益的目的。

食品许可证与市场准入制度的实施，对构筑有效的食品安全体系产生积极的影响。食品许可证制度的实施，实现了食品生产到流通的全程管理，其中食品生产许可证与食品市场准入共同执行，加大了对食品生产企业的管理力度，形成有效的制约机制。食品流通许可证及餐饮服务许可证的实施，改变了传统统一的食品卫生许可证管理模式，从根本上实现了食品安全的分类管理，针对性更强，措施更为得当。各类许可证制度的实施使不同类型的食品企业的生产及服务都更加专业化。食品生产许可证、食品流通许可证、餐饮服务许可证虽管理对象、监管体制等有所不同，但三者的形成基础及目标方向均是一致的。在实现分类管理的基础上，三者共同构成了我国食品产业监管体系的完整链条。2015 年 8 月，为了进一步规范食品生产经营许可活动，提高食品生产经营监督管理成效，保障公众食品安全，根据新时期发展需求，确保食品安全、简政放权、简化审批手续、提高审批效率，食品生产许可主管部门由国家质量监督检验检疫总局变更为国家食品药品监督管理总局。国家食品药品监督管理总局结合基层监管需求和社会反映意见，吸收借鉴国内外经验，于 2015 年 10 月 1 日实施了《食品生产许可管理办法》《食品经营许可管理办法》，其中，《食品生产许可管理办法》于 2019 年 12 月再次进行修订，并于 2020 年 3 月正式施行，结合市场经济发展需要在原有管理办法基础上新的《食品经营许可和备案管理办法》预计在近期出台。

5.2.1　食品许可证实施意义及其分类

5.2.1.1　食品许可证实施的意义

当今食品市场的显著特点是：生产经营主体数量庞大、经营分散、环节较多，食品安全监管体系、质量标准体系需要健全，执法监管力度也需要进一步加大。针对市场上食品假冒伪劣、以次充好、非法添加非食品原料等问题，在认真研究总结我国食品安全状况及食品监管工作经验的基础上，《食品安全法》按照预防为主、科学管理、明确责任、综合治理的指导思想，进一步明确了食品许可证的责任、义务、程序、范围，对食品安全监督管理提出了更高的要求，从根本上提升食品安全保障机制水平，为依法规范食品生产经营活动，切实增强食品安全监管工作的规范性、科学性、有效性，保障人民群众身体健康与生命安全具有重大意义。实施食品许可证制度可以严把产品质量准入关，打击假冒伪劣，保护消费者的合法权益，贯彻国家产业政策，维护正常的市场经济秩序。实施食品许可证制度可以有效解决当前食品质量安全的突出问题，也符合国家统一许可证监督管理体制并以法规形式固定下来的根本要求。

5.2.1.2　食品许可证的分类

我国的工业产品生产许可证制度起源于 20 世纪 80 年代，其中涉及食品生产领域的主要包含两个：一个是食品生产许可证，另一个是食品卫生许可证。其中食品卫生许可证涵盖了所有的食品生产经营活动。1995 年 10 月实施的《食品卫生法》第二十七条规定：“食品生产经营企业和食品摊贩，必须先取得卫生行政部门发放的卫生许可证方可向工商行政管理部门申请登记。未取得卫生许可证的，不得从事食品生产经营活动。”

食品生产许可证与食品卫生许可证制度的实施曾使我国的食品安全状况得到了明显的改善，但也存在职责不清、疏于管理、行业跨度过大等问题。为加强我国食品生产经营的安全管理，2009 年 2 月首次颁布的《食品安全法》强化了食品的许可证制度，并根据实际需要进行了有效分类。2021 年修正版《食品安全法》中第三十五条明确规定：“国家对食品生产经营实行许可制度。从事食品生产、食品销售、餐饮服务，应当依法取得许可。但是，销售食用农产品和仅销售预包装食品的，不需要取得许可。仅销售预包装食品的，应当报所在地县级以上地方人民政府食品安全监督管理部门备案。”2021 年修正版《食品安全法》第五条规定：“国务院设立食品安全委员会，其职责由国务院规定。国务院食品安全监督管理部门依照本法和国务院规定的职责，对食品生产经营活动实施监督管理。国务院卫生行政部门依照本法和国务院规定的职责，组织开展食品安全风险监测和风险评估，会同国务院食品安全监督管理部门制定并公布食品安全国家标准。国务院其他有关部门依照本法和国务院规定的职责，承担有关食品安全工作。”

根据新法规定及不断修改完善，废除了原有的涉及食品生产流通等各个环节的卫生许可证，采用“谁颁证谁管理”的原则，逐渐实施食品生产许可、食品流通许可、餐饮服务许可单独管理。这充分体现了我国实施食品安全分类管理的发展思想，同时也进一步突出明确许可证管理制度效能作用。食品生产许可证主要针对食品生产企业，食品流通许可证主要针对从事食品流通环节的企业，餐饮服务许可证主要针对餐饮服务企业及集体食堂。2009 年 7 月 30 日，国家工商行政管理总局颁布实施了《食品流通许可证管理办法》，国家食品药品监督管理总局也就餐饮服务许可证的监管范围发出了相应通知及管理办法。

2009 版《食品安全法》的颁布实施，在保障国家食品安全、提升食品安全效能、保护人民群众健康等方面发挥了重要的作用。但在实施过程中也暴露出一些问题，如主管部门依然较多、职责范围还存在交叉等。新版《食品安全法》为突出强化食品安全归口管理效率，进一步明确监管责任，将食品流通许可与餐饮服务许可两个许可整合为食品经营许可，减少许可数量。目前，我国的食品许可证分为两类，即食品生产许可证和食品经营许可证。

5.2.2　食品生产许可证管理

改革开放以后，我国的经济体制开始由计划经济体制逐步转入市场经济体制。在这一转换过程中，不少工业生产企业为了满足市场需要盲目上马，使一些根本不具备基本生产条件的企业一哄而起，致使不少劣质产品流向市场，进而导致了许多恶性质量事故的发生。针对这一情况，1980 年 8 月国务院批准了第一机械工业部《关于整顿低压电器产品质量，试行颁发工业产品生产许可证的报告》（国机二发〔1980〕16 号），开始对低压电器等产品试行生产许可证制度管理。由于管理效果较为明显，工业生产许可证制度开始逐步推广到工业生产的各个领域，包括食品相关企业。

为加强食品企业生产管理，我国于2003年7月18日公布施行《食品生产加工企业质量安全监督管理办法》中规定：从事食品生产加工企业的公民、法人或其他组织，必须具备保证食品质量安全的基本条件，按规定程序获得食品生产许可证，方可从事食品生产。没有取得食品生产许可证的企业不得生产食品，任何企业和个人不得销售无生产许可证的食品。2009年实施的《食品安全法》中，规定了食品生产活动中实施食品生产许可管理制度，进一步明确、细化食品生产许可职责范围、管理方式。2020年3月1日实施的新版《食品生产许可管理办法》第二条中规定：在中华人民共和国境内，从事食品生产活动，应当依法取得食品生产许可。

1．食品生产许可证管理机构及许可范围　新版《食品生产许可管理办法》中对于食品生产许可证管理机构及许可范围的规定如下。

（1）食品生产许可实行一企一证原则，即同一个食品生产者从事食品生产活动，应当取得一个食品生产许可证。

（2）市场监督管理部门按照食品的风险程度，结合食品原料、生产工艺等因素，对食品生产实施分类许可。

（3）全国食品生产许可管理工作由国家市场监督管理总局负责监督指导，县级以上地方市场监督管理部门负责本行政区域内的食品生产许可监督管理工作。

（4）省（自治区、直辖市）市场监督管理部门可以根据食品类别和食品安全风险状况，确定市、县级市场监督管理部门的食品生产许可管理权限。保健食品、特殊医学用途配方食品、婴幼儿配方食品、婴幼儿辅助食品、食盐等食品的生产许可，由省（自治区、直辖市）市场监督管理部门负责。

（5）《食品生产许可审查通则》及各细则由国家市场监督管理总局负责制定，而地方特色食品的食品生产许可审查细则，则由省（自治区、直辖市）市场监督管理部门根据本行政区域食品生产许可审查工作的需要制定，向国家市场监督管理总局报告后，方可在本行政区域内实施。国家市场监督管理总局制定公布相关食品生产许可审查细则后，地方特色食品生产许可审查细则自行废止。县级以上地方市场监督管理部门实施食品生产许可审查，应当遵守食品生产许可审查通则和细则。

（6）县级以上地方市场监督管理部门应加快信息化建设，推进许可申请、受理、审查、发证、查询等全流程网上办理，并在行政机关的网站上公布生产许可事项，提高办事效率。

与2015版相比，2020版最主要的变化是根据2018年国务院机构改革方案，修改了食品生产实施分类许可及监督管理的部门，由食品药品监督管理部门改为市场监督管理部门；2020版《食品生产许可管理办法》提出了许可申请、受理、审查、发证、查询等全流程网上办理，意味着食品生产许可证书的电子化，因此新版《食品生产许可管理办法》删除了对补办许可证和委托他人办理的规定内容；此外，针对2015版《食品生产许可管理办法》中规定的保健食品、特殊医学用途配方食品、婴幼儿配方食品等食品的生产许可，由省（自治区、直辖市）市场监督管理部门负责，在2020版《食品生产许可管理办法》中增加了婴幼儿辅助食品、食盐两项内容。

2．食品生产许可证的申请与受理　新版《食品生产许可管理办法》对于食品生产许可证的申请与受理规定如下。

（1）申请食品生产许可，应当先行取得营业执照等合法主体资格。企业法人、合伙企业、个人独资企业、个体工商户、农民专业合作组织等以营业执照载明的主体作为申请人。

（2）申请食品生产许可，应当按照以下 31 个食品类别提出，见表 5.1。

表 5.1 申请食品生产的许可食品类别

食品类别			
粮食加工品	食用油、油脂及其制品	调味品	肉制品
乳制品	饮料	方便食品	饼干
罐头	冷冻饮品	速冻食品	薯类和膨化食品
糖果制品	茶叶及相关制品	酒类	蔬菜制品
水果制品	炒货食品及坚果制品	蛋制品	可可及焙烤咖啡产品
食糖	水产制品	淀粉及淀粉制品	糕点
豆制品	蜂产品	保健食品	特殊医学用途配方食品
婴幼儿配方食品	特殊膳食食品	其他食品	

国家市场监督管理总局可以根据监督管理工作需要对食品类别进行调整。

（3）申请食品生产许可，应当符合下列条件。

第一，食品原料处理、加工、包装、贮存场所要求：①与生产的食品品种、数量相适应；②环境整洁；③与有毒、有害场所及其他污染源保持规定距离。

第二，生产设备或设施要求：①与生产的食品品种、数量相适应；②有相应消毒、更衣、盥洗、采光、照明、通风、防腐、防尘、防蝇、防鼠、防虫、洗涤及处理废水、存放垃圾和废弃物的设备或设施；③保健食品生产工艺有原料提取、纯化等前处理工序的，需要具备与生产的品种、数量相适应的原料前处理设备或设施。

第三，人员及规章制度要求：①专职或者兼职食品安全专业技术人员、食品安全管理人员；②规章制度要保证食品安全。

第四，设备布局和工艺流程要求：①合理，防止待加工食品与直接入口食品、原料与成品交叉污染；②避免食品接触有毒物、不洁物。

第五，其他条件要求：应符合相关法律、法规规定。

（4）申请食品生产许可，应向申请人所在地县级以上地方市场监督管理部门提交下列材料：①食品生产许可申请书；②食品生产设备布局图和食品生产工艺流程图；③食品生产主要设备、设施清单；④专职或者兼职的食品安全专业技术人员、食品安全管理人员信息和食品安全管理制度。

（5）申请三类特殊食品（保健食品、特殊医学用途食品、婴幼儿配方食品）的生产许可，还应提交与所生产食品相适应的生产质量管理体系文件及相关注册和备案文件。

（6）对于从事食品添加剂生产活动的，应取得食品添加剂生产许可。

申请食品添加剂生产许可，应具备与所生产食品添加剂品种相适应的场所、生产设备或者设施、食品安全管理人员、专业技术人员和管理制度。

（7）申请食品添加剂生产许可需向申请人所在地县级以上地方市场监督管理部门提交相关材料：①食品添加剂生产许可申请书；②食品添加剂生产设备布局图和生产工艺流程图；③食品添加剂生产主要设备、设施清单；④专职或者兼职的食品安全专业技术人员、食品安全管理人员信息和食品安全管理制度。

（8）申请人应如实向市场监督管理部门提交有关材料和反映真实情况，对申请材料的真实性负责，并在申请书等材料上签名或者盖章。

（9）申请人申请生产多个类别食品的，由申请人按照省级市场监督管理部门确定的食品生产许可管理权限，自主选择其中一个受理部门提交申请材料。受理部门应及时告知有相应审批权限的市场监督管理部门，组织联合审查。

（10）县级以上地方市场监督管理部门对申请人提出的食品生产许可申请，应根据下列情况分别做出处理：①申请事项依法不需要取得食品生产许可的，应及时告知申请人不受理。②申请事项依法不属于市场监督管理部门职权范围的，应及时做出不予受理的决定，并告知申请人向有关行政机关申请。③申请材料存在可以当场更正的错误的，应允许申请人当场更正，由申请人在更正处签名或者盖章，注明更正日期。④申请材料不齐全或者不符合法定形式的，应当场或者在 5 个工作日内一次告知申请人需要补正的全部内容。当场告知的，应将申请材料退回申请人；在 5 个工作日内告知的，应收取申请材料并出具收到申请材料的凭据。逾期不告知的，自收到申请材料之日起即为受理。⑤申请材料齐全、符合法定形式，或者申请人按照要求提交全部补正材料的，应当受理食品生产许可申请。

（11）县级以上地方市场监督管理部门对申请人提出的申请决定予以受理的，应出具受理通知书；决定不予受理的，应出具不予受理通知书，说明不予受理的理由，并告知申请人依法享有申请行政复议或者提起行政诉讼的权利。

申请相关食品生产许可需要提交的材料有：①申请书；②营业执照复印件；③生产加工场所及其周围环境平面图、各功能区间布局平面图、工艺设备布局图和生产工艺流程图；④主要生产设备、设施清单（及布局图）；⑤保证食品安全的规章制度，如进货查验记录、生产过程控制、出厂检验记录、食品安全自查、从业人员健康管理、不安全食品召回、食品安全事故处置等；⑥申请人委托他人办理食品生产许可申请的，代理人应当提交授权委托书以及代理人的身份证明文件。

3．食品生产许可证的审查与决定　新版《食品生产许可管理办法》对于食品生产许可证的审查与决定规定如下。

（1）《食品生产许可管理办法》规定，申请人提交的申请材料应由县级以上地方市场监督管理部门进行审查，需要对申请材料的实质内容进行核实时，应当进行现场核查。

市场监督管理部门开展食品生产许可现场核查时，应当按照申请材料进行核查。对首次申请许可或者增加食品类别的变更许可的，根据食品生产工艺流程等要求，核查试制食品的检验报告。开展食品添加剂生产许可现场核查时，可以根据食品添加剂品种特点，核查试制食品添加剂的检验报告和复配食品添加剂配方等。试制食品检验可以由生产者自行检验，或者委托有资质的食品检验机构检验。现场核查应当由食品安全监管人员进行，根据需要可以聘请专业技术人员作为核查人员参加现场核查。核查人员不得少于 2 人。核查人员应当出示有效证件，填写食品生产许可现场核查表，制作现场核查记录，经申请人核对无误后，由核查人员和申请人在核查表和记录上签名或者盖章。申请人拒绝签名或者盖章的，核查人员应当注明情况。

申请保健食品、特殊医学用途配方食品、婴幼儿配方乳粉生产许可，在产品注册或者产品配方注册时经过现场核查的项目，可以不再重复进行现场核查。

市场监督管理部门可以委托下级市场监督管理部门，对受理的食品生产许可申请进行现场核查。特殊食品生产许可的现场核查原则上不得委托下级市场监督管理部门实施。核查人员应当自接受现场核查任务之日起 5 个工作日内，完成对生产场所的现场核查。

（2）除可以当场做出行政许可决定的外，县级以上地方市场监督管理部门应当自受理申请之日起 10 个工作日内做出是否准予行政许可的决定。因特殊原因需要延长期限的，经本行政机关负责人批准，可以延长 5 个工作日，并应当将延长期限的理由告知申请人。

（3）县级以上地方市场监督管理部门应当根据申请材料审查和现场核查等情况，对符合条件的，做出准予生产许可的决定，并自作出决定之日起 5 个工作日内向申请人颁发食品生产许可证；对不符合条件的，应当及时做出不予许可的书面决定并说明理由，同时告知申请人依法享有申请行政复议或者提起行政诉讼的权利。

（4）食品添加剂生产许可申请符合条件的，由申请人所在地县级以上地方市场监督管理部门依法颁发食品生产许可证，并标注食品添加剂。

（5）食品生产许可证发证日期为许可决定做出的日期，有效期为 5 年。

（6）县级以上地方市场监督管理部门认为食品生产许可申请涉及公共利益的重大事项，需要听证的，应当向社会公告并举行听证。

（7）食品生产许可直接涉及申请人与他人之间重大利益关系的，县级以上地方市场监督管理部门在做出行政许可决定前，应当告知申请人、利害关系人享有要求听证的权利。

申请人、利害关系人在被告知听证权利之日起 5 个工作日内提出听证申请的，市场监督管理部门应当在 20 个工作日内组织听证。听证期限不计算在行政许可审查期限之内。

（8）进一步规范现场核查流程。①新版管理办法进一步明确了“开展食品生产许可现场核查时，应当按照申请材料进行核查，对首次申请许可或者增加食品类别的变更许可的，根据食品生产工艺流程等要求，核查试制食品的检验报告”的工作流程；增加了“试制食品检验可以由生产者自行检验，或者委托有资质的食品检验机构检验”“现场核查应当由食品安全监管人员进行”“特殊食品生产许可的现场核查不得委托下级市场监督管理部门实施”的规定。②缩短了提交材料后的处理限期。对原管理办法“除可以当场做出行政许可决定的外，县级以上地方市场监督管理部门应自受理申请之日起 20 个工作日内做出是否准予行政许可的决定。因特殊原因需要延长期限的，经本行政机关负责人批准，可以延长 10 个工作日，并应将延长期限的理由告知申请人”中规定的时间分别缩短至“10 个工作日”和“5 个工作日”。

4．食品生产许可证的管理 新版《食品生产许可管理办法》对于食品生产许可证的管理规定如下。

（1）食品生产许可证分为正本、副本。正本、副本具有同等法律效力。

国家市场监督管理总局负责制定食品生产许可证式样。省（自治区、直辖市）市场监督管理部门负责本行政区域食品生产许可证的印制、发放等管理工作。

（2）食品生产许可证应当载明：生产者名称、社会信用代码、法定代表人（负责人）、住所、生产地址、食品类别、许可证编号、有效期、发证机关、发证日期和二维码。副本还应当载明食品明细，生产保健食品、特殊医学用途配方食品、婴幼儿配方食品的，还应当载明产品或者产品配方的注册号或者备案登记号；接受委托生产保健食品的，还应当载明委托企业名称及住所等相关信息。

（3）食品生产许可证编号由 SC（“生产”的汉语拼音字母缩写）和 14 位阿拉伯数字组成。

（4）食品生产者应当妥善保管食品生产许可证，不得伪造、涂改、倒卖、出租、出借、转让。

食品生产者应当在生产场所的显著位置悬挂或者摆放食品生产许可证正本，如图 5.3 所示。相较于 2015 版，2020 版简化了食品生产许可证的载明内容：正本内容删去了日常监督管理机构、日常监督管理人员、投诉举报电话、签发人和二维码等信息。副本内容删去了“外设仓库（包括自有和租赁）具体地址”信息。

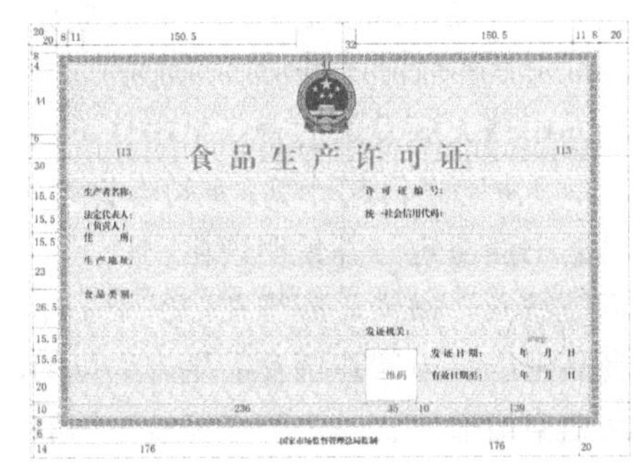

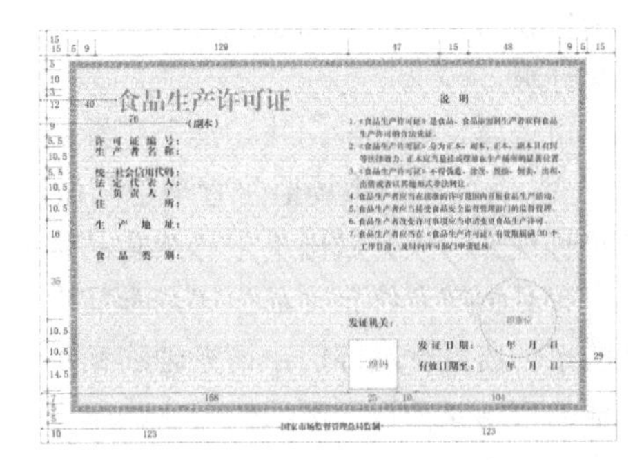

图 5.3　食品生产许可证

5. 食品生产许可证的变更、延续与注销　新版《食品生产许可管理办法》对于食品生产许可证的变更、延续与注销规定如下。

（1）食品生产许可证有效期内，食品生产者名称、现有设备布局和工艺流程、主要生产设备设施、食品类别等事项发生变化，需要变更食品生产许可证载明的许可事项的，食品生产者应当在变化后 10 个工作日内向原发证的市场监督管理部门提出变更申请。

食品生产者的生产场所迁址的，应当重新申请食品生产许可。

食品生产许可证副本载明的同一食品类别内的事项发生变化的，食品生产者应当在变化后 10 个工作日内向原发证的市场监督管理部门报告。

食品生产者的生产条件发生变化，不再符合食品生产要求，需要重新办理许可手续的，应当依法办理。

（2）申请变更食品生产许可的，应当提交下列申请材料：①食品生产许可变更申请书；②与变更食品生产许可事项有关的其他材料。

（3）食品生产者需要延续依法取得的食品生产许可的有效期的，应当在该食品生产许可有效期届满 30 个工作日前，向原发证的市场监督管理部门提出申请。

（4）食品生产者申请延续食品生产许可，应当提交下列材料：①食品生产许可延续申请书；②与延续食品生产许可事项有关的其他材料。保健食品、特殊医学用途配方食品、婴幼儿配方食品的生产企业申请延续食品生产许可的，还应当提供生产质量管理体系运行情况的自查报告。

（5）县级以上地方市场监督管理部门应当根据被许可人的延续申请，在该食品生产许可有效期届满前做出是否准予延续的决定。

（6）县级以上地方市场监督管理部门应当对变更或者延续食品生产许可的申请材料进行审查，并按照本办法第二十一条的规定实施现场核查。申请人声明生产条件未发生变化的，县级以上地方市场监督管理部门可以不再进行现场核查。申请人的生产条件及周边环境发生变化，可能影响食品安全的，市场监督管理部门应当就变化情况进行现场核查。保健食品、特殊医学用途配方食品、婴幼儿配方食品注册或者备案的生产工艺发生变化的，应当先办理注册或者备案变更手续。

（7）市场监督管理部门决定准予变更的，应当向申请人颁发新的食品生产许可证。食品生产许可证编号不变，发证日期为市场监督管理部门做出变更许可决定的日期，有效期与原证书一致。但是，对因迁址等原因而进行全面现场核查的，其换发的食品生产许可证有效期自发证之日起计算。因食品安全国家标准发生重大变化，国家和省级市场监督管理部门决定组织重新核查而换发的食品生产许可证，其发证日期以重新批准日期为准，有效期自重新发证之日起计算。

（8）市场监督管理部门决定准予延续的，应当向申请人颁发新的食品生产许可证，许可证编号不变，有效期自市场监督管理部门做出延续许可决定之日起计算。不符合许可条件的，市场监督管理部门应当做出不予延续食品生产许可的书面决定，并说明理由。

（9）食品生产者终止食品生产，食品生产许可被撤回、撤销，应当在 20 个工作日内向原发证的市场监督管理部门申请办理注销手续。食品生产者申请注销食品生产许可的，应当向原发证的市场监督管理部门提交食品生产许可注销申请书。食品生产许可被注销的，许可证编号不得再次使用。

（10）有下列情形之一，食品生产者未按规定申请办理注销手续的，原发证的市场监督管理部门应当依法办理食品生产许可注销手续，并在网站进行公示：①食品生产许可有效期届满未申请延续的；②食品生产者主体资格依法终止的；③食品生产许可依法被撤回、撤销或者食品生产许可证依法被吊销的；④因不可抗力导致食品生产许可事项无法实施的；⑤法律法规规定的应当注销食品生产许可的其他情形。

（11）食品生产许可证变更、延续与注销的有关程序参照办法中有关规定执行。

新版《食品生产许可管理办法》最大的变化是，删去了食品生产许可证补办的相关内容，并简化了申请变更、延续与注销食品生产许可应提交的材料，即减少了“食品生产许可证正本、副本”（申请变更、延续、注销时）和“与注销食品生产许可有关的其他材料”（申请注销时）两项材料。此外，新版《食品生产许可管理办法》增加了规定：食品生产者的生产条件发生变化，不再符合食品生产要求，需要重新办理许可手续的，应当依法办理。

6．食品生产许可证的监督检查　新版《食品生产许可管理办法》对于食品生产许可证的监督检查规定如下。

（1）县级以上地方市场监督管理部门应当依据法律法规规定的职责，对食品生产者的许可事项进行监督检查。

（2）县级以上地方市场监督管理部门应当建立食品许可管理信息平台，便于公民、法人和其他社会组织查询。

县级以上地方市场监督管理部门应当将食品生产许可颁发、许可事项检查、日常监督检查、许可违法行为查处等情况记入食品生产者食品安全信用档案，并通过国家企业信用信息公示系统向社会公示；对有不良信用记录的食品生产者应当增加监督检查频次。

（3）县级以上地方市场监督管理部门及其工作人员履行食品生产许可管理职责，应当自觉接受食品生产者和社会监督。

接到有关工作人员在食品生产许可管理过程中存在违法行为的举报，市场监督管理部门应当及时进行调查核实。情况属实的，应当立即纠正。

（4）县级以上地方市场监督管理部门应当建立食品生产许可档案管理制度，将办理食品生产许可的有关材料、发证情况及时归档。

（5）国家市场监督管理总局可以定期或者不定期组织对全国食品生产许可工作进行监督检查；省（自治区、直辖市）市场监督管理部门可以定期或者不定期组织对本行政区域内的食品生产许可工作进行监督检查。

（6）未经申请人同意，行政机关及其工作人员、参加现场核查的人员不得披露申请人提交的商业秘密、未披露信息或者保密商务信息，法律另有规定或者涉及国家安全、重大社会公共利益的除外。

与 2015 版相比，2020 版《食品生产许可管理办法》明确将“国家企业信用信息公示系统”作为向社会公示食品生产者食品安全信用档案的平台，并新增了对于现场核查人员保密要求的规定。

7．食品生产许可证的法律责任　新版《食品生产许可管理办法》对于食品生产许可证的法律责任规定如下。

（1）生产者的法律责任。对未取得食品生产许可从事食品生产活动的，由县级以上地方市场监督管理部门依照《食品安全法》的规定给予处罚。食品生产者生产的食品不属于食品生产许可证上载明的食品类别的，视为未取得食品生产许可从事食品生产活动。许可申请人隐瞒真实情况或者提供虚假材料申请食品生产许可的，由县级以上地方市场监督管理部门给予警告。申请人在 1 年内不得再次申请食品生产许可。被许可人以欺骗、贿赂等不正当手段取得食品生产许可的，由原发证的市场监督管理部门撤销许可，并处 1 万元以上 3 万元以下罚款。被许可人在 3 年内不得再次申请食品生产许可。食品生产者伪造、涂改、倒卖、出租、出借、转让食品生产许可证的，由县级以上地方市场监督管理部门责令改正，给予警告，并处 1 万元以下罚款；情节严重的，处 1 万元以上 3 万元以下罚款。

食品生产者未按规定在生产场所的显著位置悬挂或者摆放食品生产许可证的，由县级以上地方市场监督管理部门责令改正；拒不改正的，给予警告。在食品生产许可证有效期内，食品生产者名称、现有设备布局和工艺流程、主要生产设备设施等事项发生变化，需要变更食品生产许可证载明的许可事项，未按规定申请变更的，由原发证的市场监督管理部门责令改正，给予警告；拒不改正的，处 1 万元以上 3 万元以下罚款。

食品生产者的生产场所迁址后未重新申请取得食品生产许可从事食品生产活动的，由县级以上地方市场监督管理部门依照《食品安全法》的规定给予处罚。食品生产许可证副本载明的同一食品类别内的事项发生变化，食品生产者未按规定报告的，食品生产者终止食品生产，食品生产许可被撤回、撤销或者食品生产许可证被吊销，未按规定申请办理注销手续的，由原发证的市场监督管理部门责令改正；拒不改正的，给予警告，并处 5 千元以下罚款。

食品生产者违反《食品生产许可管理办法》规定，有故意实施违法行为情形的，依法对单位的法定代表人、主要负责人、直接负责的主管人员和其他直接责任人员给予处罚。被吊销生产许可证的食品生产者及其法定代表人、直接负责的主管人员和其他直接责任人员自处罚决定做出之日起 5 年内不得申请食品生产经营许可，或者从事食品生产经营管理工作、担任食品生产经营企业食品安全管理人员。

（2）监督者的法律责任。市场监督管理部门对不符合条件的申请人准予许可，或者超越法定职权准予许可的，依照《食品安全法》的规定给予处分。

与 2015 版相比，2020 版《食品生产许可管理办法》新增了“食品生产者生产的食品不属于食品生产许可证上载明的食品类别的，视为未取得食品生产许可从事食品生产活动”“食品生产者的生产场所迁址后未重新申请取得食品生产许可从事食品生产活动的，由县级以上地方市场监督管理部门依照《食品安全法》的规定给予处罚”“食品生产者违反《食品生产许可管理办法》规定，有故意实施违法行为情形的，依法对单位的法定代表人、主要负责人、直接负责的主管人员和其他直接责任人员给予处罚”的规定。同时，对以下两项违规内容加大了处罚力度：①食品生产者名称、现有设备布局和工艺流程、主要生产设备设施等事项发生变化，需要变更食品生产许可证载明的许可事项，未按规定申请变更的，由原发证的市场监督管理部门责令改正，给予警告；拒不改正的，由2015年的“处2000元以上1万元以下罚款”改为“处1万元以上3万元以下罚款”；②食品生产许可证副本载明的同一食品类别内的事项发生变化，食品生产者未按规定报告的，食品生产者终止食品生产，食品生产许可被撤回、撤销或者食品生产许可证被吊销，未按规定申请办理注销手续的，由原发证的市场监督管理部门责令改正；拒不改正的，由2015年的“给予警告，并处2000元以下罚款”改为“给予警告，并处5000元以下罚款”。

8. 食品生产许可证的其他注意事项　取得食品经营许可的餐饮服务提供者在其餐饮服务场所制作加工食品，不需要取得办法中规定的食品生产许可。食品添加剂的生产许可管理原则、程序、监督检查和法律责任，适用办法中有关食品生产许可的规定。对食品生产加工小作坊的监督管理，按照省（自治区、直辖市）制定的具体管理办法执行。各省（自治区、直辖市）市场监督管理部门可以根据本行政区域实际情况，制定有关食品生产许可管理的具体实施办法。市场监督管理部门制作的食品生产许可电子证书与印制的食品生产许可证书具有同等法律效力。

5.2.3 食品经营许可证管理

5.2.3.1 食品经营许可证管理机构及许可范围

《食品经营许可管理办法》规定：在中华人民共和国境内，从事食品销售和餐饮服务活动，应当依法取得食品经营许可。食品经营许可应当遵循依法、公开、公平、公正、便民、高效的原则。食品经营许可实行一地一证原则，即食品经营者在一个经营场所从事食品经营活动，应当取得一个食品经营许可证。市场监督管理部门按照食品经营主体业态和经营项目的风险程度对食品经营实施分类许可。全国食品经营许可管理工作由国家市场监督管理总局负责监督指导。县级以上地方市场监督管理部门负责本行政区域内的食品经营许可管理工作。省（自治区、直辖市）市场监督管理部门可以根据食品类别和食品安全风险状况，确定市、县级市场监督管理部门的食品经营许可管理权限。《食品经营许可审查通则》由国家市场监督管理总局负责制定。县级以上地方市场监督管理部门实施食品经营许可审查，应当遵守《食品经营许可审查通则》。县级以上地方市场监督管理部门应当加快信息化建设，在行政机关的网站上公布经营许可事项，方便申请人采取数据电文等方式提出经营许可申请，提高办事效率。

5.2.3.2 食品经营许可证的申请与受理

（1）申请食品经营许可，首先应取得合法主体资格，如营业执照等。申请人是以营业执照载明的主体，如企业法人、合伙企业、个人独资企业、个体工商户等。机关、事业单位、社会团体、民办非企业单位、企业等申办单位食堂，申请人是以机关或者事业单位法人登记证、社会团体登记证或者营业执照等载明的主体。

（2）申请应当按照食品经营主体业态和经营项目分类提出。食品经营主体业态分为食品销售经营者、餐饮服务经营者、单位食堂。食品经营者申请通过网络经营、建立中央厨房或者从事集体用餐配送的，应在主体业态后以括号标注。食品经营项目分为预包装食品销售（含冷藏冷冻食品、不含冷藏冷冻食品）、散装食品销售（含冷藏冷冻食品、不含冷藏冷冻食品）、特殊食品销售（保健食品、特殊医学用途配方食品、婴幼儿配方乳粉、其他婴幼儿配方食品）、其他类食品销售；热食类食品制售、冷食类食品制售、生食类食品制售、糕点类食品制售、自制饮品制售、其他类食品制售等。

（3）列入其他类食品销售和其他类食品制售的具体品种应当报国家市场监督管理总局批准后执行，并明确标注。具有热、冷、生、固态、液态等多种情形，难以明确归类的食品，可以按照食品安全风险等级最高的情形进行归类。国家市场监督管理总局可以根据监督管理工作需要对食品经营项目类别进行调整。

（4）申请食品经营许可应符合的条件：①具有与经营的食品品种、数量相适应的食品原料处理和食品加工、销售、贮存等场所，保持该场所环境整洁，并与有毒、有害场所以及其他污染源保持规定的距离；②具有与经营的食品品种、数量相适应的经营设备或者设施，有相应的消毒、更衣、盥洗、采光、照明、通风、防腐、防尘、防蝇、防鼠、防虫、洗涤以及处理废水、存放垃圾和废弃物的设备或者设施；③有专职或者兼职的食品安全管理人员和保证食品安全的规章制度；④具有合理的设备布局和工艺流程，防止待加工食品与直接入口食品、原料与成品交叉污染，避免食品接触有毒物、不洁物；⑤法律、法规规定的其他条件。

（5）申请食品经营许可应向申请人所在地县级以上地方市场监督管理部门提交的材料：①食品经营许可申请书；②营业执照或者其他主体资格证明文件复印件；③与食品经营相适应的主要设备设施布局、操作流程等文件；④食品安全自查、从业人员健康管理、进货查验记录、食品安全事故处置等保证食品安全的规章制度。利用自动售货设备从事食品销售的，申请人还应当提交自动售货设备的产品合格证明、具体放置地点，经营者名称、住所、联系方式、食品经营许可证的公示方法等材料。申请人委托他人办理食品经营许可申请的，代理人应提交授权委托书以及代理人的身份证明文件。

（6）申请人应当如实向县级以上地方市场监督管理部门提交有关材料和反映真实情况，对申请材料的真实性负责，并在申请书等材料上签名或者盖章。

（7）县级以上地方市场监督管理部门对申请人提出的食品经营许可申请，应根据下列情况分别做出处理：①申请事项依法不需要取得食品经营许可的，应即时告知申请人不受理。②申请事项依法不属于县级以上地方市场监督管理部门职权范围的，应即时做出不予受理的决定，并告知申请人向有关行政机关申请。③申请材料存在可以当场更正的错误的，应允许申请人当场更正，由申请人在更正处签名或者盖章，注明更正日期。④申请材料不齐全或者不符合法定形式的，应当场或者在5个工作日内一次告知申请人需要补正的全部内容。当场告知的，应将申请材料退回申请人；在5个工作日内告知的，应收取申请材料并出具收到申请材料的凭据。逾期不告知的，自收到申请材料之日起即为受理。⑤申请材料齐全、符合法定形式，或者申请人按照要求提交全部补正材料的，应受理食品经营许可申请。

（8）县级以上地方市场监督管理部门对申请人提出的申请决定予以受理的，应出具受理通知书；决定不予受理的，应出具不予受理通知书，说明不予受理的理由，并告知申请人依法享有申请行政复议或者提起行政诉讼的权利。

5.2.3.3　食品经营许可证的审查与决定

申请人提交的许可申请材料由县级以上地方市场监督管理部门进行审查。需要对申请材料的实质内容进行核实的，应当进行现场核查。仅申请预包装食品销售（不含冷藏冷冻食品）的，以及食品经营许可变更不改变设施和布局的，可以不进行现场核查。现场核查应当由符合要求的核查人员进行。核查人员不得少于 2 人。核查人员应当出示有效证件，填写食品经营许可现场核查表，制作现场核查记录，经申请人核对无误后，由核查人员和申请人在核查表和记录上签名或者盖章。申请人拒绝签名或者盖章的，核查人员应当注明情况。市场监督管理部门可以委托下级市场监督管理部门，对受理的食品经营许可申请进行现场核查。核查人员应当自接受现场核查任务之日起 10 个工作日内，完成对经营场所的现场核查。

除可以当场做出行政许可决定的外，县级以上地方市场监督管理部门应当自受理申请之日起 20 个工作日内做出是否准予行政许可的决定。因特殊原因需要延长期限的，经本行政机关负责人批准，可以延长 10 个工作日，并应当将延长期限的理由告知申请人。县级以上地方市场监督管理部门应当根据申请材料审查和现场核查等情况，对符合条件的，做出准予经营许可的决定，并自作出决定之日起 10 个工作日内向申请人颁发食品经营许可证；对不符合条件的，应当及时做出不予许可的书面决定并说明理由，同时告知申请人依法享有申请行政复议或者提起行政诉讼的权利。

食品经营许可证发证日期为许可决定做出的日期，有效期为 5 年。

县级以上地方市场监督管理部门认为食品经营许可申请涉及公共利益的重大事项，需要听证的，应当向社会公告并举行听证。食品经营许可直接涉及申请人与他人之间重大利益关系的，县级以上地方市场监督管理部门在做出行政许可决定前，应当告知申请人、利害关系人享有要求听证的权利。申请人、利害关系人在被告知听证权利之日起 5 个工作日内提出听证申请的，市场监督管理部门应当在 20 个工作日内组织听证。听证期限不计算在行政许可审查期限之内。

5.2.3.4　食品经营许可证的管理

食品经营许可证分为正本、副本。正本、副本具有同等法律效力。国家市场监督管理总局负责制定食品经营许可证正本、副本式样。省（自治区、直辖市）市场监督管理部门负责本行政区域食品经营许可证的印制、发放等管理工作。

食品经营许可证应当载明：经营者名称、社会信用代码（个体经营者为身份证号码）、法定代表人（负责人）、住所、经营场所、主体业态、经营项目、许可证编号、有效期、日常监督管理机构、日常监督管理人员、投诉举报电话、发证机关、签发人、发证日期和二维码。在经营场所外设置仓库（包括自有和租赁）的，还应当在副本中载明仓库具体地址。食品经营许可证编号由 JY（“经营”的汉语拼音字母缩写）和 14 位阿拉伯数字组成。数字从左至右依次为：1 位主体业态代码、2 位省（自治区、直辖市）代码、2 位市（地）代码、2 位县（区）代码、6 位顺序码、1 位校验码。

食品经营许可证

经营者名称：
统一社会信用代码：
（身份证号码）
法定代表人（负责人）：
住　　所：
经营场所：
主体业态：
经营项目：

许可证编号：
日常监督管理机构：
投诉举报电话：12315
发证机关：
签发人：

年　月　日

有效期至　　年　月　日

国家市场监督管理总局监制

图 5.4　食品经营许可证

日常监督管理人员为负责对食品经营活动进行日常监督管理的工作人员。日常监督管理人员发生变化的，可以通过签章的方式在许可证上变更。食品经营者应当妥善保管食品经营许可证，不得伪造、涂改、倒卖、出租、出借、转让。食品经营者应当在经营场所的显著位置悬挂或者摆放食品经营许可证正本。食品经营许可证如图 5.4 所示。

5.2.3.5　食品经营许可证的变更、延续、补办与注销

食品经营许可证载明的许可事项发生变化的，食品经营者应当在变化后 10 个工作日内向原发证的市场监督管理部门申请变更经营许可。经营场所发生变化的，应当重新申请食品经营许可。食品经营者的外设仓库地址发生变化的应在变化后 10 个工作日内向原发证的市场监督管理部门报告。

申请变更食品经营许可的，应当提交的申请材料有：①食品经营许可变更申请书；②食品经营许可证正本、副本；③与变更事项有关的其他材料。食品经营者需要延续依法取得的食品经营许可的有效期的，应在该食品经营许可有效期届满 30 个工作日前，向原发证的市场监督管理部门提出申请。

申请延续食品经营许可，应当提交下列材料：①延续申请书；②食品经营许可证正本、副本；③与延续事项有关的其他材料。县级以上地方市场监督管理部门根据被许可人的延续申请做出是否准予延续的决定，且必须在该食品经营许可有效期届满前完成。

县级以上地方市场监督管理部门应当对变更或者延续食品经营许可的申请材料进行审查。申请人声明经营条件未发生变化的，可以不再进行现场核查。申请人的经营条件发生变化，可能影响食品安全的，应当就变化情况进行现场核查。原发证的市场监督管理部门决定准予变更的，应当向申请人颁发新的食品经营许可证。食品经营许可证编号不变，发证日期为市场监督管理部门做出变更许可决定的日期，有效期与原证书一致。原发证的市场监督管理部门决定准予延续的，应当向申请人颁发新的食品经营许可证，许可证编号不变，有效期自市场监督管理部门做出延续许可决定之日起计算。

食品经营许可证遗失、损坏的，应当向原发证的市场监督管理部门申请补办，并提交下列材料：①补办申请书；②遗失，申请人应当提交在县级以上地方市场监督管理部门网站或者其他县级以上主要媒体上刊登遗失公告的材料；③损坏，应当提交损坏的食品经营许可证原件。材料符合要求的，县级以上地方市场监督管理部门应当在受理后 20 个工作日内予以补发。因遗失、损坏补发的食品经营许可证，许可证编号不变，发证日期和有效期与原证书保持一致。

食品经营者终止食品经营，食品经营许可被撤回、撤销或者食品经营许可证被吊销的，应当在 30 个工作日内向原发证的市场监督管理部门申请办理注销手续。食品经营者申请注销食品经营许可的，应当向原发证的市场监督管理部门提交下列材料：①食品经营许可注销申请书；②食品经营许可证正本、副本；③与注销有关的其他材料。

有下列情形之一，食品经营者未按规定申请办理注销手续的，原发证的市场监督管理部门应当依法办理食品经营许可注销手续：①食品经营许可有效期届满未申请延续的；②食品经营者主体资格依法终止的；③食品经营许可依法被撤回、撤销或者食品经营许可证依法被吊销的；④因不可抗力导致食品经营许可事项无法实施的；⑤法律法规规定的应当注销食品经营许可的其他情形。食品经营许可被注销的，许可证编号不得再次使用。

5.2.3.6　食品经营许可证的监督检查

县级以上地方市场监督管理部门应当依据法律法规规定的职责，对食品经营者的许可事项进行监督检查；应当建立食品许可管理信息平台，便于公民、法人和其他社会组织查询；应当将食品经营许可颁发、许可事项检查、日常监督检查、许可违法行为查处等情况记入食品经营者食品安全信用档案，并依法向社会公布，对有不良信用记录的食品经营者应当增加

监督检查频次。

县级以上地方市场监督管理部门及日常监督管理人员负责所管辖食品经营者许可事项应当依法对相关食品仓储、物流企业进行监督检查，必要时，日常监督管理人员应当按照规定的频次对所管辖的食品经营者实施全覆盖检查。应当建立食品经营许可档案管理制度，将办理食品经营许可的有关材料、发证情况及时归档。

县级以上地方市场监督管理部门及其工作人员在履行食品经营许可管理职责时，应当自觉接受食品经营者和社会监督。接到有关工作人员在食品经营许可管理过程中存在违法行为的举报，市场监督管理部门应当及时进行调查核实。情况属实的，应当立即纠正。

国家市场监督管理总局可以定期或者不定期组织对全国食品经营许可工作进行监督检查；省（自治区、直辖市）市场监督管理部门可以定期或者不定期组织对本行政区域内的食品经营许可工作进行监督检查。

5.2.3.7　食品经营许可证的法律责任

未取得食品经营许可从事食品经营活动的，由县级以上地方市场监督管理部门依照《食品安全法》的规定给予处罚，即由县级以上人民政府市场监督管理部门没收违法所得和违法经营的食品以及用于违法经营的工具、设备等物品；违法生产经营的食品货值金额不足 1 万元的，并处 5 万元以上 10 万元以下罚款；货值金额 1 万元以上的，并处货值金额 10 倍以上 20 倍以下罚款。

许可申请人隐瞒真实情况或者提供虚假材料申请食品经营许可的，由县级以上地方市场监督管理部门给予警告。申请人在 1 年内不得再次申请食品经营许可。被许可人以欺骗、贿赂等不正当手段取得食品经营许可的，由原发证的市场监督管理部门撤销许可，并处 1 万元以上 3 万元以下罚款。被许可人在 3 年内不得再次申请食品经营许可。

食品经营者伪造、涂改、倒卖、出租、出借、转让食品经营许可证的，由县级以上地方市场监督管理部门责令改正，给予警告，并处 1 万元以下罚款；情节严重的，处 1 万元以上 3 万元以下罚款。

食品经营者未按规定在经营场所的显著位置悬挂或者摆放食品经营许可证的，由县级以上地方市场监督管理部门责令改正；拒不改正的，给予警告。

食品经营许可证载明的许可事项发生变化，经营者未按规定申请变更经营许可的，由原发证的市场监督管理部门责令改正，给予警告；拒不改正的，处 2000 元以上 1 万元以下罚款。

食品经营者外设仓库地址发生变化，未按规定报告的，或者食品经营者终止食品经营，食品经营许可被撤回、撤销或者食品经营许可证被吊销，未按规定申请办理注销手续的，由原发证的市场监督管理部门责令改正；拒不改正的，给予警告，并处 2000 元以下罚款。

被吊销经营许可证的食品经营者及其法定代表人、直接负责的主管人员和其他直接责任人员自处罚决定做出之日起 5 年内不得申请食品生产经营许可，或者从事食品生产经营管理工作、担任食品生产经营企业食品安全管理人员。

市场监督管理部门对不符合条件的申请人准予许可，或者超越法定职权准予许可的，依照《食品安全法》第一百四十四条的规定给予处分。

5.2.3.8　食品经营许可证的其他注意事项

（1）《食品经营许可管理办法》对下列用语的含义进行相应表述：①单位食堂，指设于机关、事业单位、社会团体、民办非企业单位、企业等，主要供应内部职工、学生或老人等特殊集中就餐的餐饮服务提供者。②中央厨房，指由食品经营者建立，具有独立场所及设施设备，集中完成食品成品或者半成品加工制作并配送本单位连锁门店，供其进一步加工制作后提供给消费者的餐饮服务提供者。③集体用餐配送单位，指主要服务于集体用餐单位，根据其订购要求，集中加工、分送食品但不提供就餐场所的餐饮服务提供者。④散装食品，指无预先定量包装，需称重销售的食品，包括无包装和带非定量包装的食品。⑤热食类食品，指食品原料经粗加工、切配并经过蒸、煮、烹、煎、炒、烤、炸、焙烤等烹饪工艺制作的即食食品，含热加工糕点、汉堡及火锅和烧烤等烹饪方式加工而成的食品等。⑥冷食类食品，指最后一道工艺是在常温或低温状态下进行的，包括解冻、切配、调制等过程，加工后在常温或低温条件下即可食用的食品，含冷加工糕点、冷荤类食品等。⑦生食类食品，特指生食动物类水产品（主要是海产品）。⑧半成品，指原料经初步或部分加工制作后，尚需进一步加工制作的非直接入口食品，不包括储存的已加工成成品的食品。半成品制售仅限中央厨房申请。⑨自制饮品，指经营者现场制作的各种饮料，含冰淇淋、调制酒等。⑩冷加工糕点，指在各种加热熟制工序后在常温或低温条件再进行二次加工的糕点。⑪仅销售预包装食品备案是指仅销售预包装食品备案人，依照法定程序和要求向市场监督管理部门提交备案资料，市场监督管理部门对备案资料进行形式审查和存档备查的活动。特殊医学用途配方食品中的特定全营养配方食品应当通过医疗机构或者药品零售企业向消费者销售。

（2）对食品摊贩、小餐饮、小食品店等的监督管理，依照《食品安全法》第三十六条规定，按照省（自治区、直辖市）制定的具体管理办法执行。

（3）各省（自治区、直辖市）的市场监督管理部门可以根据本行政区域实际情况，制定有关食品经营许可管理的具体实施办法。

（4）食品经营者在本办法施行前已经取得的许可证在有效期内继续有效。

（5）市场监督管理部门制作的食品经营许可电子证书与印制的食品经营许可证书具有同等法律效力。

5.2.4　仅销售预包装食品许可管理

对仅从事销售预包装食品的食品经营者在办理市场主体登记注册时，需同步提交“仅销售预包装食品经营者备案信息采集表”，并办理仅销售预包装食品备案。持有营业执照的市场主体从事仅销售预包装食品活动，应当在销售活动开展前完成备案，如又增加其他食品经营项目类别的，应依法取得食品经营许可证。已经取得食品经营许可证的，在食品经营许可证有效期届满前无须办理备案。对仅从事销售预包装食品活动的食品经营者应当具备与销售的食品品种、数量等相适应的经营条件。不同市场主体一般不得使用同一经营场所从事仅销售预包装食品经营活动，管理要求一地一证，食品经营者在不同经营场所从事食品经营活动的，应当分别依法取得食品经营许可或备案。

备案信息发生变化的，应当自发生变化之日起 15 个工作日内向市场监管部门提交“仅销售预包装食品经营者备案信息变更表”进行备案信息变更。终止食品经营活动的，应当自经营活动终止之日起 15 个工作日内，向原备案的市场监管部门办理备案注销。食品经营者主体资格依法终止的或存在其他应当注销而未注销情形的，市场监管部门可依据职权办理备案注销手续。从事仅销售预包装食品活动的食品经营者应当严格落实食品安全主体责任，建立健全保障食品安全的规章制度，定期开展食品安全自查，保障食品安全。通过网络仅销售预包装食品的，应当在其经营活动主页面显著位置公示其食品经营者名称、经营场所地址、备案编号等相关备案信息。

各地市场监管部门应当将仅销售预包装食品备案纳入“多证合一”范围，并实施备案编号管理。收到“仅销售预包装食品经营者备案信息采集表”，市场监管部门应当对填报内容是否完整规范进行核对。核对无误的，及时予以备案。填报内容不完整或不规范的，应当一次性告知补充修改的内容和要求。已经受理相关许可申请的，应当终止相关许可审批程序并转为备案。各地市场监管部门将加快推进备案工作信息化建设，推动实现仅销售预包装食品备案系统与登记注册系统的共享联动，并将信息及时推送至国家企业信用信息公示系统供公众查询。各地市场监管部门需加强仅销售预包装食品备案政策宣传解读，引导网络食品交易第三方平台依法开展对仅销售预包装食品的入网食品经营者的审核把关。

5.3　食品许可证管理中主要问题辨析

5.3.1　现场制售和制售分离食品经营许可的管理问题辨析

食品现场加工、制作分为两种情况，一种是独立的现场加工制作，这属于新修订《食品安全法》中规定的在生产场所销售其生产的食品，应当领取生产许可证或者小作坊许可证；另一种是商场超市、集贸市场中的现场加工制作和面包糕饼、卤味烤禽等现场制售形式的食品经营活动，或者在歌舞厅、网吧等休闲娱乐场所内提供餐饮服务及现场制售活动的，这类现场制售视具体情况应当依法取得食品经营许可证或小作坊许可证。

制售分离的食品生产经营者主体主要有三类：一类是传统食品制造商或品牌商，另一类是传统的渠道商或零售商。这两类可实现规模生产或规模销售，在证照和生产经营上比较规范。此外第三类就是个人卖家，个人卖家的经营业态比较复杂，最易存在监管空白、监管盲点。主要是农贸市场内多以散装熟食制品销售，一部分是现场制售的，更多的则是业主自家厨房生产，而且没有取得食品生产许可证的小作坊；另一部分是网售散装熟食制品的。上述制售食品共同特点是多为小作坊或家庭厨房生产的食品，没有统一的生产流程和标准，在生产场地、生产规模、冷链流通、管理模式等方面很难符合相关法规要求，也无法取得食品生产许可证。

根据新修订的《食品安全法》及相关法律法规条款，属于生产加工环节的食品生产经营者，应依法取得食品生产许可证；属于餐饮服务环节及现场制售的，应当依法取得食品经营许可证。《食品经营许可管理办法》（国家食品药品监督管理总局令第17号）中没有提到“现场制售”这个词。《食品经营许可审查通则（试行）》第十九条规定，申请销售散装熟食制品的，除符合本节上述规定外，申请时还应当提交与挂钩生产单位的合作协议（合同），提交生产单位的食品生产许可证复印件。《食品经营许可审查通则（试行）》第三十九条中规定，申请现场制售冷食类食品、生食类食品的应当设立相应的制作专间，专间应当符合第三十七条的要求；在第四十二条中规定，在餐饮服务中提供自酿酒的经营者在申请许可前应当先行取得具有资质的食品安全第三方机构出具的对成品安全性的检验合格报告。在餐饮服务中自酿酒不得使用压力容器，自酿酒只限于在本门店销售，不得在本门店外销售。

《食品安全法》第三十六条规定，食品生产加工小作坊和食品摊贩等从事食品生产经营活动，应当符合本法规定的与其生产经营规模、条件相适应的食品安全要求，保证所生产经营的食品卫生、无毒、无害，食品安全监督管理部门应当对其加强监督管理。县级以上地方人民政府应当对食品生产加工小作坊、食品摊贩等进行综合治理，加强服务和统一规划，改善其生产经营环境，鼓励和支持其改进生产经营条件，进入集中交易市场、店铺等固定场所经营，或者在指定的临时经营区域、时段经营。食品生产加工小作坊和食品摊贩等的具体管理办法由省（自治区、直辖市）制定。

第六十一条规定，集中交易市场的开办者、柜台出租者和展销会举办者，应当依法审查入场食品经营者的许可证，明确其食品安全管理责任，定期对其经营环境和条件进行检查，发现其有违反本法规定行为的，应当及时制止并立即报告所在地县级人民政府食品药品监督管理部门。

第六十二条规定，网络食品交易第三方平台提供者应当对入网食品经营者进行实名登记，明确其食品安全管理责任；依法应当取得许可证的，还应当审查其许可证。网络食品交易第三方平台提供者发现入网食品经营者有违反本法规定行为的，应当及时制止并立即报告所在地县级人民政府食品药品监督管理部门；发现严重违法行为的，应当立即停止提供网络交易平台服务。

参考国家相关法规、条例，各地方主管部门可针对地域管理需求进一步出台相应管理细则等对策，如对散装食品应有明显的区域或隔离措施，生鲜畜禽、水产品与散装直接入口食品应有一定隔离距离；直接入口的散装食品应当有防尘防蝇等设施，直接接触食品的工具、容器和包装材料等应当具有符合食品安全标准的产品合格证明，直接接触食品的从业人员应当具有健康证明；散装食品销售应当在散装食品的容器、外包装上标明食品的名称、生产日期或者生产批号、保质期、生产经营者名称、地址、联系方式等内容；散装食品贮存应当在贮存位置标明食品的名称、生产日期或者生产批号、保质期、生产者名称及联系方式等内容；散装熟食销售须配备具有加热或冷藏功能的密闭立体售卖熟食柜、专用工具及容器，设可开合的取物窗（门）。加强对由食品生产者、中央厨房等配送半成品或成品的门店，如制售仅需简单处理加工的（如再加热、拆封、摆盘、调制调味等）等环节的监管力度。通过加大对食品生产经营领域“四小”食品业态（通常指食品加工小作坊、小食杂店、小餐饮店、食品摊贩）的摸底、调查工作，进一步推动完善相关规范条例的建设。积极与地方政府、网络运营、流通、公安、司法等部门协调统筹，实现食品安全监管统一。

5.3.2　散装熟食制品销售与食品生产许可的关联管理问题辨析

《食品经营许可管理办法》没有熟食制品这个概念。《食品经营许可审查通则（试行）》第十九条中提到的散装熟食制品，是指从食品生产单位购买，经营者只是销售的情况。

但是目前还存在小摊位自制熟食销售的情况，参考《辽宁省食品安全条例》要求，如果条件符合小作坊食品安全许可审查要求，可以申请办理小作坊，但是大多数这种摊位都达不到小作坊的要求，更不用说取得食品生产许可证了。而小摊位的实际情况又不符合餐饮服务的定义，为了解决这一难题，实施有效监管，各地均制定规范性文件，按照不同情况分别办理食品经营许可证（销售）和食品经营许可证（餐饮）。

餐饮单位自制熟食销售应取得食品经营许可证，经营项目视不同情况分别属于热食类食品或冷食类食品。随着预制菜兴起发展，部分餐饮单位自制熟食打包、真空包装后开始在店内或者通过网络销售。网络销售有两种不同方式，一种是网络订餐的方式，消费者在外卖平台上下单后由快递员配送到指定地点，这种方式由于配送距离有限，时间短，是可以保证食品安全的。另外一种方式是通过第三方平台在网络上销售，《餐饮服务食品安全操作规范》明确规定了熟制食品贮存和运输的温度和时间要求，即使在冷藏条件下贮存和运输自制熟食，从烧熟至食用的间隔时间也不得超过 24h。餐饮服务提供者制售熟食的许可条件和加工制作要求，与食品生产者加工“热加工熟肉制品”的许可条件和生产要求存在很大差异。餐饮服务提供者在网络上异地销售真空形式包装的散装熟食等制品，其贮存和运输的温度和时间较难符合规定，存在较大的食品安全风险，应重点关注并加大管理力度。

5.3.3 对无实体门店和固定经营场所食品经营许可的管理问题辨析

在《食品经营许可管理办法》中没有“无实体门店”这个概念。《食品经营许可审查通则（试行）》第十二条中规定“无实体门店经营的互联网食品经营者应当具有与经营的食品品种、数量相适应的固定的食品经营场所，贮存场所视同食品经营场所，并应当向许可机关提供具有可现场登录申请人网站、网页或网店等功能的设施设备，供许可机关审查。”

有人说，“无实体门店”与“固定的食品经营场所”表述上是否矛盾？其实不然。“先照后证”是国家一直强调坚持的原则，无实体门店经营者取得营业执照后要申请食品经营许可证，执照上的经营场所必须是食品经营许可证上的固定的食品经营场所，如果无实体门店是以食品贮存场所申办营业执照的，其贮存场所视同食品经营场所。如果无实体门店不是以食品贮存场所申办营业执照的，以办公场所申办的，食品贮存地应是仓库备注场所。因此，所谓“办公场所”或者其他脱离“先照后证”这个前提的经营场所，存在偏离主题脱离食品安全风险监管问题。

5.3.4 核查中对混业经营许可的管理问题辨析

食品混业经营是我国经济发展中常见问题，对于行业许可审查和核查是不同的管理目标。在《食品经营许可管理办法》出台前针对混业经营都是采取“取大优先”方式，按照主业性状进行分类许可和现场核查的，这是一直遵循的规律。而在《食品安全法》第三十五条中规定“国家对食品生产经营实行许可制度。从事食品生产、食品销售、餐饮服务，应当依法取得许可。”《食品安全法》在立法时就采取了一种对自身产品上位过程取得的许可优先归并的原则，即企业有生产、服务的，生产许可优先，且仅办理生产许可；有生产、销售的，亦同；有餐饮服务、销售的，服务类别优先，且仅办理餐饮服务许可。因此，今后对大型商超、前店后厂、集贸市场涉及食品经营类别的依然还是秉承这样的做法。在《市场监管总局关于加快推进食品经营许可改革工作的通知》（国市监食经〔2018〕213 号）文件中第二项优化许可事项中要求，对餐饮服务经营者申请在就餐场所销售饮料等预包装食品的，不需在食品经营许可证上标注销售类经营项目。

5.3.5 食品经营许可管理中对从事食品网络销售相关问题辨析

在《食品经营许可管理办法》和《食品经营许可审查细则（试行）》没有提到“第三方平台”这个词，而在《食品安全法》第六十二条第一款、第二款中均提到了“网络食品交易第三方平台”的概念并进行了相应的规定。《食品安全法》第一百三十一条又规定“违反本法规定，网络食品交易第三方平台提供者未对入网食品经营者进行实名登记、审查许可证，或者未履行报告、停止提供网络交易平台服务等义务的，由县级以上地方市场监督管理部门责令改正，没收违法所得，并处五万元以上二十万元以下罚款；造成严重后果的，责令停业，直至由原发证部门吊销许可证；使消费者的合法权益受到损害的，应当与食品经营者承担连带责任。消费者通过网络食品交易第三方平台购买食品，其合法权益受到损害的，可以向入网食品经营者或者食品生产者要求赔偿。网络食品交易第三方平台提供者不能提供入网食品经营者的真实名称、地址和有效联系方式的，由网络食品交易第三方平台提供者赔偿。网络食品交易第三方平台提供者赔偿后，有权向入网食品经营者或者食品生产者追偿。网络食品交易第三方平台提供者做出更有利于消费者承诺的，应当履行其承诺。”

《食品安全法》并没有要求食品经营者必须提交第三方平台提供者的情况，仅是对第三方平台提供者提出了要求。因此，上述这个内容管理实施是否实效可行还需进一步改进完善。但就目前市场现状及未来发展趋势，各大知名第三方平台提供者为了配合并提升食品安全监管成效，对于食品经营者应提出严格要求，食品经营者没有取得食品经营许可证，绝不允许上第三方平台进行食品销售。

5.3.6　食品经营许可管理中对异地仓储审查问题辨析

在《食品经营许可管理办法》第二十七条第二款中规定“经营场所发生变化的，应当重新申请食品经营许可。外设仓库地址发生变化的，食品经营者应当在变化后 10 个工作日内向原发证的市场监督管理部门报告”。国家市场监督管理总局在关于启用食品经营许可证（2015 年）第 199 号公告附件中规定“如有多个经营地址，应该分别取得许可”，即经营场所外设有仓库（包括自有和租赁），应当在副本上的经营场所后以括号标注仓库名称和具体地址。应该始终坚持属地管辖许可的基本原则，在《食品经营许可管理办法》第六条中明确规定“县级以上地方市场监督管理部门负责本行政区域内的食品经营许可管理工作”。为此，申请人对属地辖区内的仓储地信息应如实记入申请表中。对于无实体门店且有食品贮存场所的同样也应该在属地申请许可，标注属地内的仓库名称和具体地址。

5.3.7　仓储物流企业是否需要办食品经营许可管理问题辨析

2015 年 10 月 1 日起施行的《食品经营许可管理办法》第四十一条中规定，县级以上地方食品药品监督管理部门日常监督管理人员负责所管辖食品经营者许可事项的监督检查，必要时，应当依法对相关食品仓储、物流企业进行检查。由于仓储物流不属于经营食品的主体，其没有食品经营行为，因此还未纳入食品经营许可管理范畴。

2019 年 12 月 1 日施行的《中华人民共和国食品安全法实施条例》第二十五条中规定，食品生产经营者委托贮存、运输食品的，应当对受托方的食品安全保障能力进行审核，并监督受托方按照保证食品安全的要求贮存、运输食品。受托方应当保证食品贮存、运输条件符合食品安全的要求，加强食品贮存、运输过程管理。

接受食品生产经营者委托贮存、运输食品的，应当如实记录委托方和收货方的名称、地址、联系方式等内容。记录保存期限不得少于贮存、运输结束后 2 年的内容。

非食品生产经营者从事对温度、湿度等有特殊要求的食品贮存业务的，应当自取得营业执照之日起 30 个工作日内向所在地县级人民政府食品安全监督管理部门备案。

5.3.8　冷库食品经营许可管理问题辨析

在《食品安全法》《食品经营许可管理办法》《食品经营许可审查通则（试行）》等法

规条款中均未提到冷库食品安全监管问题。冷库的设计与布局还应当符合《冷库设计标准》（GB 50072—2021）的相应要求。冷库不得设在易受污染的区域，并应按照不同的温度分区、分层设置，并有明显的标识。

近年，以冷库为代表的冷链物流业发展较快，而同时带来了冷库食品安全若干问题。

（1）冷库的条件满足不了冻品安全储藏的要求。依据有关规定，建设食品冷库要经过项目审批、竣工验收、安全评估及办理相应的行政审批事项。而实际上中小型冷库基于成本考虑，往往减少审批，临时搭建改装，使用废旧设备等减少投入，使得冷库达不到恒定的温度、严格的密封及其他冷藏标准要求，容易使食品腐败变质。此外，中小型冷库业主食品安全意识淡薄，存在侥幸心理，专业管理人员缺乏，仓储管理制度多为一纸空文。冷藏食品存在货源未经查验来源不明；未经检验检疫；过期变质；回收退还食品来者不拒，随意入库出库；食品入库即放之任之，凭货主随意存取，货物进出无序；食物生熟不分混杂堆放，容易交叉污染，对食品质量带来隐患等诸多食品安全问题。

（2）冷库由无监管主体改为备案并实施有效监管。当前冷库没有明确的主管部门，各地域冷库数量众多，基层监管工作繁忙，缺乏综合执法力度。从冷库的主体准入监管来看，原来冷库无须办理卫生许可证、食品流通许可证等前置许可证件，除了少数专门用于租赁的冷库需单独办理营业执照以外，绝大部分自用冷库作为生产销售企业的附属设施都无须另行办理营业执照，因此容易造成管理部门无法掌握基础分布信息。冷库在食品流通过程中处于农业收获、进出口、生产、流通、餐饮的中间位置，其食品安全分别由农业、海洋和渔业、动植物检疫、海关、进出口检验检疫、市场监管等部门依据各自不同法律、食品安全标准实施监管，冷库食品安全作为中间的模糊地带容易造成监管重复或监管疏漏。为此，2019 年发布施行的《食品安全法实施条例》第二十四条中规定贮存、运输环节对温度、湿度等有特殊要求的食品，应当具备保温、冷藏或者冷冻等设备设施，并保持有效运行。

第七十二条规定从事对温度、湿度等有特殊要求的食品贮存业务的非食品生产经营者，食品集中交易市场的开办者、食品展销会的举办者，未按照规定备案或者报告的，由县级以上人民政府食品安全监督管理部门责令改正，给予警告；拒不改正的，处 1 万元以上 5 万元以下罚款；情节严重的，责令停产停业，并处 5 万元以上 20 万元以下罚款。

5.3.9 农民专业合作社办理食品经营许可问题辨析

农民专业合作社将来也可能是食品经营主体，为此，涉及农民专业合作社办理食品经营许可证应该从以下几个层面去解读。

一是在《农民专业合作社法》第二条中规定，农民专业合作社是在农村家庭承包经营基础上，同类农产品的生产经营者或者同类农业生产经营服务的提供者、利用者，自愿联合、民主管理的互助性经济组织。农民专业合作社以其成员为主要服务对象，提供农业生产资料的购买，农产品的销售、加工、运输、贮藏及与农业生产经营有关的技术、信息等服务。从定义上看，农民专业合作社应该是一种服务性企业，不是经营性企业。

二是新修订的《食品安全法》第二条规定，供食用的源于农业的初级产品（以下称食用农产品）的质量安全管理，遵守《农产品质量安全法》的规定。但是，食用农产品的市场销售、有关质量安全标准的制定、有关安全信息的公布和本法对农业投入品做出规定的，应当遵守本法的规定。

三是参考国家相关法规，地方可以根据地域状况出台相应管理细则，由地方各级市场监督管理部门对本地区的区域性销售食品、民族特色食品、地方特色食品、单一品种食品等制定许可审查条件，报省市场监督管理局审核发布。列入其他类食品销售和其他类食品制售的具体品种由省局报国家市场监督管理总局批准后执行，并在经营项目中明确标注。只要许可项目符合国家及地方相应管理细则要求，均可考虑给予许可。

5.3.10　食品添加剂许可制度管理问题辨析

国家对食品添加剂生产和使用按照《食品安全法》实行许可和监管。食品添加剂是指为改善食品品质和色、香和味及为防腐、保鲜和加工工艺的需要而加入食品中的人工合成或者天然物质。食品添加剂具有以下三个特征：一是为加入食品中的物质，因此它一般不单独作为食品来食用；二是既包括人工合成的物质，也包括天然物质；三是加入食品中的目的是为改善食品品质和色、香、味及为防腐、保鲜和加工工艺的需要。食品添加剂按功能分为 23 个类别。在《食品添加剂使用标准》（GB 2760—2021）给出食品添加剂品种，如酸度调节剂、膨松剂、甜味剂、食品用香料等。《食品安全法》第三十九条规定，国家对食品添加剂生产实行许可制度。从事食品添加剂生产，应当具有与所生产食品添加剂品种相适应的场所、生产设备或者设施、专业技术人员和管理制度，并依照本法第三十五条第二款规定的程序，取得食品添加剂生产许可。生产食品添加剂应当符合法律、法规和食品安全国家标准。

第四十条规定，食品添加剂应当在技术上确有必要且经过风险评估证明安全可靠，方可列入允许使用的范围；有关食品安全国家标准应当根据技术必要性和食品安全风险评估结果及时修订。食品生产经营者应当按照食品安全国家标准使用食品添加剂。

思　考　题

1．“SC”与“QS”的区别是什么？

2．2020 版《食品生产许可管理办法》相较 2015 版有哪些变化？

第6章 食品安全风险评估

【本章重点】掌握食品安全风险评估基本概念、基础理论知识、风险评估的基本方法步骤；了解食品中风险评估的应用。

6.1 食品安全风险评估概述

食品安全作为公共卫生工作的一部分，其基本任务就是防范食物中的各种危害（hazard）。食品安全关注食品是否受到生物性、化学性或物理性物质等有害物的污染，以致给消费者带来潜在或现实的健康风险。这些危害是无所不在的，因此食品安全就是尽最大努力控制这些危害的风险（risk）发生概率及将对人体健康产生负面作用的可能性（及其强度）降至最低水平，把风险目标控制在“可接受的”（acceptable）水平。食品安全危害的“零风险”是我们追求的最终目标。

2008年以来，中国的食品安全状况发生了翻天覆地的变化，近年来持续稳中向好。然而也要看到，食品安全还会是一个长久的话题，中国仍然面临农业和食品业生产结构落后、地域发展不平衡及食品欺诈等利益驱动的违法行为。

《食品安全法》第二章十七条对食品安全风险评估做了明确规定：①国家建立食品安全风险评估制度，运用科学方法，根据食品安全风险监测信息、科学数据以及有关信息，对食品、食品添加剂、食品相关产品中生物性、化学性和物理性危害因素进行风险评估。②国务院卫生行政部门负责组织食品安全风险评估工作，成立由医学、农业、食品、营养、生物、环境等方面的专家组成的食品安全风险评估专家委员会进行食品安全风险评估。食品安全风险评估结果由国务院卫生行政部门公布。③对农药、肥料、兽药、饲料和饲料添加剂等的安全性评估，应当有食品安全风险评估专家委员会的专家参加。④食品安全风险评估不得向生产经营者收取费用，采集样品应当按照市场价格支付费用。

《食品安全法》第二章十八条对食品安全评估的条件做了详细描述，提出有下列情形之一的，应当进行食品安全风险评估：①通过食品安全风险监测或者接到举报发现食品、食品添加剂、食品相关产品可能存在安全隐患的；②为制定或者修订食品安全国家标准提供科学依据需要进行风险评估的；③为确定监督管理的重点领域、重点品种需要进行风险评估的；④发现新的可能危害食品安全因素的；⑤需要判断某一因素是否构成食品安全隐患的；⑥国务院卫生行政部门认为需要进行风险评估的其他情形。

6.1.1 食品安全风险评估的核心框架

风险分析（risk analysis）框架由风险评估（risk assessment）、风险管理（risk management）和风险信息交流（risk communication）3个相互关联的部分组成，是目前国际上公认的控制食品中各种化学性、物理性和生物性危害和突发事件应该遵循的框架原则，见图6.1。

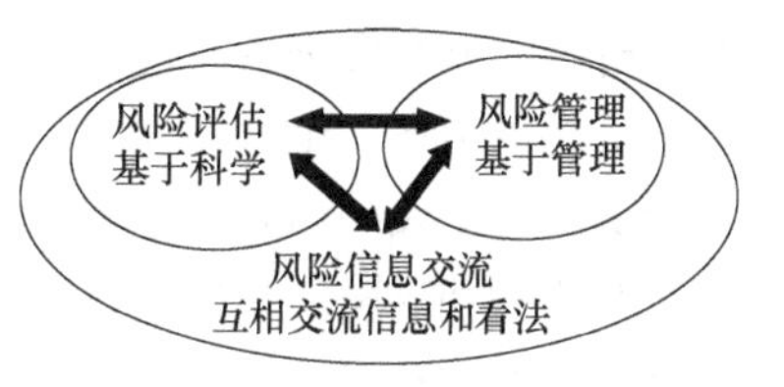

图 6.1　风险分析框架图

其中，在食品领域中，风险分析是用于分析食品可能存在的危害，并采取控制危害的有效管理措施的一种基于科学的、系统化、规范化方法。风险分析能控制食品安全危害，保障公众的健康，还能促进国际食品贸易，使食品安全各利益相关方获益。这里的风险是指食品中危害产生某种不健康影响的可能性和该影响的严重性。风险管理是指与各利益相关方磋商后，权衡各种政策方法，同时需考虑风险评估结果与消费者健康、各方利益等因素密切相关，在必要时需选择合适的预防控制手段。风险信息交流是指在风险分析全过程中，风险评估者与风险管理者、消费者及产业界、学术界和其他利益相关方对相关风险因素和风险感知信息表征的看法，包括对风险评估结果的解释和风险管理决策之间的互动式沟通。风险分析是一个结构化的决策过程，由风险管理、风险评估和风险信息交流三个相对独立又密切相关的部分组成。具体来说，先对食品安全的风险进行评估，对食品中已发生或可能发生的可能影响人类健康的生物性、化学性和物理性危害因子做定性和（或）定量评价；进而以此为依据，采取相应的风险管理措施去控制或降低风险。在整个过程中，各利益相关方要就风险相关的信息进行交流互动，以达到最好的效果。正确认识风险评估、风险管理和风险信息交流三者的关系，无论是在理论上，还是实践中，都十分重要。其中，风险评估是其科学核心，是风险管理和风险信息交流的基础。

6.1.2　食品安全风险评估的定义及意义

6.1.2.1　食品安全风险评估的定义

风险评估是指对有害事件发生的可能性和不确定性的评估。食品安全风险评估是指对食品、食品添加剂中生物性、化学性和物理性危害对人体健康可能造成的不良影响所进行的科学评估，是通过一种系统的组织科学技术信息及其不确定性信息，来回答关于健康风险的具体问题的评估方法。

6.1.2.2　食品安全风险评估的意义

食品安全是指食品无毒、无害，符合应当有的营养要求，对人体健康不造成任何急性、亚急性或者慢性危害。“国以民为本，民以食为天，食以安为先”。食品安全关系到每个公民的身体健康，也关系到我国经济发展和社会稳定，因此备受社会各界的广泛关注。食品安全风险评估是制定食品安全标准、应对食品安全突发事件、发布预警、预防食源性疾病的科学依据，同时也为风险交流提供技术支撑。食品安全风险评估是食品安全风险分析的核心，旨在为食品安全法律法规和食品安全标准制定/修订等风险管理措施提供科学依据。

6.1.3　我国食品安全风险评估体系的发展史

2009 年我国颁布实施的《食品安全法》中规定，国家建立食品安全风险评估制度，由国务院卫生行政部门负责组织食品安全风险评估工作，成立由医学、农业、食品、营养等方面的专家组成的食品安全风险评估专家委员会；并明确提出“食品安全风险评估结果是制定、修订食品安全标准和对食品安全实施监督管理的科学依据”。2009 年底，第一届国家食品安全风险评估专家委员会组建，并设立秘书处，秘书处挂靠在国家食品安全风险评估中心。2015

年修订的《食品安全法》进一步扩大了食品安全风险评估的范围，明确了需要开展食品安全风险评估的情形。2020 年 1 月，国家卫生健康委员会组建了第二届国家食品安全风险评估专家委员会，下设顾问委员会和 4 个专业委员会，即化学危害分委会、生物危害分委会、产品安全分委会和风险监测分委会，由来自全国大专院校、科研院所等技术机构的医学、农业、食品、营养、环境、生物等领域的专家组成，秘书处仍设在国家食品安全风险评估中心。

2010 年以来，我国已发布 10 余项风险评估相关技术规范和指南，包括进行食品安全风险评估的技术指导和对风险评估的数据收集要求等。自我国建立食品安全风险评估制度以来，国家食品安全风险评估中心已组织开展食品安全风险评估项目 40 多项（包括优先评估和应急评估项目），如镉、铝、铅、邻苯二甲酸酯类、反式脂肪酸、氨基甲酸乙酯、硫氰酸盐等食品中有害化学物的评估，以及沙门菌、弯曲菌、脱氧雪腐镰刀菌烯醇等食品中微生物和真菌毒素的评估，为相应风险管理措施的制订和风险交流的开展提供了科学基础。

6.1.4 我国食品安全风险评估的发展与挑战

经过十余年的发展，我国已建立起较完善的食品安全风险评估体系，对食品安全风险管理提供了重要的支撑作用。但目前我国的食品安全风险评估工作与发达国家和地区相比仍存在一定差距，也面临一些挑战。

（1）我国的食品安全风险评估起步较晚，高质量的风险评估专业人才还很缺乏；适合我国国情的相关风险评估模型的发展也相对滞后；目前的风险评估能力还难以完全满足风险管理的需求。今后应进一步加强与联合国粮食及农业组织/世界卫生组织食品添加剂联合专家委员会（The Joint FAO/WHO Expert Committee on Food Additives，JECFA）、农药残留联席会议（The Joint FAO/WHO Meeting on Pesticide Residues，JMPR）、联合国粮食及农业组织/世界卫生组织微生物风险评估联合专家会议（The Joint FAO/WHO Meeting on Microbiological Risk Assessment，JEMRA）等国际风险评估组织，以及发达国家或地区风险评估机构，如欧洲食品安全局（The European Food Safety Authority，EFSA）、美国食品药品监督管理局（Food and Drug Administration，FDA）等的合作与交流，培养高层次食品安全风险评估专业人才，提升风险评估的质量与能力。

（2）我国风险评估数据的来源还比较有限，主要依赖于食品安全风险监测项目和污染物监测网等。在评估时常常由于缺乏某些数据，需首先进行专项监测收集数据，才能实施风险评估，从而造成评估所需的时间延长。加强部门间的合作、建立良好的数据共享机制，建立和完善毒性测试、污染物检测、食物消费量等数据库，可使风险评估者在较短时间内获得较多的资源和数据，提高评估质量并加快评估的进度。

（3）食源性疾病是我国的主要食品安全问题之一。目前我国对食源性疾病患病率和疾病负担的可靠估计及整个食物链（从农田到餐桌）的微生物污染数据相对缺乏，仅完成了少数几项微生物风险评估项目，对制定食源性疾病的预防和控制措施还远不能提供足够的支持。今后应进一步完善食品微生物风险监测体系，加强相关专业人才的培养力度，鼓励优先开展食品微生物污染风险评估项目，为微生物污染风险评估提供更好的数据和人才支撑。

（4）我国地大物博，不同地区的食品种类和饮食习惯等存在很大差异，因此有必要进行地方性的风险评估工作。例如，当发现某些本地食品被有害化学物污染时，一般并不需要进行全国性的系统风险评估，仅需要根据对本地进行的食品安全风险评估结果就可快速做出决策。但目前除了一些较发达的省份外，大多数省份还没有能力开展风险评估工作，故培训各地的风险评估人才、建立和完善省级评估机构势在必行。

（5）近年来毒理学技术、高通量检测技术、计算模型等技术发展较快，为食品安全风险评估带来了新的发展契机。例如，可利用高通量技术快速获得上千种化学物的毒性数据和定量暴露评估数据，筛选和确定高风险化学物，根据数据获取类似物的毒性信息，利用定量结构活性分析、毒理学数据阈值等对特征化学物统计分析并进行危害评估。另外，通过毒作用模式推演、生理药代动力学模型构建，对不同人体暴露剂量的不确定性验证研究具有很好的技术借鉴意义。

6.2　食品安全风险评估方法

6.2.1　食品安全风险评估原则

《食品安全风险评估管理规定》第五条中规定，食品安全风险评估应以食品安全风险监测和监督管理信息、科学数据以及其他有关信息为基础，遵循科学、透明和个案处理的原则进行。因此我国食品安全风险评估应遵循科学、透明和个案处理三大原则。

第一项是科学性原则。科学性原则是食品安全风险评估的第一项重要原则。

首先，风险评估是一种系统地组织科学技术信息及不确定性信息来回答关于健康风险问题的评估方法，在风险评估的过程中需要引入大量的数据、模型、假设及情景设置，这些都需要建立在科学的基础之上。科学性是风险评估质量评价的核心，高质量的风险评估工作应以可靠的数据、充分的流行病学研究、毒理学试验和暴露评估等方面的证据为基础，同时应结合严谨的程序和科学的方法进行文献检索和数据质量评价（可靠性、相关性、充分性），避免在数据选择方面出现潜在的偏倚。严谨度不够的风险评估可能会给国家和人民的健康带来麻烦。2010 年国家食品安全风险评估专家委员会对膳食中碘对健康的影响进行了评估，在公布的《中国食盐加碘和居民碘营养状况的风险评估》报告中指出，我国食盐加碘对于提高包括沿海地区在内的大部分地区居民的碘营养状况十分必要，这是我国专家委员会首次就重大食品安全问题潜在风险进行的风险评估。但是，此评估结果遭到了社会公众、同行专家的普遍质疑与反对，卫生行政主管部门虽未正面对社会反响予以回应，但在 2011 年发布的《食用盐碘含量》标准中，明确规定了食盐加碘不能在全国各个地区实施统一标准，应当根据公众居住地区的碘营养水平进行调整，这充分说明食品安全风险评估必须尊重科学，所采用的数据和信息必须建立在科学的基础之上。

其次，需要我国国务院卫生行政部门负责组织食品安全风险评估工作。成立由医学、农业、食品、营养、生物、环境等方面的专家组成食品安全风险评估专家委员会进行食品安全风险评估，专家委员会的成员均须代表各学科的前沿，这样才能体现风险评估具有很强的科学性。

最后，还需要保证食品安全风险评估结论的科学和客观，以便为食品安全风险管理提供决策依据。食品安全风险评估结果是制定、修订食品安全标准、法律、法规和对食品安全实施监督管理的科学依据，因此确保食品安全风险评估结果的科学和客观就至关重要，食品安全风险评估必须遵循科学性原则。

第二项是透明性原则。透明性是提升风险评估工作可信度和质量的关键，风险评估组织均将建立公开透明的风险评估制度作为保证风险评估质量的重要措施，这样可使社会各方在目标确定、数据共享和方法选择等过程中充分发挥作用。公开交流及同行评议是体现风险评估透明性的有效做法。信息不对称、不公开、不透明必将造成严重的后果。最明显的案例是 2008 年的三聚氰胺事件。企业不公开事实的真相，国家相关部门未能及时收集各方面信息，未及时进行食品安全风险评估，最终致使我国奶业遭受巨大损失，国内消费者对国产乳制品信心大跌，三聚氰胺事件给我们敲响了警钟。为此，国家陆续出台了《食品安全法》及与之配套的各种条例、法规、标准等促进食品安全信息公开、透明和共享，这是体现食品安全风险评估透明性的一种表现。食品安全风险评估信息公开应当注意以下环节：食品安全风险评估的结果要公开，过程也要公开；食品安全风险评估信息公开不仅需要同行专家清楚，还应当便于公众理解；对于食品安全风险评估信息的重要事项应当予以特别强调。因此，建立多元化的食品安全风险评估信息发布平台，要充分发挥报纸、广播、电视、互联网、新媒体等舆论工具的作用，使公众能够及时、便捷地了解有关食品安全风险评估的信息。

第三项是个案处理原则。首先应该明白个案的价值意义。个案是一个社会单位问题，如一个人、一个家庭、一个学校、一个团体、一个政党、一个社区中存在的任何问题都可以视为一个个案。进行个案研究（调查）需要广泛收集有关资料，详细了解、整理和分析研究对象产生与发展的过程、内在与外在因素的相互关系。采用个案进行调查研究时，应目的明确、内容清晰，制订好调查研究的计划或方案，综合运用各种调查方法（如访谈、问卷、观察、测验等），认真收集、整理和分析材料，提供研究报告。要科学地对个案调研资料进行分析，不能随便用个案调查内容主观臆断地给出结论，在分析资料时要处理好一般与个别、整体与部分的关系，既把个案调查的资料放在客观对象的总体中去考察，又要在个案中窥探总体的性质，从而得出个案调查的正确结论。

例如，在对转基因食品风险评估的过程中可采用“实质等同性”原则和“个案分析”原则进行评价分析。“实质等同性”原则是指将转基因食品与传统食品在遗传表现特性、组织成分等方面进行比较，倘若两者之间没有实质性差异，则可以认为是同等安全的。转基因食品即使含有一定不确定成分，只要与传统食物中的非营养物质（不确定物质）在含量和性质上无实质性区别，就应视为可安全消费的产品。而“个案分析”原则是指即使某种转基因生物经过评价是安全的，也不代表其他转基因生物也是安全的。“实质等同性”原则要求对转基因生物制品，特别是转基因食品，应该采取与传统食品比较的方法来检测产品的安全性，而“个案分析”原则则要求转基因生物及其产品在上市前应按照各自的评价方法对不同制品采取不同的评价方法。

6.2.2　食品安全风险评估步骤

根据国际食品法典委员会所描述的风险评估，主要由 4 个基本步骤组成，分别是危害识别、危害特征描述、暴露评估和风险特征描述，如图 6.2 所示。

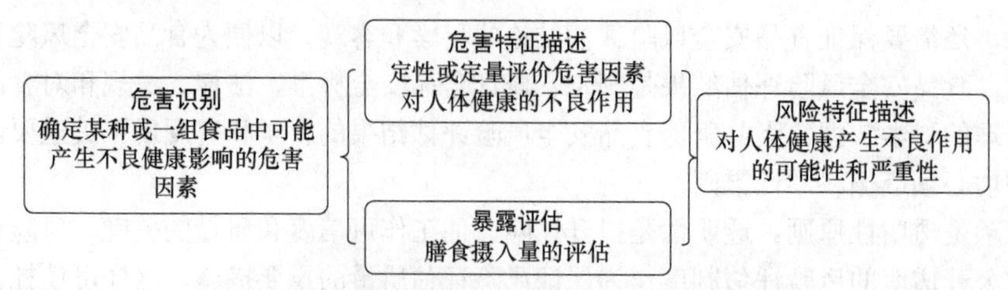

图 6.2　食品安全风险评估的步骤及其关系

6.2.3　危害识别

危害识别是食品安全风险评估第一个步骤，是食品安全风险评估的基础和起点。食品安全危害（food safety hazard）是指潜在损坏或危及食品安全和质量的因子或因素，包括生物、化学及物理性的危害，能对人体健康和生命安全造成危险。一旦食品含有这些危害因素或者受到这些危害因素的污染，就会成为具有潜在危害的食品。

根据国家 2010 年发布的《食品安全风险评估管理规定（试行）》，将危害识别定义为“根据流行病学、动物试验、体外试验、结构-活性关系等科学数据和文献信息确定人体暴露于某种危害后是否会对健康造成不良影响、造成不良影响的可能性，以及可能处于风险之中的人群和范围”。

6.2.3.1　危害因素种类

危害因素的种类繁多，在启动食品安全风险评估程序前，首先要筛选确定需要评估或优先评估的危害因素。根据《食品安全风险评估管理规定（试行）》中规定以下情形可作为开展风险评估的参考依据：①制定或修订食品安全国家标准的需要；②通过食品安全风险监测或者接到举报发现食品可能存在安全隐患的，在组织进行检验后认为需要进行食品安全风险评估的；③国务院有关部门按照《食品安全法实施条例》第十二条要求提出食品安全风险评估的建议，并按规定提出风险评估项目建议书的；④卫生主管部门根据法律法规的规定认为需要进行风险评估的其他情形；⑤处理重大食品安全事故的需要；⑥公众高度关注的食品安全问题需要尽快解答的；⑦国务院有关部门监督管理工作需要并提出应急评估建议的；⑧处理与食品安全相关的国际贸易争端需要的。

根据危害识别的定义可知，一般来说，食品安全的危害因素可分为三类，包括化学性危害因素、生物性危害因素和物理性危害因素，其中化学性和生物性危害对食品安全构成较大威胁。

1．化学性危害　化学性危害主要指环境污染物、天然动植物毒素、食品供应链各环节产生的污染和人为使用的非法物质等，具体如下。

（1）环境污染物的主要污染源是工业、采矿、能源、交通、城市排污及农业生产、核泄漏等带来的。环境污染包括两类：①无机污染物，如铅、砷、汞、镉等重金属；②有机污染物，如二噁英、多环芳烃等。这些污染物都会通过环境及食物链而危及人类健康，并随着人类环境的持续恶化，食品中的环境污染物可能有增无减。

（2）天然动植物毒素是指天然含有的化学危害因子，包括植物、动物等体内存在的天然毒素，如蛋白抑制剂、生物碱、有毒蛋白和肽等，其中有一些是致癌物或可转变为致癌物，又如食品贮藏过程中产生的过氧化物、龙葵素和醛、酮类化合物等。

（3）在食品加工过程中，即食品供应链过程，会产生一些危害物质，如烟熏、烧烤时产生的多环芳烃和腌制时的亚硝胺都有很强的致癌性；食品烹饪时，因高温而产生的杂环胺也是毒性极强的致癌物质。

（4）人为导致的化学性危害物质是指为特定目的而在种植、加工、包装、贮藏等环节中产生或认为加入的物质。过量使用农药、兽药及其残留可通过食物链的富集作用使人类受到严重危害。

2．生物性危害　生物性危害主要指生物（尤其是微生物）本身及其代谢过程、代谢产物（如毒素）、寄生虫及其虫卵和昆虫对食品原料、加工过程和产品的污染。很多生物性危害能够引起食源性疾病，包括细菌、真菌、病毒和寄生虫等。生物性危害具有较大的不确定性，控制难度大，产生危害较为严重。主要的生物性危害如下。

（1）细菌性污染。细菌性污染是涉及面广、影响大、问题多的一类食品污染，其引起的食物中毒是所有食物中毒中最普遍、最具暴发性的。细菌性食物中毒全年皆可发生，具有易发性和普遍性等特征，对人类健康有较大的威胁。细菌性食物中毒可分为感染型和毒素型。感染型细菌，如沙门菌属、变形杆菌属引起的食物中毒。毒素型细菌又可分为体外毒素型和体内毒素型两种。体外毒素型是指病原细菌在食品内大量繁殖并产生毒素，如葡萄球菌肠毒素中毒、肉毒梭菌毒素中毒。体内毒素型是指病原体随食品进入人体肠道内产生毒素引起中毒，如产气荚膜梭菌食物中毒、产肠毒素大肠杆菌食物中毒等。引起食品污染的微生物主要有沙门菌、副溶血性弧菌、志贺菌、葡萄球菌等。近年来，变形菌属、李斯特菌、肠杆菌科、弧菌属引起的食品污染呈上升趋势。沙门菌是全球报送最多、各国公认食源性疾病的首要病原菌。

（2）真菌类污染。真菌性污染一是来源于作物种植过程中的真菌病，如小麦、玉米等禾本科作物的麦角病、赤霉病，都可以引起毒素在粮食中的累积；另一来源是粮食、油料及相关制品在保藏和贮存过程中发生霉变，如甘薯被茄病腐皮镰刀菌或甘薯长喙壳菌污染（黑斑病）可以产生甘薯酮、甘薯醇、甘薯宁毒素，甘蔗保存不当可被甘蔗节菱孢霉侵染而霉变。常见的产毒真菌主要有曲霉、青霉、镰刀菌属、链格孢霉等，常见的真菌毒素有黄曲霉毒素、赭曲霉毒素、麦角生物碱、玉米赤霉烯酮、伏马菌素等。

（3）病毒性污染。与细菌、真菌不同，病毒的繁殖离不开宿主，所以病毒往往先污染动物性食品，然后通过宿主、食物等媒介进一步传播。带有病毒的水产品、患病动物的乳、肉制品一般是病毒性食物中毒的起源。与细菌、真菌引起的病变相比，病毒病变多难以有效治疗，更容易暴发流行。常见食源性病毒主要有甲型肝炎病毒、戊型肝炎病毒、轮状病毒、诺瓦克病毒、朊病毒、禽流感病毒等。

（4）寄生虫污染。食品在生产、加工、流通过程中感染了寄生虫，人们由于食入这种带幼虫或虫卵的生、半生食品，从而感染食源性寄生虫病。当前我国常见的食源性寄生虫主要有5类，分别是植物源性寄生虫、淡水甲壳动物源性寄生虫、鱼源性寄生虫、肉源性寄生虫、螺源性寄生虫等。

3. 物理性危害　物理性危害主要为食品加工过程中机械操作带来的杂质及食品中的异物等。物理性危害因素有：食品原料本身成分，如水果中的茎，动物性食品的碎骨片；非食品成分，如头发、金属等；生产原料及工艺技术与设施可能含有放射性物质，具有放射性污染特征的。

6.2.3.2　危害识别方法

不同研究的重要程度顺序包括流行病学研究、动物实验研究和体外试验。目前的研究主要采用动物和体外试验。

1. 流行病学研究　流行病学研究包括人群实验研究和观察性研究，前者如临床试验或者预研究，后者如病例对照研究和队列研究。人群实验研究的优点是能够较好地控制混杂因素，并且说服力强，由于存在伦理道德、经济和实验条件的限制，用人群进行有害作用实验研究是不可行的。假设为了验证一种危害健康效应，如癌症需要很长时间或者已知化学物对人体可能有严重的不良反应，是不允许采用人群干预实验的。此外，人群实验研究还需要受试者主动参与，而这样做通常会导致研究对象具有高度选择性。因此，人群实验研究存在很多的局限性，但观察性研究则可以为人们提供一些证据。

如果能够从临床研究获得数据，在危害识别及其他环节中可以充分利用。然而，对于大多数反应症状，临床和流行病学资料是难以得到的。如果能获得阳性的流行病学研究数据，应当尽快应用于风险评估中。此外，由于大部分流行病学研究的统计学数据不足以表征人群中低暴露水平的作用，而阴性的流行病学资料又难以在风险评估中得到肯定解释。因此，流行病学资料虽然价值最大，但风险管理者不应过分依赖流行病学研究，如当阳性结果出现才制订决策，不良效应已经发生，危害识别已经延误，这显然有悖于预防医学防患于未然的宗旨。

2．动物实验研究　虽然用动物代替人体进行危害鉴定并非一种理想的方法，但目前仍然认为动物实验是现有方法中最好的一种。目前，用于风险评估的绝大多数毒理学数据来自动物实验，这就要求动物实验必须遵循标准化实验程序。联合国经济合作与发展组织、美国国家环境保护局等曾经制定了化学品的危险评价程序，我国也以国家标准形式制定并修订了《国家食品安全标准 食品安全性毒理学评价程序》（GB 15193.1—2014）。无论采用哪种程序，所有实验必须按照良好实验室规范和标准化质量保证/质量控制方案实施。

动物实验可以提供以下几个方面的信息：一是毒物的吸收、分布、代谢、排泄情况；二是确定毒性效应指标、阈值剂量或未观察到有害作用剂量等；三是探讨毒性作用机制和影响因素；四是化学物质的相互作用；五是代谢途径、活性代谢物及参与代谢的酶等；六是慢性毒性发生的可能性及其靶器官。

常用于危害识别的动物实验主要包括急性毒性实验、重复给药毒性实验、生殖和发育毒性实验、神经毒性实验、遗传毒性实验和致癌性实验等。

（1）实验初期研究物质的吸收、分布、代谢和排泄，有助于选择合适的实验动物种属和毒理学试验剂量。受试动物和人在吸收、分布、代谢和排泄方面的任何定性或定量差异，可能会为识别暴露造成的危害提供重要信息。

（2）急性毒性是指动物或人体 1 次经口、经皮或经呼吸道暴露于化学物质后，即刻或在 14 天内表现出来的毒性。某些物质（如某些金属、真菌毒素、兽药残留、农药残留）短期内摄入后能引起急性毒性。动物急性毒性对食物化学物质的危害识别作用并不大，这是因为人体暴露量远远低于引起急性毒性的剂量，且暴露时间持续较长。但当急性毒性作为主要损害作用出现时，急性毒性实验可直接用于食物化学物质的危害识别。

（3）重复给药毒性实验可从组织、器官和细胞水平上揭示毒作用的靶器官。其主要目的是检测人或实验动物每天接触食品中化学物质或食物成分 1 个月或更长时间所出现的体内效应。重复给药毒性实验设计不仅要求识别潜在的毒性危害，还要确定毒作用靶器官的剂量-反应关系，从而确定毒作用的性质和程度。重复给药毒性实验作为危害识别的核心实验具有重要的意义，为危害识别提供了大量的实验数据，这些数据不仅与组织和器官损伤有关，还与生理功能和器官系统功能的细微变化有关。

（4）生殖和发育毒性实验是评估由于形态学、生物化学、遗传或生理学受到干扰而可能出现的影响，多表现为亲代或子代的生育率或繁殖力降低及子代的生长发育不正常。在生殖和发育毒性的研究领域中，更好地了解生殖神经内分泌学上的种属间差异，有助于危害识别结果与人类的相关性的评估。

（5）神经毒性实验是检测在发育期或成熟期接触化学物质是否会对神经系统造成结构性或功能性损害。这些可能的损伤包括对情绪、认知功能的短期影响及对中枢神经系统和外周神经系统产生永久性的不可逆损伤，而导致神经心理或感觉传导功能损害的一系列影响。特别对于食品中的化学物质影响评价，需要进一步理清因毒理因素和营养因素协同对神经终点的作用机制。

（6）遗传毒性危害的初步检测一般不建议采用体内动物实验，通常可以通过体外试验获得检测结果。如果体外致突变实验结果阳性，可考虑通过体内试验来确定这种突变活性在动物体中是否也有表征。但体外致突变结果和结构活性材料本身足以说明其体内活性时，可不必进行体内试验。

（7）致癌性实验的主要目的是观察实验动物在大部分生命周期内，受试物经给药途径摄入不同剂量后，以发生肿瘤作为暴露的终点，通过不同作用途径探明靶位肿瘤发生的机制。

3．体外试验　体外试验主要用于毒性筛选，提供全面的毒理学资料，也可以用于局部组织靶器官的特异毒性效应研究。体外试验除了用于危害识别，还可以用于危害特征描述。目前，动物实验需要采用“3R”原则［替代（replacement）、减少（reduction）和优化（refinement）］优化实验设计。体外试验的优点有简单、快速、经济；实验条件比较容易控制，误差小；可以利用人体细胞组织较好地解决物种差异的问题；操作过程容易标准化、自动化和仪器化。体外试验主要方法包括：急性毒性实验替代方法、遗传毒性/致突变实验体外方法、重复剂量染毒实验体外方法、致癌性实验体外方法、生殖毒性实验体外方法等。

6.2.4　危害特征描述

危害特征是指对与危害相关的不良健康作用进行定性或定量描述。危害特征描述是风险评估中的第二步。可以利用动物实验、临床研究及流行病学研究确定危害与各种不良健康作用之间的剂量-反应关系、作用机制等。如果条件允许，对于毒性作用阈值的危害应建立人体安全摄入量。

在危害特征描述过程中，一般使用毒理学或流行病学数据进行主要效应的剂量-反应关系分析和数学模型的模拟。通过剂量-反应模型分析，可获得基于健康水平的推荐量值，如每日允许摄入量、每日可耐受摄入量和急性参考剂量等，还可结合暴露评估对这些物质的暴露边界值进行估计，并能对特定暴露水平下的风险/健康效应进行量化。

剂量-反应关系是描述暴露于特定危害物时造成的可能危害性评价依据，同时也是建立指南/标准评价系统的基础。只有对某种物质的剂量-反应曲线有足够的了解，才能预测已知的或预期暴露剂量水平时的危害性，能确定控制影响健康风险的策略和措施。

6.2.4.1　健康指导值的确定

健康指导值（health-based guidance values，HBGV）是指人类在一定时期内（终生或24h）摄入某种（或某些）物质，而不产生可检测到健康危害的安全限值，通常以每千克体重的摄入量表示。

分离点（point of departure，POD）是指从人群资料或实验动物的观察指标的剂量-反应关系得到的剂量值，即剂量-反应曲线上的效应起始点或参考点，用于外推健康指导值，如未观察到有害作用剂量和基准剂量等。

未观察到有害作用剂量（no-observed-adverse-effect level，NOAEL）是指通过人体资料或动物实验资料，以现有的技术手段和监测指标未观察到任何与化学物有关的可能有害作用的剂量。

最小观察到有害作用剂量（lowest-observed-adverse-effect level，LOAEL）是指在规定的条件下，某化学物质使人群或实验动物组织形态、功能、生长发育等产生有害效应的最小作用剂量。

基准剂量（benchmark dose，BMD）是指依据剂量-反应关系研究的结果，利用统计学模型求得的化学物质引起某种特定反应的改变或较低健康风险发生率（通常计量资料为 5%，计数资料 10%）的剂量。其 95%可信限区间下限值称为基准剂量下限（benchmark dose lower，BMDL）。

不确定系数（uncertainty factor，UF）是指在制订健康指导值时，用于将实验动物数据外推到人（假定人最为敏感）或将部分个体数据外推到一般人群时的系数。

健康指导值制订通常按照以下 4 个步骤进行。

（1）收集和分析相关数据。全面收集目标物质的健康效应数据和毒理学资料，包括但不限于权威机构的技术报告、相关数据库的科学文献、未发表的研究报告等。充分评议和遴选所获得的数据和资料，原则上应利用科学方法对不同类型的数据、资料进行证据权重分析。在研究或实验数据要求均符合相关规范的情况下，证据权重大小顺序为流行病学资料、动物实验资料、体外试验、定量结构-反应关系。

（2）确定分离点。通过分析，确定一个可以反映目标物质健康效应或毒性特征的分离点。分离点的确定取决于测试系统和观察终点的选择、剂量设计、毒作用模式和剂量-反应模型等。常用的分离点有 NOAEL、BMDL，通常以每千克体重表示。当无法获得 NOAEL 和 BMDL 时，也可选择 LOAEL 等。

（3）明确不确定系数。人体研究资料的不确定性涉及两个方面，一是少量受试者的实验结果外推到更大人群的代表性；二是用人体实验中所得的 NOAEL 或 BMD 作为化学物质实际毒性阈值的可靠程度。对于仅能获得动物实验、体外试验、构效分析数据的不确定性涉及两个方面，一是来自实验结果的外推，包括从实验动物外推到一般人群及从一般人群外推到特定人群的不确定性；二是数据的局限性，包括无法获得 NOAEL、暴露途径、时限存在差异及数据缺失等引起的不确定性。

（4）推导健康指导值。

健康指导值＝分离点（POD）/不确定系数（UF）

常见的健康指导值主要是指每日允许摄入量（acceptable daily intake，ADI），即人类终生每日经食物或饮水摄入某种化学物质，不产生可检测到的对健康产生危害的量。适用于食品添加剂、食品中农药残留和兽药残留等添加或使用的化学物。暂定 ADI（temporary ADI）是指对现有资料足以得出该物质在相对较短的时间内是安全的，但还不足以得出该物质终生使用是安全的结论；已经确定该化学物的 ADI，但新的数据对其安全性存在质疑。需在规定的时间内进一步获取其安全性数据，可先建立暂定 ADI。需要使用较大的不确定系数，还需规定有效期限，并要求在此期间经过毒理学试验结果充分证明该受试物是安全的。

6.2.4.2　剂量-反应关系分析的基本概念

剂量-反应评价中的反应通常是指体内或体外暴露后所出现的相关效应或症状。可能的终点反应范围很广，包括从早期的反应（如生化改变）到更复杂的反应（如癌症或发育缺陷）。反应可以是适应性的也可以是有害的。有害效应是指机体或亚系统（如细胞亚群），其形态、生理、生长、发育、繁殖或寿命发生改变，从而导致机体功能紊乱、对外界应激的反应能力下降或者对其他影响的易感性升高。

1）*不良效应是量反应*　不良效应是指接触一定剂量外来化学物后所引起的某一个生物、组织或器官的生物学改变。此种变化的程度用剂量单位来表示，如毫克（mg）等。例如，某种有机磷化合物可使血液中胆碱酯酶的活力降低、四氯化碳能引起血清中谷丙转氨酶的活力增高、苯可使血液中白细胞计数减少等均为各种外来化学物质在机体中引起的效应。极端不良效应则是死亡，而最低不良效应包括组织器官的病变、体重增减、体内酶活性与组成改变及其他异常的改变等。

2）*不良反应是质反应*　不良反应是指接触某一化学物的群体中出现某种效应的个体在群体中所占比例，一般以百分率或比值表示，如死亡率、肿瘤发生率等。其观察结果只能以“有”或“无”、“异常”或“正常”等计数方法来表示。

3）*损害作用与非损害作用*　损害作用是指引起机体机能形态、生长发育及寿命的改变，机体功能容量的降低，因应激状态引起机体对损伤的不利作用及所需的代偿能力。非损害作用与损害作用是相对的，机体发生的一切生物学变化应在机体代偿能力范围内，当机体停止接触该种外源化学物后，机体维持体内稳态的能力不应有所降低，机体对其他外界不利因素影响的易感性也不应增高。损害作用与非损害作用都属于外源化学物在机体内引起的生物学作用。而在生物学作用中，量的变化往往引起质的变化，所以非损害作用与损害作用具有一定的相对意义。

4）*致死剂量与浓度*

（1）剂量是指评估危害对于生物机体而发挥出效应的分量，作用的强度一般和剂量大小呈正相关。科学研究中的剂量有三种基本类型：①给予剂量或外剂量，是指在一种受控实验条件下，按特定途径以特定频率给予实验动物或人体某种试剂或化学物质的剂量。在流行病学观察性研究中，外剂量或外暴露是常用的剂量度量标准。②内（吸收）剂量，是指系统可利用的剂量，也可看作被机体吸收进入血液循环的那部分外剂量。内剂量受机体对化学物质吸收、代谢和排泄的影响，可根据适当的毒代动力学质量平衡试验进行推导。③靶剂量或组织剂量，是指分布或出现在特定组织中的化学物剂量。这三种类型的剂量是相互关联的，每一种都可以表示剂量反应关系。暴露频率和暴露期限是确定剂量的两个重要时间参数。暴露可以是急性的、亚慢性的或者慢性的。剂量术语可用于以上三种暴露，剂量-反应评估也同样适用。剂量的描述应该体现暴露程度、暴露频率和暴露期限。

（2）绝对致死剂量或绝对致死浓度表示为 LD_{100} 或 LC_{100}，指引起一组受试实验动物全部死亡的最低剂量或浓度。由于一个群体中，不同个体之间对外源化学物的耐受性存在差异，因单一个体耐受性过高，可因此造成 100%死亡的剂量显著增加，所以表示一种外源化学物的毒性高低或对不同外源化学物的毒性进行比较时，一般不用绝对致死剂量（LD_{100}），而采用半数致死剂量（LD_{50}）。LD_{50} 较少受个体耐受程度差异的影响，较为准确。

（3）半数致死剂量表示为 LD_{50}，是指在假设的实验条件下，当单一危害暴露于一个种群的生物，而该种群生物出现 50%死亡率，在统计学上推导所得到的期望剂量，该值是衡量生态、人类健康风险等非常重要的指标。

（4）半数致死浓度表示为 LC_{50}，是一个与半数致死剂量相对应的概念，有时采用这个概念代替半数致死剂量。在定量水平上，它是指生物急性毒性实验中，使受试动物半数死亡的浓度。

（5）最小致死剂量或最小致死浓度表示为 LD_{01} 或 MLC，指一组受试实验动物中，仅引起个别动物死亡的最小剂量或浓度。

（6）最大耐受剂量或最大耐受浓度表示为 LD_0 或 LC_0，是指一组受试实验动物中，不引起动物死亡的最大剂量或浓度。

5）安全限值　安全限值是指为保护人群健康对生活和生产环境及各种介质（空气、水、食物、土壤等）中与人群身体健康有关的各种因素（物理、化学和生物）所规定的浓度和接触时间的限制性量值，在低于此种浓度和接触时间内，不会观察到任何直接和（或）间接的有害作用，即在低于此浓度和接触时间内，对个体或群体健康的风险可忽略。

（1）每日允许摄入量为FAO/WHO所推荐，是以体重表达的每日允许摄入的剂量，以此度量终生摄入不可测量的健康风险（标准体重为60kg）。

（2）可耐受摄入量（tolerable intake，TI）是由国际化学品安全规划署（International Programme on Chemistry Safety，IPCS）提出，是指有害健康的风险对一种物质终生摄入的允许剂量。取决于摄入途径，可耐受摄入量可以用不同的单位来表达。

（3）参考剂量或参考浓度是美国环境保护署（Environmental Protection Agency，EPA）对非致癌物质进行风险评估提出的概念，与ADI类似。参考剂量和参考浓度，是指日平均摄入剂量的估计值。人群（包括敏感亚群）终身暴露于该水平时，预期在一生中发生非致癌（或非致突变）性有害效应的风险很低，实际上为不可检出。

（4）最高允许浓度是指可在环境中存在的某一外源化学物质不对人体造成任何损害作用的浓度。

（5）阈限值主要表示生产车间内空气中有害物的职业暴露限值，该值是职业人群在长期暴露于该危害中不至于导致损害作用的浓度，但是不能排除在某种情况下，由于个体敏感性及其他可能性所造成的职业病。该值是美国政府工业卫生学家会议（American Conference of Governmental Industrial Hygienists，ACGIH）推荐。

6.2.4.3　剂量-反应关系

剂量-反应关系即描述外源性化学物质或微生物作用于生物体的剂量与其引发的生物学效应的强度之间的关系，它是暴露于受试物与机体损伤之间存在因果关系的证据，也是评价危害因子（化学物质或微生物）的毒性、确定安全暴露水平的基本依据。

1）定量个体剂量-反应关系　个体剂量-反应关系是描述不同剂量的外源物引起生物个体的某种生物效应强度，以及两者之间的依存关系。在剂量-反应关系中，机体对外源物的不同剂量都有反应，但反应的强度不同，通常随着剂量的增加，毒性效应的程度也加重。大多数情况下，这种与剂量有关的量效应是由外源物引起机体某种生化过程的改变所致。

2）定性群体剂量-反应关系　群体剂量-反应关系是反映不同剂量外源物引起的某种生物效应在一个群体（实验动物或调研人群）中的分布情况，即该效应的发生率或反应率，实质上是外源物的剂量与生物体的质效应间的关系。在研究这类剂量-反应关系时，要首先确定观察终点，通常是以动物实验的死亡率、人群肿瘤发生率“有”或“无”的生物效应作为观察终点，然后根据诱发群体中每一个出现观察终点的剂量，确定剂量-反应关系。

6.2.4.4　食品安全中剂量-反应模型理论及构建

食品安全危害特征描述最主要的就是获取剂量-反应关系，也可叫作剂量-效应关系，剂量-反应描述了不同剂量条件下，群体对危害产生反应的百分数或百分率，而剂量-效应描述了不同剂量条件下，个体从低剂量到高剂量效应的累积性效应之和。效应为量反应，而反应为质反应，所以二者统一为剂量-反应。剂量-反应数学模型主要由三要素组成，一是基于数据和暴露途径等一系列要素获得的最佳假想；二是获得模型的数学方程式；三是构成方程式的参数。任何线性或非线性模型均可作为剂量-反应模型，只是该模型必须最确切体现剂量与反应效果之间的关系。

1）*数据来源*　危害特征描述中所采用的数据资料主要来源于人体临床实验数据、动物实验数据、相关疾病的暴发调查数据、实验室的模型研究数据及相关专家的专业论述和专业知识等。

2）*部分可采用的数学模型*　在危害特征描述过程中已经提出很多类别的数学模型，如对可导致人体患癌症的化学性危害物质进行危害特征描述的剂量-反应评估数学模型。

随机模型，如线性多级模型。线性多级模型是假设癌症来源于一系列顺序的事件，其中至少有一件与剂量线性相关。这一模型可以给出在低暴露下的线性外推，由试验中最高剂量确定斜率。

偏差分布模型，如韦布尔（Weibull）模型、对数概率（log-probit）模型和逻辑（logit）模型。log-probit 和 logit 模型均在试验范围中给出了“S”形曲线，但与低剂量外推相比还有所不同。Weibull 模型能够表示临界值，并且对剂量-反应曲线的斜率更敏感。

时间肿瘤模型，如 Weibull 分布模型。这些模型通常被认为更实用一些，因为它们未采用基数数据，这类模型有效性还需进一步验证，而对于从不同物种之间的获取的生命期数据去说明这类模型的效果并不明显。

基于生物的模型，如 MVK（Moolgavkar-Venzon-Knudson）模型。MVK 模型是一个生物学上可信的模型，它要求能有效表征肿瘤生长的不同阶段的细胞分裂、细胞死亡的数据，包括茎细胞-初始细胞-变形细胞的数据。

6.2.4.5　食品中危害特征描述

1. 化学危害特征描述　在食品安全化学危害的风险评估中，需要考虑的食品化学物质包括食品添加剂、农药、兽药和污染物危害特征。它们在食品中含量往往很低，通常只有 10^{-6}，甚至更少。为达到一定的反应敏感度，动物毒理学试验的剂量必须很高，一般为 10^{-3}，这取决于化学物质的自身毒性。而面临的主要问题是采用高剂量化学物质的动物实验去验证发现的不良影响，并能预测人类低剂量暴露所产生危害作用是否有意义。

1）*化学性危害的一般步骤*　进行不良影响的剂量-反应评估→易感人群的鉴定→分析不良影响的作用模式和（或）机制的特性→不同物种间的推断，即由高到低的剂量-反应外推。

2）*主要方法*　对于单个特定的化学危害物质而言，有时可以获得现成的相关危害的剂量-反应评估的数据信息，但大多数情况下并不具有这样的有效数据信息。因此，就要从对相关危害物质的剂量-反应评估开始做起。

（1）剂量-反应的外推。为了与人体暴露水平（摄入量）相比较，需要把动物实验数据外推到低得多的剂量范畴。这种外推过程在量和质上皆存在不确定性。危害的性质或许会随剂量而改变或完全消失。如果动物与人体的反应在本质上是一致的，则所选的剂量-反应模型可能有谬。人体与动物在同一剂量时，药物代谢动力学作用有所不同，代谢方式也不同。在正常剂量或低剂量时，代谢途径往往不能发挥作用，因此在高剂量时不可能产生不良作用。高剂量可能诱导更多的酶变、生理变化及与剂量有关的病理学变化。因此，毒理学家必须考虑在将高剂量的不良作用外推到低剂量时，这些与剂量有关的变化可能存在哪些潜在影响。

（2）剂量的度量。对于人体和动物的相同剂量毒理学实验验证是一个有争议的问题。食品添加剂联合专家委员会（JECFA）和农药残留联席会议（JMPR）规定使用每千克体重的毫克数作为种属间的度量。检测人体和动物靶器官中的组织浓度和消除速率法能取得理想的度量系数，血药水平也能接近这种理想方法。在无法获得相关证据时，可用种属间度量系数验证。

（3）遗传毒性和非遗传毒性致癌物。遗传毒性致癌物是具有能间接或直接地引起靶细胞遗传突变的化学物质。遗传毒性致癌物的主要作用是遗传特性，而非遗传毒性致癌物作用于非遗传位点，从而促进靶细胞增殖或持续性的靶位点功能亢进/衰竭。大量的研究报告均表明遗传毒性和非遗传毒性致癌物均存在种属间致癌效应的差别。另外，某些非遗传毒性致癌物（称为啮齿类动物特异性致癌物）在不同剂量影响下会产生致癌或不致癌的效果。相比之下，遗传毒性致癌物则没有这种阈剂量。毒理学家和遗传学家发明了鉴别化学物能否引起 DNA 突变的实验方法，如众所周知的 Ames 试验（污染物致突变性检测）在分辨遗传毒性和非遗传毒性致癌物方面具有很好的借鉴作用。世界上许多国家的食品卫生权威机构认定遗传毒性和非遗传毒性致癌物是不同的，而区分致癌物的方法不能应用于所有的致癌物，但这种致癌物分类方式将有助于建立评估摄入化学致癌物风险评估方法。原则上，非遗传毒性致癌物能够用阈值方法进行评估，如可采用无作用剂量水平-安全系数法进行评估。在证明某一物质属于非遗传毒性致癌物时，往往需要提供致癌作用机制的相关信息资料。

（4）阈值法。由试验获得的未观察到的作用水平值（no-observed-effect level，NOEL）或未观察到有害作用剂量（NOAEL）乘以合适的安全系数等于安全水平或者每日允许摄入量（ADI）。这种计算的理论依据是人体与实验动物存在着合理可比的剂量阈值。但是，人的个体敏感性较高，遗传特性的差异也较大，并且膳食习惯不同。鉴于此，JECFA 和 JMPR 采用安全系数以解决此类不确定性影响。长期动物实验资料的安全系数为 100，但不同国家的卫生机构有时采用不同的安全系数。理论上有可能某些个体敏感程度超出了安全系数的范围，不能保证每一个体绝对安全。采用一种较低的剂量设定 ADI 值的标记剂量方法（如 ED_{10} 或 ED_{05}，ED 为当量剂量），可观察到较低的剂量-反应数据。以标记剂量为依据的 ADI 值会更准确地预测低剂量时的风险，当与 NOEL/NOAEL 制定的 ADI 值相比差异性不显著时，可能对特殊人群遗传毒性和非遗传毒性致癌物方面是有参考意义的。

（5）非阈值法。对于遗传毒性致癌物，一般不能用 NOEL-安全系数法来制定允许摄入量，因为即使在最低摄入量时，仍然有致癌风险。因此，对遗传毒性致癌物的管理方法：一是禁止商业化地使用该种化学物；二是制订一个极度低且可忽略不计、对健康影响甚微或者社会能接受化学物质的风险水平。通过实施非阈值水平定量验证可致癌物的风险概率。

当采用多种外推模型对致癌物进行评估，如果缺少其他相应生物学验证数据，模型仅可用于实验性肿瘤发生率与剂量的验证。注意，很少采用外推模型对超出实验室范围进行验证分析，因为难以通过利用高剂量的毒性、促细胞增殖或 DNA 修复等方式获取有价值的验证结果。目前，本领域多利用线性模型进行基础的风险评估，而用线性模型作为风险特征描述一般是以“合理的上限”或“最坏估计量”等方式表述。许多评估部门认为这种方法无法预测真正的或可能的人体风险危害。有些国家尝试用非线性模型克服线性固有的保守性，其先决条件是制定一个可接受的风险水平。美国 FDA 和 EPA 选用的可接受的风险水平是百万分之一（10^{-6}），它被认为代表一种不显著的风险。可接受风险水平的选择是每个国家风险管理决策重要依据之一。

对食品添加剂及农药和兽药残留危害评估采用固定的风险水平方式是比较切合实际的，因为假如估计的风险超过了规定的可接受水平，则可禁止这些物质的使用。但是，对于污染物，包括明令禁止继续使用的有机及无机污染物、高毒农药，很容易超过所制定的“可接受水平”。例如，四氯二苯并二噁英（TCDD）风险水平的最差估计在 10^{-4}。其他一些致癌物，如多环芳烃和亚硝胺常常超过 10^{-6} 的风险水平。

2. 生物危害特征描述　生物危害特征首先考虑三个关键部分：病原菌、寄主、媒介（食品）三者的关系；对人体健康产生不良影响的评估；剂量-反应关系的分析。

1）剂量-反应三要素　对于微生物病原菌来说，从发生频率、感染程度及其严重性等方面有：微生物病原菌发作时致病性、毒性的特点；微生物病原菌是否克服了寄主自然的生理屏障，并最终确定感染的微生物病原菌的数量；寄主平时的健康或免疫力状况，可能决定感染是否会转变为发病及发病的严重程度；媒介物的性质；当暴露在危害物质条件下，任何个体致病的可能性是否取决于病原菌、寄主、媒介（食物）各方面综合的影响。这些病原菌、寄主、媒介（食物）因素通常被称为“剂量-反应三要素”。

（1）病原菌本身性状特征能决定其致病力，因此有必要对病原体生物学性质（细菌、病毒、寄生虫或蛋白病毒）及导致疾病机制（非传染性、传染性、有遗传效应传染性）等进行评估。病原菌致病因素很多，主要有：①病原菌的内在特性（表型和基因型特性）；②病原菌的毒性和致病机制；③导致的疾病；④宿主的特异性；⑤感染机制；⑥潜在的重复传播；⑦种属变异性；⑧抵御微生物感染拮抗作用及对不同疾病严重程度的效应。

（2）寄主相关因素能影响某一特定病原菌的易感性，包括：①宿主的年龄；②健康状况、工作状况及生活压力；③当前、近期是否感染疾病的免疫状态；④基因背景信息，是否有家族遗传病史及基因缺陷等；⑤医疗条件及手术治疗程序；⑥是否怀孕或有影响实施风险评估的其他疾病；⑦生理屏障是否完好；⑧营养状况及体重；⑨人文、社会行为特点，包括工资收入、消费水平及生活饮食习惯等。

（3）食品是病原菌赖以寄生或存活的营养源，尤其是在自然条件下存放的畜产品及海产品等是微生物生长良好的培养基。同时，微生物长期适应外界恶劣环境、营养不充足的条件，导致某些病原菌的毒效发生改变或在不良环境条件下活性拮抗生存能力增强，从而突破人体免疫系统屏障，导致疾病发生。

2）对人体健康产生不良影响的建模评估　对于致病微生物的建模涉及暴露、感染、致病几个过程，这是食源性传染病产生的主要步骤。

（1）暴露。样品中的病原菌浓度，通常采取微生物学法、生理生化法或物理法来进行分析。最简单的方法是将获取样品中病原菌浓度乘以摄入量，即每个人摄入的病原菌数量。实际上每个人摄入病原菌数目是一个概率分布，病原菌数量在样品中呈现有规律的随机分布，但事实上并不一定如此，结果与样品的制备存在很大关系。例如，液体样品，可能是随机分布，但是固体或半固体样品中，可能呈现离散分布。

对于病原菌随机分布情况，一般使用泊松分布来反映剂量的变化。在样本悬浮液中，微生物具有聚合的性质。例如，一个微生物个体并不是一个具有感染力的个体，而是聚合后的一个团体。

（2）感染。指摄入病原菌通过所有机体屏障后，在靶器官生长繁殖的过程。是否感染，可以通过粪便检测或免疫学反应来进行验证。感染可无症状发生，病原菌在短期内被宿主机体自身免疫反应清除掉；另一种是有疾病症状发生。

（3）致病。是由病原菌本身或其代谢毒素对宿主产生危害，一般而言该过程是损害累积过程，并最终导致致病效应产生，症状很多，可通过测量体温、实验室生化检测等方法验证。风险评估研究中，简单描述为致病或不致病两个方面。

（4）后遗症及死亡。某些因微生物因素致病的患者中，可能会产生后遗症，因为微生物毒素可能对人体器官造成严重的不可逆伤害，因此并不是所有由于微生物感染导致疾病的患者都能完全恢复。此外，一些由于生物因素暴发的急性疾病，可能由于该病原菌毒性很强、剂量过大，或由于老年人、新生儿免疫低下或过度受损而出现死亡现象。

3）剂量-反应评估模型选择 剂量-反应评估是人类摄入一定剂量的危害物质后，并不一定被感染或发病，即使感染或发病后也存在多种可能的后果的评价。在风险评估中，我们将人类摄入微生物病原体数量、有毒化学物剂量或其他危害物质的量与人类健康发生不良反应变化用数学关系进行描述，这就是剂量-反应评估。简单地说，剂量-反应评估就是指确定摄入危害物质的剂量与发生不良影响的可能性的数学关系。

（1）剂量-感染模型。对于病原菌而言，剂量值可以通过人类临床剂量-反应实验数据直接得到，目的是在进行人类临床剂量-反应过程中，使接受实验的人体摄入不同剂量的危害物，当可以确定暴露于特定危害源的人体在摄入危害物的暴露水平大于某一特定剂量时，出现明显的不良反应（感染、发病等），即可大致确定该危害的临界剂量为危害物摄入剂量。

剂量-感染模型是基于单一一次打击效应的假设建立的模型，当然现实中的疾病不可能是单一微生物的一次打击造成不良反应，假定呈现离散分布的病原微生物可能产生效应，于是衍生了基于一次打击模型（single-hit）为模板的更多其他模型。最常见的有指数模型，如泊松分布模型，它多是接种于培养基中微生物生长计数假设后整合的模型。在该模型中，微生物在培养基中是随机分布的，这也符合泊松分布成立的条件。还有一些通过实践经验得出的经典模型，如log-logistic、log-probit和韦布尔（Weibull）模型，之所以使用这些替代模型，是基于一次打击模型模板可能过高地估计了低剂量条件下的风险，实际上很多暴露状况的风险危害常常也是在低剂量条件下产生的。

（2）剂量-致病模型。剂量-致病模型表示感染后导致生病的概率，疾病/信息属于一次打击模型的衍生模型。

（3）后遗症及死亡模型。后遗症或死亡结果的产生主要与宿主本身的特性有关。实施风险评估时，最好对人群进行不同类型的划分，如按免疫状态、年龄及基因等条件将人群进行分类，有利于提高模型有效性。

4）模型外推（病原菌-宿主-食品关系） 实验通常在严格受控条件下进行，要求有特定的病原菌、宿主及农产品。在真实暴露条件下，这三者中每个因素都会发生很多变化，所以剂量-反应模型给出的只能是大概的模板，实际上需要建立多水平及多层次的剂量-反应模型。实验中不仅需考虑剂量因素等，如检测灵敏度、专一性检验及样本量大小，同时还要考虑是否采用同样的病症或生物标志物等验证反应效能，是否采用一致表达方式。还要将不同来源的数据合并到剂量-反应模型中，通过统计学方法对这些数据的生物学过程进行统计分析。

对于宿主而言，有可能仅仅表征该群体部分感染，所以应将该部分单独拿出来分析研究，得出准确有意义的结果。如不能进行分组研究，一些异常值不能作为特例分析，可将该异常值去除，但去除该异常值前需要进行反复风险交流，以确保评估信息科学性、透明性。另外，宿主免疫水平也是微生物剂量-反应模型构建的重要影响因素之一。发展中国家人群通常具有较高的免疫能力水平，这一直被认为是疾病低发生率的主要原因。例如，墨西哥很少发生大肠杆菌 O157：H7 相关的疾病，或因为该地区其他宿主致病性大肠杆菌普遍存在。一些发达国家由于与致病菌接触史信息不清晰、不确定，所以大部分人群很容易成为易感人群。此外，年龄构成原因也存在类似问题。尽管免疫能通过效应与剂量之间的关系解释很多疾病暴发，如免疫影响感染概率、感染后致病概率及致病程度，但目前将免疫纳入剂量-反应模型的分析研究数据很少。

5）模型不确定性分析　参数不确定性分析对于证实模型有效性必不可少，目前主要有以下三类方法：①似然法（likelihood-based method）用来确定参数的置信区间，对于多个参数，剂量-反应模型的不确定性不能以直接方式计算；②重复验证法（bootstrapping method）采用重复取样，如对两变量数据设定为 0，而 1 型数据组要反复取样测定；③马尔可夫链蒙特卡罗（Markov chain Monte Carlo，MCMC）方法是一种非常好的统计模型，实验数据外推到整个人群出现不确定性时，通常采用该统计学方法来做定量分析。该法主要是采用随机抽样或统计实验方法（Monte Carlo）对已有数据进行处理，生成多条剂量-反应曲线，这些曲线的范围可量化不确定性。目前大多病原菌微生物剂量-反应分析都是简单的正态分布（设定 0，1 分析方式）。

6.2.5　暴露评估

暴露评估是评价并鉴定评估终点的暴露情况。食品安全风险评估中的暴露评估对象主要是人群，暴露评估是非常复杂的分析方法，暴露评估的目的是确定评估终点接触待评估危害剂量等状况，并摸清接触对象特征，为风险评估提供可靠的暴露数据或估计值。暴露评估可以采用数据模拟、问卷调查、实际取样调研、流行病学等多种方式，尽可能在靶器官中或体内清晰地获取危害剂量、浓度与不良反应（一般以靶器官病变为征兆）的相关信息要素。现实中的暴露评估难度比实验室定向设计的动物实验暴露评估要难很多。当我们进行暴露评估时，要考虑到污染的频率和程度，危害物质作用机制及反应特征，危害物质在特定食品中的分布情况等。通常在加工过程中产生的化学危害影响为细微变化，对于生物危害来说，食品中的病原体数量多是动态变化，会有明显的升高或降低变化表征。因此，应特别关注生物性危害，如病原体的生态学特征，特定病原体在宿主体内变化特性，病原体存在对食品加工、包装、贮存等相应环节的影响及控制措施，人群消费特定食品在食用前如何进行加工的暴露评估等。

6.2.5.1　食品安全中的暴露评估程序

在实施暴露评估前，评估者应确定评估的对象、范围、水平及评估方法。暴露评估路线设计、采样计划、确定模型方案是开展暴露评估必备环节。另外，要想准确估计人群的暴露环境可能存在不同类型风险危害时，应考虑三个重要的暴露要素，即暴露浓度、暴露时间及暴露频率。暴露评估所要解决的核心问题主要也是解决这几个关键要素。

6.2.5.2　膳食暴露评估

膳食暴露评估是指对经由食品摄入的物理、化学或生物性物质进行的定性和（或）定量评估。进行食品危害物的膳食暴露评估时，主要是利用食物消费量数据与食物中危害物含量数据，对不同个体或人群存在的有害因素的摄入量进行估算来判断风险的大小。通过计算得到膳食暴露量的估计值，再将该估计值与相关的健康指导值比较来进行风险特征描述。进行膳食暴露评估所需要的数据取决于评估的目标，在膳食暴露评估中，精确获取食物中化学物质浓度数据和食物消费数据是关键环节。

1．食物消费数据获取　食物消费量数据反映了个人或群体对固体食品、饮料（包括饮用水）及营养品方面的消费情况，可以通过个体或家庭层面的调查获取食物消费情况或通过近似估计统计粮食生产数据。食物消费量数据是风险评估的重要基础，收集准确的食物消费量数据是开展科学风险评估的关键环节。2017 年国务院办公厅印发《“十三五”国家食品安全规划》，明确提出把实施食物消费量调查作为提升食品安全风险评估能力的重要内容。食物消费量数据准确与否直接影响风险评估结果有效性及据此制定的监管措施的科学性和适用性。我国需要建立完整的国家食品安全食物消费量数据库，尤其是需强化敏感性较强的婴幼儿人群的食物消费量风险评估数据库建设，有利于全面、有效、科学地开展风险评估工作。不同消费模式下食品消费量调查数据会存在较大差异，相关影响因素包括：受访人群的人口统计学特征、区域地理特征及饮食习惯、收集数据的时间节点（周和季节天数）等。

1）以群体为基础获得的数据　以群体为基础获得的食物消费量数据，主要是利用国家水平的食品供应量数据来粗略地估计每年国家可用的食品。这些数据也可用于计算人均可获得能量、宏量营养素及化学物质暴露量，跟踪分析食品供应趋势，确定食品中营养素或食品中潜在的化学物质主要来源的可获得性及监测受控的食物种类。

食物平衡表又称为粮食平衡表，是非常重要的国家水平食品供应量数据群，反映了一定时期一个国家或地区食物供给的综合情况。食物平衡表是判断国家食物安全状况的重要参考依据，通过连续几年的年度食物平衡表，能够较为全面地展示一个国家或地区的食物供需情况及人均营养摄入情况，反映一个国家食物供给的总体趋势，揭示食物消费中可能出现的变化（如饮食结构），表明一个国家食物供给是否满足营养需求，能够为政府采取相应的应对措施提供决策依据。食物平衡表也存在一定的局限性，如不适用于食品添加剂的膳食暴露评估，不能用于个体营养摄入量或食品化学物质的膳食暴露评估或确定高危人群。

2）以家庭为单位调查的数据　在家庭层面收集关于食物获得性或食物消费的信息，可以通过多种方法来收集家庭水平可获得的消费食品，包括家庭购买食品原料的数据，食品消费量或食品库存量的变化。这些数据可用于比较不同社区、地域和社会经济团体的食品的可获得性，追踪总人群或某一亚人群的饮食变化。

3）基于个体调查的数据　基于个体调查获得的食物消费量数据包括计算每人每天消费各类食物的量；将个体消费的食物按种类合并，并计算各类食物消费量；根据调查天数计算各类食物日均消费量的数据；分析与食物中化学物质含量数据匹配度。目前使用的方法如下。

（1）记录法。被调查对象自行记录自己一天或多天内消费各类食物的情况。调查过程中使用称重法或者定量容器精准记录食物。食品记录法可直接测量消费食物类别和重量，记录准确，常用作“标准方法”来衡量评估其他方法，且不依赖于调查对象的记忆。

（2）24h 膳食回顾法。通过询问的方法，使被调查对象回顾和描述过去 24h 内摄入的所有食物数量和种类，并借助食物模型、家用量具或食物图谱对其食物摄入进行计算和评价。在调查过程中，调查对象的回顾依赖于短期记忆，需要有经严格专业培训的调查员帮助，由调查对象回忆完成，也可通过面访或电话约谈方式进行；通常需要借助工具帮助调查对象进行回忆，如食物秤、标准容器（杯、碗、勺）、食物图谱、食物模型。由于调查主要依靠应答者的记忆力来回忆描述他们的膳食摄入，因此不适合于年龄在 7 岁以下的儿童和年龄在 75

岁及以上的老人。24h 膳食回顾法所需时间较短，被调查对象负担较小，可获得个体的食物消费量。该法具有适合人群调查，被调查对象文化程度要求不高，不影响调查对象的饮食习惯的特点。

（3）食物消费频度问卷调查法。利用设计好的食物列表，要求对被调查对象根据列表估计每一种食物或一组食物在过去一段时间（年、月、周或每天）内消费的频次及平均每次消费的数量。在调查过程中，所调查的食物种类需预先设计好；不同调查食物列表中食物种类或个数及食物消费频次、层次应清楚，并且可以回顾不同时间段（过去一个月、数个月、一年）食物的消费情况。

4）特定人群　在特殊情况下，通过设计特定消费者暴露问题的问卷，可以直接确定暴露量或提供关于暴露评估法的一个或多个参数信息。

（1）总膳食研究，又称“市场菜篮子”研究，用以评估某个国家和地区不同人群组对于膳食中化学危害物质的暴露量和营养素的摄入量，以及这些物质的摄入可能对健康造成的风险。该方法是能够提供一个国家的人群或在可能的情况下亚人群实际摄取食物中含有农药残留、有机及无机污染物、营养物质和（或）其他化学物质平均浓度，总膳食研究是国际公认的最经济有效、最可靠的方法。

（2）单一食品选择性研究，当食品安全监控/监测结果显示食品中存在某种特殊污染物时，有必要对典型（代表性）地区选择指示性食品进行研究。例如，鱼和海产品中的汞、脂类食品中的持久性有机污染物、添加剂和兽药等危害物都可以通过单一食品进行深入研究。

（3）双份饭研究，对被调查对象每天摄入的所有食物留取等质、等量的样本进行实验室分析，得到的化学污染物和营养素的含量乘以被调查对象的实际消费数据，即得到每个调查对象的膳食摄入量。双份饭研究适用于小范围人群，多为 20～30 人，常用于个体膳食摄入量的评估，准确性好。

总膳食研究和双份饭研究无法确定危害物的来源，不能广泛使用。单一食品选择性研究在烹饪过程中会对食品中挥发性物质造成损失，也会富集浓缩一些物质，包括危害物，所以开展暴露评估研究时最好上述几种方法可同时进行。

2. 食物中主要危害物含量数据获取　食品中化学物质浓度数据的来源主要包括管理限量和田间试验（最高限量和最大残留限量、农药监管实验、兽药残留清除实验）、调查报告数据（企业用量调查、食物成分数据）、市场监测数据和食物消费数据（总膳食研究和双份饭研究）。食源性生物危害等数据获取可参考上述方法及思路收集、分析、评估，但需要注意暴露时间、暴露环境、暴露水平及获取数据的技术手段适应性、实效性对最终结果评价表征的价值意义。

6.2.5.3　膳食暴露的评估方法

根据食品消费量和污染物数据信息，目前采用的较为成熟的暴露评估模型包括点评估模型、简单分布模型和概率评估模型。在实际工作中，选择哪种评估方法，需要考虑以下几方面的因素：危害物的性状及在食品中的含量水平；该物质对身体产生不良作用或者有益作用所需要的暴露时间；该物质对于不同亚人群或个人的潜在暴露水平；需要采用的评估方法的类型是点评估还是概率评估。

1. 点评估模型　点评估一般作为膳食暴露评估的保守方法。在点评估模型的数据来源方面，均假设每种食品只有一个消费量水平和一个化学物质浓度水平，如设定食物消费量为平均消费量或高水平消费量，化学物质浓度为平均水平或允许最高水平，将两者相乘并进行暴露量累加。点评估主要包括筛选法、基于食品消费量的粗略评估法和精确的点评估法。筛选法包括交易数据评估法、预算法、膳食模型粗略估计法和改良的点评估法。

（1）交易数据评估法是用一段时间内（通常指 1 年内）某地区用于食品加工的化学物质（包括调味品在内的食品添加剂）的交易量来估算某种化学物质的人均摄入量，该方法主要用于食品添加剂的暴露评估。但该方法得到的平均膳食暴露量往往存在很大的不确定性，因为无法证明涉及的食品都含有什么物质，谁消费了这些食品信息资料等，该方法也未涉及高消费人群，因此很难说明其膳食暴露是否具有健康指导值的参考意义。

（2）预算法最初用于评估食品中食品添加剂的理论膳食暴露量，是指对食品消费量和食品中化学物质的浓度采取最保守的假设，从而得到高消费人群的高估暴露量，这样做才能避免将已具有风险危害的食品错误地判断为不具潜在风险安全的食品，但是也不能因此就采用不切实际的食品消费量，食品消费量必须在人的生理极限之内。

（3）膳食模型粗略估计法是基于现有的食品消费资料构建膳食模型来表示一般人群或特殊亚人群的典型膳食状况。

（4）改良的点评估法是根据评估目的和现有数据选择要用的模型。对于化学物质的浓度数据，点评估通常包括所有检测值的平均数、中位数、高位数，对于食品消费数据，点评估通常为人群中所有消费数据的平均值或高位数。该方法的优点是操作简单，往往可以用电子表格或数据库建立模型，但是这类模型包含的信息有限，不利于风险描述工作的开展。点评估模型的适用范围取决于评估过程中所使用的数据类型和假设前提。点评估模型实施起来比较简单，基于多数人群的安全，经济实用。但点评估是基于少量数据进行的，是趋向于最坏情况、最保守的假设，因此评估结果不考虑化学物质在食品中存在概率、污染水平或食物消费量的不同，不能提供化学物质暴露量的可能范围。

2. 简单分布模型　简单分布模型又称为分布点评估模型，是假定所有食品中的化学物质均以最高残留水平存在，同时考虑相关食物消费量分布的变异。在简单分布模型计算过程中，食物消费量采用分布形式，但忽略了食物中化学物质存在的概率及不同食物中化学物质浓度水平不相同的状态，一般将其设为最高残留水平。

3. 概率评估模型　概率评估模型是对所评价化学物质在食品中存在概率、残留水平（浓度）及相关食物消费量进行模拟统计的方法。这种方法需要收集足够的食物中化学物质浓度和食物消费量数据建立数据库，并据此进行评价。概率评估能得到更接近现实的估计值，但得到的暴露量却不一定比点评估的低。与点评估相比，概率评估能够得到不同膳食暴露量的概率分布。膳食暴露评估概率模型的评估方法主要有 4 种：简单经验分布估计法、分层抽样法、随机抽样法和拉丁抽样法。

（1）简单经验分布估计法是指食品消费调查得到的食品消费量的经验分布和相应食品中化学物质浓度点估计相乘即可得到暴露量分布。反过来，由食品消费量的点估计和相应食品中化学物质浓度的经验分布相乘也能得到暴露量分布。

（2）分层抽样法是指将食品消费分布和化学物质浓度分布分为若干层，然后从每层中随机抽样的方法。该方法的优点是可以获得详细、准确、重现性好的结果，缺点是不能对分布中的上下限进行评估。

（3）随机抽样法（蒙特卡罗模拟法）从输入分布中随机抽取数据。该技术已经广泛应用到不同的模拟事件中。当数据模拟重复次数足够多时，就可以得到接近实际模拟情况的结果判断。采用该方法需要注意，要用样本中“现实的”最大观测值对分布进行截尾，以免在模型中出现现实生活中不可能出现的暴露水平。

（4）拉丁抽样法是结合分层抽样和随机抽样的统计方法。为了确保食品污染浓度数据分布和食品消费数据分布范围内各部分数据都抽到，多层分布设计，然后从每层中抽取数据。

4. 方法总结 FAO/WHO 和我国管理部门多采用点评估方法进行膳食中化学物质的暴露评估，其优点是简单易行，易扩大推广应用，能保护绝大部分人群。但该模型无法对个体水平消费量和食品中化学物质水平的变异进行有效量化评估，且无法对参数不确定性做出说明，因此属于筛选性方法。

概率评估是将个体作为研究对象，通过对收集的数据进行模拟抽样，推断人群的暴露量分布，得到的信息量远远大于点评估，使结果更符合实际。但概率评估计算过程，需要一定规模的样本量，而且由于个体变异较大，需要模拟足够多的次数才能保证结果稳定，因此计算负荷较重。

点评估质量较差，不确定性最大，但花费小；概率评估质量较高，不确定性最小，但花费巨大。在膳食数据方面，点评估主要基于模式膳食、地区膳食和国家膳食等群体，概率评估主要以个体家庭为单位。对于化学物质数据评价分析，点评估多用标准监测的最大值，概率评估使用全部监测数据。例如，要对某种危害物开展暴露评估，首先应考虑点评估法，如果点评估获得的人群对危害物的摄入量低于安全参考值时，则不需要概率评估；但如果高于安全参考值，说明膳食摄入量的浓度高于安全值，这就需采用更精细的概率评估模型。

6.2.6 风险特征描述

国际食品法典委员会对风险特征描述定义是：在危害识别、危害特征描述和暴露评估的基础上，对特定人群健康产生不良作用的风险及其程度进行定性和（或）定量评估，包括描述和解释风险评估过程中产生的不确定性。

对于有阈值的化学物质，风险特征描述是以计算或估计的人群暴露水平与健康指导值进行比较，描述一般人群、特殊人群或不同地区人群的健康风险。对于没有阈值的物质，建议采用暴露限值法进行风险特征描述，即通过动物实验观察到的危害毒效应剂量与人群膳食暴露水平之间评价得出暴露限值。

风险评估类型分为定性风险评估和定量风险评估两类。在食品安全领域分类标识的基础上，也有专家提出半定量风险评估的概念，但半定量风险评估也常被列入定性风险评估的范围。定性风险特征描述是指采用文字性描述分级说明风险出现的可能性，可采用“高”“中”“低”等文字描述风险出现的概率和影响。定量风险特征描述是指使用数值描述风险出现的可能性和后果的严重程度，通常用均数、百分数、概率分布等来描述模型变量。因此，定量风险特征描述在处理风险管理问题时更加精细有效，更有利于风险管理者做出准确的决策。

6.2.7 风险评估报告编写

风险评估报告编写的原则是：①报告编写应遵循所在国家风险评估报告编写指南所规定的格式；②报告应基于国际公认的风险评估原则，即危害识别、危害特征描述、暴露评估、风险特征描述四步骤编写；③报告不应以“我”或“我们”等第一人称表述，而应使用“国家食品安全风险评估专家委员会”；④报告的措辞力求简明、易懂、规范，专业术语必须与国际组织和其他国家使用的风险评估术语及相关法律用语一致；⑤报告应尽可能使用科学的定量词汇描述，避免使用产生歧义的词语表述；⑥报告应客观地阐述评估结果，并科学地做出结论，必要时可引用其他国家及国际组织已有的评估结论。

一个完整的报告应该由封面、项目工作组成员名单、致谢、说明、目录、报告主体和相关附件 7 部分内容组成，并应按此顺序排列。同时，报告说明需包含：任务来源和评估目的；评估所需数据的来源及数据的机密性、完整性和可利用性的阐述；报告起草人、评议人及与待评估物质的各相关利益者间的利益声称；报告可公开的范围；报告生效许可声明，报告经专家委员会主任委员签字认可后生效的要求等。

报告主体结构应包括以下内容。

1. 标题　报告标题应简明扼要，高度概括报告内容，并含有被评估物质及其载体信息和“风险评估”关键词，报告标题应用中英文双语书写。

2. 摘要　摘要应简明扼要地概括评估目的、被评估物质污染食品的途径、对健康的危害、推荐的健康指导值、评估所用数据来源、暴露评估方法、评估结果、评估结论和建议等。一般不对报告内容做诠释和评论。

3. 缩略语　为了减少后续报告撰写中使用冗长术语，也使受众群体更好地理解报告，报告中所涉及的所有缩略语需集中列出中英文全称对照。

4. 前言　该部分主要对与评估工作相关的问题进行阐述，具体为开展评估的原因和目的，与待评估物质及其载体相关的研究现状和进展。

5. 一般背景资料　主要应包括以下几点。

（1）待评估物质的理化/生物学特性。对可能引起风险的危害因素（化学污染物、食品添加剂、营养素、微生物、寄生虫等）的理化和（或）生物学特征进行描述。

（2）危害因素来源。食品中危害因素的来源、食物链各环节（从农田到餐桌）的定性或定量分布、食品加工对危害因素转归的影响等描述。

（3）吸收、分布、代谢和排泄，如被评估物质为化学物质，需简要描述其在体内的吸收、分布、代谢和排泄过程。

（4）各国及国际组织的相关法律、法规和标准。

6. 危害识别　化学与微生物危害识别如表 6.1 所示。

7. 危害特征描述　化学与微生物危害特征描述如表 6.2 所示。

8. 暴露评估　化学与微生物暴露评估如表 6.3 所示。

9. 风险特征描述　报告需要以总结的形式对危害因素的风险特征进行较为详细的描述，包括采用合适的暴露评估方法对人群暴露水平与健康指导值比较分析，给出一般人群、特殊人群（高暴露和易感人群）或不同地区人群的健康风险评价。如可能，还应评估危害因素对健康损害发生的概率及程度。如评估对象为微生物，需要计算在不同时间、空间和人群中因该微生物导致人群发病的概率，以及不同的干预措施对降低或增加发病概率的影响等。

表 6.1　化学与微生物危害识别

化学物质危害识别	微生物危害识别
对化学性物质危害识别的描述应简明扼要，允许引用内容类似其他文件中使用的信息。通过对已发表国际组织技术报告、科技文献、论文和评估报告资料的整理，获得与待评估物质相关的 NOEL、NOAEL、LOAEL 等参数，以定量描述危害因素对动物的毒性和对人群健康的危害	微生物风险评估中的危害识别部分主要确定特定食品中污染的有害微生物（微生物-食物组合），即通过对已有流行病学、临床和实验室监测数据的审核、总结，确定有害微生物及其适宜的生长环境；微生物对人类健康的不良影响及作用机制、所致疾病特点及发病率、现患率等；受微生物污染的主要食品及在世界各国所致食物中毒的发生情况等

续表

化学物质危害识别	微生物危害识别
具体为：①动物毒性效应。通过待评估物质对动物毒性资料（如急性毒性、亚急性毒性、亚慢性毒性、慢性毒性、生殖发育毒性、神经毒性和致畸、致突变、致癌作用等）的分析，确定危害因素的动物毒性效应。②对人类健康的影响。危害因素与人类原发或继发疾病的关系；危害因素可能会对人类健康造成的损害；造成健康损害的可能性和机理	具体为：①特征描述。微生物的基本特征、来源、适宜的生长条件、影响其生长繁殖的环境因素等。②健康危害描述。该有害微生物对健康不良影响的简短描述，确认涉及的敏感个体和亚人群，特别要注重对健康不良作用的详细阐述，以助消费者更好地理解对健康影响结果的严重性和意义。③传播模式。病原体感染宿主模式的简单描述。④流行病学资料。对文献记载所致疾病暴发情况的全面综述。⑤食品中污染水平。简单描述被污染的食品类别和污染水平

表 6.2　化学与微生物危害特征描述

化学物质危害特征描述	微生物危害特征描述
对已有健康指导值的化学污染物，则综述相关国际组织及各国风险评估机构（如 IPCS、JECFA、JMPR、JEMRA、欧盟 EFSA、德国 BfR、美国 FDA 和 EPA、澳大利亚 FSANZ、日本食品安全委员会等）的结果，选用或推导出适合本次评估用的健康指导值（如 ADI、TDI 等）；如果自行制定健康指导值，则应对制定过程及依据进行详细阐述	（1）对健康造成不良影响的评价。发病特征——所致疾病的临床类别、潜伏期、严重程度（发病率和后遗症）等；病原体信息——微生物致病机理（感染性、产毒性）、毒力因子、耐药性及其他传播方式等阐述；宿主——对敏感人群特别是处于高风险亚人群的特征描述 （2）食品基质。影响微生物生长繁殖的食品基质特性，如温度、pH、水活度、氧化还原点位等，以及对食品中含有促进微生物生长繁殖特殊营养素等的描述；同时对食品生产、加工、储存或处理措施对微生物的影响的描述 （3）剂量-反应关系。机体摄入微生物的数量与导致健康不良影响（反应）的严重性和（或）频率；以及影响剂量-反应关系因素的描述。一般情况下，对每一个致病菌-食品（农产品）组合，风险评估中危害识别和危害特征描述常同时叙述，但危害识别更注重于对病原体本身的阐述，而危害特征描述则侧重于对食品（农产品）特性和致病菌剂量对消费者影响的阐述

10. 不确定性分析　任何材料和数据方面的不确定性（如知识的不足、样品量的限制、有争议的问题等）都要在该节进行充分讨论，并对各种不确定性对结果可靠性的影响程度进行详细说明。

11. 其他相关内容　根据需要，对易于理解本报告内容和易误导受众群体等问题进行详细说明。

12. 结论　根据评估结果，以准确、概括性措辞将评估结论言简意赅地表述出来。

表 6.3　化学与微生物暴露评估

化学物质暴露评估	微生物暴露评估
（1）基本描述：食物载体的名称、来源、数量及代表性；危害因素的检测方法、检出限及定量限；危害因素在食品中的浓度及污染率数据；食物消费量和有关暴露频率的数据；暴露评估计算方法描述（如确定性评估、概率评估）；数据处理方法（地域分层方法、人群分组方法、食物分类方法等） （2）暴露评估结果。暴露评估结果应包含膳食暴露水平（单位为 mg/kg bw 或 μg/kg bw）和各类食物贡献率（单位为%）两部分，在报告中用文字和图表相结合的方式表述	根据食品消费量和消费频率、致病菌在食品中的污染水平，对人群暴露水平进行定性和定量评估。定性评估一般适应于数据不充分的情况，对食物中致病菌水平、食物消费量、繁殖程度等参数可使用阴性、低、中、高等词汇描述；定量评估则通过选择病原体-食物组合、食物消费量和消费频率资料、确定暴露人群和高危人群、流行数据、选择定量模型、食品加工储存条件对微生物生长存活的影响及交叉污染可能性的预测等分析，估计食物中致病菌污染水平、人群暴露量（关注人群中的个体年消费受污染食物的餐次）及对健康的影响

13. 建议采取行动/措施

（1）根据评估结果和结论，从不同的角度对风险管理者、食品生产者和消费者分别提出降低风险的建议和措施。

（2）若因资料和数据有限未能获得满意的评估结果，应提出进一步评估的建议和需进一步补充的数据。

14. 参考资料　若评估报告中引用了文献和文件，在评估报告的最后要提供引用文献和文件的出处。

6.3　食品安全风险预防措施

食品安全管理有着不同于其他产品安全管理的特征，国家、地方政府是主要职能管理主体，并负责政策、法规、标准制定，职能部门负责依据国家食品安全标准采用强制性方式来加强管理。食品安全风险如果不能得到及时的防范和化解，就有可能演变为社会公共危机。食品安全风险的预防原则应建立在风险管理的理念之上并得到运用，食品安全风险预防体系应从食品安全管理机制构建着手，建立有效的食品安全风险预防体系及食品安全风险评估体系。

6.3.1　食品安全管理机制构建

根据《食品安全法》要求，进一步明确食品安全综合监督管理责任，国家市场监督管理总局负责食品生产、经营、流通等环节的食品安全监督管理工作，组织查处食品安全重大事故；卫生主管部门则协调有关部门负责制定并发布食品安全国家标准，承担食品安全风险监测和风险评估工作。对于源头初级农产品及水产品生产食品安全的质量监管及进出口农产品和食品的监管，农业农村部、中华人民共和国海关总署等相关部门有责任协助国家市场监督管理总局进行监督管理。坚持协调统一决策、立法，信息共享，执行与监督、监管责任明确，避免多头管理。构建高效食品安全管理机制，建立具有法律地位的风险评估机构，开展食品安全风险的分析、评估、管理和预警，是食品安全管理机制构建成效的关键所在。

6.3.2　食品安全风险教育、预防、评估体系的建立

6.3.2.1　食品安全风险教育体系的建立

世界卫生组织（WHO）要求所有成员把食品安全问题纳入消费者卫生和营养教育体系中，尤其是在教学课程中，开展针对符合食品操作人员、消费者、农场主及农产品加工人员文化特点的卫生安全和营养教育知识培训规划。中国是 WHO 成员，又是发展中国家，国民综合安全素质和发达国家相比存在一定差距，应该构建食品安全风险教育体系，正所谓“百年大计，教育为本”。

食品安全风险教育体系建设应当从中小学、职业教育和本科教育阶段不同层次地开始食品安全知识教育课堂，在中、高等教育已开设的食品科学技术相关课程的基础上，需增加食品道德与伦理学、食品相关法律法规及食品安全风险评估课程。例如，可从苏丹红和孔雀石绿、三聚氰胺等典型食品安全事件中借鉴食品安全关键环节的内涵。任何一位食品专业人员都应清楚，苏丹红是一种工业染料，并非食品添加剂，将其作为食品添加剂使用，属违规、违法、法律及法规意识薄弱、职业伦理道德意识低下的体现。食品产业是道德产业，如果食

品从业人员的职业道德低下，食品安全就成了无稽之谈，所带来的涉及身心健康的食品安全风险会随时发生。另外，法律和伦理道德都是调控人们行为的重要机制，而对食品安全风险而言，伦理道德的约束，可起到防范的作用，而法律、法规是起到事后追究的作用，食品安全主要是生产出来的，监管只是一种手段与方式，仅靠政府有限的监督执法资源来监控庞大的食品市场，可谓杯水车薪。因此，必须对食品从业人员进行食品伦理道德教育，增强其法律意识。

6.3.2.2 食品安全风险预防体系的建立

（1）建设食品安全法律法规体系，加强执法力度。建立强大的法律法规框架，涵盖所有食品安全领域，出台有效的、切实可行的法规措施，严格遵守实施食品安全法规，完善整合食品安全相关的标准；建立严格的食品质量安全行政问责制。规定凡是在食品安全生产、经营或管理中工作不力、失职渎职，造成重大损失的，应追究相关食品企业、经营部门、政府和行政主管部门负责人的责任，包括政治责任、法律责任、经济责任与道德责任。把事前、事中的全面监控预防和事后严格问责追究有机结合，营造良好的食品安全市场秩序，通过食品安全风险防范，降低食品安全事件的发生概率。

（2）降低国际贸易中技术壁垒风险，构建食品安全技术支撑体系。为了降低国际贸易中技术壁垒风险，防范不合格的食品在进出口食品贸易中给消费者带来的食品安全风险，政府应积极建立在科学分析和风险评估基础上的食品安全标准体系和食品安全监测体系，对涉及食品安全的标准和检测方法应强制采用国际标准，积极参与国际技术标准的制定、修改和协调工作，跨越技术壁垒障碍，实现与国际接轨。

保障食品安全，必须树立全程监管理念，坚持预防为主、源头治理的管理思路。建立食品安全追溯体系，引导农产品科学种养和认证工作，改变现有农业生产源头的“化学化”状况，在农业生产中推广农药化肥使用“零增长”、低碳生态环保的理念；推进食品生产企业实施食品安全的 HACCP（危害分析与关键控制点）、食品 GMP（良好生产规范）及 SSOP（卫生标准操作程序）的管理体系认证（这一部分的内容详见第八章）；在零售企业中积极推进“全球食品安全倡议（GFSI 认证）”，通过食品供应链改进效能，加强食品安全保障，切实保护消费者权益；建立 WTO/TBT 技术标准、技术法规咨询中心，推进国际互认进程，提高食品安全保障水平，防范食品安全风险的产生。

6.3.2.3 食品安全风险评估体系的建立

食品的风险评估就是评价食品中存在的添加剂、有害污染物、毒素或致病有机体对人类的健康产生的潜在不利影响，通常包括风险评估、风险管理和风险交流这三个环节。

危险性分析的框架，或者叫风险分析的框架，是解决食品安全问题最有效办法之一。把风险评估纳入法治轨道，构建具有完全法律地位特征的，权威性、公正性的风险评估机构，赋予其法人资格，用法律的形式来保证风险评估的实施。同时，建立对风险评估机构的监督约束机制，包括自律机制、互律机制和外部监督机制。食品安全风险评估主要是食品链内不同领域的风险评估和风险管理，评估内容要集中在有害化学物质、生物因素及加工过程等，为更有效地制定食品安全标准、确定食源性疾病控制对策提供全面、客观及科学的依据。

由于食品安全风险评估具有专业性、科学性和客观性的特点，这就决定了其对资源（资金资源、技术资源、人力资源、信息资源）配置的高标准要求。因此，风险评估机构的运作机制可采用以下几种方式：①风险评估机构负责对食品安全进行基于准确、客观、科学、全面的数据的评估，向消费者提供有关已开展的食品风险评估信息，并提出可供选择的降低风险的行动措施，编制风险评估报告；②为降低评估成本，提高社会资源的利用率，风险评估机构可委托经依法授权的、已获实验室认可和计量认证的、能为社会提供公证数据等技术服务工作的法定技术机构，为其提供风险评估的依据；③风险管理机构根据风险评估报告，制定相应的食品安全风险管理措施，并监督执行。

食品安全是民生问题，食品安全风险则是社会政治问题。政府要构建高效的食品安全风险防范与化解机制，必须全面深刻地理解食品安全的内涵和外延。食品安全不仅仅包括食品科学技术、食品法律法规，更包括食品从业人员的伦理道德和公众对食品质量安全教育的认识水平，食品安全涉及政府对整个食品供应链的完整、协调、统一的监管。

6.4　食品安全风险评估的应用案例——市售牡蛎中诺如病毒污染对居民健康影响的风险评估分析

1. 背景资料　诺如病毒感染是人类胃肠炎的重要病因之一，全球每年因诺如病毒感染导致约250万人饱受病痛。美国每年因各类病毒感染导致了约550万例食源性病例的发生，诺如病毒感染占到已知病因的食源性疾病病例数的50%以上。我国自1995年首次报道由诺如病毒引起的幼儿急性胃肠炎病例以来，全国各地相继报道了诺如病毒引起的急性胃肠炎疫情。流行病学研究表明，诺如病毒胃肠炎暴发疫情，通常是从进食了受诺如病毒污染的食物或水开始，其中双壳贝类是诺如病毒食源性传播途径中的重要载体。在国内外大多数由贝类引起的诺如病毒急性胃肠炎暴发中，最常见的贝类为牡蛎。但是目前未见关于牡蛎中诺如病毒污染对居民健康影响的定量风险评估报告。

2. 样品数据来源　2015年9月至2016年9月，在华北某市某海鲜批发市场采集新鲜牡蛎样品，分离消化腺，将2～5个牡蛎消化腺混合为一份样品，共计356份样品。

3. 检测方法　用试剂盒提取病毒RNA，采用一步法实时荧光逆转录聚合酶链反应检测样品中GⅠ和GⅡ基因组诺如病毒，并对阳性样品进行定量分析。

4. 暴露评估模型　本暴露评估模型模拟的是某市居民生食牡蛎的情景下感染诺如病毒的风险危害。通过生食一只牡蛎，可能摄入诺如病毒粒子的量，用公式表示为：暴露量＝牡蛎中诺如病毒浓度×牡蛎重量。由于牡蛎检测用的材料是消化腺，获得的病毒浓度是每克消化腺中病毒的含量。一般来说，每个牡蛎消化腺的重量约为1g，则每克消化腺中病毒的含量就等于食用该牡蛎摄入的病毒数量。

5. 牡蛎中诺如病毒污染水平估计　假设以所有检测样品中诺如病毒污染的平均水平作为某市居民消费牡蛎中诺如病毒的污染水平，为模拟不确定性，用贝塔分布描述牡蛎中诺如病毒的阳性污染率（P_p），公式为P_p＝Beta（$s+1$，$n-s+1$），其中n表示检测的样品总数，s表示阳性样品数。用累积分布描述阳性样品的污染水平（C_p），公式为C_p＝Cumulative（min，max，{x_1，x_2，…，x_n}，{p_1，p_2，…，p_n}），其中min和max分别为阳性样品检测值x_1，x_2，…，x_n的最小值和最大值；p_1，p_2，…，p_n为各检测值的累积概率。由于诺如病毒的检出限为100个基因拷贝，对于检测结果为阴性的样品，其污染水平用均一分布进行描述（C_n），公式为C_n＝Uniform（min，max），在此min认定为0，max认定为100。

6．通过生食牡蛎暴露诺如病毒的剂量估计 对于居民每生食一只牡蛎是否会食用到被污染的牡蛎，该过程符合二项式分布，用 Binomial（1，p）进行描述，其中 p 可以用牡蛎的污染率 P_p 来表示。对于每生食一只牡蛎，摄入的诺如病毒可能剂量（$Dose_1$）用公式（1）表示：

$$Dose_1 = Binomial(1, p) \times C_p + [1 - Binomial(1, p)] \times C_n \quad (1)$$

而对于再生食第 2 只牡蛎时，摄入的病毒可能量是第 1 只可能的剂量加上再随机选取第 2 只牡蛎时可能摄入的量。以此类推，若居民生食了 20 只牡蛎，摄入的病毒可能量是前 19 只牡蛎可能摄入的总剂量加上随机选取的第 20 只牡蛎中可能含有的病毒量。20 只牡蛎是假设居民每餐可食入牡蛎的最大量，并且假设居民食入牡蛎均为整只食用，不考虑食用半只的情形。食用 2～20 只牡蛎可能摄入病毒的剂量，用公式（2）表示：

$$Dose_i = Dose_{i-1} + Dose_1 \ (i = 2, 3, 4, \cdots, 20) \quad (2)$$

7．评估方法 某市居民通过双壳类水产品摄入诺如病毒的剂量估计采用 Monte Carlo 分析，在@Risk 软件 6.0（PalisadeCorporation）中迭代 10 000 次。抽样方法选择 LatinHypercube，所生成的分布以平均值、中位数及第 5 和第 95 百分位数等方式表示。暴露评估的参数设置详见表 6.4。

表 6.4 牡蛎中诺如病毒评估模型的参数设置

参数	定义	单位	公式
P_p	牡蛎中诺如病毒阳性污染率	无	Beta（18＋1，365－18＋1）
C_p	诺如病毒阳性样品的污染水平	拷贝/g	Cumulative（3 700，280 000，｛3 700，10 000，50 000，100 000｝，｛0.52，0.63，0.89，0.93｝）
C_n	阴性样品的污染水平	无	Uniform（0，100）
$Dose_i$	摄入 i 只牡蛎暴露诺如病毒的可能剂量	拷贝/g	详见公式（1）和（2）

8．风险评估 根据 THEBAULT 等通过暴发数据推导出的剂量-反应关系模型，综合考虑 GⅠ和 GⅡ型诺如病毒对人群致病力的差异，以及人群易感性及感染后的致病性，将剂量-反应关系模型考虑了四类人群，分别是 Se^+/GⅠ、Se^-/GⅠ、Se^+/GⅡ和 Se^-/GⅡ，其中 Se 为人组织血型受体（histo-blood group secretor status）。通过生食牡蛎发生诺如病毒食物中毒的剂量-反应关系模型可分为两个阶段，分别是感染模型和感染后发病的模型，其中感染模型的公式如（3）所示：

$$Pinf(dose) = 1 - \exp(-P_m \times dose) \quad (3)$$

式中，P_m 为贝塔分布输出结果；dose 为通过生食牡蛎摄入的诺如病毒粒子数的泊松分布结果；exp 为指数函数。

估计诺如病毒感染后的发病风险的公式如（4）所示：

$$Pill\left(\frac{dose}{\eta, r, Pinf}\right)\eta = [1 - (1 + \eta \times dose)^{-r}] \times Pinf \quad (4)$$

式中，η 和 r 为估计感染后发病概率公式的关键参数。

9．危害特征识别 在全世界范围内，诺如病毒是引起非细菌性急性感染性胃肠炎的首要病因，约 18%（95% CI：17%～20%）的急性胃肠炎的发病与诺如病毒存在关联，在全球食源性诺如病毒暴发的比例约占全部诺如病毒暴发的 14%。诺如病毒分为 6 个基因群，即 GⅠ～GⅥ型，其中 GⅠ型和 GⅡ型是引起人类急性胃肠炎的主要基因群，在被污染的牡蛎中，检出的诺如病毒主要为 GⅠ型和 GⅡ型。由于食品中病毒污染水平的定量数据缺乏，诺如病毒受限难以在体外进行培养，诺如病毒与食品组合开展风险评估对国内外大多数评估者来说仍是一个挑战，但通过建立传播模式和暴露途径的概念模型，开展暴露评估可以有助于更深入了解病毒的传播路径。随着食品中诺如病毒检测技术能力的提高，定量数据的获得成为可能，但目前牡蛎中诺如病毒污染对人群健康的影响仍缺乏系统性的评估研究。

10. 暴露评估　根据对零售市场上采集的牡蛎样品中诺如病毒的检出率和阳性样品的定量检出结果，拟合得到零售阶段牡蛎中 GⅠ和 GⅡ型诺如病毒的污染水平，其中 GⅠ型诺如病毒阳性样品的污染水平均值为 2.62×10^4 个病毒拷贝/g［95%置信区间（95% CI）：3.73×10^3～1.54×10^5］，GⅡ型诺如病毒阳性样品的污染水平均值为 5.02×10^4 个病毒拷贝/g（95% CI：8.13×10^3～2.52×10^5）。

根据评估模型推算，居民在生食情形下食入 1，2，…，20 只牡蛎可能摄入 GⅠ型诺如病毒的量平均值分别为 1.45×10^3，2.80×10^3，…，2.48×10^4 个基因拷贝。消费不同数量牡蛎可能摄入 GⅠ型诺如病毒的剂量分布具体见表 6.5。

表 6.5　每餐消费不同数量牡蛎可能摄入 GⅠ型诺如病毒的剂量分布

牡蛎每餐食用量/个	GⅠ型诺如病毒摄入剂量/拷贝			
	均值	中位数	第 5 百分位数	第 95 百分位数
1	1.45×10^3	52	5	111
2	2.80×10^3	105	32	3.82×10^3
3	4.02×10^3	158	69	9.69×10^3
4	5.39×10^3	214	109	2.38×10^4
5	6.58×10^3	271	150	3.36×10^4
6	8.05×10^3	330	192	4.11×10^4
8	1.05×10^4	452	276	4.77×10^4
10	1.29×10^4	575	367	6.29×10^4
12	1.53×10^4	713	459	8.06×10^4
20	2.48×10^4	4.66×10^3	850	1.45×10^5

根据评估模型推算，居民在生食情形下食入 1，2，…，20 只牡蛎可能摄入 GⅡ型诺如病毒的量平均值分别为 5.16×10^3，1.06×10^4，…，1.04×10^5 个基因拷贝。消费不同数量牡蛎可能摄入 GⅡ型诺如病毒的剂量分布具体见表 6.6。

表 6.6　每餐消费不同数量牡蛎可能摄入 GⅡ型诺如病毒的剂量分布

牡蛎每餐食用量/个	GⅡ型诺如病毒摄入剂量/拷贝			
	均值	中位数	第 5 百分位数	第 95 百分位数
1	5.16×10^3	55	5	8.23×10^3
2	1.06×10^4	113	36	5.29×10^4
3	1.56×10^4	176	74	1.04×10^5
4	2.10×10^4	243	117	1.63×10^5

续表

牡蛎每餐食用量/个	GⅡ型诺如病毒摄入剂量/拷贝			
	均值	中位数	第5百分位数	第95百分位数
5	2.65×10^4	320	161	1.96×10^5
6	3.18×10^4	417	203	2.23×10^5
8	4.29×10^4	8.41×10^3	299	2.53×10^5
10	5.35×10^4	8.65×10^3	401	2.80×10^5
12	6.32×10^4	1.29×10^4	507	2.95×10^5
20	1.04×10^5	4.05×10^4	973	3.68×10^5

11. 风险特征描述　根据上述暴露剂量，结合剂量-反应关系模型，可以得到人组织血型受体为 Se^+人群和人组织血型受体为 Se^-人群每餐食用不同个数的牡蛎感染 GⅠ型诺如病毒和 GⅡ型诺如病毒的风险。由此结果可见，对人组织血型受体为 Se^+的人群，生食 1 个可能污染 GⅠ和 GⅡ型诺如病毒牡蛎的发病风险分别为 0.93（95% CI：0.73～0.98）和 0.95（95% CI：0.80～0.99）；对人组织血型受体为 Se^-的人群，生食 1 个可能污染 GⅠ和 GⅡ型诺如病毒牡蛎的发病风险分别为 0.37（95% CI：0.04～0.64）和 0.57（95% CI：0.07～0.99）。对于 Se^+人群，无论生食被 GⅠ型还是 GⅡ型诺如病毒污染的牡蛎，消费 1～2 个牡蛎的平均发病风险就接近 1，风险很高；对于 Se^-人群，生食 1 个牡蛎的平均发病风险在 0.5，风险较低，但食用 3～4 个牡蛎后其发病风险也接近于 1，风险很高。

12. 敏感性分析　敏感性分析结果显示，发病风险的估计值主要与阴性样品的赋值和污染的可能性相关，尤其是阴性样品的取值，其相关系数为 0.49。

思 考 题

1. 食品风险评估的定义是什么？
2. 食品风险评估的步骤有哪些？
3. 食品风险评估的内容包括哪些？
4. 危害识别的方法有哪些？
5. 什么是危害特征描述，在食品安全风险评估中有何作用？
6. 什么是膳食暴露评估，常用的方法有哪些？
7. 什么是风险特征描述，是如何进行分类的？
8. 食品风险评估报告的撰写原则有哪些？
9. 我国食品安全风险评估的现状及发展方向如何？

第7章 食品召回及食品追溯

【本章重点】了解食品召回及食品追溯制度建立的重要意义和作用；掌握食品召回及食品追溯制度的应用原则、程序及主要技术内涵。

7.1 食 品 召 回

食品召回（food recall）是指食品的生产商、进口商或者经销商在获悉其生产、进口或经销的食品存在可能危害消费者健康、安全的缺陷时，依法向政府部门报告，及时通知消费者，并从市场和消费者手中收回有问题产品，予以更换、赔偿等积极有效的补救措施。实施食品召回制度的目的是及时收回缺陷食品，避免流入市场的缺陷食品对人身安全损害的进一步发生和扩大，维护消费者的利益。

7.1.1 食品召回制度的意义和作用

食品召回制度是目前国际通行的食品安全监督管理机制，可以明确企业自身的主体责任，对食品安全问题进行有效处理，确保整个食品行业规范运行，其有效实施有利于保障消费者生命安全、市场有序运行及社会秩序稳定。

1. 食品召回的意义 食品召回制度关注的是最终消费品，是从消费品逆生产顺序进行食品安全管理。这种方式将促使食品生产商、进口商和经销商在因召回而产生的经济损失与提高食品质量而增加的成本之间进行博弈，相关方不仅会加强自身的管理，同时会在产品质量上提高对供货商的要求，拒绝劣质食品，降低缺陷食品召回的可能性。食品召回制度的实际意义具体表现在以下几个方面。

实施食品召回制度可以维护消费者健康权益。食品召回制度具备无偿性、大众性、预防性的特点，通过召回问题食品，对食品安全事件进行有效预防或阻止扩大，能够避免更多人的生命健康受到损害，有效避免大规模损害的产生。

实施食品召回制度可以净化市场环境。食品召回制度的目的是保护消费者的合法权益，督促生产经营者提高食品质量水平。在政府强制召回的压力下，生产厂商对自身提出了更高的要求，质量差、技术落后、存在安全隐患、造成环境污染的产品将被逐出市场，不法厂商将无立足之地。

实施食品召回制度可以维护社会稳定。食品召回制度的实施是维护社会稳定和民生的重要举措。食品行业覆盖面广、从业人员多，在国民经济中占有重要比重，食品安全问题导致的经济损失巨大。不安全食品在严重危害人身健康的同时也给民众造成了很大的心理恐惧与障碍。尽快解决我国食品安全面临的问题，完善监管手段，对维护社会稳定和改善民生必将发挥重要作用。

2. 食品召回制度的作用 食品召回制度涉及消费者的健康安全，也关系到食品企业或公司的自身利益，并对社会快速良性发展具有推动作用。研究表明，实施食品召回制度具有如下几点积极作用。

第一，充分明确企业是食品安全的第一责任人。政府的强制召回将给企业施加压力，督促其严把食品质量关，重视食品质量问题，强调了企业的责任感。

第二，树立企业良好形象。实行食品召回制度，有助于企业改进技术、改善生产条件，提高食品质量，使企业不断发展壮大。及时实施食品召回，体现了食品企业或公司保护消费者健康的责任感，有助于赢得消费者的理解和配合，从而恢复和提升食品企业或公司的名誉，树立企业的良好形象。

第三，保护消费者的人身安全。个别企业为求利润不择手段，给人们的生活带来巨大食品安全隐患，甚至造成严重的人身伤亡事故。实行食品召回制度，可以降低食品安全隐患对消费者人身安全造成的威胁，改善人们的物质生活水平。

第四，有效降低社会成本。发现存在质量问题并有可能对大众造成危害的食品时，根据食品召回制度的规定，企业或公司有义务将食品召回，这样就将可能由公众承担的损失转回到生产商、进口商或经销商身上，即将社会成本内部化，促使社会成本降低。

7.1.2　食品召回的程序

7.1.2.1　食品召回的内容概述

各国对食品召回管理方式主要有以下几方面内容。

（1）根据召回的方式不同进行分类管理。食品召回可分为主动召回与强制性召回。食品生产加工企业通过自行检查，销售商、消费者举报、投诉，或通过有关监管部门通知等方式，获知其生产经营的食品存在危及人体健康和生命安全的隐患时，主动对某种产品进行的召回；当厂商恶意隐瞒不安全食品、拒不采取纠正措施时，由政府实施强制性召回。

（2）根据召回范围不同进行分类管理。我国食品召回可分为批发层面召回，如对批发商、流通中心和进口商手中的食品进行回收；零售层面召回，如对超市、杂货店、餐馆等地点的食品进行回收；消费者层面召回，如对消费者手中的食品进行回收。英国的召回范围分为召回和撤回两类，召回是从食品的销售链中或在已销售的范围内收回不安全食品，并告知消费者；撤回是收回仅出现在食品的配送链中，但还未出售给消费者的不安全食品。澳大利亚-新西兰的食品召回则分为流通领域和消费者两个层面。流通领域的召回是从货物配送中心、批发和主要的供给部门、生产立即出售食品或食品预加工等流通渠道收回不安全的食品；从消费者处召回是指从生产、产品发货链或网络中的各点（包括消费者）召回产品。

（3）根据缺陷发生的可能性及严重程度的评估进行分类管理。召回可分为三个级别：一级召回即针对那些有极大可能引起死亡或疾病、造成严重伤害的产品所进行的召回，如存在肉毒梭状芽孢杆菌、沙门菌、单核细胞增多性李斯特菌等病原菌，有毒化学物质和有害外来动物类食品，以及存在严重缺陷、已经构成潜在健康风险，如未进行正确标注或者掺假的食品；二级召回即针对那些有可能引起死亡或疾病、造成严重伤害，或者有很大可能引起中度伤害、疾病的食品所进行的召回；三级召回即针对那些引起死亡或疾病、造成严重伤害可能性极小、引起中度伤害、疾病的可能性不大或者不可能引起伤害和疾病，只是违反相关法律规定的产品召回。对于存在质量缺陷但尚未构成潜在健康风险的食品，或者需要进一步调查以确定是否需要进行回收的食品，可以进行撤回。

不同国家或地区实施召回制度的法律依据及执行机构各不相同，各国家或地区实施召回的法律依据及执行机构如表 7.1 所示。

表 7.1　各国家或地区实施召回的法律依据及执行机构

国家或地区	召回的法律依据	监督或执行机构
美国	《联邦肉产品检验法》《禽产品检验法》《联邦食品、药品和化妆品法》《消费者产品安全法》《生物恐怖法》《监管程序手册》《调查员操作手册》	美国食品药品监督管理局、美国农业部食品安全检验局
欧盟	《食品安全白皮书》、欧洲议会 178 号/2002 章程等	欧洲食品安全局、欧盟理事会危机处置小组
英国	《食品安全法》《食品标准法》《英国食品行业食品溯源、撤回、召回指南》	英国食品标准局
加拿大	《加拿大食品监督管理法》	加拿大食品检验局
德国	欧共体 RL89/397/EWG 号《官方食品监督条例》、93/43/EWG 号《食品卫生条例》	食品召回委员会
澳大利亚-新西兰	《澳大利亚新西兰食品安全法》《澳大利亚新西兰食品标准法典》	隶属卫生部的澳大利亚新西兰食品标准局
香港地区	《公众卫生及市政条例》	卫生服务及食物局的食物环境卫生署

7.1.2.2　美国食品召回程序

美国食品召回制度由农业部下属食品安全检验局（Food Safety and Inspection Service，FSIS）与卫生和人类服务部下属食品药品监督管理局（Food and Drug Administration，FDA）联合监管，两个部门既分工明确，又强调合作。根据召回对象进行划分，FSIS 主要负责监督肉、禽和蛋类产品质量及缺陷产品的召回；FDA 主要负责 FSIS 管辖以外的产品，即肉、禽和蛋类制品以外的食品质量及缺陷产品的召回。美国食品召回监管机构如图 7.1 所示。

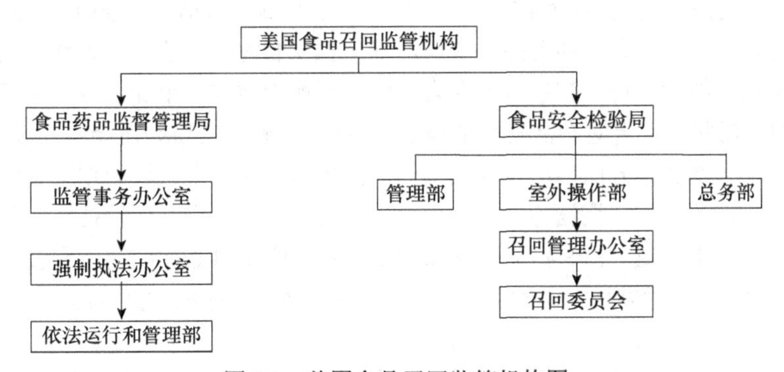

图 7.1　美国食品召回监管机构图

美国召回程序分为 5 个阶段。

（1）提交企业报告。食品的生产商、进口商或者经销商在发现食品存在关系到消费者安全问题时，应在 24h 内向 FSIS 或 FDA 提交问题报告；如果 FSIS 或 FDA 得到举报，或通过诉讼案件等获悉食品质量存在问题，要求企业予以说明，企业也必须提交书面报告。企业提交报告，并不表示一定召回产品，是否属于需要召回的缺陷产品，主要取决于由 FSIS 或 FDA 专家委员会对危害的评估报告。

（2）FSIS 或 FDA 进行评估。在收到企业的报告后，FSIS 或 FDA 要迅速判断食品是否存在缺陷，如果存在缺陷则要对食品的缺陷等级进行评估。还要根据食品上市的时间长短、进入市场的数量、流通的方式及消费群体等资料，评估可能造成的危害程度。

（3）制订召回计划。FSIS 或 FDA 的评估报告如果认定食品存在缺陷并应当召回，企业一方面应立即停止该食品的生产、进口或销售，通知零售商从货柜上撤下该食品。另一方面根据食品的缺陷等级、进入市场的方式、销售的区域及流通中的数量和已经销售的数量等，制订缺陷食品的召回计划。

（4）实施召回计划。企业制订的缺陷食品召回计划经 FSIS 或 FDA 认可后即可实施。首先由 FSIS 或 FDA 在官方网站或向新闻媒体发布召回新闻稿，然后由企业通过大众媒体向广大消费者、各级经销商公布经 FSIS 或 FDA 审查过的、详细的食品召回公告，最后在 FSIS 或 FDA 的监督下，企业召回缺陷食品，对缺陷食品采取补救措施或予以销毁，并同时对消费者进行补偿。如果企业自身发现食品存在潜在风险，且还没有造成严重危害，主动向 FSIS 或 FDA 提出报告，愿意召回缺陷食品并制订出切实有效的召回计划，FSIS 或 FDA 将简化召回程序，不作缺陷食品的危害评估报告，也不再发布召回新闻稿。

（5）终止召回。当 FSIS 或 FDA 认为企业已经采取积极有效的措施，缺陷食品对消费者的危害风险降到了最低，即结束召回。按照有关规定，在地方召回监管办公室经审查认定企业完成召回的情况下，FDA 要在 3 个月内终止召回。地方召回办公室负责以书面形式将 FDA 终止召回的决定通知企业。

美国的食品召回分为自愿召回、要求召回和指令召回三种。自愿召回是企业在发现食品问题之后自行实施的召回。要求召回是在 FDA 要求召回而企业不予召回时所实施的强制措施。指令召回是针对婴儿配方食品和在洲际间销售的各种牛乳等少数特殊食品所做的规定。

7.1.2.3 欧盟食品召回程序

2002 年，欧盟成立了欧洲食品安全局（European Food Safety Authority，EFSA）。其负责对与食品生产、销售链有关的食品安全问题提出独立和客观的建议，为欧盟制定法规标准提供科学的建议和技术支持；其宗旨是在食品安全领域内建立一个高水准的消费者健康保护体系，以恢复和维护消费者对食品安全的信心。EFSA 的食品科学委员会设有 8 个专门小组，其学科覆盖食品领域各个方面，小组成员均为欧洲各地食品安全领域的顶级科学家。8 个小组在科学委员会的协调下，根据各自的职责分工开展专题研究和科学评估。此外，欧盟理事会还成立了危机处置小组，EFSA 的科学家负责为该小组提供必要的科学和技术建议。由此可见，EFSA 的食品科学委员会是欧盟对食品及饲料安全风险评估的基石。

欧盟与食品召回制度有关的法规主要有《欧盟食品安全法（2002）》《食品和饲料法（2004）》和欧洲议会 178 号/2002 章程。另外，欧盟还建立了食品和饲料快速预警系统（Rapid Alert System for Food and Feed，RASFF），制订了一系列相应措施和程序，以期阻断缺陷食品对人体健康产生危害，或将其危害减小到最低程度。欧盟的 RASFF 是对欧盟国家不合格食品情况进行通报和预警的电子系统。该系统由欧盟委员会、欧盟食品安全局和各成员国组成。一旦发现来自成员国或者第三方国家的食品与饲料可能会对人体健康产生危害，而该国无能力完全控制风险时，欧盟委员会将启动快速风险预警系统，并采取终止或限定有问题食品的销售、使用等紧急控制措施。成员国获取预警信息后，会采取相应的举措，并将危害情况通知公众。预警系统的启动取决于委员会对具体情况的评估结果，成员国也可建议委员会就某种危害启动预警系统。

7.1.2.4　英国食品召回程序

英国依据《食品安全法》，由食品标准局主管，实施国家层面的食品召回。英国的食品召回分为两级，即召回和撤回。召回是指从食品的销售（配送）链中或在已销售的范围内收回不安全食品，并告知消费者。撤回是指收回仅出现在食品的配送链中，但还未出售给消费者的不安全食品。2020 年英国食品标准局（FSA）和苏格兰食品标准局（FSS）成立工作组，以欧洲议会 178 号/2002 章程和相关的食品安全法为依据，制定了《英国食品行业食品溯源、撤回、召回指南》，对食品经营商和英国食品执法部门在食品安全撤回和召回期间的角色、责任和行动提供了相应建议，规定的食品召回程序具体包括以下几个阶段。

（1）食品经营者做出食品召回决定。食品供应链中任何一个环节的食品经营者在发现其进口、生产、加工、制造或分销的食品不符合食品安全要求，应立即启动召回程序，通知其主管部门食品标准局，将已脱离最初经营者直接控制的食品撤出市场。在食品有可能到达消费者手中的情况下，经营者应当有效、准确地告知消费者撤回的原因，必要时，在采取其他措施不足以起到有效保护健康作用的情况下，应当从消费者手中召回已经供应的产品。

（2）进行风险评估和召回决策。若发生食物事故，食品安全机构须要求食品经营者对食物是否存在不安全因素进行风险评估，并做出是否需要撤回及（或）召回的决策。具体的风险评估及决策程序如图 7.2 所示。被要求进行风险评估的食品经营者需要征求技术专家的意见，并被建议与执法当局合作，以确定进行有效风险评估所需的信息和必要步骤。在任何情况下，食品经营者都应立即与执法机构联系，以确定需要采取的适当行动。若最终决定对食品进行召回或撤回，经营者必须立即通知执法机构告知该事件的详细情况，如问题的性质、受影响的食物、数量等，以及为防止风险而采取或建议的行动。

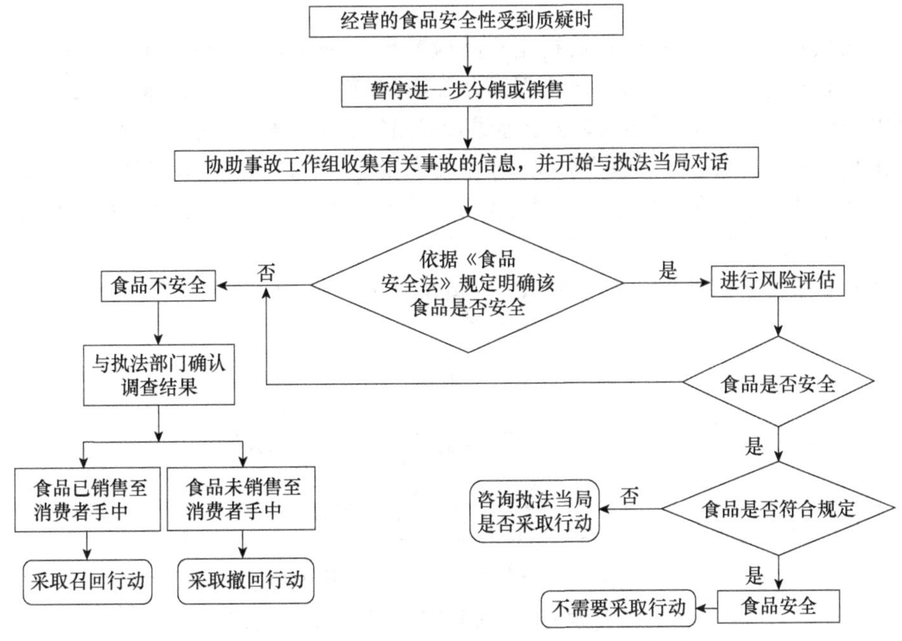

图 7.2　英国食品安全风险评估和召回决策流程图

（3）食品召回的准备工作。在食品撤回/召回过程中，通常需要同时进行许多操作。因此需要组建专门的食品撤回/召回工作小组，并提前制订一个撤回/召回计划，可以帮助食品经营者有效处理食品事件。根据食品业务的规模和复杂程度，可能会从以下业务领域中选择一名或多名人员参与处理食品撤回/召回事宜。具体包括企业所有者、食品生产者、食品质量技术控制人员、工程/维修者、规划/采购人员、会计、销售人员、法务、分销商和媒体。食品撤回/召回计划包括以下程序和文件，如参与实施计划的团队成员名单，各成员的角色和责任、详细联系方式，通知程序，沟通模板，食品事件日志，测试/审查程序等。

（4）实施食品撤回/召回程序。食品经营者因食品安全事件最终决定发起撤回/召回行动的，应发出撤回/召回通知。与该食品供应链中的上游经营者联络，将受影响批次的不安全食品从供应链中移除，确保其被清楚识别，并与未受影响的食品分开。与受影响食品的下游商业客户联络，将撤回/召回行动的决策详细、准确告知，并按照食品经营者提出的要求，将受影响的食品退回食品经营者或按照相应的废物要求处置。针对直接销售食品给消费者的零售商，通知其将所有不安全食品撤出销售，并确保与其他未受影响的食品分开储存，通知消费者进行食品召回，接受来自受影响食品消费者的退货。

（5）食品撤回/召回的后续工作。食品召回程序实施后，食品经营者应核对从市场上撤下的产品数量，监察食品撤回/召回的进度，并在事件发生期间及时向执法部门和企业客户更新情况。与执法部门合作，根据公共卫生风险的程度确定何时可以关闭食品撤回/召回，并通知执法机构事件已经结束和关闭的原因。

如果食品经营者不遵守食品法，执法部门有责任采取适当的执法行动，对没有履行有关食品安全的法律义务的食品经营者下达撤回/召回食品的命令。食品安全管理局还有权扣留、扣押和销毁被认为不安全的食品。

7.1.2.5 加拿大食品召回程序

加拿大负责食品召回的监管机构是食品检验局（Canadian Food Inspection Agency，CFIA），由设在食品检验局的食品安全召回办公室（Office of Food Safety and Recalls，OFSR）协调全国的食品召回工作。指导加拿大食品进行召回的法律主要是《加拿大食品监督管理法》，此外，OFSR 还就食品召回问题分别撰写了批发商指南、进口商指南、制造商指南及零售商指南，用以指导责任人在食品的生产到销售各环节中制订企业的召回计划，配合食品检验局的工作以促使召回顺利进行。

加拿大食品安全召回办公室（OFSR）人员设置如图 7.3 所示。

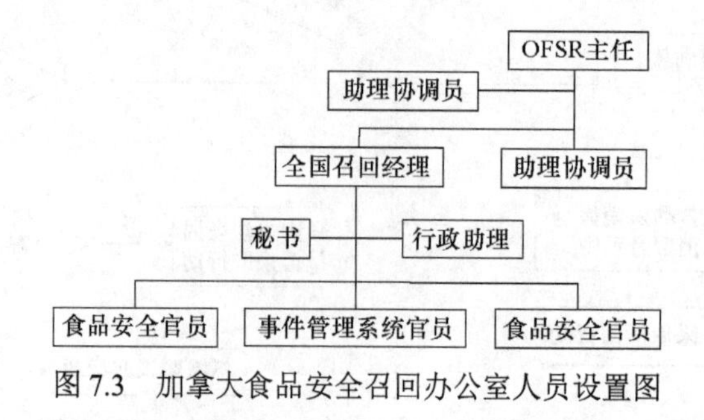

图 7.3　加拿大食品安全召回办公室人员设置图

加拿大召回程序分为 5 个阶段。

（1）调查及进行危害确认阶段。食品安全调查员会拜访购买了问题食品的消费者，获取所有相关信息，并收集留存的食品样品和原始包装，以确认生产企业和食品生产批号。

（2）风险管理和战略决策阶段。把对企业进行实地调查的结果连同实验室的检测结果一同送交 CFIA 的技术专家，由专家对该食品问题的风险进行评估，并确认启动的召回级别。

（3）召回实施阶段。问题食品的生产企业被要求发布召回通告，并立即联系销售商从货架上取下该产品。食品召回的负责人员同企业共同起草新闻稿。

（4）召回有效性验证阶段。生产企业需要向 CFIA 确认召回已顺利完成，同时确认被召回的产品将不再进入市场。通过企业提供给 CFIA 一份完整的经销商名单，随机抽取一些经销商并由各地联络官员进行联系，对召回进行核实确认被召回的商品是否已经下架。

（5）跟踪及后续工作阶段。CFIA 最后还要确认问题企业已经按照有关规章进行整改。CFIA 继续进行调查，看该企业其他产品是否存在同样问题，如果其他产品也使用了问题原料，那么将对原料供货企业进行追查。

加拿大的食品召回方式也分为两种，即企业自愿召回和强制召回。一般以企业的自愿召回为主，在企业不实施积极召回的情况下，OFSR 可以强制企业进行召回，并且对那些不执行食品召回令的企业给予严厉处罚。

7.1.2.6 澳大利亚食品召回程序

澳大利亚食品召回由澳大利亚新西兰食品标准局（Food Standards Australia New Zealand，FSANZ）主导进行。在 FSANZ 设有专门的食品召回协调员。召回的责任人是食品生产商、批发商、分销商和进口商。召回的法律依据是《澳大利亚新西兰食品标准法典》《贸易行为法案》中的相关规定。

澳大利亚召回程序分为 7 个阶段。

（1）制订食品召回计划。食品的生产商、进口商或者经销商在发现缺陷食品并决定实施召回时，首先制订书面召回计划。

（2）建立企业召回委员会。召回委员会由召回责任人（一般为企业高级技术主管）、企业管理主管、公共关系主管、生产主管、仓储和分销主管、采购部主管、市场或零售主管及公司企业法律代表等组成。

（3）启动食品召回。生产者是食品召回的发起人，负责启动食品召回，具体召回措施有：①召开召回委员会会议并审查资料；②确认召回的必要性，确认召回方式，如必要进行风险评估，需进一步了解信息，确定方案；③向召回协调员提供信息。

（4）危害评估。召回前进行缺陷产品的危害评估是保证食品召回科学合理的有效手段。进行危害评估必须全面准确地收集所有相关信息。通过对这些信息的综合评估，责任人、召回协调员、有关专家共同磋商决定是否需要召回，如需召回，确定召回水平。

（5）实施召回。一旦实施召回，责任人需要通知管理部门、销售网络和公众这三方面的相关人员。责任人应通报管理部门，立即通知销售商停止销售，消费者停止购买，尽快从消费者手中取回产品等待处理。

（6）召回产品的处置。召回的产品需存放在一定的场所并同其他产品分开。要求必须对召回产品的数量及批号做详细的记录。根据问题情况，召回的产品可经被纠正或再加工后重返市场或做销毁处理。

（7）食品召回完成评价。食品召回过程完成时，管理部门汇总后公布报告。企业需要做评价总结工作，召回过程要有详细记录，召回情况的概要需录入电子数据库，以供企业或公众查询及相关部门总结回顾。

澳大利亚食品召回的方式，目前分为贸易召回和消费者召回两个层次。贸易召回是将产品从配送中心和批发商那里收回。消费者召回是涉及产品生产和分配所有环节的召回，涉及范围广，包括消费者拥有的任何受影响的产品。

7.1.2.7 中国食品召回程序

中国食品召回采用“二级监管”的模式，由国家市场监督管理总局统一组织、协调全国食品召回的监管工作，监督、指导省级市场监督管理部门开展召回工作；省级市场监督管理部门根据国家市场监督管理总局的工作部署和要求，负责组织本行政区域内食品召回的监管工作，地方市场监督管理部门配合省级市场监督管理部门实施召回过程的监督管理。国家市场监督管理总局组织建立食品召回信息管理系统，统一收集、分析和处理有关食品召回信息。食品生产者应向所在地方市场监督管理部门及时报告食品安全危害相关信息。

中国食品召回分为主动召回和责令召回。无论哪种方式，都是在国家市场监督管理总局或相应地方市场监督管理部门的监督下进行的，步骤如下。

（1）企业提交评估报告。评估报告内容主要有：该产品的使用是否已经导致消费者患病或受到伤害；针对不同人群及其他可能接触该产品的高风险人群的危害评估；针对可能接触食品的高风险人群的危害风险评级；危害发生的可能性；危害发生的短期后果及长期后果。

（2）专家委员会认定。通过企业提交的评估报告，专家委员会将对不合格食品进行分类，确定召回层次，制订召回计划。

（3）提交召回计划。召回计划中应明确使用何种方式进行召回通知，并根据召回产品的危险程度、召回计划制订不同版本的召回通知，还应提供多渠道的联系方式。

（4）实施召回。企业应该在市场监督管理部门的规定时间内，定期报告召回结果。召回结果报告应包含以下内容：通知销售商召回产品的数目、日期、方式；销售商的信息反馈；问题产品库存数量；问题产品未反馈的销售数目；召回产品数量；召回预计完成时间。

（5）召回终止。企业需要向市场监督管理部门提供材料证明已召回所有问题产品及召回措施的力度，整个召回计划的有效性。在经过市场监督管理部门评估后，即可终止召回。

7.1.3 食品召回制度的建立和保障实施

7.1.3.1 食品召回制度建立实施

1. 食品召回制度建设历程 2002 年 1 月，北京实行“违规食品限期追回制度”，开辟了我国食品召回的先河。2004 年 4 月 7 日，国家食品药品监督管理局、公安部、农业部、商务部、卫生部、国家工商行政管理总局、国家质量监督检验检疫总局、海关总署八部委联合印发了《关于加快食品安全信用体系建设的若干指导意见》，提出从 2004 年 4 月起至 2006 年 4 月，共 2 年时间在吉林辽源、黑龙江大庆等 5 个城市开展食品召回试点。2004 年发布的《国务院关于进一步加强食品安全工作的决定》提出“严格实行不合格食品的退市、召回、销毁、公布制度”。2005 年国家质量监督检验检疫总局《食品生产加工企业质量安全监督管理实施细则（试行）》规定：“对不合格食品实行召回制度”。2006 年上海市食品药品监督管理局出台了《缺陷食品召回管理规定（试行）》，这是我国首部较为系统的、具有操作性的关于食品召回的地方性法规条款。2007年8月27日，国家质量监督检验检疫总局发布第98号局令，于当日发布《食品召回管理规定》，意味着备受社会关注的食品召回制度从此开始在我国正式实施。2009年发布实施《食品安全法》，随后对该法不断修改完善，2015年国家食品药品监督管理总局通过第12号令发布新版《食品召回管理办法》，并于2020年10月23日通过第31号令对其又进行修订。这些政策及法律法规的出台，彰显了我国加强食品安全监管的决心和成效。

2. 《食品安全法》的发布及召回制度的制定与实施 我国发布的《食品安全法》针对食品安全领域存在的新情况、新问题，引入风险评估，坚持预防为主，实行全程监管，强调生产经营者是食品安全的第一责任人，为了有效保证消费者人身健康，及时预防食品安全事件发生，并有法可依，对发现问题的产品必须严格采取召回制度。为食品召回制度的顺利实施提供了法律支撑。

（1）对问题产品应立即采取食品召回制度。《食品安全法》中规定，食品生产者发现其生产的食品不符合食品安全标准或者有证据证明可能危害人体健康的，应当立即停止生产，召回已经上市销售的食品，通知相关生产经营者和消费者，并记录召回和通知情况。食品经营者发现其经营的食品有前款规定情形的，应当立即停止经营，通知相关生产经营者和消费者，并记录停止经营和通知情况。食品生产者认为应当召回的，应当立即实施召回。食品生产经营者对召回的有问题食品应采取无害化处理、销毁等措施，防止其再次流入市场。但是，对因标签、标志或者说明书不符合食品安全标准而被召回的食品，食品生产者在采取补救措施且能保证食品安全的情况下可以继续销售；销售时应当向消费者明示补救措施。食品生产经营者应当将食品召回和处理情况向所在地市场监督管理部门报告；对需要召回的食品进行无害化处理、销毁的，应当提前报告时间、地点，市场监督管理部门认为必要的，可以实施现场监督。食品生产经营者未依照本条规定召回或者停止经营的，地方市场监督管理部门可以责令其召回或者停止经营。

该条文的出现，结束了过去食品召回制度立法层级较低的问题，将其以基本法律的形式确立了下来，这对我国构建完善的食品召回法律制度体系具有非常重要的意义。

（2）食品安全标准应统一制定。《食品安全法》规定，食品安全国家标准是强制执行标准。除食品安全国家标准外，不得制定其他的食品强制性标准。食品安全国家标准由国务院卫生行政部门负责制定、公布，国务院标准化行政部门提供国家标准编号。有关国家标准涉及食品安全国家标准规定内容的，应当与食品安全国家标准一致。国务院卫生行政部门应当对现行的食用农产品质量安全标准、食品卫生标准、食品质量标准和有关食品行业标准中强制执行的标准予以整合，统一公布为食品安全国家标准。

该制度解决了以前食品标准化工作管理体制不完善，导致食品标准政出多门，缺乏有效统一管理的问题，避免了企业在执行食品召回制度过程中迷失于众多标准之下，最终导致食品召回制度难以有效运行的弊端。

（3）食品安全信息应统一公布。《食品安全法》规定，国家建立统一的食品安全信息平台，实行食品安全信息统一公布制度。国家食品安全总体情况、食品安全风险警示信息、重大食品安全事故及其调查处理信息和国务院确定需要统一公布的其他信息由国务院市场监督管理部门统一公布。食品安全风险警示信息和重大食品安全事故及其调查处理信息的影响限于特定区域的，也可以由有关省（自治区、直辖市）人民政府市场监督管理部门公布。未经授权不得发布上述信息。县级以上人民政府市场监督管理部门、农业行政部门依据各自职责公布食品安全日常监督管理信息。公布食品安全信息，应当做到准确、及时，并进行必要的解释说明，避免误导消费者和社会舆论。

该制度避免了食品安全信息公布不规范、不统一、不够科学、可能造成消费者恐慌等问题。食品召回制度不仅需要企业的自励，更需要广大消费者的积极配合，公众及时而又充分地了解掌握食品安全风险的相关信息。

7.1.3.2　食品召回实施的基本原则及条件

1. 食品召回实施的原则　食品召回的实施，必须完全、彻底、及时，包括进行有效的内部和外部沟通，停止不安全食品的生产和销售，针对缺陷食品产生的原因采取有效纠正措施。在食品召回时，应尽可能召回出现问题的所有食品，无须考虑该食品类别，及时通知客户。及时召回有助于降低不安全食品危害的后果，降低生产者的法律责任和召回的经济成本。采取科学的纠偏监控机制、可追溯系统以提高召回实施的有效性。食品召回需要建立规范食品标识和可追溯性作为有效实施的保证。ISO 22000 可追溯性系统规定“组织应建立可追溯性系统，能够识别产品的批次及与原料批次、加工和销售环节间的关系。按规定的期限保持可追溯性记录，可对体系进行评价，对潜在不安全产品进行处理”。为确保召回产品得到有效处置必须填写产品召回记录。明确表征召回的原因、召回的范围、评估的结果及处理意见等。这些记录应及时向最高管理者报告，作为管理评审依据。为保持召回计划的有效性，每年由 HACCP 召回小组组长发起或应客户要求进行一次模拟召回演练。

2. 企业进行食品召回实施时的原则及条件

（1）食用或消费的产品将严重损害消费者健康或导致死亡，如变质、农药残留严重超标的食品。

（2）食用或消费特定产品尽管不会对消费者健康造成损害，但食品包装不符合标准或有问题，生产日期、批号等标识不符合要求。

（3）根据国家相关法律要求须召回的产品。

3. 食品召回实施时需收集掌握的信息　食品召回实施过程中要收集或掌握产品有关信息，如与产品直接相关的产品名称和种类，批号或序列号，保存期（保质期）或“包装日期”，责任方及联系电话，产品的数量、发货日期和发货数量，国内外流通情况等信息，尤其是对出现问题的产品的最先发现问题报告人的姓名和电话，报告日期，存在问题的性质，已收到类似报告的数量，对样品检验和调查的结果信息等。同时还应掌握有问题食品可能产生危害的类型和风险评估的结果，责任方建议采取的措施和召回级别等信息。

4. 建立产品召回小组　要进行召回措施，企业必须成立召回管理小组，全面负责召回计划的实施。小组的成员应该包括生产、质量、物流、产品研发、营销和客户服务、公共关系等部门的负责人。可任命总经理、质量管理者代表、分管质量的副总经理作为召回措施程序的启动人。召回小组必须明确召回行动中各部门人员的任务和职责。召回小组的任务为内部和外部沟通，阻止不安全产品的继续生产和销售，针对缺陷产品产生的原因采取有效纠正措施。

5. 企业实施食品召回的程序

（1）发现问题。当出现客户投诉、在生产过程或产品出厂验货发现问题时，需通知召回小组及产品检测中心，初步验查收集不良品信息（原因、品名、产品批号及生产日期等）。

（2）确定召回计划。由企业的生产加工部、产品检测中心进一步收集信息，并找出问题真相和问题类型；确定不良品数量及存放地；决定是否启动召回计划；选择相关方法和措施；确定召回计划。产品召回流程图见图 7.4。

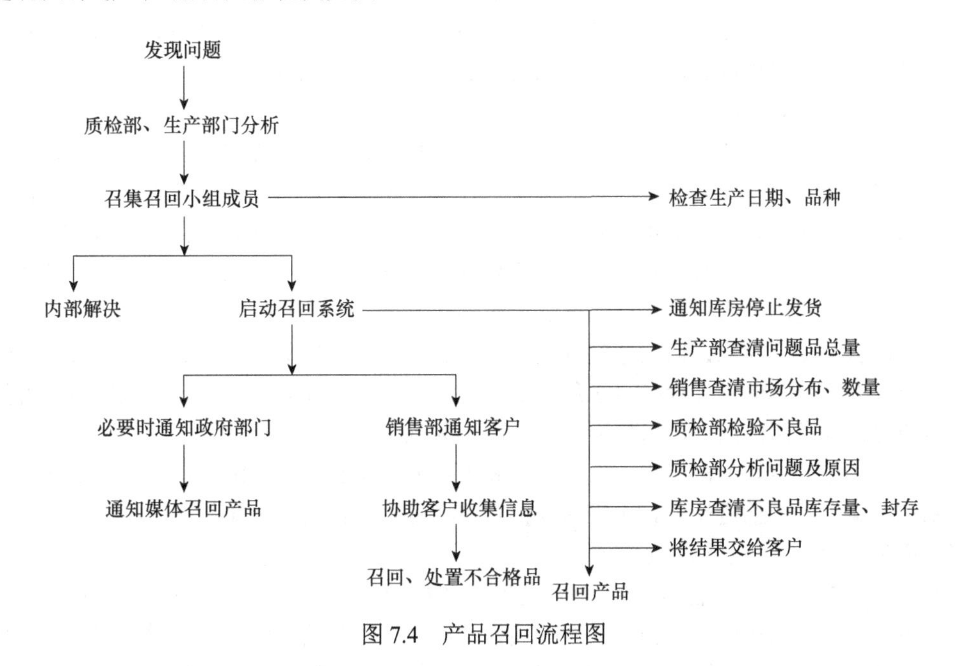

图 7.4　产品召回流程图

（3）执行召回计划。启动方案，采取措施，按计划召回不良品；在食品被召回后，需对被召回食品进行隔离并标识清楚；确定评估人员，评估人员应包括生产、管理、检验等方面的人员，也可以外聘相关专家，对召回食品进行相应的评估工作；做出评估后要对需召回的相关批次食品提出处理意见，以供最高管理者决策。对召回食品的处置可根据评估结果采取销毁、重新加工、改变预期用途等方式。需同时向有关部门提供食品召回的书面通告。

7.1.3.3　食品召回制度的保证措施

1．完善的法律制度和严格的执法制度　国外针对食品召回制度都有完善的法律制度保证措施。《加拿大食品监督管理法》《澳大利亚 1974 年商业法》《新西兰食品法》依次明确了加拿大、澳大利亚及新西兰的食品安全执法部门强制召回不安全食品的权力。企业若不遵从召回命令，在加拿大所受到的最高处罚是 5 万加元的罚款或 6 个月的监禁；或两罚并举。在新西兰所受到的最高处罚是 600 新元的罚款或 12 个月的监禁；若属持续罪行，则可就罪行持续期间的每一天另处罚款 600 新元。在澳大利亚每个省的惩罚虽不同，但对自然人最高可处罚款 8000 澳元或 1 年的监禁；法人团体则可处以 4 万澳元的罚款。此外，食品安全的违法者不仅要承担对受害者的民事赔偿责任，还要受到行政乃至刑事制裁。

美国、英国的食品召回是在政府职能部门监督管理下保证实施的。食品召回的级别、范围、通告内容，最终都是按照监督管理部门的要求进行的。在食品召回的运作过程中，监督管理部门起着关键性的作用。它们发布相关规章和指南，以告知相关人员为什么、何时、如何采取食品召回行动。对于那些拒绝召回可能导致公众健康问题的劣质产品或利用标签和包装来误导消费的生产者或经营者，监督管理部门有权扣押、没收其问题产品，或将其危害性公之于众。在我国，食品召回一方面靠企业的自觉行动，一方面靠政府的监督。我国《食品安全法》明确规定了责令召回制度，食品生产经营者未依法召回或者停止经营不符合食品安全标准的食品，县级以上地方市场监督管理部门可以责令其召回或者停止经营。食品生产经营者在有关主管部门责令其召回或者停止经营不符合食品安全标准的食品后，仍拒不召回或者停止经营，最高可处以货值金额10倍的罚款，并吊销许可证。

2．有效的技术支撑

（1）严格的检验检测体系。食品召回制度要求政府和企业的检测手段更加高效、检测制度更加完善。企业自检能力的提高有利于企业及时发现缺陷食品，及早实施召回计划，防止缺陷食品流入市场；政府抽检水平的提高有利于发现市场上缺陷食品的存在，指导企业实施召回行动，保护消费者权益。发达国家高度重视食品检验检测，投入巨资研制大型精密检测仪器，开发关键检测技术和快速检测方法，机构组织严密，手段先进。

（2）以食品安全风险评估为基础确定召回级别。美国、加拿大及欧盟的食品安全主管部门的专家，对所收集的各种食品潜在危害信息进行风险分析评估，并据此来确定所评价的产品是否应召回及召回的级别，避免因危害程度不易确定延误决策时间。

（3）大规模的市场抽样检查。为了及时发现不安全食品，发达国家每年都会根据市场情况，制订各类食品的抽检计划。收集和分析食品样品，进行微生物和化学污染物、感染物和毒素监测和检验，从而发现缺陷产品。

3．建立完善的食品追溯体系　目前顺利实施食品召回制度面临的最大障碍是食品追溯体系不健全，国内相当部分的食品企业规模较小，比较分散，部分非正规厂商生产的食品不具备商品标识，或者在标识上弄虚作假，导致食品无法实施溯源和跟踪。同时，企业在信息披露环节往往只强调财务信息，导致有关消费、环保等方面的社会信息缺失，消费者和职能部门不能全面掌握食品安全信息。因此，应当构建完善的追溯体系，确保面对缺陷食品召回时，能迅速有效地采取措施并在短时间内予以完成。

4．企业诚信自律　企业发现食品存在安全方面的缺陷，勇于承认问题，在监督管理部门还没有下禁令时就发出产品召回令，撤回自己的产品；在食品召回过程中与主管部门合作，主动提交问题报告，召回缺陷食品。世界上很多国家都建立了食品安全信用档案，进行跟踪监测，逐步形成优胜劣汰的机制，鼓励企业诚信自律。

5．相关部门通力合作，信息共享　为及时应对食源性疾病，美国食品药品监督管理局与疾病控制预防中心有着密切的合作，双方在对方的机构里都有自己的常驻官员，在信息方面双方互通。另外，食品药品监督管理局还与农业部进行合作，监控兽药的使用，准确有效地对新上市的兽药进行审批，减少了兽药残留给食品安全带来的风险。欧盟建立了食品危害快速预警系统。该系统由欧盟委员会、欧洲食品安全局和各成员国组成，并建立了快速预警网络。网络的各成员国将所存在的对人体健康造成直接或间接危害的情况，通过预警系统立即通报委员会和主管部门，以便尽早地将这些信息通知各网络成员。同时，主管部门可向各成员国提供科学或技术信息，以帮助其采取迅速、适当的风险管理行动。

6．建立消费者、协会、认证机构、企业和政府间相互沟通的机制　食品召回中，政府和社会的监督对企业是外在的约束，企业的责任意识是内在的决定因素。主体内在积极性的发挥有赖于消费者的支持，激励企业维护食品安全，为食品召回实施营造良好的社会氛围。各种形式的中介组织对于食品市场的监督和食品安全技术的推广具有重要的作用。行业协会可以约束行业内的企业，权威的质量认证机构可为企业提供社会声誉保障。

7.1.4　国内外食品召回制度的差异性

国内外食品召回制度主要根据国家管理体制、法律依据、社会现状、市场需求情况制定实施，其特点各有不同。

1．召回食品的范围不同　我国“责令公告召回”的食品限于《食品安全法》规定的不合格有问题食品，即不符合营养安全标准、危害身心健康的主、辅食品和规定禁止生产经营的食品，范围较小；而美国等发达国家实施的食品召回，实行缺陷食品分级制度，召回的范围不仅包括明确对消费者有害的食品，也包括本身无害但有瑕疵的食品，范围较大。

2．召回的主体不同　我国“责令公告召回”的主体是县级以上地方市场监督管理部门；而美国负责监管食品召回的是常设农业部食品安全检疫署的“召回委员会”。

3．召回的自愿程度不一　我国“公告召回”由政府有关主管部门“责令”，企业接受的程度不一；而美国的召回兼有企业的自愿（道德）和法律的强制属性。

4．召回的具体程序不同　我国“责令公告召回”的程序规定较为简单，即发现问题后，责令停止生产经营，并立即公告收回已售出的食品；而美国的做法是，先由 FSIS 或 FDA 专家委员会根据危害的评估报告来确定缺陷的级别，而后企业根据评估报告制定经 FSIS 或 FDA 认可的实施计划，进行召回，程序较为严格。

食品生产企业的产品出现问题，不仅要承担行政责任，还要依据相关法律被起诉，而承担刑事责任风险，如中国的《食品安全法》，美国《联邦肉产品检验法》（FMIA）、《禽产品检验法》（PPIA）、《联邦食品、药品和化妆品法》（FDCA）及《消费者产品安全法》（CPSA）等。对造成食物中毒事故或其他食源性疾患的，或因其他违反该法行为给他人造成损害的，依法承担民事赔偿责任。

7.1.5　食品召回典型案例

7.1.5.1　美国疯牛病牛肉召回案例

1．事件概况　2003 年 12 月 9 日，威斯康星州的一家公司屠宰了 23 头母牛。美国农业部的监管部门按照其拟订的疯牛病监测方案，对其中一头母牛进行了采样。2003 年 12 月 23 日的检测结果显示样品呈 BSE（bovine spongiform encephalopathy，牛海绵状脑病）阳性。当天，USDA 总部马上通知了召回企业所在区域 Boulder 区办事处。Boulder 办事处随即开始收集召回企业的产品销售信息，并于下午 7 时赶到现场。USDA 总部召回协调人员在当晚 9：15 分召开紧急会议，鉴于该批牛肉产品引起负面健康效应可能性较小，USDA 将此次召回定为二级召回。USDA 随后与召回企业联系讨论召回的细节并发布了召回公告和召回通告书。

12 月 24 日，USDA 下属的食品安全检验局（FSIS）派监督人员到召回企业了解其初级客户、二级客户销售清单和产品货运单。12 月 26 日，USDA 开始着手核查其掌握的召回企业的初级和二级客户，通过使用核查表来获取召回企业的二级和三级客户名单。USDA 对本次召回行动以 100%的比例对初级客户进行核查，核查比例高于 USDA 以前对一级召回的核查比例。核查持续到 2004 年 2 月 25 日。UDSA 下属三个区域参与了核查。Boulder 办事处负责协调整个核查行动和向其他两个区办事处指派任务，Minneapolis 办事处负责核查蒙大拿州的客户，Alameda 区办事处负责核查加利福尼亚州的客户。FDA 官员对核查提供了帮助。两个部门合计核查了 582 家企业。召回行动持续时间达 2 个月。

2004 年 2 月 25 日，Boulder 办事处经核查认为召回行动达到了效果。USDA 召回主管机构于 2004 年 3 月 1 日建议结束召回，并向召回企业发函表示召回行动可以结束。

2. 召回行动问题原因分析

（1）企业没有及时和准确地提供产品的销售记录，USDA 使用销售记录和货运单来追踪召回产品的流向使问题变得复杂化。由于部分客户提供其次级客户名单时间拖延太久，USDA 无法及时对其次级客户展开核查。部分召回企业提供的客户资料不完整，没有清楚记录具体是哪些客户收到了被召回产品，USDA 不能迅速掌握召回产品的分布范围，不得不花费大量时间用货运发票来确定哪些客户拥有召回产品。

（2）销售记录不清，应被召回的牛肉与其他牛肉多次混合，即使确定了涉案牛肉的数量和分布地点，USDA 向某些客户（特别是杂货店）追查这批牛肉的流向时也遇到相应困难。由于销售记录保存不全及与其他牛肉产品混杂，USDA 很难在个体杂货店处查清该批牛肉的流向。为了应对此问题，USDA 先确定了被召回牛肉发往批发商的日期，然后将此日期后所有可能收到牛肉的商家罗列处理。

由于应被召回牛肉与其他牛肉多次混合导致召回行动涉及的牛肉数量增加。2003 年 12 月 9 日，召回企业共屠宰了 23 头母牛，并于 2003 年 12 月 10 日将该批 23 头母牛和其他 20 头牛的酮体运给了一家初级客户。召回企业对出厂牛肉胴体上都贴着标示屠宰日期和生牛编号的标签，但初级客户弄掉了标签并将应被召回的 23 头牛的胴体与另外 20 头牛的胴体混在了一起。由于混在一起的胴体难以辨清身份，在初级客户处召回的范围就扩展到 43 头牛的胴体。牛肉胴体在初级客户处经过加工处理后，牛肉产品被分发到另外两家加工商进行进一步的加工处理。这两家加工商将应被召回的 43 头牛的肉品与其他来源的牛肉进行了进一步的混合。最后，以至于因一头牛 BSE 阳性引起的召回涵盖超过 500 家可能收到该感染牛肉的商家。2003 年 12 月 28 日，USDA 宣布被召回产品可能已经分布到 8 个州和一个区。

USDA 在媒体公告上公布整个召回行动计划召回的量是 10 410 磅（1 磅≈0.45kg），而由于在二级及三级客户层面被污染的牛肉与更多的未涉及召回的其他牛肉进行了混合，最后约 64 000 磅的牛肉被退回或被客户销毁。

（3）FDA 的作用。2003 年 12 月 9 日屠宰的被 BSE 感染的母牛并非全部准备食用，有一部分被发往其他企业用来作生产蛋白质和血液制品原材料，FDA 对这些企业有监管权。

2003 年 12 月 23 日，USDA 在获知母牛 BSE 阳性的同时，立刻通知了 FDA。

2003 年 12 月 24 日，FDA 即派出一个调查组到接受 BSE 阳性母牛产品的企业进行调查，调查人员核实被屠宰的 BSE 阳性母牛的部分产品仍在企业。FDA 后来又查出第二家可能加工部分是被屠宰的 BSE 阳性母牛的企业。这两家企业都愿意配合将所有与 BSE 阳性母牛有关的产品予以封存，并在 FDA 和地方政府的监管下销毁该产品。

2004 年 1 月 12 日，FDA 要求两家企业将从 2003 年 12 月 23 日至 2004 年 1 月 9 日加工生产的产品全部予以自行封存，FDA 总共要求企业自己封存了大约 2000 吨的产品。

2004 年 1 月 7 日，因为疏忽有 15 个装有可能被污染产品（肉和骨粉）的箱子被装运上船，并于 2004 年 1 月 8 日驶离华盛顿的西雅图，开往亚洲。企业马上采取了措施收回船上的相关产品，以便可以在 FDA 和地方政府的监管下处置该产品。2004 年 2 月 24 日载有相关产品的轮船返回美国，2004 年 3 月 2 日收回的产品在垃圾场被销毁。

FDA 确认已没有潜在污染产品进入流通领域，并控制所有的产品，可以终止召回行动。

（4）USDA 和 FDA 在召回中的协调作用：①信息互通作用。USDA 和 FDA 在召回监督过程中经常相互交流和分享信息，在调查中如果发现召回产品的某些信息在对方的监管范围内会通知对方，如USDA在组织实施第二轮核查时，发现某些产品流向了企业和垃圾场就马上通知FDA产品流向企业的时间。②部门协助核查作用。FDA工作人员协助实施此次召回的核查，美国农业部监管的食品召回行动中，582户核查对象中的32户（约占5%）是由FDA组织协助核查的。

USDA、FDA和企业在BSE召回事件中所采取的活动如下。

2003年11月3日，企业将酮体肉分发到初级客户加工处理；2003年12月3日，初级消费者将肉产品分发另外两家初级客户进一步加工处理；2003年12月9日，USDA抽样检测BSE，事发企业将患BSE牛屠宰；2003年12月12～23日，另两家初级客户将召回产品销售给二级客户，二级客户将产品销售给三级客户；2003年12月23日，USDA针对BSE检测结果阳性召开召回会议，发起主动召回，发布媒体公告。FDA获知BSE阳性结果，派遣调查工作组；2003年12月24日，FDA着手调查第一家企业状况，FDA认定第一家企业试图将炼制产品发往印度尼西亚，同时FDA发现某些原料可能被发给了第二家企业，马上采取措施，第一家企业商同意将剩余炼制产品封存。企业采取行动联系初级客户，初级客户联系其次级客户；2003年12月25日，USDA从英格兰的验证实验室获知该疑似阳性样品被确认为BSE阳性；2003年12月26日，USDA开始验证核查，宣布在华盛顿州和俄勒冈州实施产品召回。FDA开始着手比对各种记录，以确保第一家和第二家企业的所有产品都登记在案，第二家企业同意封存所有可能被BSE阳性母牛污染的原料；2003年12月27日，USDA宣布被召回产品已经分布到华盛顿州、俄勒冈州、加利福尼亚州和内华达州；FDA发表声明，确证所有处理BSE阳性母牛非可食部分的企业已经自动封存了所有可能污染产品，没有产品离开企业的控制进入商品流通渠道；2003年12月28日，USDA宣布被召回产品已经分布到华盛顿州、俄勒冈州、加利福尼亚州、内华达州、蒙大拿州、爱达荷州、阿拉斯加州、夏威夷和关岛；2003年12月29日，USDA认为被召回肉品分布在42个区域，其中80%分布在俄勒冈州和华盛顿州的店铺中；2003年12月31日，FDA协助USDA实施召回核查；2004年1月6日，USDA宣布被召回产品分布在华盛顿州、俄勒冈州、加利福尼亚州、内华达州、蒙大拿州和爱达荷州；2004年1月7日，FDA被企业告知，第一家企业封存的部分炼制产品在疏忽中被运往亚洲；该企业承诺会将该产品分离并运回。企业通知FDA封存产品被装运上船；2004年1月14日，FDA通知第一家和第二家企业从零售商处召回肉品或其他成品，FDA要求第一家和第二家企业封存所有从2003年12月23日到2004年1月9日的产品，FDA确证两家企业在2003年12月23日后的产品均未外运；2004年2月9日，FDA通报除运往亚洲的部分产品外，所有产品均运至垃圾场销毁处理；2004年2月24日，FDA通报运送产品的船返回美国；2004年2月25日，USDA审核结束，岩石区办事处认为召回行动有效；2004年3月2日，FDA在垃圾场监督对最终残存召回产品的处理；2004年3月4日，USDA通报召回行动结束。

7.1.5.2　福建厦门三批次不合格食品召回案例

近年来，随着我国食品安全监管制度的完善，国内食品召回制度的执行力越来越强。例如，2021年2月25日福建省厦门市集美区市场监督管理局发布关于山茶油、鸭蛋、韭菜3批次不合格食品核查处置及3家食品经营单位的召回公告。

召回事件及分析：厦门市某贸易有限公司销售的山茶油（购进日期：2020年12月6日），邻苯二甲酸二正丁酯（DBP）项目不合格。2020年12月29日，集美市场监督管理局的执法人员按要求对该贸易有限公司开展了核查处置工作，该公司同日启动召回工作。经过排查得知，该批次不合格原因可能是生产过程把控不严。

厦门市集美区某蛋品摊位销售的鸭蛋（购进日期：2020 年 12 月 26 日）菌落总数项目不合格。2021 年 2 月 3 日，集美市场监管局的执法人员按要求对该蛋品摊开展了核查处置工作。经排查，该批次不合格原因可能是养殖过程把控不严。

厦门市集美区某副食品店销售的韭菜（购进日期：2020 年 11 月 28 日）腐霉利项目不合格。2020 年 12 月 29 日，执法人员按要求对该副食品店开展了核查处置工作。经排查，该批次不合格原因可能是种植过程把控不严。

按照召回程序要求，厦门市针对问题的贸易有限公司、蛋品摊、副食品店均要求进行了相应整改，严格做好出入台账，记录每一笔交易记录；严格质量控制，从源头上把好食品安全，严禁销售来历不明的食品；建立完善的追溯制度，强化食品安全管理；全面召回不合格食品，规范做好索证索票工作，要求厂家、上游商家加强产品质量管理，把控好种养殖环节，避免及减少食品安全风险问题的发生。

7.2 食品追溯

7.2.1 食品追溯制度的概述

7.2.1.1 食品追溯制度的意义及重要性

食品安全追溯（food traceability）制度就是从农田到餐桌对食品生产、流通过程中各关键环节的信息加以有效管理，通过对这种信息的监控，来实现预警和追溯，预防和减少问题的出现，一旦出现问题即可以迅速追溯至源头。

当前食品安全问题日益突出，只有建立有效的食品安全追溯制才能适应食品贸易和发展需求，满足国内消费者对食品安全的要求，将食品召回事件对业务的干扰程度及规模降至最低。因此在食品安全问题备受关注的形势下，强化食品的信息身份管理，对建立食品追溯制度有着重大的意义。

（1）食品追溯体系具有食品电子身份证特征效应，可以对食品实行全程跟踪和监管，确保食品从农田到餐桌的安全性。食品追溯体系赋予食品电子码，实行一件一码管理，从而对食品实行全方位的跟踪，一旦出现质量问题，只要输入电子码，就能迅速找到其原料产地和加工厂家相关信息标识，可及时发现引起质量问题的原因，采取相应的措施，防止危害进一步扩大。食品追溯体系将原料生产、产品加工、销售、消费等环节有效地衔接起来，形成一个全程监管的供应链，确保食品从田间到餐桌都是安全的。

（2）食品追溯体系能够促进我国食品质量稳定提高，增强食品的国际竞争力，适应食品国际贸易的要求。面对经济全球化、贸易自由化的世界潮流，食品安全溯源已经成为食品国际贸易的要点之一，也成为一项新的贸易壁垒。建立食品溯源体系，可以使中国食品生产管理在尽可能短的时间内与国际接轨，符合国际食品安全追踪与溯源的要求，提高中国食品质量安全水平，突破技术壁垒，增加中国食品的国际竞争力，扩大对外出口。目前，我国有大量的食品出口到欧盟、美国等国家或地区，为了符合国际食品安全跟踪与追溯的要求，避免技术壁垒，增加国际竞争力，建立食品追溯体系，提高食品质量安全势在必行。

（3）食品追溯体系可以提升食品安全监管的效率和控制能力。食品追溯体系是一种能够对生产、加工、销售进行全程跟踪、监管的体系，可以全面掌握产品从原料到销售各个环节的信息，尤其是食品安全出现隐患的时候，可以提升食品安全监督管理部门和企业应对问题和解决问题的能力和效率，缩短产品召回的时间。食品溯源管理能够明确责任方，从而对食品企业产生一种自我激励机制，使其采用安全的生产方式并采取积极的态度防患食品安全风险。这种源于责任的激励机制，可以减少发生食品安全事故的概率。

（4）食品追溯体系可以更有效地保护消费者、企业和国家的利益。《食品安全法》进一步推动了食品追溯体系的建立与实施，有效地保护消费者权益，提高了食品安全风险预警能力。食品追溯体系通过全面收集和分析食品安全信息，提高生产过程的透明度，建立一条连接生产和消费的渠道，让消费者能够更加方便地了解食品的生产和流通过程；建立消费者对食品企业的信任，促使食品企业将安全化、标准化的生产行为变成自觉、自律行动。食品追溯体系的建立不仅关系一个企业的信誉，也关系国家形象。只有创造质量过硬的名牌产品，才能扩大国际市场占有率，增强国际竞争力。

7.2.1.2　国内外食品追溯制度的建立与发展

国外对食品追溯制度建立和研究始于 20 世纪 90 年代，其中欧盟、美国、加拿大、澳大利亚等国家和地区发展较快。

（1）欧盟为应对疯牛病于 1997 年开始逐步建立食品安全追溯制度。2000 年 1 月 12 日欧盟发表了《食品安全白皮书》，将食品安全作为欧盟食品法的主要目标。其中提出的一项根本性改革，就是首次把“从农田到餐桌”的全过程管理原则纳入卫生政策，强调食品生产者对食品安全所负的责任，并引入 HACCP 体系，要求所有的食品和食品成分具有追溯性。涉及食品追溯性的法律法规主要包括《欧盟食品安全法》（2002）、《食品和饲料法》（2004）等。2000 年 1 月欧盟颁布了欧洲议会 178 号/2002 章程，要求从 2005 年 1 月 1 日起在欧盟范围内销售的所有食品都能够进行跟踪与追溯，即在生产、加工及销售的各个环节中，对食品、饲料、食用性动物及有可能成为食品或饲料组成成分的所有物质都有追溯或追踪能力。

（2）美国涉及食品追溯性的法律法规主要包括：《美国联邦法规》（CFR）第二十一篇“食品与药品”的第一章“健康和人类服务食品及药品监管部门”、《联邦食品、药品和化妆品法》第 4 章“食品”、《FDA 监管程序手册》《关于相关产品警告和召回通告的行业指南》《生物恐怖法》等。FDA 要求在美国国内从事生产、加工、包装或动物消费的食品部门应进行登记，以便进行食品安全跟踪与追溯。美国于 2002 年 6 月颁布的《生物恐怖法》，第 306 条款“企业记录的建立和保持”规定：要求食品、饲料企业建立和保持能够确定食品来源和去向的记录，以便 FDA 能够追查出对人类或动物造成严重不利影响或死亡威胁的来源。FDA 提议的法规要求：准备用于人和动物消费的产品在生产、加工、包装、运输、分送、接收、储存或进口各环节均需提供记录。

（3）澳大利亚、新西兰食品追溯制度及召回由国家、州和地方依据相关法规共同管理。澳大利亚、新西兰食品召回制度的法律法规主要有：《澳大利亚新西兰食品标准法典》《贸易实践法案》《澳、新食品工业召回规范》（2002 年第 5 版）。

（4）加拿大涉及食品追溯性的法律法规主要包括《加拿大食品检验署法》第十九章、《食品召回制造商指南》《食品召回进口商指南》《食品召回分销商指南》《食品召回消费者指南》等。

（5）我国已出台相关规定，其中与之相关的法律条款有《食品安全法》《食品召回管理办法》，为构建我国食品安全溯源体系提供了良好的法律依据。其中《食品安全法》第六十三条规定“食品生产者发现其生产的食品不符合食品安全标准或者有证据证明可能危害人体健康的，应当立即停止生产，召回已经上市销售的食品。”“食品生产经营者未依照本条规定召回或者停止经营的，县级以上人民政府食品安全监督管理部门可以责令其召回或停止经营。”此外《国务院关于进一步加强食品安全工作的决定》要求“严格实行不合格食品的退市、召回、销毁、公布制度”。多年来，为使我国食品追溯制度的建设尽快走上规范化道路，我国政府更加重视食品安全管理，《动物免疫标识管理办法》要求猪、牛、羊必须佩戴免疫耳标并建立免疫档案管理制度，《出境水产品追溯规程（试行）》要求出口水产品及其原料按照规定进行标识。我国《关于加快食品安全信用体系建设的若干指导意见》确定肉类行业为食品安全信用体系的试点行业，开始启动肉类食品追溯制度和系统建设项目，其任务是制定适合我国国情的技术标准和管理规范，制订肉类食品追溯应用解决方案等。2003 年我国开始实施农产品可追溯系统的试点工程，并取得了众多成果，如“进京蔬菜产品质量追溯制度试点项目”、南京的“农产品质量 IC 卡管理体系”、山东潍坊寿光蔬菜基地实施的“蔬菜安全可追溯性信息系统研究及应用示范工程”、“奥运食品安全追溯系统”、科技部的“肉用猪工厂化生产全程质量管理与畜产品可追溯计算机软件研究”、国家 863 专项“饲料和畜禽产品数字化安全监控体系研究”等为全国试点开展农产品身份标识制度奠定了很好的技术引领作用。随着《食品安全法》等法规体系的完善，为进一步构建我国食品安全溯源体系提供了良好的法律基础，但是上述法规体系中只涉及对食品供应链中一些信息的记录做出的要求，还需要对食品溯源系统的信息导入具体要求给出相关的法律法规依据，从而使食品溯源制度的建设尽快走上规范化道路。总体而言，我国的食品可追溯体系建设目前正处于发展阶段，和发达国家相比还存在一定距离，许多问题还有待进一步解决，如食品安全全产业链的法律法规体系的完善，努力开展农民个体生产经营者追溯管理，提高食品追溯的信息化程度等。

7.2.2 食品追溯制度的主要内容

1. 食品追溯制度的定义 食品安全追溯制度就是对食品生产、流通过程中各关键环节的信息加以有效管理，在时间和空间范围内采用定性和定量方式跟踪产品。从信息管理的角度，在供应链中实施跟踪与追溯，可以将信息流与实物流系统有效地联系起来。通过对信息的监控管理，实现预警和追溯，预防和减少问题的出现，可迅速追溯至源头。

食品安全追溯制度的建立依附于食品的追溯性。国际标准化组织认为食品的追溯性是指食品具备的通过在食品供应全过程中所记录的标识，追溯食品的生产历史、用途和当前位置的能力。简单地讲，食品的追溯性就是在食品生产或分销的全过程中追踪或跟踪一种食品、饲料、动物源或某种化学物质的能力。

2. 食品追溯体系的构成

（1）记录管理。生产经营记录是食品追溯体系建设中的基础信息，目的是保证生产经营者真实记录消费者所关心的各个阶段的信息，以便于查询。

（2）查询管理。消费者可以在超市或家中的计算机输入产品包装编号，查询购得的产品的相关信息。可由餐桌回溯至农田，了解其完整的生产、运输与销售过程，以提高消费者对产品的信心。这种连接生产者与消费者的编码系统，是构建整个食品信息追溯制度的核心技术之一，可以作为消费者直接使用的信息查询检索工具。

（3）标识管理。食品标识是食品追溯体系建设中最为重要的管理信息。它的基本功能是能够对食品进行跟踪识别。进行食品标识时，不仅要对食品供应链中的每个环节进行标识，还要采集所用的食品原料上已有的标识信息，并将其全部信息标识在本环节加工的成品上，以备下一个加工者或消费者使用。

（4）责任管理。通过标识管理，在发生了食品安全问题的情况下，可以确定相关经营主体的责任；确定问题产品的批号和所处供应链中的位置及确定其他可能有同样质量问题的批号，并采取纠偏措施。

（5）信用管理。食品信用管理是食品追溯制度建设中的一项重要内容，生产经营者必须提供一切与产品有关的真实信息，每一阶段的生产经营者必须记录每一环节信息，如进货来源、生产与流通履历。如果发生以假充真、以次充好、擅改标识或记录的情况，则可自下游往上游追溯，追查出不安全食品及违纪违法的负责人，维护社会公平。

3．食品追溯制度的分类　根据食品追溯性的范围可以将其分为食品生产企业内部的追溯性（internal traceability）和食物生产链上的追溯性（chain traceability）。企业内部的追溯性是指当供应给消费者的食品出现质量问题时，可以通过该体系返回到生产企业，根据所记录的标识确认是什么样的产品、什么原料、原料是由哪家供应商提供的及生产过程等信息。食物生产链上的追溯性是指“从农田到餐桌”全程监测与控制体系，该体系是指生产加工过程供应链之间的相互连接，重点关注产品从供应链的一个环节到下一个延续环节的追溯性，其中包括产品所经过的生产、加工和分销阶段。伴随整个过程需要建立相应的检测与控制技术，包括产地环境监测与控制、农药与兽药残留控制、饲料安全质量控制及相关的化学性和生物性危害检测控制。实际上，食物生产链上的追溯性是多个企业内部追溯性的有机结合。

追溯体系从信息流动方向上可以分为向下“追踪”（tracking）和向上“追溯”（tracing）两个过程，如图 7.5 所示。“追踪”指产品的正向流通，即要求记录从供应链的源头到终端各节点的产品标识及其踪迹信息，即农场→食品原材料供应商→加工商→运输商→销售商→销售终端→消费者，这种方法从供应链的任何一点向下，找到存放地点，一般用于产品召回。“追溯”则是指产品的逆向流通，即通过记录标识信息沿供应链逆流而上，消费者发现问题时向上进行层层追查，一直溯源到问题所在环节，即消费者→销售终端→销售商→运输商→加工商→食品原材料供应商→农场，也就是消费者在销售点购买的食品若发现有食品安全问题，可以向上逐层进行追溯，最终确定问题所在，这种方法一般用于出现质量或安全问题后，查找造成质量问题的原因，具有确定产品的原产地和特征的能力。图 7.5 中消费者 2 发现了问题食品，追溯体系自下向上进行追溯，快速确定哪个环节出了问题，若查到供应商 2 出了问题，根据“追踪”的历史信息追踪流向，由供应商 2→生产商 1、2→加工商 1、2→销售商 1、2→消费者 1、2，迅速从生产线和市场上召回问题食品，及时扼制问题货源扩散。

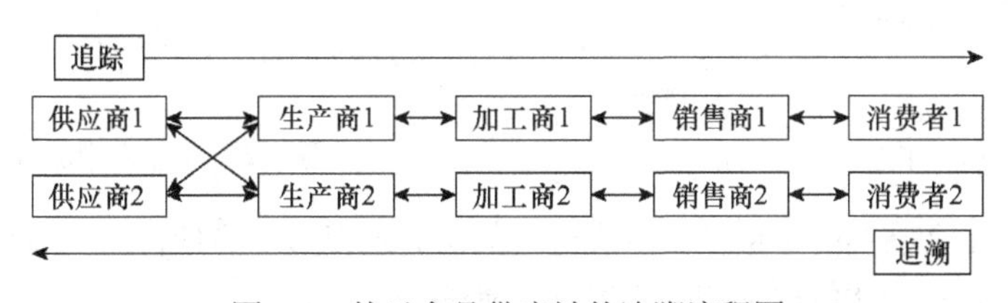

图 7.5　基于食品供应链的追溯流程图

7.2.3　食品追溯制度的实施及主要技术内涵

食品追溯体系是一种设计用于食品生产和供应过程中追踪某一产品及其特性的信息记

录与应用体系。

1．食品追溯制度实施的原则 在食品追溯实施的过程中掌握适度原则，遵循“向前一步，向后一步”原则，并将追溯体系与食品质量认证体系有机结合，才能在保证产品质量和经济效益的同时，实现产品追溯管理效益的最大化。

（1）适度追溯原则。追溯体系目的的设计决定了追溯的宽度（breadth）、深度（depth）和精度（precision），也决定了追溯体系实施的投入和收益比例。宽度是指体系所包含的信息范围，深度是指可以向前或向后追溯信息的距离，精度则是指可以确定问题源头或产品某种特性的能力。根据不同目的，追溯体系在管理的宽度、深度和精度方面具有很大的差异。多数情况下，追溯的深度在很大程度上取决于追溯的宽度。

只有当追溯体系的净利润为正时，追溯参与方才会投入大量精力和财力去维护追溯体系的运转，甚至提高追溯管理的精度。由此可见，追溯体系的设计必须适应供应链管理的实际需求，进行适度追溯，在合理投入产出比的情况下，才有可能实现整个产业自发地对食品追溯的重视。

（2）“向前一步，向后一步”原则。从追溯的可实施角度考虑，追溯参与方仅需要向后追溯到直接来源，向前追溯到标识和记录货物的直接接收方，只要各参与方追溯信息表述一致，就可以实现贯穿全供应链的追溯管理，这就是“向前一步，向后一步”的追溯原则。按照这一原则，追溯参与方应将食品追溯的体系划分为内部追溯和外部追溯两个范围。

内部追溯是与企业内部管理密切相关的过程，应与企业现有的各项管理体系紧密结合。如图 7.6 所示，接收与发送货物环节是外部追溯与内部追溯的接口，这时与追溯单元相关的各项属性信息应被如实记录并保存。追溯单元指追溯实际发生时被跟踪和追溯的产品单位，可以是集装箱、卡车、木箱、某一天生产的产品、某班次生产的产品或其他单元。追溯单元通过某一参与方的内部流程时一般会发生形态的改变，包括移动、加工、存储、销毁等。追溯的信息流发生变化的地方就是追溯体系需要着重控制的关键点，关键点的信息必须被如实记录和保存。外部追溯中，每个追溯参与方仅需要记录追溯项目的直接来源方和项目接收方的相关信息，就可以实现追溯，如图 7.7 所示。追溯项目的来源方和接收方必须在追溯的层次和表述形式上达成一致，只有这样才能保证在向后跟踪和向前溯源时有足够通畅的信息流。

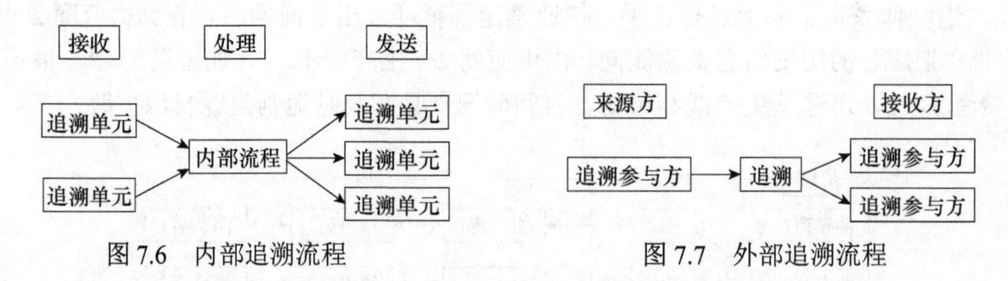

图 7.6 内部追溯流程　　图 7.7 外部追溯流程

为了实现整个食品链的追溯性，供应链上的所有追溯参与方应同时具备内部追溯能力和外部追溯能力，并且应能将内部和外部追溯信息关联起来。

（3）追溯体系的建设与食品质量认证体系有机结合原则。对于企业而言，建立追溯体系需要对食品生产加工各环节进行记录和控制，而 GAP（良好农业规范）、HACCP（危害分析与关键控制点）和 GMP（良好生产规范）等主要食品质量认证管理体系，都是通过对生产加工过程各环节进行严格控制以确保食品质量安全的有效方法，也都需要一个信息记录系统，是有效实施追溯体系的基础。从欧美的实践来看，追溯体系的实施必须与其他质量体系结合才能更好发挥作用，如美国的《生物恐怖法》中就明确规定，种植和生产企业必须建立食品安全追溯制度，要在种植环节推行GAP管理体系，在加工环节推行HACCP和GMP认证体系。因此，企业在建立追溯体系时应注重与GAP、HACCP、GMP等质量管理体系的结合，这样不仅有利于企业减少重复性工作，降低成本，还有利于各体系相互促进、有效运行。

2．食品追溯技术　食品追溯体系作为一套完整的信息管理系统，涉及的主要技术环节内容见表7.2。常见的食品追溯技术如下。

表7.2　食品追溯中涉及的主要技术内容

信息标识技术	信息搜集技术	信息交换技术	物流跟踪技术
全球统一标识系统（EAN/UCC）	电子射频标识（RFID）	电子数据交换（EDI）	地理信息系统（GIS） 全球定位系统（GPS）

（1）条形码标识技术。安全条形码是相关信息的载体，通过扫描食品内外包装上条形码可以获取各个节点相关数据编码信息，包括食品加工地来源代码，如批次、有效期、保质期等。常见的编码方式是国际标准商品标识代码EAN/UCC-13。目前欧盟国家使用的就是这套编码系统进行食品安全追溯性工作。这种编码方式在全世界范围内具有唯一性、通用性、标准性，已成为全球贸易中信息交换的“关键字”和“全球通用的商业语言”，但其容量只有13位，不足以携带全部信息。为此国际物品编码协会制定了UCC/EAN-128条码，即全球贸易项目代码（GTIN），其是通过应用标识符（AI）对产品属性进行标识的代码及通过全球位置码（GLN）对食品供应链中各个环节及参与方进行标识的代码，信息携带量大。

（2）电子射频标识（RFID）技术。RFID技术是一种非接触式的自动识别技术，具有信息读取方便、不受脏污等恶劣环境影响，读取距离较远、准确率较高的优点，是畜产品标识的理想选择。射频识别技术应用于动物个体标识，以瘤胃丸的形式或埋植于皮下，如采用无线射频技术，将“被动可埋植无线异频发射器”（passive injectable transponder，PIT）分布于牛个体的腋窝、上唇和耳下，个体信息采集读取效果较好。

（3）DNA标识技术。DNA标识是动物天生固有的条形码，利用它能够实现从餐桌肉品到饲养场种畜的追溯，肉品可以是新鲜的、生产加工过的甚至是烹调过的。利用特定的酶消化DNA时，凝胶电泳分解的结果表明，DNA片段模式对于每个个体均是特定的，这项DNA指纹识别技术已应用于法医研究。随着技术的不断发展，微卫星方法（micro satellites）和一种称作单核苷酸多态性（SNP）的标识方法已经发展并获得应用。与微卫星方法的许多等位基因相比，单核苷酸多态性方法仅有2个等位基因，技术相对简单，成本相对低廉，这有益于全自动SNP分析，因此在基于DNA的追溯体系中更多地采用SNP分析方法。

3．食品追溯中的食品安全风险分析　食品追溯制度建立与实施需要多方面的技术支撑，其中最重要的是对食品进行安全风险分析。通过食品安全风险分析，确立食品的风险关键点，对可能造成的危害进行识别和评估，为食品追溯制度建立提供有力依据，保障食品召回制度有效实施。开展食品追溯中的风险性评估程序如下。

（1）进行食品危害的监测，判明食品中是否存在微生物、化学和物理性危害因子及与其相关的已知的或潜在的健康损害。

（2）实施危害暴露评估，通过定量或定性的评价方法，判定消费者摄入食品危害因素的可能性。

（3）描述危害性质，从定量或定性上明确食品危害可能造成健康损害特性或严重程度。

（4）明确食品危害的风险性，综合危害鉴别、危害暴露评估、危害性质描述的结果，预测食品危害的风险程度及相关的不确定性。

（5）做出是否实施食品召回的决定。

4．追溯体系建设中存在的技术问题及启示

1）追溯体系建设中存在的问题　新个体识别技术的发展应用相对滞后。目前，个体识别技术为自动识别技术（一维条形码、二维条形码和无线射频识别技术）和生物识别技术（血型鉴定、视网膜图像识别、DNA 标识）两大类。我国自动识别技术发展较快，也具有相当高识别精度的生物识别，但目前还没有广泛应用，主要受设备、成本、技术人员水平等因素限制。为了使我国追溯技术达到较高水准，应注重这两类技术的有机结合，加快这类技术研究与发展。

建立统一通用数据标准有一定难度。食品品种繁多，数据结构和格式的不一致，阻碍了食品供应链各节点间的信息传递，因此各节点交换的数据在结构和格式上对产品的标识、属性的表达需要数据信息标准化。

缺少建立实用可靠追溯体系模型。追溯涉及供应链各节点，食品从原材料到成品要经历多道工序，使得追溯单元的信息不断变化，影响因素较多，因此建立有效的追溯体系必须以一个优化的追溯模型为基础，能识别供应链追溯单元信息不断变化形式的特征，并对追溯流程进行优化，否则极易影响信息准确采集与传递的质量。追溯体系建模应从实际出发，注重模型的实用化和可操作性。

追溯与地理位置密切相关，缺少食品原料产地地理信息技术的应用支撑，如对蔬菜种植、生长、品质特征信息要追踪到某一块地，需要相应技术及硬件设备的支撑，将地理信息系统（GIS）、全球定位系统（GPS）技术集成应用到追溯体系中。

2）追溯体系建设中的启示　完善食品安全追溯制度和相关法律法规。2003 年国家相关主管部门启动了“中国条码推进工程”，使国内部分蔬菜、牛肉产品开始拥有身份证，但是各项措施多以通知或决定等形式颁布，虽有一定行政效力，却没有能够上升到法律体系建设层面，常常会出现“虎头蛇尾”的现象，无法形成长效机制。因此，亟须结合我国实际情况构建行之有效的追溯体系。

完善食品包装和标签制度。食品的包装和标签是建立追溯制度的重要条件之一。作为追溯信息的重要载体，没有完整、详细的食品包装和标签，追溯信息将无从依附。目前，在食品包装和标签管理方面存在较多问题，如标签格式混乱、内容不准确、用词缺乏规范等，对追溯制度的建设造成很大障碍。因此，应将食品包装和标签的标准或法规与国际接轨，将追溯信息依附于标签上。

加强食品安全追溯技术的研发工作。食品安全追溯制度建设还需解决实施中的追溯技术问题。中国农产品生产经营多规模小并且分散、组织化程度低，这对追溯技术的采用造成很大障碍。因此，中国应研究开发既与国际接轨又适合国情的食品追溯信息收集和传送技术。

应该重视与 HACCP 等质量管理体系有机融合。食品安全追溯制度与 HACCP 等质量管理体系结合，不仅能将整个食品供应链全过程信息连接起来，同时避免在实践中的重复性工作，并促进各体系的有效运行。

进一步推进食品安全追溯制度的建立和实施。出口企业面临着为适应国际市场新规定、增强产品竞争力而建立追溯机制的外部激励。因此，我国应积极鼓励出口企业率先参照国际食品安全标准示范建立追溯制度，为国内企业逐步推进追溯制度建设进程提供经验。

思 考 题

1. 食品召回的定义、分级和分类是什么？
2. 食品召回的意义及作用是什么？
3. 我国的食品召回制度与国外的区别是什么？
4. 我国食品召回有待解决的问题及具体措施有哪些？
5. 什么是食品追溯制度？食品追溯制度如何分类？
6. 食品追溯体系的内容及其主要构成是什么？
7. 追溯体系信息流动的过程包括哪两个？它们的区别是什么？
8. 追溯体系的关键控制点及实施原则是什么？
9. 食品追溯制度包括哪些常见技术及其特点是什么？
10. 我国追溯制度存在哪些问题及解决方法是什么？

第8章 食品质量与安全管理体系认证

【本章重点】了解 ISO 9000、ISO 14000、ISO 22000、GMP、SSOP、HACCP 等体系认证的特点及区别，学习食品质量与安全管理体系认证的基本要求及建立程序；掌握 HACCP 安全管理体系认证的定义、原理与作用，以及在食品安全管理中关键限值的确定和生产中的运用。

8.1 食品质量与安全管理体系认证的发展及作用

认证是第三方依据程序对产品、过程或服务符合规定的要求给予书面保证或合格证书（定义引自 ISO/IEC 指南 2：1991）。在《中华人民共和国认证认可条例》中，认证定义为：由认证机构证明其产品、服务或管理体系符合相关技术法规或相关技术法规的强制性要求或标准的合格评定活动。认证形式可分为体系认证、产品（服务）认证及类似于认证的各种许可认证和部分正在进行研究和试行的认证形式及各种规范。

8.1.1 食品质量与安全管理体系认证的起源

8.1.1.1 质量管理认证制度的由来与发展

质量管理认证主要来自买方对产品质量放心的客观需要。我国早在秦汉时期，官府对金、银、玉、布帛实行“合格封检”标记制度，这被认为是产品质量认证的一种原始形式。关于对食品质量认可的概念，可以追溯至中国古代时期的“礼”“法”合一，中国最早关于食品安全卫生的规定记载于《论语·乡党第十》的“五不食”原则，即“鱼馁而肉败，不食；色恶，不食；臭恶，不食；失饪，不食；不时，不食”。

在西方，最早开展现代质量认证制度的是英国，1903 年英国就开始使用第一个证明符合英国 BS 标准的质量标志“风筝标志”，并于 1922 年商标注册。为了防止食品出现质量问题，国外关于食品安全卫生的规定是公元前 1 世纪《圣经》中的摩西饮食规则，规定凡非来自反刍偶蹄类动物的肉不得食用，这被认为是出于食品安全性考虑而制定的规定。最早的关于食品安全的立法，是中世纪英国制定的《面包法》，这部法律是为了解决石膏掺入面粉、出售变质肉类等相关问题而制定的。最早的一部真正意义上的食品卫生法是 1906 年美国国会通过的《食品与药物法》，这是第一部对食品安全、诚实经营和对食品标签认定进行管理的国家立法。最早涉及食品标准与法规的是《食品法典》，它的演变历史可以追溯到古代，早期的世界历史文献显示一些当权者采用编纂法规的形式来保护消费者不会受到食品销售中不良行为的侵害，如亚述（Assyrian）的板片上记载了用以确定正确称量和度量谷物的方法；埃及的书卷中描述了某些食品的标识；在雅典，人们需检验啤酒和葡萄酒的纯度和卫生指标；而罗马人有一套组织完善的国家食品管理系统，保护消费者不会受到掺假或不良食品的伤害。结合这些标准和法规形式，在 1897～1911 年的奥匈帝国年间，世界上第一部包涵各种类型食品的标准及产品规定的全集——《奥匈食品法典》（Codex Alimentarius Austriacus）形成了，后期“食品法典”一词就是来源于奥匈帝国的这部法规。1963 年，世界上第一个政府间协调国际食品标准法规的国际组织——国际食品法典委员会成立了。食品认证认可体系的产生则是从 20 世纪 50 年代初，由化学工业开始应用 HACCP 体系的基本原理并逐渐延续应用至食品行业。

8.1.1.2　我国食品质量与安全管理体系的发展

我国食品安全标准体系始建于 20 世纪 60 年代，历经了初级阶段（20 世纪六七十年代）、发展阶段（20 世纪 80 年代）、调整阶段（20 世纪 90 年代）和巩固发展阶段（20 世纪 90 年代至今）四个阶段。“十三五”期间我国食品安全标准工作取得了显著成效。截至 2021 年 12 月，我国共发布了食品安全国家标准超过 1400 项，包括通用标准、产品标准、生产规范标准和检验方法标准四大类标准，涵盖指标 2 万余项。目前我国食品安全标准覆盖面达 90%以上，力争到 2035 年我国食品安全标准水平进入世界前列。为了适应社会的需求、国际市场的变化，我国早在 2002 年 5 月就由国家技术监督检验总局开始强制推行 HACCP 体系，要求凡是从事罐头、水产品（活品、冰鲜、晾晒、腌制品除外）、肉及其制品、速冻蔬菜、果蔬汁、含肉或水产品的速冻方便食品的生产企业在新申请卫生注册登记时，必须先通过 HACCP 体系评审，而目前已经获得卫生注册登记许可的企业，必须在规定时间内完成 HACCP 体系建立并通过评审。

8.1.2　食品质量与安全管理体系认证的意义

食品认证作为一种食品安全保障模式，对食品质量安全控制实施具有广泛深远的意义。

1. 对消费者　可减少食源性疾病的危害；可增强食品卫生意识；可增强对食品供应安全的信心；可促进经济社会稳定发展。

2. 对食品生产加工企业　可增强消费者和政府对企业的信任感；可增强企业法律意识，降低风险支出；可增加产品市场竞争机遇；可推进企业技术更新改进，降低生产成本，如美国 300 家肉类生产厂在实施 HACCP 体系后，通过技术改进对肉类制品中感染沙门菌检出在牛肉上降低了 40%，在猪肉上降低了 25%，在鸡肉上降低了 50%，所带来的经济效益不言而明；可提高产品质量特性；提高员工对食品安全参与积极性；可降低企业的商业风险。

3. 对政府　在提高和改善公众健康方面，能发挥更积极的影响；可改变传统的食品监管方式，使政府从被动的市场抽检，变为政府主动地参与企业食品安全体系的建立；可保障食品贸易的畅通，而非关税壁垒已成为国际贸易中重要的手段；可提高政府管理信心，增强国内企业竞争力。

8.1.3　食品质量与安全管理体系认证的分类

1. 体系认证　体系认证的对象是生产企业的管理体制，包括质量管理体系、环境管理体系等，体现的是保证能力，目前已经实施的食品相关管理体系认证有 ISO 9000 质量管理体系认证、ISO 14000 环境管理体系认证、ISO 22000 食品安全管理体系认证、HACCP 认证，这一类认证适用于食品的生产、加工、流通过程，如果脯蜜饯、果干、果汁、果酱和罐头类食品的生产企业。

2. 产品认证　产品认证的对象是特定的产品或服务，国家正式推出实施的食品、农产品认证，如有机产品认证、绿色食品认证、无公害农产品认证、饲料认证，另外还有行业部门的多种认证形式，如保健食品认证、安全饮品认证等。例如，我国对鲜食水果类的产品认证主要侧重于产地、环境和种植过程的全面质量控制，但产品认证环节，需要通过已拥有实验室认证认可资质的检测机构，提供数据去支撑产品认证的质量特征。

3．功能认证 包括各种生产许可认证，如行政许可、市场准入制度生产许可证等。

4．部分正在进行研究和试行的认证形式 包括良好农业规范（GAP）、良好生产规范（GMP）、良好卫生规范（GHP）、良好分销规范（GDP）、良好兽医规范（GVP）、良好生产规范（GPP）、良好贸易规范（GTP）、食品零售商采购审核标准（GFSI）认证等。我国的认证认可体系可以用图 8.1 表示。

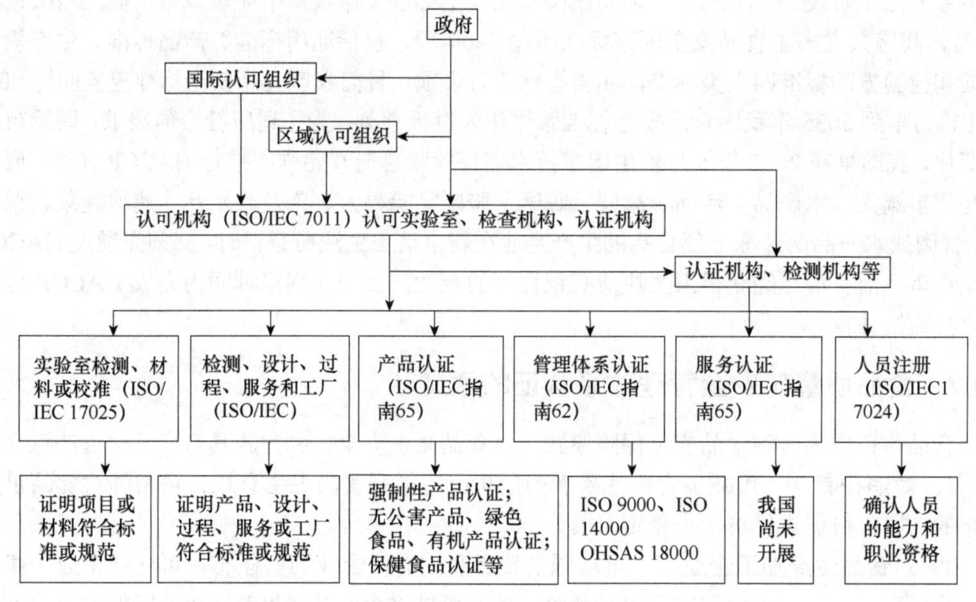

图 8.1　我国的认证认可体系

8.2　食品质量管理体系认证

随着社会、经济发展文明程度的提高，人们越来越关注食品营养、健康、安全的问题，这就要求食品生产、经营的企业在食品生产、操作、供给各环节有能力控制食品安全风险危害影响因素。消费者的期望、社会的责任、企业的诚信，使食品管理者、生产者、经营者都认识到，依靠强有力的法律、法规、标准，通过规范、严格的食品质量管理体系认证来指导企业、部门的管理、生产、经营活动，是保障、提升食品安全管理成效的最佳手段和途径。我国目前食品质量管理体系认证主要有 ISO 9000 质量管理体系认证、ISO 14000 环境管理体系认证、ISO 22000 食品安全管理体系认证、GMP 认证、SSOP 认证、HACCP 认证、实验室认证（认可）等。

8.2.1　ISO 9000 质量管理体系认证

ISO 是国际标准化组织（International Standardization Organization）的缩写，该组织是由各国标准化团体组成的世界性联合会。ISO 的主要功能是为人们制定国际标准达成一致意见提供一种机制。其主要机构及运作规则都在名为 ISO/IEC 技术工作导则的文件中予以规定。

ISO 组织的目的是在世界范围内促进标准化及有关工作的发展，以利于国际贸易的交流和服务，并鼓励在知识、科学、技术和经济活动中的合作，以促进产品和服务贸易的全球化。质量管理是在质量方面指挥和控制组织的协调活动，通常包括制定质量方针、目标及质量策划、质量控制、质量保证和质量改进等活动。实现质量管理的方针目标，有效地开展各项质量管理活动，必须建立相应的管理体系，这个体系就叫作质量管理体系（Quality Measurement System）。

1．ISO 9000 族标准概述　1980 年 ISO 决定成立“质量保证技术委员会”（TC176），并着手制定关于质量保证和质量管理的国际通用标准，从而促使了 ISO 9000 族标准的诞生，健全了质量保证体系认证制度。“ISO 9000”不是指一个标准，而是一族标准的统称。根据 ISO 9000-1：1994 的定义：“ISO 9000 族”是由 ISO/TC176 制定的所有国际标准。TC176 表征的是 ISO 中第 176 个技术委员会，它成立于 1980 年，全称是“品质保证技术委员会”，1987 年又更名为“品质管理和品质保证技术委员会”。TC176 专门负责制定品质管理和品质保证技术的标准。至今制定了 ISO 9000 族标准近 20 个，自 1987 年首次颁布实施以来，历经 1994 版、2000 版、2008 版、2015 版 4 次换版。

2．ISO 9000 族标准的结构　ISO 9000 族标准由 4 部分组成：4 个核心标准、1 个支持性标准（ISO 10012）、若干技术报告和宣传性小册子（表 8.1）。

表 8.1　2000 版 ISO 9000 系列标准的文件结构

核心标准		支持性标准和文件	
ISO 9000	质量管理体系——基础和术语	ISO 10012	测量控制系统
		ISO/TR10006	质量管理——项目管理质量指南
ISO 9001	质量管理体系——要求	ISO/TR10007	质量管理——技术状态管理指南
		ISO/TR10013	质量管理体系文件指南
ISO 9004	质量管理体系——业绩改进指南	ISO/TR10014	质量经济性管理指南
		ISO/TR10015	质量管理——培训指南
ISO 19011	质量和（或）环境管理体系审核指南	ISO/TR10017	统计技术指南，质量管理原则，选择和使用指南

ISO 9000 族标准遵循管理科学的基本原则，应用系统管理理论，强调自我完善与持续改进，识别组织产品/服务质量的有关影响因素，提出管理与控制要求，并且作为质量管理的通用标准，适用于所有行业/经济领域的组织。族标准的宗旨是通过提高组织经营的效果与效率，使所有相关方受益，包括让顾客满意；促进质量管理在全球范围的开展与提高；建立组织间交流与合作的“共同语言”；消除非关税壁垒，促进国际贸易的开展。汲取发达国家企业管理经验，通过认证方式能够找到一条加快转换经营机制、强化技术基础与完善内部管理的有效途径；强化质量管理，提高组织效益，增强客户信心，扩大市场份额；通过质量管理体系认证，获得国际贸易“通行证”，消除国际贸易壁垒，降低第二方审核成本；在产品/服务质量竞争中立于不败之地；有效避免产品/服务责任；有利于国际经济合作和技术交流。

3．ISO 9000 族的基本要求　影响产品质量的因素很多，确保影响产品质量特征的技术、管理和人的因素处于受控状态。无论是硬件、软件、流程、材料还是服务，都需要通过有效措施减少、消除不合格因素，尤其是预防不合格因素。ISO 9000 族标准的指导思想主要体现在以下几方面：①对所有过程进行质量控制；②所有过程都要建立预防为主的质量控制体系；③建立并实施文件化的质量体系；④持续的质量改进体系；⑤有效的质量体系应满足顾客和企业或组织内部双方的利益需要；⑥定期评价质量体系；⑦强调领导在质量管理中的关键作用。

4. 食品质量管理体系的建立与实施　质量管理体系的建立与实施一般包括质量管理体系的确立、质量管理体系文件的编制、质量管理体系的实施运行和质量管理体系的认证申请等。

（1）质量管理体系的确立：①首先最高管理者要决定建立质量管理体系，并统一各部门的思想。②确定企业管理者代表，贯彻落实质量管理标准（贯标）小组成员。③人员培训，提高员工的质量意识。④提供必要的资源，确保产品质量满足顾客的需求。⑤职能分配，即将所选择的质量要素分解成具体的质量活动，并将完成这些质量活动的相应职责和权限分配到各职能部门。⑥制订计划方案，使 ISO 9000 标准得到真正领会并付诸实施。

（2）质量管理体系文件的编制：①编制质量手册。质量手册至少包括质量方针、对质量有影响的相关人员的职责和权限、质量管理体系程序和说明、有关质量手册本身的信息。②编制程序文件。每个程序应包括目的和范围，应做什么，由谁来做，何时、何地及如何去做，应适用什么，如何进行控制和记录。③编制其他文件（作业指导书）。企业根据自身的生产工艺和作业特点，制订指导员工具体如何操作的文件。④记录。如实记录企业质量管理体系中每一个要素、过程、活动状态和结果，内容要真实、准确、可靠。

（3）质量管理体系的实施运行：①全员培训。②组织协调。组织协调主要是解决质量管理体系在运行过程中出现的问题。③内部审核和管理评审。内部审核是由企业自己来确定质量活动，其重点是审核质量管理体系程序是否与质量手册相协调；审核是否执行文件中的有关规定；审核是否需要按质量管理体系规定要求、自身要求和环境等条件变化进行改进。管理评审一般是在内部审核结束后，由最高管理者主持并定期进行，其主要内容包括组织结构的适宜性；质量保证模式与标准的符合程度、质量管理体系的有效性；质量方针的贯彻情况；产品质量情况等。

（4）质量管理体系的认证申请。一般来说，获得 ISO 9000 认证需要以下条件：①建立了 ISO 9000 标准要求的文件化的质量管理体系；②质量管理体系至少已运行 3 个月并被审核判定为有效；③外部审核时企业有效完成了一次或一次以上的内部审核，并能提供有效的证据；④外部审核时企业有效完成了一次或一次以上的管理评审，并能提供有效的证据；⑤监督质量管理体系持续有效，同意接受认证机构每年度审核或每三年的复审。

5. 质量管理体系认证的实施程序

（1）认证的申请。申请认证的基本条件：申请方持有法律地位证明文件；申请方建立实施了文件化的质量管理体系。

（2）认证申请的提出。申请方应根据自身的需要和产品特点确定申请认证的质量管理体系所覆盖的产品范围，并确认申请质量管理体系认证所采用的质量保证模式。

（3）认证申请受理和合同签订。认证机构收到正式申请后，审查符合规定要求，决定受理申请，并发出“受理申请通知书”，签订认证合同。

（4）建立审核组。在签订认证合同后，认证机构应建立审核组，审核组名单和计划一起向受审核方提供，由受审核方确认。审核组一般由 2～4 人组成，其正式成员必须是注册审核员，其中至少有一名熟悉申请方生产技术特点的成员。

（5）质量管理体系文件的审核。质量管理体系文件审核的主要对象是申请方的质量手册及其他说明质量管理体系的材料。审查的内容包括：了解申请方的基本情况；企业的产品；

生产特点、人员、设备和检验手段，以往质量保证能力的业绩等。

（6）现场审核。首先进行现场审核的准备，工作内容包括：确定现场审核的日期，制订审核计划，并征求受审核方意见。

8.2.2　ISO 14000 环境管理体系认证

1992 年联合国环境与发展会议上，与会代表强调了商业界和企业界在环境管理方面需要帮助的意愿，希望能够制定出可以规范环境行为、提高环境绩效的方法。ISO 14000 环境管理体系国际标准就是在这样的历史条件下应运而生的。

1. ISO 14000 标准概述　ISO 14000 是一个系列的环境管理标准，它涵盖了环境管理体系、环境审核、环境标志、生命周期分析等国际环境管理领域的环境质量管理规范，并通过法规方式规避或减少许多环境风险焦点问题，旨在指导各类组织（企业、公司）依法保护环境，有义务维护生态保护，也是企业必须依照的行为准则。ISO 14000 系列标准共预留 100 个标准号。该系列标准共分 7 个系列，其编号为 ISO 14001～ISO 14100，统称为 ISO 14000 系列标准。国际标准化组织在 1996 年 9 月公布第一批环境管理标准后不久，我国就将这 5 项国际标准等同转化，并在 1997 年 4 月 1 日由国家技术监督局作为国家标准 GB/T 24000 系列正式颁布。ISO 14000 这 5 个系列标准是：ISO 14001、ISO 14004、ISO 14010、ISO 14011、ISO 14012。其中，ISO 14001 是用于企业认证的唯一的审核标准与依据，所以通常讲的 ISO 14000 环境管理体系标准即指此标准。目前所使用的 ISO 14000 标准即 GB/T 24001—2016，等同 ISO 14001：2015 版本。

2. 企业实施 ISO 14000 的意义　主要如下：①对企业产生积极影响；②树立企业形象，提高企业的知名度；③促使企业自觉遵守环境法律、法规；④促使企业在其生产、经营活动中考虑其对环境的影响，减少环境负荷；⑤使企业获得进入国际市场的“绿色通行证”；⑥增强企业员工的环境意识；⑦促使企业节约能源，鼓励废弃物再生利用，降低经营成本；⑧促使企业加强环境管理。

3. ISO 14000 主要内容　ISO 14000 环境管理体系主要由环境管理体系标准和产品环境标准两部分组成。环境管理体系标准是针对企业环境管理需求而制定，包括环境管理体系、环境审核标准。环境管理体系是通过环境管理中相关的管理要素来规范企业的环境行为，对企业的环境管理活动提出基本要求；环境审核标准是评价企业环境管理体系的方法，类似评价工具；而环境行为评价则是评价企业的实施环境管理体系的最终结果，评价其适用性和有效性。产品环境标准是针对企业产品生产需求制定的。标准涉及生命周期分析，这是确定产品环境标准的理论基础和依据；产品环境标志的评价主要依据产品标准中的环境指标。

4. ISO 14001 环境管理体系要素

（1）环境方针。环境方针是保护、改善生态环境方面的宗旨和方向，是实施与改进组织环境管理的核心。

（2）策划。策划阶段包括环境因素、法律及其他要求、目标和指标及环境管理方案 4 个要素。

（3）实施与运行。本阶段共有 7 个要素，分别是机构和职责；培训、意识与能力；信息交流；环境管理体系文件；文件管理；运行控制；应急措施。

（4）检查和纠正措施。此过程中共包括 4 个要素，即监督与监测；不符合项的纠正与预防措施；记录；环境管理体系审核。

（5）管理评审。主要内容有：评审管理体系的有效性，评价环境管理体系的适用性。最终根据管理评审的结果，采取措施修订企业环境管理体系的有效性和适用性。

5．食品生产企业环境管理体系的建立与实施

（1）准备和策划阶段。包括领导决策、前期准备工作、初始评审等。

（2）环境管理体系文件的编制。环境管理体系文件包含三个层次内容：环境管理手册；环境管理体系程序文件；环境管理体系其他文件（作业指导书、操作规程等）。

（3）环境管理体系的运行。申请环境管理体系认证时，环境管理体系必须已经在企业内试运行 3～6 个月。环境管理体系的运行步骤主要包括：发布文件、全员培训、按体系文件要求运行。

（4）环境管理体系内部的审核。由内审员组成小组依据审核规则要求对企业的环境管理体系进行审核。内部审核是系统规范的、定期检查环境管理体系的一种主要方法。

（5）环境管理体系申请认证。申请认证的前期准备工作包括：依据 ISO 14000 标准，编制环境管理体系文件，按文件要求运行 3～6 个月，对运行中发现的问题进行了纠正措施，对体系的符合性和有效性进行了评价，同时进行了管理评审，全面评价了环境管理体系的适宜性、充分性和有效性。此时，企业可以申请第三方认证。

6．ISO 14000 的认证程序

（1）受理申请方的申请。认证机构接到申请方的正式申请书之后，将对申请方的申请文件进行初步审查，如果符合申请要求，与其签订管理体系审核/注册合同，确定受理申请。

（2）环境管理体系审核。认证机构正式受理申请方的申请之后，尽快组成审核小组，并任命审核组长，审核组中至少有一名熟悉申请方专业内容的专业审核人员或技术专家协助审核组进行审核工作。审核工作大致分为三步：文件审核；现场审核；跟踪审核。

（3）报批并颁发证书。根据注册材料上报清单的要求，审核组长对材料进行整理并填写注册推荐表，该表最后上交认证机构进行复审，如果合格，认证机构将编制并发放证书，将该申请方列入获证目录，申请方可以通过各种媒介来宣传，并可以在产品上加贴注册标识。

（4）监督检查及复审、换证。在证书有效期限内，认证机构对获证企业进行监督检查，以保证企业的环境管理体系符合 ISO 14001 标准要求，并能够切实、有效地运行。证书有效期满，或者企业的认证范围、模式、机构名称等发生重大变化后，该认证机构将受理企业的换证申请，以保证企业不断改进和继续完善其环境管理体系。

8.2.3 ISO 22000 食品安全管理体系认证

HACCP 作为科学、简便、实用的预防性食品安全控制体系，在世界各国得到了广泛的应用和发展。但是，在生产管理实践中发现 HACCP 也存在着一些不足和缺陷，即强调在管理中进行事前危害分析，引入数据和对关键过程进行监控的同时，忽视了它应置身于一个完善、系统和严密的管理体系中才能更好地发挥作用。为了弥补 HACCP 的不足，国际标准化组织于 2005 年 9 月 1 日发布了以 HACCP 为基础的 ISO 22000：2005 标准。ISO 22000 将食品安全管理范围延伸至整个食品供应链，管理控制食品供应链的各个环节，来确保食品安全。

1．ISO 22000 概述 ISO 22000：2005 是食品安全管理系列标准中的第一标准。国际标准化组织于 2018 年 6 月 18 日发布了 ISO 22000：2018 标准，标准指出，在制定和实施食品安全管理体系和提高其有效性时鼓励采用过程方法，以获得安全食品和服务的活动得以加强，并满足适用的要求。过程方法包括按照组织的食品安全方针和战略方向，对各过程及其相互作用，系统地进行规定和管理，从而实现预期结果。可通过采用 PDCA［“P”表示计划（plan）；“D”表示执行（do）；“C”表示检查（check）；“A”表示处理（action）］循环及基于风险的思维对过程和体系进行整体管理，从而有效利用机遇并防止发生非预期结果。

2．ISO 22000 食品安全管理体系的建立及认证流程

1）准备阶段　企业最高管理者承诺建立食品安全管理体系，任命食品安全小组组长，授权其按食品安全管理体系的要求建立和实施，设立 ISO 22000 食品安全小组，根据认证需要进行工作计划编制、宣传教育、培训人员、体系分析、要素展开、责任分派、文件编制、资源配备和体系建立等工作。

2）食品安全现状诊断　通过诊断识别方式能确认采取最合适的食品安全法律法规及其他要求，对照规程及规范，检查硬件设施，提出硬件改造方案，收集与加工和食品安全有关的各类管理文件、工艺、标准等，摸清生产操作实际情况，找出现行管理体系与 ISO 22000 标准的差距，进而确定需整改的环节。

3）体系策划与设计　体系策划阶段主要是依据“食品安全现状诊断”的结论，制订食品安全方针、目标，重新划分或明确企业组织机构和职责，编制实施方案，进行危害分析，并在危害分析的基础上，确定方案可行性。

4）食品安全体系文件的编制　整理现有的各类食品安全管理体系文件，并与 ISO 22000 的条款进行对照，确定要新编与修订的文件清单；为了使食品安全管理体系文件统一协调，如对内容、体例和格式等做出规定，达到规范化和标准化要求，应编制指导性文件；针对需要编写的文件，制订编写计划，在编写计划中应规定编写、讨论、审核、批准的进度、要求、完成日期和人员；食品安全管理体系文件的编写。文件编写完成后，应进行讨论、修改、最后进行审核和批准。

5）食品安全管理体系的实施运行

（1）试运行前的培训。食品安全管理体系试运行前，应进行食品安全管理体系文件的培训，使企业各部门人员明确食品安全管理体系文件的要求，明白自己该做什么，该怎么做。

（2）试运行前的准备。检查资源配置到位情况，确认硬件改造完成情况；制备各类印章、标签和标识用品、记录表格、表卡等；试运行前或运行初最好把计量工作做好；对已有的供应商进行评估登记；通过板报、标语等形式向企业员工宣讲食品安全方针、ISO 22000 认证计划等。

（3）试运行。试运行中重点关注操作可行性、对 HACCP 计划适用性和有效性的验证，具有对某单项结果验证分析评价能力。

（4）整改完善，正式运行。对试运行中的问题，应及时地采取纠正措施。

（5）食品安全管理体系文件内部审核。认证前，至少要进行一次食品安全管理体系文件内部审核，对审核中的不符合项采取纠正措施，加以解决。

（6）管理评审。认证前，至少进行一次管理评审，确保体系的充分性、适宜性和有效性。

6）审核认证

（1）认证申请与受理申请。企业向认证机构提出认证申请，并提交食品安全管理手册及有关文件和资料。认证机构对企业（受审核方）的申请资料进行初步检查，确定是否有受理申请。如果发现不符合的地方，认证机构通知企业进行修正或补充。

（2）第一阶段审核。认证机构对企业提供的质量管理手册等文件进行审查，如果发现不符合的地方，认证机构通知企业进行修正或补充。文件审核后进行第一阶段现场审核准备工作，包括确定现场审核日期、编制第一阶段现场审核计划和编制检查表。准备工作完成后进行第一阶段现场审核，审核组与组织的管理者、食品安全小组组长及有关人员会面沟通，说明第一阶段审核的目的、范围、内容、程序和方法，并陈述保密声明后，进行现场检查。检查内容有：了解组织情况、对体系文件进行补充审核、收集评审有关信息、现场调查审核持续改进机制，如调查过程中发现不符合项应及时开出不符合报告。在开具不符合项报告时应有合理依据，并注明“严重”或“一般”。现场审核结束前，召开交流会，审核组长向受审企业通报第一阶段审核结论，指出存在的不符合项，提出纠正要求，并确定第二阶段审核方案和具体事宜。第一阶段审核完成后，审核组应编制审核报告，报告内容包括审核实施情况与审核结论、发现的问题及下一步工作的重点。

案例：食品安全管理中 CCP 控制点设置的科学性及有效性

审核 ZYW 公司一间生产饼干的车间时，在配料车间，审核员发现有一个操作工正在进行配料，配料员很熟练地进行各物料的称量，并将它们混合在一起，审核员问操作员工，“你是怎么控制这些物料称量的？有没有做称量记录”，操作员工回答说“我是配料老员工了，我们主管配方的厂长将配料的方法告诉我，我就进行配料，为了配方保密，我们不做称量记录，几年来，我还没有配错过料。”审核员再问：“有没有人对你的配料进行核对？”操作员工回答：“配料是技术活，我们配料只有少数人掌握，称量不用核对，偶尔主管厂长来看看，都是我自己负责”。审核员查 HACCP 计划发现，配料是关键控制点，要控制食品添加剂的使用量，每槽料配料时都要记录食品添加剂的添加情况，主管每天要审查配料记录。

不符合报告表述情况如下。

受审核部门：生产部。审核所用标准条款：7.6.4 d）、e）、f）。不符合项类：一般。

不符合项/观察项描述：在配料间，配料员没有对使用食品添加剂进行记录，不能提供以往的食品添加剂使用记录。不符合 ISO 22000 中 7.6.4 的 d）监视频率；e）与监视和评价监视结果有关的职责和权限；f）记录的要求和方法，以及公司的 HACCP 计划中关键控制点“配料”中“要控制食品添加剂的使用量，每槽料配料时都要记录食品添加剂的添加情况，主管每天要审查配料记录”的规定。

（3）第二阶段审核。审核组综合考虑第一阶段审核结论及受审核方对不符合项的纠正情况，确定第二阶段最佳审核时间。在此基础上，审核组进行第二阶段的准备工作：确定现场审核日期、编制第二阶段现场审核计划、编制检查表。第二阶段准备工作完成后进行第二阶段现场审核，审核组召开首次会议确定现场检查事项后，进行现场检查并收集审核证据，现场审核后审核组召开会议进行内部评定，即审核组成员（受审核方不参加）汇总分析现场审核证据，确定不符合项，提出审核结论。

（4）企业对审核中的不符合项采取纠正措施。受审核企业制订纠正措施并运行实施，审核组验证纠正措施的有效性并给出结论。

（5）审批与注册认证。认证机构对审核组提出的审核报告进行全面审查。经审查，若批准通过认证，由认证机构颁发体系认证证书并予以注册。

8.3 食品安全与生产管理体系认证

安全食品是企业生产出来的。食品企业应当重视食品生产过程中的潜在风险危害，加强食品生产过程的管理控制，制订切实有效的控制措施，增强自身的责任意识，确保产品符合食品安全标准，保证食品安全，这是食品生产企业的基本义务，也是企业立足市场的基础。《食品安全国家标准 食品生产通用卫生规范》（GB 14881—2013）要求企业具备良好的生产设备、合理的生产过程、完善的质量管理和严格的检测系统，以确保食品质量符合标准。《食品安全法》第四十八条也明确规定，国家鼓励食品生产经营企业符合良好生产规范要求，实施危害分析与关键控制点（HACCP）体系，提高食品安全管理水平。HACCP 体系是一种在食品生产全过程中进行系统性管理的以预防为主的食品安全保证体系，现已成为国际上共同认可和接受的用于确保食品安全的体系。本章重点对 HACCP 的安全生产管理体系认证进行介绍。

8.3.1 HACCP 体系认证概述

8.3.1.1 HACCP 的创立

早在 20 世纪 50 年代初，化学工业就开始应用 HACCP 体系的基本原理，该原理的核心内容是 W. Edward Eming 提出的“全面质量管理原则”。在食品工业中应用 HACCP 体系的概念最初是由美国国家航空航天局（NASA）、陆军 Natick 研究所和美国承担开发宇航食品的 Pillsbury 公司于 20 世纪 60 年代为了生产百分之百安全的航天食品而共同开发的食品安全控制系统而提出的。随后在 1971 年美国第一次国家食品保护会议上 Pillsbury 公司公开提出了 HACCP 原理，立即被食品药品监督管理局（FDA）接受，并决定在低酸罐头食品的 GMP 中采用。FDA 于 1974 年公布了将 HACCP 原理引入低酸性罐头食品的 GMP。这是美国在联邦法规中首次采用有关食品生产的 HACCP 原理，也是国际上首部有关 HACCP 的立法。由美国农业部食品安全检验局（FSIS）、美国海洋渔业局（NMFS）、美国食品药品监督管理局（FDA）和美国陆军 Natick 研究所 4 家政府机关和大学及民间机构的专家组成的美国食品微生物学基准咨询委员会（NACMCF）于 1992 年采纳了食品生产的 HACCP 7 个原则。1993 年，国际食品法典委员会批准了《HACCP 体系应用准则》，1997 年颁发了《HACCP 体系及其应用准则》新版法典指南，该指南被广泛地接受并得到了国际上普遍的采纳。

8.3.1.2 HACCP 在中国的发展

中国 HACCP 的发展自 20 世纪 80 年代开始，起初对于 HACCP 的实施只是处于探讨和应对进口国的要求的发展。90 年代初，国家出入境检验检疫系统针对出口冻鸡肉、冻猪肉、冻烤鳗、冻虾仁、芦笋罐头、蜂蜜等食品生产过程中存在的质量安全问题及如何应用推广 HACCP 做了大量工作，陆续发布了《出口食品厂、库卫生要求》《出口畜禽肉及其制品加工企业注册卫生规范》等 9 个卫生注册规范。经过十多年的 HACCP 试行，HACCP 认证体系已经成为政府对出口食品安全管理控制的重要法规依据。2002 年 3 月，国家认证认可监督管理委员会（CNAB）发布了《食品生产企业危害分析与关键控制点（HACCP）管理体系认证管理规定》，为规范开展 HACCP 官方验证和第三方认证提供法规依据，由此拉开了我国食品企业 HACCP 认证的序幕。2004 年国家认证认可监督管理委员会发布了《基于 HACCP 的食品安全管理体系规范》，使全国范围内的食品生产企业和各认证机构对食品安全体系的建立和认证的实施有了统一的依据。在我国的《食品安全法》中鼓励有条件的企业积极推行 HACCP 认证。

案例：中国政府积极推动 HACCP 认证，为国家食品进出口贸易发展保驾护航

自 2021 年 10 月 1 日起，以上一年度进口量为准，韩国分阶段对进口泡菜产品的境外生产企业实施 HACCP 认证管理。2021 年 9 月 27 日，国家市场监督管理总局与韩国政府签署合作备忘录，产品认证要去按照韩国的 HACCP 标准进行综合性评估。近年来，中国政府积极推动食品企业进行 HACCP 认证，消除食品安全隐患，为经济发展保驾护航。

8.3.1.3 HACCP 的作用

HACCP 体系是一种以预防为主的食品生产过程安全控制体系，可最大限度地消除、减少食源性疾病，具体作用如下：①HACCP 体系是一种结构严谨的控制体系，它能够及时识别出整个生产过程中所有可能发生的危害（包括生物、化学和物理的危害），并在科学的基础上建立预防性措施。例如，它将加工企业对原料的要求传递给原料供应商，从而确保原料的安全性，减少食品的原始危害。②HACCP 体系是保证生产安全食品最有效、最经济的方法，因为其目标直接指向生产过程中的有关食品卫生和安全问题的关键环节，因此极大地减少了因产品缺陷带给消费者的风险。③HACCP 体系能通过预测潜在危害因素，提出控制措施，使新工艺和新设备的设计与制造更加容易和可靠，最大限度地保证食品安全的生产方式。④HACCP 体系为食品生产企业和政府监督机构提供了一种最理想的食品安全监测和控制方法，使食品质量管理与监督体系更完善、管理过程更科学。⑤HACCP 体系已被政府监督机构、媒介和消费者公认为目前最有效的食品安全生产控制体系，企业实施该体系，等于向公众证明企业是将食品安全视为首要任务，从而增加人们对产品的信心。⑥HACCP 体系已逐渐成为一个全球性食品安全生产控制体系，对提高促进食品安全贸易、企业开拓国际市场起到积极推动作用。

8.3.1.4 HACCP 体系认证应具备的基本条件及认证程序

企业要申请认证应满足几个基本条件：首先，产品生产企业应有明确法人及实体，产品有注册商标，质量稳定，且具有批量生产能力；其次，企业应按 GMP 和 HACCP 基本原理的要求建立和实施质量管理体系，并有效运行；最后，企业在申请认证前，HACCP 体系应至少有效运行三个月，至少做过一次内审，并针对内审中发现的不合格项实施确认、整改和跟踪验证。许多企业在建立体系之初，总希望获证越快越好，但随着工作的深入，企业就会认识到，建立和实施 HACCP 体系实际上是一个学习和实践的过程，必须要经过一个时间过程才能完成。要想顺利通过 HACCP 认证并取得成效，理解标准是前提，编好文件是基础，有效运行是保证，而每一个环节都需要时间作为基本保证条件。

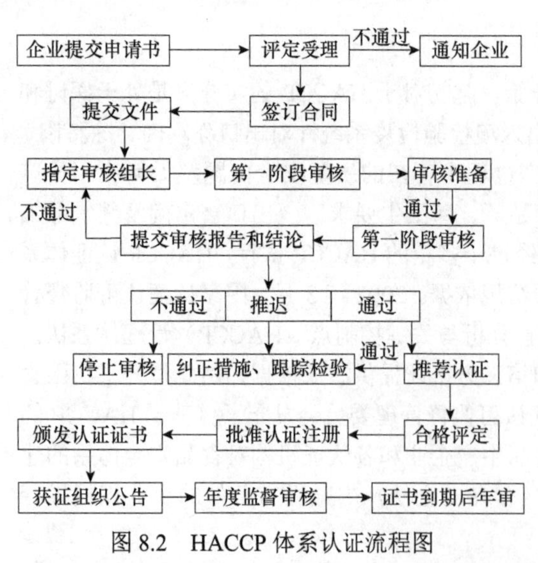

图 8.2 HACCP 体系认证流程图

当企业具备了以上的基本条件后，可向有认证资格的认证机构按认证程序提出意向申请。其步骤见图 8.2。

8.3.1.5　HACCP 体系认证的特点

HACCP 是一种生产过程质量保证体系，是一种预防性措施，是一种简便、易行、合理、有效的食品安全保证系统，其特点如下。

（1）HACCP 体系不是一个孤立的体系，而是建立在企业良好食品卫生管理体系基础上的，如企业已实施的 GMP、SSOP、职工培训、设备维护保养、产品标识、批次管理等都是 HACCP 体系运行的基础。如果企业的卫生条件很差，那么便不适合实施 HACCP 管理体系，而需要先建立良好的卫生管理规范。

（2）HACCP 体系是一种预防性的食品安全控制体系，而不是反应性体系。它要求在体系策划阶段，就对产品实现过程的各环节可能存在的生物、化学或物理危害进行识别和评估，从而有针对性地对原料供给、加工过程、包装贮存、流通消费等进行全过程控制，它改变了以终产品检验控制传统的管理模式，由被动控制变为主动控制。

（3）HACCP 体系的灵活性体现在它适用于任何食物链上的食品危害控制。危害控制措施根据企业产品特点、生产工艺来确定的，要反映出某一种食品从原材料到成品、从加工厂到加工设施、从加工人员到消费者消费方式等各方面的特性，具体问题具体分析，实事求是。

（4）HACCP 体系强调关键点的控制，在对所有潜在的生物、物理、化学危害进行分析的基础上来确定哪些是显著危害，找出关键控制点（CCP），在食品生产管理中将精力集中在解决关键问题上，而不是面面俱到。

（5）HACCP 体系是一个基于科学分析建立的体系，需要强有力的技术支持，可以寻找外援，吸收和利用他人的科学研究成果，但主要还是企业根据自身实验和数据进行确证分析，验证体系运行的有效性。

（6）HACCP 体系并不是没有风险，只是能减少或者降低食品安全中的风险。作为食品生产企业，光有 HACCP 体系是不够的，还要具备相关的检验、卫生管理等手段来共同配合控制食品安全生产。

（7）HACCP 体系不是僵硬、一成不变、理论教条、一劳永逸的模式，而是与实际工作密切相关的，是发展变化和不断完善的体系。它鼓励企业积极采用新方法和新技术，不断改进工艺和设备，培训从业人员，通过食物链上沟通，收集最新食品危害信息，使体系持续保持有效性。

（8）HACCP 体系是一个进行“实践—认识—再实践—再认识”的过程，而不是搞形式主义走过场。企业在制定 HACCP 体系计划后，要积极推行，认真实施，不断对其有效性进行验证，在实践中加以完善和提高。

（9）HACCP 体系具有高度的专一性和专业性，HACCP 小组成员须熟悉产品工艺流程和工艺技术，应了解掌握企业设备工艺特性、人员、卫生等要求，专业娴熟。HACCP 小组整体上具备建立、实施、保持和改进体系所需的专业理论和管理水平。

（10）HACCP 体系的有效性是以体系的预防性和针对性为基础的。虽然 HACCP 不是零风险体系，但 HACCP 对于减少食品安全危害的风险是非常有效的。

（11）HACCP 强调对体系过程的理解，需要企业与官方的有效交流、沟通。官方检验员通过确定危害分析是否能正确地控制或验证企业的 HACCP 实施效果，包括检查工厂、HACCP 计划和记录。

（12）HACCP 有助于改善企业与职能管理部门的关系及企业与消费者的关系，树立食品安全的信誉。

8.3.2 HACCP 体系认证的建立及运行

8.3.2.1 HACCP 的基本原理

1993 年，由联合国粮食及农业组织（FAO）和世界卫生组织（WHO）联合创建的国际食品法典委员会（CAC）开始鼓励各国食品企业在生产过程中使用 HACCP，其下属机构食品卫生委员会（The Food Hygiene Committee of Codex Alimentation Commission）起草了《HACCP 原理应用指导》，提出了 HACCP 七项基本原理。

原理一：进行危害分析并提出控制措施（conduct hazard analysis and identify control measures）。

原理二：确定关键控制点（identify critical control points，CCP）。

原理三：确定 CCP 的关键限值（critical limits，CL）。

原理四：建立 CCP 的监控体系（monitor each CCP）。

原理五：建立纠偏措施（establish corrective actions for critical limit deviations）。

原理六：建立审核程序（establish verification procedures）。

原理七：建立记录和文件管理系统（establish record-keeping system）。

8.3.2.2 危害分析

食品的危害分析是 HACCP 主要原理之一，也是企业实施 HACCP 体系的重要基础工作。所谓食品危害分析是指识别出食品中可能存在的给人们身体带来伤害或疾病的生物、化学和物理因素，并评估危害的严重程度和发生的可能性，以便采取措施加以控制。食品危害分析一般分为危害识别和危害评估。

1）*危害识别*（hazard identification） 食品中的危害一般可分为生物危害、化学危害和物理危害。

食品中生物危害包括病原性微生物、病毒和寄生虫。病原性微生物对人体健康造成的伤害包括食源性感染和食源性中毒。在适宜的环境如营养成分、pH、温度、水活度、气体（氧气）等条件下，微生物会快速繁殖，从而引起食物腐败变质。食品生产中常见的致病微生物包括肉毒梭菌、弧菌（霍乱弧菌、副溶血性弧菌、其他弧菌）、李斯特单胞菌、沙门菌、炭疽杆菌、结核杆菌、布鲁氏杆菌、志贺氏菌、致病型大肠杆菌和金黄色葡萄球菌等。

食品中化学危害可分为天然的化学危害、添加的化学危害和外来的化学危害。天然的化学危害来自物质内部自身形成的某种化学物质，如毒蘑菇。添加的化学危害来自食品添加剂的超标使用及超范围使用，或人为添加的非常规食品原料添加物，以及各类食品掺杂使假事件。外来的化学危害主要来源于农药兽药的使用和工业污染等途径。

物理危害是指在食品中发现的不正常有害异物，如食品中常见的金属、玻璃、碎骨等异物对人体的伤害。物理危害主要来源于植物收获过程、水产品捕捞过程、畜禽在饲养过程及食品加工过程中掺进的杂物。

2）*危害评估*（hazard assessment） 所谓危害评估就是对识别出来的食品危害是否构成显著危害进行评价。事实上只要控制显著危害，就是降低了食品危害风险系数。

一般应从两个方面来确定显著性危害：一是发生的可能性（风险性），二是一旦控制不当会给人们带来不可接受的健康损害（严重性）。在实际生产中，一般是根据工作经验、流行病学数据、客户投诉及现有的技术资料、信息来评估危害发生的可能性；通过政府部门、权威研究机构向社会公布的风险分析来判定危害的严重程度。需要注意的是，在进行危害分析时必须考虑到加工企业无法控制的因素，如销售、运输环节及食用方式等，这些因素应在食品包装上以适当的文字或图形加以说明，给消费者合适的信息，防止食品在食物链后期发生食品危害。对于消费群体的不同的饮食习惯，可能会产生的危害，某些食品应注明合适的消费人群，如儿童食用果冻就曾经发生过窒息死亡事件，鱼骨鱼刺对成年人来说通常不是危害，但对儿童就有可能构成危害。食品危害的识别和分析一般由食品企业 HACCP 体系负责小组来完成，也可以聘请技术专家指导完成。

3）控制措施（control measures）　控制措施是预防措施，而非纠正措施，即通过预先的行动来防止或消除食品危害的发生，或将其危害降到可接受的水平，控制措施主要是针对显著危害而言的。在实际中，可以有很多方法来控制食品危害的发生，有时一个显著危害只需一种控制方法就可以控制，有时可能同时需要几种方法来控制；有时一种方法也可以同时控制几种不同的危害。

（1）生物危害的控制措施。加热和蒸煮，可以使致病菌失活；冷却和冷冻，可以抑制细菌生长；发酵或 pH 控制，可以抑制部分不耐酸的细菌生长；添加盐或其他防腐剂，可以抑制某些致病菌生长；高温或低温干燥，可以杀死某些致病菌或抑制某些致病菌生长。

（2）化学危害的控制措施。一般可考虑从非污染区域和合格供应商采购食品原料，有条件的可以选择通过有机产品认证的食品原料。加工过程控制主要通过合理使用食品添加剂，使用无毒、食品专用清洁剂，严格禁止使用非食品原料制作食品和添加非食品添加剂产生的化学危害。

（3）物理危害的控制措施。一是靠预防，如通过供应商和原料控制尽可能减少杂质的掺入；二是通过金属探测、磁铁吸附、筛选、空气干燥机等方法控制；三是通过眼看、手摸等方法进行人工挑选。

8.3.2.3　HACCP 体系的运行

HACCP 体系建设在不同的国家有不同的模式，即使在同一国家，不同的管理部门对不同的食品生产过程推行的 HACCP 也不尽相同。表 8.2 为食品卫生法典委员会（CCFH）和美国食品微生物学基准咨询委员会（NACMCF）采用的 HACCP 内容。

表 8.2　CCFH 和 NACMCF 采用的 HACCP 内容

序号	主要内容	序号	主要内容
1	成立 HACCP 小组	7	确定关键控制点（原理二）
2	描述产品	8	确定关键控制点的关键限值（原理三）
3	确定产品预期用途及消费对象	9	建立关键控制点的监控制度（原理四）
4	绘制生产工艺流程图	10	建立纠偏措施（原理五）
5	现场验证生产工艺流程图	11	建立审核程序（原理六）
6	进行危害分析并提出控制措施（原理一）	12	建立记录和文件管理系统（原理七）

（1）成立 HACCP 小组。HACCP 小组应由具有不同专业知识的人员组成，必须熟悉企业产品的生产情况，有对不安全因子及其危害分析的知识和能力，能够提出防止危害的方法技术，并采取切实可行的监控措施。

（2）描述产品。对产品及其特性、规格与安全性进行全面描述，内容应包括产品具体成分、物理或化学特性、包装、安全信息、加工方法、贮存方法和食用方法等。

（3）确定产品预期用途及消费对象。特别要关注特殊消费人群，如老人、儿童、妇女、体弱者或免疫系统有缺陷的人。食品的使用说明书对适合何类人群消费、食用目的、如何食用等内容要有明示。

（4）绘制生产工艺流程图。流程图应包括生产过程各环节操作步骤，不可含糊不清，在制作流程图和进行系统规划的时候，应有现场工作人员参加，为潜在污染的确定提出控制措施，并提供便利条件。

（5）现场验证生产工艺流程图。HACCP 小组成员在整个生产过程中以“边走边谈”的方式对生产工艺流程图进行确认。如果有误，应加以修改调整，如改变操作控制条件、调整配方、改进设备等，应对偏离的地方加以纠正，确保流程图的准确性、适用性和完整性。

（6）进行危害分析并提出控制措施（原理一）。危害分析是 HACCP 最重要的一环，要求对可能出现危害、危害类型、危害程度进行定性与定量危害分析评估。对食品生产过程中每一个危害都要有对应的有效预防措施。这些措施和办法可以排除或减少危害出现，使其达到可接受水平。

（7）确定关键控制点（原理二）。用关键控制点去控制减少影响食品安全危害因素是实施 HACCP 的最终目标。危害控制可能需几个关键点，确定关键点是否具有可以防止、排除或减少食品安全的危害因素。HACCP 执行人员常采用判断树来认定关键控制点。

（8）确定关键控制点的关键限值（原理三）。关键限值是指保证食品安全的允许限值。关键控制限值决定了产品的安全与不安全、质量好与坏的区别。关键限值的确定，可参考有关法规、标准、文献、实验结果，如果一时找不到适合的限值，实际中应选用一个保守的参数值。在生产实践中，一般不用微生物指标作为关键限值。

（9）建立关键控制点的监控制度（原理四）。目的是跟踪加工过程，识别可能出现的偏差，确保所有关键控制点都在规定的条件下运行。监控可以是连续的，也可以是非连续的，即在线监控和离线监控。监控内容应明确，监控制度应可行，监控人员应掌握监控所应有的技能，如正确使用温湿度计、自动温度控制仪、pH 计、水分活度计及其他测定设备。

（10）建立纠偏措施（原理五）。纠偏措施是针对关键控制点控制限值所出现的偏差而采取的行动。纠偏行动要解决两类问题：一类是制订使工艺重新处于控制之中的措施；一类是拟定好关键控制点失控时的处理办法。

（11）建立审核程序（原理六）。审核的目的是确认制定的 HACCP 方案的准确性，通过审核得到的信息可以用来改进 HACCP 体系，了解实施的 HACGP 系统是否处于准确的工作状态中，能否做到确保食品安全，验证所应用的 HACCP 操作程序，是否还适合对过程中危害控制，是否正常、充分和有效，验证所拟定的监控措施和纠偏措施是否仍然适用。

（12）建立记录和文件管理系统（原理七）。记录是采取措施的书面证据，没有记录等于什么都没有做。保存的文件有：说明 HACCP 系统的各种措施（手段）；用于危害分析采用的数据；与产品安全有关的所做出的决定；监控方法及记录；用于采用危害分析的数据；与产品、安全有关的决定；监控方法及记录；由操作者签名和审核者签名的监控记录；偏差与纠偏记录；审定报告等及 HACCP 计划表；危害分析工作表；HACCP 执行小组会上报告及总结等。

8.3.3　HACCP 关键限值的确定与应用

当确定了关键控制点（CCP）后，HACCP 工作组必须在每个关键控制点的“安全”与可能“不安全”之间确定区分标准，这些限定的参数就称为关键限值（CL）。当产品落在这些关键限值以外时，则关键控制点失控，可能存在安全危害。

8.3.3.1　关键限值和操作限值的定义理解

1）关键限值（CL）　食品法典对关键限值（CL）的定义是“一种能区分可接受或不可接受的标准”，即关键限值（CL）是关键控制点（CCP）的每一个控制措施必须达到的安全限值和必须满足的标准。它是确保食品可接受与不可接受的界限指标。在确定了工艺过程中所有 CCP 后，下一步就是决定如何进行控制。首先确定建立产品安全还是不安全的指标项，以便将整个工艺控制在安全标准范畴内。CCP 的绝对允许极限，即用来区分安全与不安全的分界点，就是所谓的关键限值。如果超过了关键限值，那么就意味着这个 CCP 失控，产品可能存在潜在的危害。关键限值是保证食品安全的绝对允许限量，是 CCP 的控制标准。在生产过程中必须针对 CCP 采取相应的预防措施，保证加工过程符合此标准。对于一个特定的控制标准，CCP 只能有一个关键限值，或者是上、下两个关键限值。只要使所有的 CCP 都控制在这个特定的关键限值内，产品的安全就有了保证。关键限值一旦确定，就记录在 HACCP 控制图表上。

2）操作限值（operation limits，OL）　除了关键限值外，还有另一层控制有助于管理生产过程，那就是在关键限值内设定操作限值和操作标准。其中操作限值可作为辅助措施用于指示加工过程发生的偏差，这样在 CCP 超过关键限值以前就能及时调整生产工艺以保证控制过程有效运行。

操作限值（OL）是指由操作者操作来减少偏离关键限值风险，是比关键限值更严格的判定标准，参数水平或最大或最小。操作限值具有为生产管理行动提供某种缓冲余地的特征。有经验的企业家在实际生产中都设有操作界限，为了避免出现偏离关键限值调整工艺而采取的一种纠正措施。这样的设置允许在正常加工操作中有一定偏差，同时又保证不危及食品安全。例如，在冰淇淋生产中，热处理杀死致病菌的关键限值为 65.6℃/30min，为了确保不出问题，工艺参数可定为 68.5℃/30min，这个参数就是操作限值。

3）操作限值与关键限值的关系　操作限值不能与关键限值相混淆。在实际加工过程中，当监控值违反操作限值时，需要进行加工调整。加工调整是为了使加工回到操作限值内而采取的措施。加工调整不涉及产品，只是消除发生偏离操作限值的原因，使加工回到操作限值。加工人员可以使用加工调整避免加工失控并及时采取纠正措施，以防止产品返工，或造成产品的报废。按照操作限值执行 HACCP 体系能保证不会发生超过关键限值的情况，只有监控值违反了关键限值，才采取纠正措施。通常不将操作限值列入 HACCP 控制表，因为过多的控制指标会引起混乱。如果将建立的操作限值加入 HACCP 体系，就应将其载入文档，并在监控过程中认真执行。最好的办法就是将这些操作限值写在控制日志簿上，并使每一个参与监控的人都明白如何参照此内容确定关键限值，HACCP 工作组必须了解每个关键控制点安全标准及与之相关的影响因素。这些因素与关键控制点所控制的危害类型有关，并且必须是通过检验和观测能确定得到的可控参数。

8.3.3.2　关键限值的确定

1）关键限值有效性的确定　对于每个 CCP，通常存在多种选择方案来控制某种特定的显著危害。不同的控制通常需要建立不同的关键限值，选择关键限值的原则是：适宜、快速、准确、方便和可操作性强。最重要的是关键限值必须是一个可测量的因素，便于进行常规控制。通常采用的标准限值包括温度、时间、湿度、pH、水分活度、有效氯、外观和质地等感官指标。在实际操作当中，多用一些物理的、化学的指标；尽量不要用一些费时、费钱，又需要大量样品而且结果不均一的微生物学指标。

例如，为油炸牛肉饼的CCP设立CL，以控制致病菌，可有以下三种选择方案：选择1，CL值定为"无致病菌检出"；选择2，CL值定为"最低中心温度80℃；最少时间2min"；选择3，CL值定为"最低油温190℃；最大饼厚0.25in（1in=2.54cm）；最少时间2min"。显然，在选择1中所采用的CL值（微生物限值）是不实际的，通过微生物检验确定CL值是否偏离需要数日，很费时，CL值不能及时监控。此外，微生物污染带有偶然性，需大量样品检测，结果才有意义。微生物取样和检验往往缺乏足够的敏感度和现实性；在选择2中，以油炸后的牛肉饼中心温度和时间作为CL值，要比选择1更灵敏、实用，但存在着难以进行连续监控的缺陷；在选择3中，以最低油温、最大饼厚和最少油炸时间作为油炸工序CCP的CL值，确保了牛肉饼油炸后应达到的杀灭致病菌的最低中心温度和油炸时间，同时油温和油炸时间能得到连续监控（油温自动记录仪/传送网带速度自动记录仪）。因此，选择3是最快速、准确和方便的，是最佳的CL选择方案。为了设定关键限值，必须弄清与CCP相关的所有因素，每一个因素中区分安全与不安全的标准构成了关键限值。

2）*关键限值确定的科学依据*　选择关键限值应具有科学依据。HACCP小组成员应具有关于危害及加工中的控制机理等方面的知识，对食品安全界限有深刻的理解。然而，在许多情况下这些要求超出了公司内部专家的知识水平，因此就需要从外界获取信息。正确的关键限值需要通过实验研究、资料检索、法律标准、专家咨询等渠道收集信息，予以确定。可以通过科学文献中公布的数据、公司和供应商的记录、食品科学及生物技术参考书、政府食品卫生管理指南、进口国食品卫生法规标准作为关键限值确定的参考依据；通过咨询大学研究机构专家、食品科学家、微生物专家、病理专家、管理人员、工厂操作人员、设备制造商、化学清洁剂供应商和生产工程师等支撑实际生产中关键限值确定；通过对产品被污染过程的实验验证研究或有关产品的微生物检验，证实有关微生物危害的关键限值确定的有效性；通过计算机模型模拟确定微生物在食品体系中的生长、繁殖特性及危害特性的关键限值。

当然，在不少情况下，合适的关键限值未必容易找到，甚至非常困难，企业就应尽量选用一个保守的关键限值。用于确定关键限值的证明书和相关资料应予存档，作为HACCP计划的支持性文件。一个好的关键限值应该是：①直观；②易切实监测；③仅基于食品安全；④允许在规定时间内；⑤具备在可销毁或处理少量产品条件下就能采取纠正措施；⑥不能打破常规方式；⑦不是GMP或SSOP措施；⑧不能违背法规。

制定关键限值应该有充分的科学依据，如杀菌釜设施的温度是否分布均匀（有无死角），杀菌公式是否合理，能否充分杀死致病菌特别是肉毒梭菌的芽孢。必须强调的是，尽管微生物问题是HACCP提出过程的一个主要原因，但监测特定的病原菌作为HACCP的一部分是不现实的。HACCP关注的是在线监测和控制，由于最快的微生物检测方法也要24～48h才能得到结果，所以有必要采用其他类型的检测手段。当然，随着检测技术不断发展进步，在不远的将来，我们也许就能连续监控产品中的病原菌。

关键限值检测控制和临界值建立方法见《关键临界值最常用的标准》，该标准包括时间、温度、湿度水平、pH、滴定酸度、防腐剂含量、盐溶度、黏度等。许多操作工艺就是结合这些标准得到可靠的控制。总而言之，关键限值的确定是根据经验及实际情况而定的，如某食品关键限值确认指标见表 8.3 和表 8.4。

表 8.3　有关产品关键限值的例子

危害	CCP	关键限值
细菌性病原体（生物的）	高温灭菌	消灭牛奶中的病原体，需在≥70℃，不少于 15min 条件下
细菌性病原体（生物的）	干燥箱	质监部门对计量器具进行检定，配料严格按配方进行，确保限量添加的添加剂安全使用
细菌性病原体（生物的）	酸化	分批程序：产品质量≤100lb，浸泡时间≥8h；乙酸浓度≥3.5%，容积≤50gal（腌制食品中使 pH＜4.6 来防治梭状芽孢杆菌）

注：1lb＝453.59g；1gal＝3.785L

表 8.4　关键限值的确认依据例子

CCP	加工步骤	关键限值	判定依据
CCP1	原料肉接收	原料肉来自非疫区	某市对生肉运输、加工规定：原料肉检查动物产品检疫合格证明、非疫区证明（市外）、动物产品运载工具消毒证明，简称“三证”
CCP2	限量添加辅料计量称重	按配方的添加量进行准确添加；计量器具测量准确	质监部门对计量器具进行检定，配料严格按配方进行，确保限量添加的添加剂安全使用
CCP3	热加工	青岛火腿：炉内温度（85±1）℃、持续 100min 广味香肠：烘烤温度（50±1）℃、持续 150min；烘烤温度（60±1）℃、烘烤 80min；当炉内温度升至（85±1）℃时、烘烤 60min	相关的温度、时间达到此限值时食品未发生安全事故，见验证报告
CCP4	二次灭菌	压力 0.15～0.22MPa，灭菌罐水温 100～105℃，时间 10～15min	相关的温度、时间达到限值时食品未发生安全事故，见验证报告

当发生偏离关键限值时，根据生产过程中的产品标记特征，采取措施将加工过程的偏离调整到操作界限之内。具体纠正措施有：分离、隔离偏离期间的产品；对有问题产品和工艺过程，经过有资格的人员评估后进行销毁、返工、降级处理；分析产生的原因，验证、分析纠正措施是否有效，是否还需要改变 HACCP 计划。

8.3.3.3　关键限值的类型

构成关键限值的因素或指标可以是化学、物理或微生物方面的，这取决于将要在 CCP 实施控制的危害类型。

1）化学指标　该指标与产品原材料的化学危害或者与通过产品配方和内部因素来控制微生物危害的过程有关。相关化学指标有真菌毒素、pH、盐、水分活度的最高允许水平及是否存在致敏物质等。

2）物理指标　该指标与对物理或异物的承受能力有关，也会涉及对微生物危害的控制，如用物理参数控制微生物的生存及死亡。常见的物理指标有金属、筛子（筛孔大小和截流率）、温度、压力和时间。物理指标也可能与其他因素有关，当需要采取预防措施以确保无特殊危害时，物理指标可确定为一种持续安全状态。

3）微生物指标　除了用于控制原料无腐败外，应避免将微生物指标作为 HACCP 体系的一部分。因为微生物的检测必须在实验室中经培养后才能得到有关结果，一个过程往往需要几天。因此，如果加工过程中出现问题，不能根据微生物指标的检验结果及时采取措施，也许需要停产数天来等待结果。注意，微生物并不是均匀分布于某批产品中，极有可能漏检。只有在原料均匀，抽样具有代表性的情况下，微生物指标才可用于确定原料的取舍判断。

当通过 HACCP 为生产中所有的 CCP 制定了切实可行的关键限值后，就可将它们逐项填入 HACCP 控制表中，如表 8.5 所示。HACCP 控制表是 HACCP 计划中的关键文件之一，它记载了各个步骤中所有 CCP 方面的重要信息，这些信息可以独立成文，也可将它们集中于某一模式中。

表 8.5　酸奶加工过程中关键限值

CCP	加工步骤	潜在危害	预防措施	关键限值（CL）	监测频率	补救措施
CCP1	原料验收	生物性：腐败菌、致病菌、病毒。 化学性：农药、兽药、抗生素、防腐剂等。 物理性：奶中异物	入厂严格进行感官检验、理化检验和微生物检验	原奶酸度小于 18°T，抗生素和消毒剂不得检出，含菌量小于 5×10^5/mL，其他各项指标均应符合相应企业标准	每个批次	超标拒收
CCP2	巴氏杀菌	生物性：腐败菌、致病菌。 化学性：无。 物理性：无	温度，时间，压力监测采用自动控制和人员检查相结合	≥85℃，时间 10min，蒸汽压力 4MPa，杀菌后细菌总数小于 3×10^4/mL	微生物检测每个批次，温度、时间、压力在线监测	杀菌不合格重新杀菌
CCP3	冷却接种	生物性：腐败菌、致病菌。 化学性：无。 物理性：异物	控制室温度显示，发酵剂活力测定	温度<40℃，混合发酵剂活力大于 0.81，按 3%比例添加	每个批次	纠正制冷量/纠正冷却温度
CCP4	灌装发酵	生物性：腐败菌、致病菌。 化学性：无。 物理性：异物	pH 曲线或酸度现场监控	发酵温度为 40℃左右，终点酸度为 70～80°T	每个批次	无菌灌装

8.4　实验室管理体系认证

实验室认证（laboratory accreditation）又称为实验室认可，是权威机构或国际组织对有能力进行某项或某类检验的实验室的资质能力的承认，证明实验室（检测机构）的管理能力、技术能力能满足客户、法定管理机构要求，检测和校准数据可信、可比，具有一定的公信力。我国从 20 世纪 80 年代即开始了实验室认可活动，当时主要由中国国家进出口商品检验实验室认可委员会、中国实验室国家认可委员会分别进行认可工作。从 1990 年开始采用三种认可方式，即实验室认可、计量认证和质检机构审查认可，分别由国家市场监督管理总局的产品质量安全监督管理司、计量司、标准技术管理司主管。

1．实验室认可的目的与意义　　实验室认可表明：具备了按相应认可准则开展检测和校准服务的技术能力；增强市场竞争能力，赢得政府部门、社会各界的信任；获得签署互认协议方国家和地区认可机构的承认；有机会参与国际合格评定机构认可双边、多边合作交流；可在认可的范围内使用 CNAS 国家实验室认可标志和 ILAC 国际互认联合标志；列入获准认可机构名录，提高知名度。

2．实验室认可所依据的标准和规则　　目前，ISO 和 IEC 发布了 2005 版的 ISO/IEC 17025

标准《检测和校准实验室能力的通用要求》。ISO/IEC 17025 标准主要包括：定义、组织和管理、质量体系、审核和评审、人员、设施和环境、设备和标准物质、量值溯源和校准、校准和检测方法、样品管理、记录、证书和报告、校准或检测的分包、外部协助和供给等在实验室认可中要遵循的原则，依靠这些原则方可保证实验室认可目标的实现，保证认可活动规范、有效地进行。

3．实验室认可原则与流程　根据中国实验室国家认可委员会（CNACL）制定的《实验室认可管理办法》中 4.2 的规定说明实验室认可原则：①自愿申请。在我国实验室认可完全是实验室自身自愿的行为。②非歧视原则。任何实验室，无论其隶属关系，级别高低、规模大小、所有制形式，只要能满足认可准则的要求，均可获得认可。③专家评审。为保证认可的客观公正性和科学性，由训练有素的技术专家（主要是由 CNACL 聘用的注册评审员和技术专家）担任评审，而非由政府官员来完成。④国家认可。在我国实验室认可只能由 CNACL 代表国家进行。获得认可的实验室，其技术能力和所出数据得到国家承认。

在遵循上述实验室认可的原则前提条件下，其认可流程如下。

1）*初次认可*

（1）提出申请意愿。申请方可以任何方式向 CNAL 表示认可意向，如来访、电话、传真、电子邮箱及其他电子通信方式。CNAL 秘书处应向申请方提供最新版本的认可规则和其他有关文件。

（2）正式申请。申请方提供申请资料，并交纳申请费用。CNAL 秘书处审查申请资料。对 CNAL 的相关要求基本了解，质量管理体系正式运行超过 6 个月，且进行了完整的内审和管理评审，申请方的质量管理体系及技术活动处于稳定运行状态，则可予以正式受理，并在 3 个月内安排现场评审。如因申请方造成延误，应进一步了解情况，需要时，征得申请方同意后可进行初访（费用由申请方负担），以确定申请方是否具备在 3 个月内接受评审的条件。如申请方不能在 3 个月内接受评审，则应暂缓正式受理申请。在资料审查、协商或初访过程中 CNAL 应将所发现的与认可条件不符合之处通知申请方，以便其采取相应的措施。当申请方的申请得到正式受理后，只要可能，将要求申请方必须参加适宜的能力验证计划。

（3）评审准备。CNAL 秘书处指定评审组并征得申请方同意。评审组审查申请方提交的质量管理体系文件和相关资料，发现文件不符合要求时，评审组长应以书面方式通知申请方采取纠正措施。秘书处根据评审组长的提议，认为需要时，可与申请方协商进行预评审。预评审只对资料审查中发现的问题进行核实或做进一步了解，不做咨询，但须向秘书处提交书面的预评审报告。在申请方采取纠正措施并经过运行验证解决发现问题后，评审组长方可进行现场评审。文件审查通过后，评审组长与申请方商定现场评审的具体时间安排和评审计划，报 CNAL 秘书处批准后实施。需要时，CNAL 可在评审组中委派观察员。

（4）现场评审。评审组依据 CNAL 的认可准则、规则和政策及有关技术标准对申请方申请范围的技术能力和质量管理内容进行现场评审。CNAL 重点把申请方现场检验技术能力验证作为是否给予认可的重要依据。除此之外，评审组还要对申请方的授权签字人进行考核。CNAL 要求授权签字人必须具备以下资格条件：第一，具有必要的专业知识和相应的工作经历，熟悉授权签字有关检测、校准程序，能对结果做出正确的评价；第二，熟悉认可规则和政策、认可机构义务，以及具有认可标志检测、校准报告或证书的使用规定；第三，本岗位专业责任人，有相应的管理职权。现场评审结论分符合、基本符合、不符合三种。评审组长应在现场评审末次会议上，将现场评审报告复印件提交给被评审方。被评审方在表明态度按要求进行整改后，应拟订并提交纠正措施计划，提交给评审组长，并在规定期限内完成。评审组长应对纠正措施的有效性进行验证。待纠正措施验证后，评审组长将确认意见连同现场评审资料报 CNAL 秘书处。

（5）评定。CNAL 秘书处负责将评审资料及所有相关信息（如能力验证、投诉、争议等）提交给评定委员会，评定委员会对申请方与认可要求的符合性进行评价并作出决定。评定结果可以是同意认可、部分或全部不认可、部分或全部暂停认可三种类型之一。

（6）批准发证。CNAL 秘书长经授权签发认可证书，认可证书有效期为 5 年。CNAL 秘书处负责将获得认可的机构及其被认可范围列入已认可机构名录，予以公布。未被批准认可的申请方，自被通知起 6 个月之内不得再向 CNAL 秘书处提出申请。

2）扩大、缩小认可范围

（1）扩大认可范围。扩大认可范围的认可程序与初次认可相似。对于原认可范围中的相关业务能力的简单扩充，不涉及新的技术和方法，可以进行资料审查后直接批准。

（2）缩小认可范围。如果已认可机构自愿申请缩小其原认可范围，该业务范围变动意味着认可机构已不具备原认可范围中的部分能力，或通过监督评审、复评审能力验证的结果表明该认可机构在某些检测、校准项目的技术能力或质量管理不再满足认可要求，且在 CNAL 规定的时间内不能恢复，可以进行缩小认可范围评定工作。缩小认可范围的建议由 CNAL 秘书处提出，经评定委员会评定或秘书长经 CNAL 主任授权做出认可决定。

3）监督评审　监督评审是为了证实已认可机构在认可有效期内持续地符合认可要求，并保证在认可规则和认可准则修订后，及时将有关要求纳入质量体系。监督评审分为定期监督评审和不定期监督评审。

4）复评审　在到期前 6 个月向 CNAL 提出复评审申请。CNAL 在认可有效期到期前应根据已认可机构的申请组织复评审，以决定是否延续认可至下一个有效期。复评审的程序与初次认可一致。

5）认可的变更　已认可机构在发生下述变化时，应在变更后一个月内以书面形式通知 CNAL，如已认可机构的名称、地址、法律地位发生变化；已认可机构的高级管理人员、技术人员、授权签字人发生变更；认可范围内的重要试验设备、环境、检测、校准工作内容及检测项目发生重大改变等。

8.5 食品质量与食品安全管理体系认证的关系

8.5.1 ISO 9000 与 ISO 22000 的关系

ISO 9000 与 ISO 22000 管理体系主要有以下几个特点。

（1）定义的范畴及手段不同。ISO 9000 质量管理体系比 ISO 22000 所覆盖的范围更广泛，几乎涉及企业管理的各环节，构建了较为科学完整的管理体系模型，适合很多领域实施应用。但它只是提出管理要求，从管理层面提出风险防范，不涉及具体的管理方法手段，突出“层面”管理，可为各类企业提供管理体系平台建立。ISO 22000 食品安全管理体系紧扣食品生产专业特征，以食品卫生管理为主线，针对食品生产加工的具体过程提出了管理方法和手段，适用于所有食品企业，食品安全管理是食品生产企业管理的主“线”，其中危害分析和关键控制点则是体系质量安全控制核心，可对关键环节提供科学、系统的控制方法，是食品安全生产管理的“点”。

（2）控制对象不同。这两种管理体系一般在绝大多数食品企业都不能相互替代。根本原因就在于重点控制的对象不同，采取的措施也不尽相同。ISO 9000 质量管理体系控制的对象相对较宽泛，而 ISO 22000 食品安全管理体系所关注的是涉及消费者健康的所有食品安全质量问题，即各环节涉及食源性食品安全问题可能引起对人体健康产生危害控制。

（3）从理论基础看，各种管理体系的理论借鉴都来源于系统论、信息论和控制论（简称“三论”）。同时 ISO 9000 质量管理体系与 HACCP 也不例外。“三论”在安全、卫生、质量管理体系方面的具体应用体现在：强调全面、全员、全过程；信息的有效获取（输入）、信息正确传递、信息分析整理、信息的反馈（输出）等；突出以目标为导向，采取各种措施对组织相关过程实现控制，从而实现过程的控制有效。

（4）从体系性质看，都是预防性体系。在系统分析的基础上，确定合理的过程，依靠管理层全面承诺和全员参与，对过程加以有效控制，从而确保持续生产出质量、卫生、安全的合格产品，而不是依赖对最终产品的检验。

（5）从体系结构看，都是采取过程方法。通过识别组织内部相互关系、职责管理、资源管理、产品实现及测量、分析和改进等要素，形成“计划→执行→检讨→改善”有序循环，促进企业生产、管理的持续改进。特别是能使食品安全管理体系与质量管理体系很好地融合，这也是 ISO 标准组织决定全球在食品企业推广 ISO 22000 食品安全管理体系主体思想之一。

（6）从体系方法看，都采用了产品标识保证可追溯性、体系内审（验证）和管理评审、过程的监测和测量、不合格品的控制、纠正和预防措施、人员培训、数据统计分析和信息管理方法，要求建立文件化体系的模式。

（7）从认证角度看，两种管理体系都可纳入合格评定程序，都有客观的评定依据（国际标准或认证规范性文件规定），都需要得到消费者、社会或政府管理部门的认同。

8.5.2　ISO 9000 与 HACCP 的关系

ISO 9000 适用于各种产业，而 HACCP 只应用于食品行业，强调保证食品的安全、卫生。有些国家的水产业采用 ISO 9000 族标准，如丹麦、新西兰等国，从我国水产业已实施成效分析，ISO 9000 族标准在加工技术相对简单、产品性质主要强调安全和风味的水产品加工业的应用还难以推行，除有国际的因素外，ISO 9000 质量管理体系文件繁杂、费用较高等也是影响其广泛应用的主要因素。美国食品药品监督管理局（FDA）的态度是：企业获得 ISO 9000 证书会有利于加快 HACCP 认证步伐，但不能代替危害分析也不能代替 HACCP 计划，即 ISO 9000 不能代替 HACCP 担负的解决产品安全的任务，欧盟则要求涉及水产品运往欧盟业务的加工商须执行 HACCP 的要求。HACCP 与 GMP、SSOP、ISO 9000 的关系如图 8.3 所示。

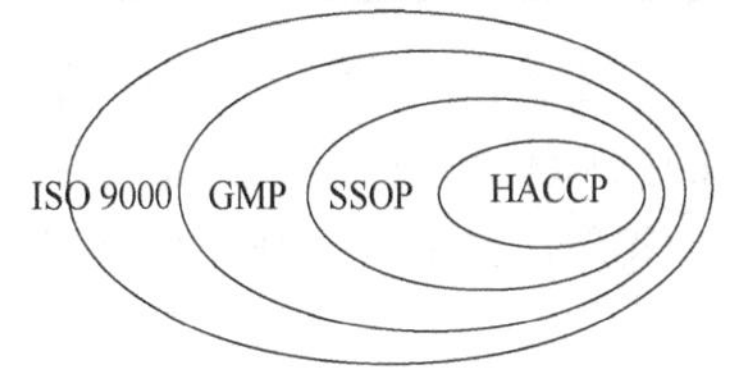

图 8.3　ISO 9000 与 GMP、SSOP、HACCP 的关系

8.5.3　ISO 22000 与 HACCP 的关系

ISO 22000 标准是一个适用于整个食品工业链的食品安全管理体系。它将食品安全管理体系从侧重对 HACCP 七项原理、GMP（良好生产规范）、SSOP（卫生标准规范）等技术方面的要求，扩展到整个食品链，并作为一个体系对食品安全进行管理，增加了运用的灵活性。同时，ISO 22000 标准的条款编排形式与 ISO 9001：2000 一样，它可以与企业其他管理体系，

如质量管理体系和环境管理体系相结合，更有助于企业建立整合的管理体系。

HACCP 作为一个系统化的方法，是食品生产加工业确保食品安全的基础，其作用是防止食品生产过程（包括制造、储运和销售）中食品有害物质的产生。HACCP 不是依赖对最终产品的检测来确保食品的安全，而是将食品安全建立在对加工过程的控制上，以防止食品产品中的可知危害或将其减少到一个可接受的程度。

ISO 22000 标准和 HACCP 体系都是一种风险管理工具，能使实施者合理地识别将要发生的危害，并制订一套全面有效的计划，来防止和控制危害的发生。ISO 22000 标准和 HACCP 体系在方针、规划、实施和操作、绩效评估、改进、管理评审等许多方面都有着共同之处。ISO 22000 标准和 HACCP 体系内容对比见表 8.6。

表 8.6　ISO 22000 与 HACCP 内容对比

序号	HACCP	ISO 22000
1	HACCP 小组组成	食品安全小组长
2	产品描述	产品特性
3	识别预期用途	预期用途
4	确立流程图	流程图
5	现场验证生产流程图	加工步骤和控制措施的描述
6	危害分析	现场确认流程图
7	确定 CCP	可接受水平的描述和危害评价
8	建立 CL 值	危害评估
9	建立监控体系	关键控制点的确定
10	建立纠偏措施	确定 CCP 的 CL 值
11	建立验证程序	关键控制点建立监控体系
12	建立文件和记录保持程序	验证的策划
13		体系的建立和验证
14		文件要求
15		设计必备方案
16		前提要求

HACCP 本质上是一种预防食品安全危害的体系，它是源于企业内部对某一产品安全性的控制体系，以生产全过程的监控为主；而 ISO 22000 标准适用于整个食品链工业的食品安全管理，且 ISO 22000 是对 HACCP 体系从几个方面予以了强化，不仅包含了 HACCP 体系的全部内容，并融入企业的整个管理活动中，体系完整、逻辑性强，属食品安全保证体系。ISO 22000 是为食物链上的任何组织设计的，生产商、供应商、加工商、分销商、零售商和食品服务的组织都可以使用。

与 HACCP 相比，ISO 22000 标准具有以下特点。

（1）标准适用范围更广。突出了体系管理理念，将组织、资源、过程和程序融合到体系之中，使体系结构与 ISO 9001 标准结构完全一致。ISO 22000 标准适用范围为食品链中所有的企业类型，比原有的 HACCP 体系范围要广。

（2）强调了沟通的作用。沟通是食品安全管理体系的重要原则。顾客要求、食品监督管理机构要求、法律法规要求及一些新的危害产生的信息，须通过外部沟通获得，以获得充分的食品安全相关信息。通过内部沟通可以获得体系是否需要更新和改进的信息。

（3）体现了对遵守食品法律法规的要求。ISO 22000 标准不仅在引言中指出“本标准要求组织通过食品安全管理体系以满足与食品安全相关的法律法规要求”，而且标准多个条款都要求与食品法律法规相结合，充分体现遵守法律法规是建立食品安全管理体系前提之一。

（4）提出了前提方案、操作性前提方案和 HACCP 计划的重要性。“前提方案”是整个食品供应链中为保持卫生环境所必需的基本条件和活动，它等同于食品企业良好生产规范。操作性前提方案是为减少食品安全危害在产品或产品加工环境中引入、污染或扩散的可能性，通过危害分析确定的方案。HACCP 也是通过危害分析确定的，只不过它是运用关键控制点通过关键限值来控制危害控制措施。两者区别在于控制方法或控制的侧重点不同，但目的都是为防止、消除食品安全危害或将食品安全危害降低到可接受水平的行动或活动。

（5）强调了“确认”和“验证”的重要性。“确认”是获取证据，用于证实由 HACCP 计划和操作性前提方案安排的控制措施是有效的。ISO 22000 标准在多处明示和隐含了“确认”要求或理念。“验证”是通过提供客观证据对规定要求已得到“满足”的认定，目的是证实体系和控制措施的有效性。ISO 22000 标准要求对前提方案、操作性前提方案、HACCP 计划及控制措施组合、潜在不安全产品处置、应急准备和响应、撤回等都要进行验证。

（6）增加了“应急准备和响应”规定。ISO 22000 标准要求最高管理者应重点关注可能出现的食品安全紧急情况或事故的潜在问题，要求组织具有应急识别潜在事故（件）和紧急情况能力，组织具有策划应急准备和响应措施，并保证实施这些措施所需要的资源和程序。

（7）建立可追溯性系统和对不安全产品实施撤回机制。ISO 22000 标准提出了对不安全产品采取撤回要求，充分体现了现代食品安全的管理理念。要求组织建立从原料供方到直接分销商的可追溯性系统，确保交付后的不安全产品，利用可追溯性系统，能够及时、完全地撤回，尽可能降低和消除不安全产品对消费者的伤害。

综上所述，ISO 22000 认证具有实用性广、一致性高的优点，同时也有专业性低、针对性差的缺陷（相对于食品行业，和现有的各类 HACCP 认证相比较）。在我国目前市场状况下，政府推行 ISO 22000 认证时，应审慎处理与 HACCP 认证的关系，制定政策时，要注意与现实状况的衔接与配合，从而从制度上推进 ISO 22000 认证的实施应用。

8.5.4　HACCP 与 GMP、SSOP 的关系

HACCP、GMP、SSOP 共同的目的都是使企业具有完善、可靠的食品安全卫生质量保证体系，确保生产出安全的食品，保障消费者的安全和健康。GMP、SSOP 控制的是一般的食品卫生方面的危害。GMP、SSOP 是制定和实施 HACCP 计划的基础和前提。SSOP 计划中的某些内容可以列入 HACCP 计划内。仅仅实施 GMP 和 SSOP，企业要靠事后检验解决一般的食品卫生问题。如果企业在满足 GMP 和 SSOP 基础上实施 HACCP 计划，则可以将食品安全的显著危害预防、控制和消灭在事前。

1. HACCP 与 GMP 的关系　GMP 不仅规定了一般的卫生措施，也规定了食品符合卫生要求防止变质的措施。GMP 把保证食品质量的工作重点放在从原料采购到成品及其贮存运输的整个生产过程的各环节上，而不是仅仅着眼于最终产品上，这一点 HACCP 与 GMP 是一致的。两者之间的区别主要是：HACCP 依据食品生产厂及其生产过程不同而不同，而 GMP 适用于所有相同类型产品的食品生产企业；HACCP 是针对每一个企业生产过程的特殊原则，而 GMP 体现了食品企业卫生质量管理的普遍原则；HACCP 着重控制保证食品安全的

关键控制点，而其他一般控制点由 GMP 控制；HACCP 突出对重点环节的控制，以点带面来保证整个食品加工过程中食品的安全，GMP 则是对食品生产过程中的各个环节各个方面都制定出具体的要求，是一个全面控制系统；从 HACCP 和 GMP 各自特点来看，GMP 是对食品企业生产条件、生产工艺、生产行为和卫生管理提出的规范性要求，而 HACCP 则是动态的食品卫生管理方法；GMP 要求是硬性的、固定的，而 HACCP 是灵活的、可调的。

HACCP 和 GMP 在食品企业卫生管理中所起的作用是相辅相成的。通过 HACCP 系统，我们可以找出 GMP 要求中的关键点，通过运行 HACCP 系统，可以控制这些关键点达到标准要求。掌握 HACCP 的原理和方法还可以使监督人员、企业管理人员具备敏锐的判断力和危害评估能力，有助于 GMP 的制定和实施。GMP 是食品企业必须达到的生产条件和行为规范，企业只有在实施 GMP 规定的基础之上，才可使 HACCP 系统有效运行。控制 CCP 并不是孤立的，只控制某一点不可能保证提高食品安全效果。缺乏基本卫生和生产条件的企业是无法开展 HACCP 工作的，所以说，GMP 是 HACCP 的基础，GMP 和 HACCP 对一个想确保产品卫生质量的企业来讲是缺一不可的。

2. HACCP 与 SSOP 的关系 1996 年美国农业部 FSIS 发布的法规中，要求肉禽产品生产企业在执行 HACCP 时，必须执行 SSOP，即把执行卫生标准操作程序作为改善其产品安全、执行 HACCP 的主要前提。SSOP 强调食品生产车间、环境、人员及与食品接触的器具、设备中可能存在的危害的预防及清洗（洁）的措施。与产品或其加工过程中某个加工步骤有关的危害由 HACCP 控制，与加工环境或人员有关的危害由 SSOP 控制。需要注意的是，某种危害是需要 HACCP 控制还是 SSOP 控制并没有明显的区分，如对食品过敏源的控制，可以在 SSOP 中“与食品接触的表面卫生状况和清洁程序”及“标签”中加以控制，同时也可作为 CCP 进行控制。一些由 SSOP 控制的显著危害在 HACCP 中可以不作为 CCP，而只由 SSOP 控制。从而使 HACCP 中的关键控制点更简化，使 HACCP 更具针对性。事实上，显著危害正是通过 HACCP 关键控制点和 SSOP 的有机组合而被有效地控制。当 SSOP 被包含在 HACCP 中时，HACCP 变得更为有效。

3. GMP 与 SSOP 的关系 SSOP 是企业以 GMP 法规的要求为基础，根据企业的具体情况自己编写的书面计划，通过书面 SSOP 计划控制厂内卫生状况和操作并对其进行监测，以确保企业的卫生状况达到 GMP 的要求。SSOP 与良好生产规范的概念相近，但是它们分别详细描述了为确保卫生条件而必须开展的一系列不同活动。实际上 SSOP 是 GMP 中最关键的基本卫生条件，也是在食品生产中实现 GMP 全面目标的卫生标准操作程序。就管理方面而言，GMP 指导 SSOP 的开展。SSOP 包括各种规定的说明，这些说明主要解释卫生操作前和卫生操作过程中预防产品直接污染的有关要素。SSOP 强调食品生产车间、环境、人员及与食品接触的器具、设备中可能存在危害的预防及清洗（洁）的措施。

综上所述，HACCP 与 GMP、SSOP 的关系，实际上是一个三角关系（图 8.4），整个三角形代表一个食品安全控制体系的主要组成部分。从中可以看出，GMP 是整个食品安全控制体系的基础，SSOP 计划是根据 GMP 中有关卫生方面的要求制定的卫生控制程序，是执行 HACCP 计划的前提计划之一；HACCP 计划则是控制食品安全的关键程序。这里需要强调的是，任何一个食品企业都必须首选遵守 GMP 法规，然后建立并有效实施 SSOP 计划和其他前提计划。GMP 与 SSOP 是互相依赖的，只强调满足卫生方面的 SSOP 及其对应的 GMP 条款而不遵守 GMP 其他条款也是错误的。

但是从 CAC/RCP1—1969，Rev.（1997）《食品卫生通则》和我国的《出口食品生产企业卫生要求》等 GMP 法规看，GMP 中包括了 HACCP 计划。因此，GMP、SSOP 与 HACCP 应具有图 8.4 所示关系。

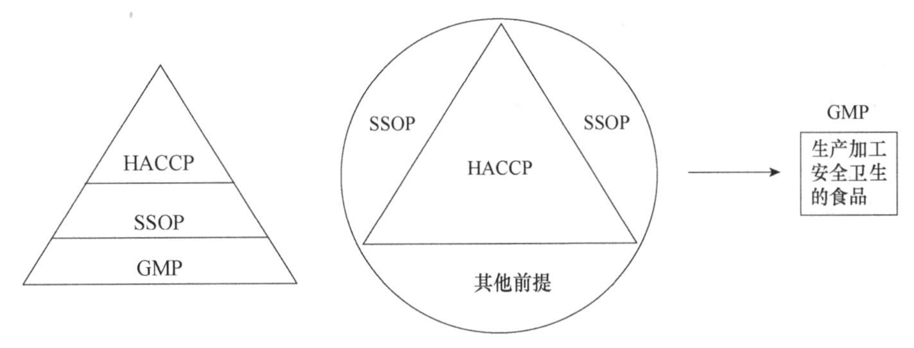

图 8.4　HACCP 与 GMP、SSOP 的关系

由图 8.4 可知，HACCP 的制定和实施，更好地发挥了 GMP、SSOP 体系确保食品安全卫生的特点优势。简言之，执行 GMP 的核心是 HACCP，基础是 SSOP 有机结合。如果企业没有达到 GMP 规范的要求，没有制定和有效实施 SSOP，那么 HACCP 计划就是空中楼阁，就难以保证食品的安全。

8.5.5　实验室认可与 ISO 9000 的关系

ISO 9000 认证只能证明实验室已具备完整的质量管理体系，即向顾客保证实验室处于有效的质量管理体系中，但并不能保证检测/校准结果的技术可信度，显然不能证实该实验室所具有的公信力。ISO/IEC 17025 标准中内容涵盖了校准和实验、相关测量标准、校准、器材的鉴定和维修、内部审核和纠正措施、检查、人员的培训和资格鉴定、实验室的周围环境、设备和相关材料、测量的校准和可追溯性、校准和实验方法、校准处理和实验项目、记录、证明和报告、分供方、对外服务和供应及抗议处理等内容，上述内容的审核认可充分表征了被认可机构具有公信力的能力。

ISO/IEC 17025 标准 1.6 项中指出："如果实验室符合本标准的要求，当它从事新方法的设计（制定）和（或）结合标准的非标准的检测和校准方法制定工作计划时，其检测和校准所运行的质量体系也符合 ISO 9001 的要求；在实验室仅使用标准方法时，则符合 ISO 9002 的要求。本标准包含了 ISO 9001 和 ISO 9002 中未包含的一些技术能力要求"。因此，如果检测/校准实验室符合 ISO/IEC 17025 的要求，则其检测/校准所运行的质量管理体系也符合 ISO 9001 或 ISO 9002 的要求，即前者覆盖了后者所有要求。如果检测/校准实验室获得了 ISO 9001 和 ISO 9002 的认证，并不能证明实验室就具备了出具技术上有效数据和结果的能力，即不具备有公信力。

案例：日本雪印牛奶黄色葡萄球菌污染事件

2000 年，日本 1.4 万人因食用雪印牛奶而发病。雪印问题牛奶的起因是生产牛奶的脱脂奶粉受到黄色葡萄球菌感染。而奶粉之所以受到感染是因为雪印公司大树工厂突然停电 3 个小时，造成加热生产线上的牛奶繁殖了大量毒菌。可见，食品安全危害的控制是一个系统的而又复杂的管理活动，危害分析要充分考虑影响产品安全性的每一个因素，识别出食品中可能存在的风险，并评估危害的严重程度和发生的可能性，以便采取措施加以控制。

思 考 题

1. 什么是认证？食品认证的目的及意义是什么？
2. 食品认证如何进行分类？
3. 我国食品生产管理体系中的认证有哪几种？
4. 简述 HACCP 体系认证具备的基本条件。
5. HACCP 体系中如何确定 CCP 的关键限值？
6. HACCP 与 ISO 9000 的区别与联系是什么？

第9章　无公害农产品及农产品地理标志认证

【**本章重点**】了解无公害农产品的产生由来、概念及无公害农产品特点；掌握地理标志的基本概念、保护模式，农产品地理标志认证的意义；了解农产品地理标志标识和发展现状；熟悉农产品地理标志登记程序和登记规范。

9.1　无公害农产品

9.1.1　无公害农产品产生与兴起

无公害农产品是伴随环境和食品安全问题而产生的。“公害”一词最早出现在 20 世纪 50 年代，是指环境污染、环境破坏。20 世纪 50 年代后，环境问题日益突出，震惊世界的公害事件接连不断，如 1952 年 12 月伦敦的烟雾事件、1953～1957 年日本的水俣病事件、1961 年日本四日市的哮喘病事件、1955～1972 年日本富山县的疼痛病事件、1968 年日本九州等地的“米糠油事件”等。对这些环境污染造成的事故，日本人最先称之为“公害”。1972 年 6 月，联合国在斯德哥尔摩召开了“人类环境会议”，成立了国际有机农业运动联盟（International Federation of Organic Agriculture Movements，IFOAM）。随后在许多国家兴起了生态农业，提倡在食品原料生产、加工等各个环节中树立“食品安全”思想，生产没有公害污染的食品。

20 世纪 80 年代前后，我国农药、兽药、饲料和添加剂、动植物激素等农资的普遍使用，为中国农业生产和农产品数量的增长发挥了积极的作用。与此同时，我国农产品因农药、兽药残留和人为使用有毒有害物质，如大米用矿物油“抛光”、面粉掺用甲醛、银耳用硫黄熏制增白、猕猴桃施用膨大剂增大、生猪添饲瘦肉精等，造成的食品污染和引发的中毒事件时有发生。农产品安全问题的存在，不仅影响我国农业发展，也直接影响我国农产品的出口，同时降低国际市场竞争力。

中国无公害农产品的生产始于 20 世纪 80 年代。1983 年，当时的河北省农业厅、湖北省农科院先后开展了无公害茶叶、无公害蔬菜生产技术研究，并在高产茶区和大中城市进行示范、推广，为生产无公害农产品提供了成功的经验。1995 年农业部环保能源司下达《无公害农产品生产技术研究和基地示范》项目，通过河南、黑龙江、河北、山东、云南 5 省农业环保站协作攻关，于 1997 年完成了该项目，并编写了《无公害农产品生产技术》一书。2001 年 4 月，农业部在制订“十五”规划时，提出了在全国实施“新世纪无公害食品行动计划”，并率先在北京、天津、上海和深圳试点，从建立市场准入制度着手，开展农产品、食品质量“从农田到餐桌”的全程质量管理，同时围绕着无公害食品要求陆续发布了一系列的相关内容的行业标准。

以全面提高我国农产品质量安全水平为核心，以“菜篮子”产品为突破口，以市场准入为切入点，从产地和市场两个环节入手，通过对农产品实行“从农田到餐桌”全过程质量安全控制，用8～10年的时间基本实现食用农产品无公害生产。实现农产品质量安全指标达到发达国家或地区的中等水平；蔬菜、水果、茶叶、食用菌、畜产品、水产品等鲜活农产品无公害生产基地质量安全水平达到国家规定标准；大中城市的批发市场合格率达到95%以上，从根本上解决食用农产品急性中毒问题；出口农产品质量安全水平在原有基础上有较大幅度提高，达到国际标准要求，并与贸易国实现对接的目标。

9.1.2 无公害农产品的特征

无公害农产品的定义是：产地环境、生产过程和产品质量符合国家有关标准和规范的要求，经认证合格获得认证证书并允许使用无公害农产品标志的优质农产品或初加工的食用农产品。无公害农产品认证是由各级农业行政主管部门组织开展的一项农产品质量安全工作。

为了实现农产品质量全程控制和切实抓好农产品消费安全，无公害农产品应具备下列条件。

（1）产品原料产地符合无公害农产品产地环境标准要求；区域范围明确，具备一定的生产规模。

（2）农作物种植、畜禽饲养、水产养殖及初加工符合无公害农产品质量安全控制技术规范，有相应的内检人员。

（3）产品符合无公害农产品标准，有完善的质量控制措施。

（4）产品的包装、贮运符合无公害农产品包装贮运控制技术及要求。

（5）废弃物和污染物要按规定处理；建立生产过程记录并归档管理。

无公害农产品在生产中采取全程监控，产前、产中、产后三个环节严格把关，发现问题及时处理、纠正；实行综合检测，保证各项指标符合标准；实行归口专项管理，对基地环境质量进行不断监测；实行抽查复查和标志有效期管理等一系列措施，有效地保证了农产品的安全性。

由于无公害农产品在初级产品生产阶段严格控制化肥、农药用量，禁用高毒、高残留农药，提倡施用生物肥药及具有环保认证标志的肥药与有机肥，严格控制农用水质，在初加工过程中无有毒、有害添加成分，生产的产品无异味、色泽鲜艳、品质好。

1. 无公害农产品特点　农业农村部农产品质量安全中心是农业农村部和国家认证认可监督管理委员会授权在全国范围内履行无公害农产品认证、监督和管理的专门职能机构，全国各省级农业行政主管厅局是无公害农产品认证省级工作机构。

（1）无公害农产品认证的目的是保障基本安全，满足大众消费，属于政府推动的公益性认证，不收取费用。无公害农产品认证推行“标准化生产、投入品监管、关键点控制、安全性保障”的工作制度。从产地环境、生产过程和产品质量等多个重点环节控制危害因素，保障农产品质量。

（2）无公害农产品认证采取产地认定与产品认证相结合的模式，运用了“从农田到餐桌”全过程管理的指导思想，强调以生产过程控制为重点，以产品管理为主线，以市场准入为切入点，以保证最终产品消费安全为基本目标。

（3）无公害农产品认证的过程是一个自上而下的监督管理行为，产地认定主要解决生产环节的质量安全控制问题，是对农业生产过程的检查监督行为。产品认证主要解决产品安全和市场准入问题，是对管理成效的确认。

（4）国家食品安全标准是认证的技术依据和基础，是判定无公害农产品的尺度。

2．无公害农产品标志　无公害农产品标志由麦穗、对勾和无公害农产品字样组成，麦穗代表农产品，对勾表示合格（图 9.1）。无公害农产品标志标准颜色由绿色和橙色组成。

该标志由农业农村部和国家认证认可监督管理委员会联合制定并公告发布，是表征已获得全国统一无公害农产品认证的证明性标识。

图 9.1　无公害农产品标志

3．无公害农产品标准体系　早期的无公害食品（农产品）标准主要包括无公害食品行业标准和农产品安全质量国家标准。为了使全国无公害农产品生产和加工按照全国统一的技术标准进行，消除不同标准差异，农业农村部按照发布实施后的《食品安全法》中所规定食品安全标准是强制执行标准，除食品安全标准外，不得制定其他的食品强制性标准。因此，农业农村部对无公害食品行业标准进行了清理，所废止的行业标准是原先单独设立的无公害食品 NY 5000 系列行业标准（编号自 NY 5001 开始的），而不是无公害农产品，随着这些行业标准的废止，对应的无公害食品认证也停止。

现行主要的无公害农产品行业标准主要有：《无公害农产品 种植业产地环境条件》（NY/T 5010—2016），《无公害农产品 淡水养殖产地环境条件》（NY/T 5361—2016），《无公害农产品 产地环境评价准则》（NY/T 5295—2015），《无公害农产品 兽药使用准则》（NY/T 5030—2016），《无公害农产品 生产质量安全控制技术规范 第一部分：通则》（NY/T 2798.1—2015）至《无公害农产品 生产质量安全控制技术规范 第十三部分：养殖水产品》（NY/T 2798.13—2015）等 13 个系列标准。

案例：警惕产品执行标准的“时效性”

2014 年 4 月 11 日，李某在某地华联超市购买了伊势鸡蛋 60 枚装礼盒 2 盒，共计花费 176 元。该鸡蛋的产品外包装上记载如下内容：伊势鸡蛋的生产日期为 20140318，产品执行标准为 NY 5039—2005。后李某发现该鸡蛋标注为无公害鸡蛋，但商品包装上注明的产品执行标准“NY 5039—2005”已于 2014 年 1 月 1 日起停止实施，故诉至法院要求华联超市给付十倍赔偿。华联超市不同意李某的诉讼请求。

据查，《中华人民共和国农业部公告 第 1963 号》规定：“根据《食品安全法》规定，我部对无公害食品标准进行了清理，决定废止《无公害食品 葱蒜类蔬菜》等 132 项无公害食品农业行业标准。此 132 项标准自 2014 年 1 月 1 日起停止施行”。废止的标准中包括 NY 5039—2005《无公害食品 鲜禽蛋》。

由于鸡蛋的生产日期为 2014 年 3 月 18 日，但该涉案鸡蛋采用的生产标准 NY 5039—2005《无公害食品 鲜禽蛋》，已经在 2014 年 1 月 1 日予以废止，因此该涉案鸡蛋属于不符合食品安全标准的食品，故华联超市作为销售者应当支付李某价款十倍的赔偿金。因鸡蛋已被食用、无法退还，最终法院判决华联超市给付李某赔偿款 1760 元。

这表明，对于不符合食品安全标准的食品，消费者既可以向生产者主张权利，又可以向销售者主张权利。实践中，消费者可以基于维权的便捷性、义务主体的赔付能力等情况任意选择先行赔付的主体。

9.2 农产品地理标志认证

9.2.1 地理标志概述

1. 地理标志的概念 地理标志（geographical indication，GI），又称原产地标志（或名称），世界贸易组织在《与贸易有关的知识产权协定》第二十二条第一款将其定义为：“标示某商品来源于某成员地域内，或来源于该地域中的地区或某地方，该商品的特定质量、信誉或其他特征主要与该地理来源相关”。我国 2001 年修订后的《商标法》也增设了地理标志方面的规定，其第 16 条第 2 款规定：“前款所述地理标志是指标示某商品来源于某地区，该商品的特定质量、信誉或者其他特征，主要由该地区的自然因素或人文因素所决定的标志”。

2. 地理标志的特性

（1）地域性。知识产权都具有地域性，只有一定范围内才受到保护，而地理标志的地域性显得更为强烈。因为地理标志不仅存在国家对其实施保护的地域限制，而且其所有者同样受到地域的限制，只有商品来源地的生产者才能使用该地理标志。

（2）集团性。地理标志可由商品来源地所有的企业、个人共同使用，只要其生产的商品达到了地理标志所代表的产品的品质，这样在同一地区使用同一地理标志的人就不止一个，使得地理标志的所有者具有集团性。

（3）独特性。地理标志作为一种标记与一定的地理区域相联系，其主要的功能就在于使消费者能区分来源于某地区的商品与来源于其他地区的同种商品，便于消费者挑选适合自己的商品。

（4）其他特性。地理标志还受到自然因素和人文因素的影响。自然因素是指原产地的气候、土壤、水质、天然物种等；人文因素是指原产地特有的产品生产工艺、流程、配方等。

3. 地理标志的专用标志 地理标志的专用标志，是指适用在按照相关标准、管理规范或者使用管理规则组织生产的地理标志产品上的官方标志，2019 年 10 月 16 日国家知识产权局发布新的地理标志专用标志样式（图 9.2）。中华人民共和国地理标志专用标志以经纬线地球为基底，表现了地理标志作为全球通行的一种知识产权类别和地理标志助推中国产品“走出去”的美好愿景。以长城及山峦剪影为前景，兼顾地理与人文的双重意向，代表着中国地理标志卓越品质与可靠性，透明镂空的设计增强了标志在不同产品包装背景下的融合度与适应性。稻穗源于中国，是中国最具代表性农产品之一，象征着丰收。中文为“中华人民共和国地理标志”，英文为“GEOGRAPHICAL INDICATION OF P. R. CHINA”。

图 9.2 中国地理标志专用标志

4. 国内外地理标志保护模式 地理标志历来在各国都有着重要的地位，各国对地理标志都进行了不同程度的保护。总体来说，世界各国对地理标志的保护模式大致可分为以下三种类型。

（1）专门法保护模式。该模式以欧洲国家为代表，是指通过专门立法的形式对地理标志或原产地名称进行全面的保护。欧洲国家具有悠久的农业保护传统与地理标志保护历史，最早可追溯到 15 世纪。法国于 1905 年颁布的《1905 年 8 月 1 日法》对原产地名称施以法律保护，是法国第一部关于地理标志的一般法，也是欧洲最初的食品地理标志保护制度之一。欧盟于 1992 年通过了关于保护农产品和食品地理标志和原产地名称的欧洲理事会第 2081/92 号条例，建立起欧盟范围内农产品和食品的地理标志保护统一制度，为欧洲国家的专门法地理标志保护模式确定了整体框架。欧盟地理标志保护模式可分为如下几种。

原产地名称保护标志（Protected Designation of Origin，PDO），如图 9.3 所示。该类标志的产品品质或其他特征主要归因于该特定地理区域的环境（气候、土壤、人文知识），全部生产环节要在特定区域完成，原产地与产品特征有直接客观的联系。

受保护的地理标志（Protected Geographical Indication，PGI），如图 9.4 所示。该类标志要求产品生产、加工或准备的某一阶段发生在该特定的地理区域，一些产品特征与产地有直接联系，包括声誉等特征。

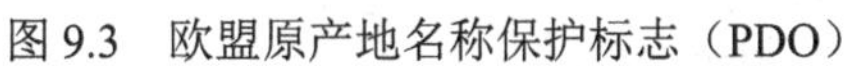
图 9.3　欧盟原产地名称保护标志（PDO）

图 9.4　欧盟受保护的地理标志（PGI）

传统特色产品（Traditional Specialty Guaranteed，TSG）。该类标志是为了保护传统的配方和技艺，即要求产品具有独特的口味、原料来源、传统配方或者传统的生产工艺等，不要求产品特性与地理位置具有密切客观的联系。

（2）商标法保护模式。该模式以美国、加拿大、澳大利亚等国家为代表，是指把地理标志当作一种特殊商标，利用注册集体商标或证明商标的一种方式。美国的地理标志保护制度可分为普通法、联邦商标法、州法及联邦行政法规，其中联邦商标法是美国保护地理标志的主要法律手段。美国联邦商标法对地理标志的保护，主要体现在三个相关联的方面：一是对地理标志作为商标的一般性禁止；二是允许地理标志作为集体商标或证明商标注册；三是对任何混淆来源的行为进行制裁。这种保护模式的可操作性较强，做到了地理标志保护与商标法的协调，有利于节省立法成本和社会资源，但地理标志毕竟有别于商标，通过商标法保护地理标志，容易使地理标志的私权性质受限，使地理标志因保护不利而被淡化。

（3）混合保护模式。除上述两种模式外，目前，国际社会还存在“部门规章或专门立法-商标法”混合式的地理标志保护模式，采用该种模式的国家有中国、日本、韩国、瑞士等。我国于 1985 年加入《保护工业产权巴黎公约》，开始以国际公约的形式对地理标志进行保护，但是当时并没有形成完整的地理标志申报、监管、保护体系，直到 1994 年 12 月 30 日生效的《集体商标、证明商标注册管理办法》首次以证明商标的方式来保护地理标志。由国家质量监督检验检疫总局发布，2005 年 7 月 15 日起施行的《地理标志产品保护规定》对地理标志保护产品（PGI）的保护进行了规定；2007 年国家农业部出台的《农产品地理标志管理办法》确定了农产品地理标志（AGI）的保护制度和管理体制；2014 年 5 月 1 日起施行的《中华人民共和国商标法实施条例》明确指出地理标志可以依照商标法和本条例的规定，作为证明商标或者集体商标申请注册；国家知识产权局于 2020 年发布的《地理标志专用标志使用管理办法（试行）》统一和规范了地理标志专用标志的使用。至此，我国逐步形成了有关地理标志的三大保护模式：通过地理标志保护产品（PGI）进行保护，通过农产品地理标志（AGI）进行保护，通过注册为证明商标或集体商标进行保护。

9.2.2 农产品地理标志认证意义

农产品地理标志是在长期的农业生产和百姓生活中形成的地方优良物质文化财富，建立农产品地理标志登记制度，对优质、特色的农产品进行地理标志保护，是合理利用与保护农业资源、农耕文化的现实要求，有利于培育地方主导产业，形成有利于知识产权保护的地方特色农产品品牌。

1. 加强农产品地理标志认证是传承中华农耕文明的需要 我国是农业大国，也是农业文明古国。5000年的农耕文明创造和孕育出丰富的具有地域特色的名优特产，这些名优特产，是在特定地域环境经过自然选择或人为干预形成的独特资源，与产地环境紧密关联，具有独特的品质特征和丰富的文化内涵，是我国农耕文明的重要载体之一，是中华民族辉煌文化的重要组成部分，也是我国农业参与国际竞争的重要资本。保护好这些珍贵的遗产，并使之发扬光大，不仅是传承民族优秀文化的需要，更是事关繁荣发展农村经济、我国农业国际竞争力提升的重大战略问题。

2. 加强农产品地理标志认证是应对农产品国际竞争的需要 农产品地理标志在国际贸易交流和农业谈判中占据重要地位。开展农产品地理标志认证，能减少国际贸易争端，打破农产品贸易技术壁垒，打造国际知名品牌，提升特色农产品品牌价值和国际市场竞争力。近年来，我国地理标志农产品在国际贸易中价格一路攀升，如“涪陵榨菜”“中宁枸杞”等出口贸易额大幅增加。由此可见，农产品地理标志作为农产品特色与优势的载体，作为农产品可靠质量的证明，作为知名品牌的基础，对树立农产品的高端形象和打造知名品牌、提高农产品国际认可度显得至关重要。

3. 加强农产品地理标志认证是推进特色农业产业发展的需要 当前，我国农业和农村经济发展中的突出矛盾是“小规模、大群体，小生产、大市场”，大部分农产品仍然是以农户家庭分散经营为主，集约化和组织化程度低，产业化发展滞后。通过实施农产品地理标志认证，能够有效保护和提高农产品的知名度和附加值，对推进和提升地理标志农产品的产业化，具有特别重要的意义。对具有地理标志意义的农产品及其加工品实施保护，既能保护品种、提高质量、增加效益，也将带动中介服务，促进优势特色农产品生产、加工、销售一体化的产业化经营，引导农业企业、科研单位和其他组织与农民或者农民专业合作经济组织，形成收益共享、风险共担的利益共同体，促进优势特色农业的产业化发展。

4. 加强农产品地理标志认证是发展地方经济增加农民收入的一条重要渠道 对历史文化底蕴深厚、地方土特产丰富的国家来说，加强地理标志认证就是加快发展地方经济的一条捷径。例如，“库尔勒香梨”“眉县猕猴桃”“章丘大葱”等地理标志农产品市场价格普遍高于同类普通产品，以品牌力打造农产品市场竞争力，提高农民收入，推动农业发展，是实现乡村振兴战略的好路径。

5. 加强农产品地理标志认证有助于合理利用与保护农业资源 农产品地理标志是在长期的农业生产和百姓生活中形成的地方优良物质文化财富，建立农产品地理标志登记制度，对优质、特色的农产品进行地理标志保护，是合理利用与保护农业资源、农耕文化的现实要求，有利于培育地方主导产业，形成有利于知识产权保护的地方特色农产品品牌。

9.2.3　国际农产品地理标志管理体系

农产品地理标志的历史可追溯至公元前 256 年古希腊时代的“叙美托斯蜂蜜”，但作为一种农业知识产权的保护形式，农产品地理标志是从 1865 年安达卢西亚橄榄油开始，至今已有百余年的历史。总体来说，国际农产品地理标志保护发展历程可以分 4 个阶段如表 9.1 所示。

表 9.1　国际农产品地理标志保护发展历程（引自赵萍，2016）

阶段	时间	主要国际法	保护特征	主要事件
原始自发阶段	19 世纪中期以前	无	没有出现农产品地理标志的概念与意识	自发地出现了一些老字号，如法国干邑白兰地、中国金华火腿等
初始探索阶段	19 世纪中后期至 20 世纪中期	《保护工业产权巴黎公约》《商标国际注册马德里协定》	确认货源标记、原产地保护概念及方式	1913 年，西班牙加泰罗尼亚向法国出口带有里昂人头马标志的烈性酒，被法国海关扣押，原因在于人头马最早产地是法国里昂，加泰罗尼亚有假冒原产地的嫌疑
自成体系阶段	20 世纪中期至 20 世纪末期	《里斯本条约》	确认了原产地名称保护的概念与方式，农产品自然与人文因素均被纳入保护范围，并确立原产地保护的国际注册制度	1959 年，日本与英国在苹果商标注册中的“Fujisan”纠纷
国际通行阶段	20 世纪末期至今	《与贸易有关的知识产权协定》	明确了农产品地理标志的内涵、保护范围及方式，确定了国际协作保护的原则，并确立了协议国国内法跟进制度	2000 年澳大利亚与加拿大的“澳大利亚鲑鱼”纠纷案；2001 年意大利与英国的“帕尔玛火腿”纠纷案；2003 年韩国与加拿大的“雪花牛肉”纠纷案

1．法国农产品地理标志管理体系　法国农产品地理标志管理体系主要由立法保护、组织管理和市场运作 3 个模块组成（图 9.5），具备较好的示范性。具体而言，法律层面保证农产品地理标志的参与主体权益；组织管理的完善性与科学设置保障农产品地理标志产业健康快速发展；市场运作的规范性与标准化不断提升农产品地理标志附加值。

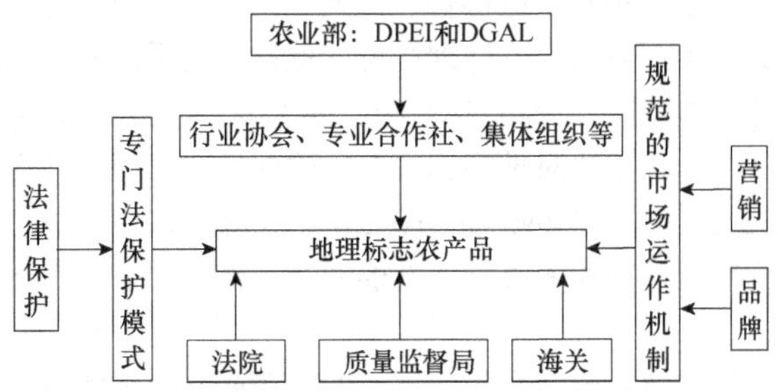

图 9.5　法国地理标志农产品的管理体系（引自陈法杰和李志刚，2017）

DPEI．政治经济委员会；DGAL．食品政策部

（1）专门法保护模式。法国是全世界最早制定与执行相关专门法保护农产品地理标志的国家。1905 年 8 月 1 日，法国制定了在农产品生产与流通领域禁止假冒或仿冒行为发生的相关法律，1919 年 5 月 6 日颁布了《原产地名称保护法》（1996 年修订为《法国原产地名称保护法》），正式对农产品地理标志进行系统而全面的保护。通过立法保护，法国政府部门赋予了农产品地理标志经营主体的专属使用权，对农产品地理标志经营的“责、权、利”进行

了科学规划。法国的专门法保护操作简便、立法层次高、针对性较强，对农产品地理标志的保护力度大、效度好，有效地确立了农产品知识产权主体的相关地位与利益。

（2）组织管理体系。法国农产品地理标志组织管理体系健全，为该国农产品地理标志的开发与保护提供了充足的保障。法国农业部是农产品地理标志质量监督、登记与注册等的行政主管部门，法院是农产品地理标志进行司法诉讼与司法保护的主管部门，行业协会是负责农产品地理标志市场调研与生产监管的主管部门，在三部门协作的模式下又配备严格的规章制度，形成了健全的农产品地理标志组织管理体系。其中法院居于首位，主要通过专门法对农产品地理标志的司法案件进行处理，并凭借专门法构建完善的原产地保护系列原则。农业部居于中间位置，主要对农产品地理标志的认定标准进行制定，受理农产品地理标志的登记、注册、质量监管等工作。法国农业部下辖的政治经济委员会（DPEI）和食品政策部（DGAL）是主要负责实施相关工作的部门。行业协会居于末位，是政府授权的重要法人组织，是负责农产品地理标志申报的组织，同时不断开展市场研究、顾客研究、生产指导、生产监管等工作，是联系农户和市场的重要纽带。部门之间“责、权、利”明确，推动了农产品地理标志申报、登记、注册、质量监督等工作的高效开展，保证了农产品地理标志的质量声誉与品牌溢价空间。

（3）市场运作机制。规范的市场运作机制，为法国农产品地理标志的有效保护和健康快速发展提供了坚实的市场制度基础，使法国农产品地理标志在国际高端市场中占据举足轻重的地位和强有力的市场份额。国家层面，法国政府部门鼓励生产者重视农产品地理标志，培育开发和保护农产品地理标志的意识，并通过世博会、展览会、权威杂志等先进营销方式宣传法国农产品地理标志，提升了其在国际市场中的知名度与美誉度。行业协会层面，主要负责国内外市场的开拓、推广、宣传、促销等工作，保证海内外市场的供需均衡，同时负责对生产者进行质量监督，保障消费者的切身利益，不断提升农产品地理标志的市场影响力。同时，海关、法院、质量监督局等部门通力协作，完善监管机制与体系建设，全面保护农产品地理标志的质量信誉、品牌知名度与品牌生命力。

2．美国农产品地理标志管理体系 美国虽然在保护农产品地理标志方面起步较晚，但是在农产品地理标志立法保护和供应链管理模式方面依然有独特之处。

（1）商标保护模式。美国对农产品地理标志的保护主要采用商标法保护模式，是全球范围内商标法保护模式的典型代表。1946年，美国出台了《商标法》，它是保护农产品地理标志的主要和根本法律依据。该法律对地理标志的集体商标或证明商标进行保护，主管部门为美国专利和商标局（United States Patent and Trademark Office，USPTO）。在此法律的指引下，地理标志作为一种特殊商标，被纳入美国现有的商标法体系中。地理标志证明商标的所有人一般为美国政府机构或已经被政府授权的组织部门，主要具有检测和监督商品或服务质量的职能。地理标志集体商标主要由专业合作社、行业协会或其他集体申请与注册的产品商标或服务商标。地理标志商标法保护模式，能够充分利用现有的行政体系与制度安排，可以节省政府和相关纳税人的成本；此外，社会公众对商标体系熟悉，对侵权行为能够达到较好的规避与制止。

（2）供应链管理模式。为了保证农产品地理标志的质量与顾客价值，美国率先采用供应链管理的模式，对农产品地理标志的种植、生产、加工、分销、物流等进行价值链主导的供应链管理。在整个供应链管理模式主导之下，大型超市与连锁零售成为农产品地理标志分销的主要渠道布局；同时，美国农产品地理标志经营企业通过农产品地理标志的质量管控、国内外市场开拓与布局、革新管理手段等方式，不断塑造核心竞争力，依托美国农产品地理标志现有的产业体系进行可持续发展；此外，美国政府引导经营企业与生产者围绕农产品地理标志的产前、产后进行无缝对接，将各节点企业或组织整合到农产品地理标志核心供应链中，大大降低了农产品地理标志经营风险，提升了生产与市场效益。

3．日本农产品地理标志管理体系　日本立足于本国的实际情况，结合国际农产品地理标志的形势变化，开创了反不正当竞争法以及先进的区域品牌管理制度，形成了较强的农产品地理标志综合竞争力。

（1）反不正当竞争法。专门法、商标法、反不正当竞争法是全球范围内 3 种主流的农产品地理标志法律保护模式，日本是反不正当竞争法保护模式的典型代表。2005 年，日本在对《商标法》进行修订的基础上，出台了一系列《反不正当竞争法》的相关规定。《反不正当竞争法》侧重于市场秩序的维护，核心在于塑造良性的行业经营环境，保护消费者的合法权益，严格禁止假冒、仿冒、侵权、制假等行为。日本《反不正当竞争法》最大的特色是提供了两种救济方式，包括赔偿损失、明令禁止，全方位保护了农产品地理标志的正当经营行为。此外，日本政府出台了《反不正当补贴与误导表述法》与《海关关税法：禁止“不正确表述”原产地》等相关法律规定，对保护农产品地理标志增加了一种间接通道。

（2）区域品牌管理制度。日本农产品地理标志的区域品牌既明确农产品的来源地，又凸显了农产品的卓越品质，这离不开日本独具匠心的品牌管理制度。具体而言，日本政府、农产品地理标志产业协议会、日本农协发挥了重要作用。日本政府成立了农产品地理标志区域品牌化发展基金，对农产品地理标志的商标注册、产品促销宣传、企业信息化系统建设给予充足的财政资金支持；农产品地理标志产业协议会，主要由区域品牌负责人、农协负责人、政府主管人员构成，便于进行会员之间的学术管理与实践交流；农协是日本农产品地理标志的所有者，对农产品地理标志的生产、加工、销售、分销、物流、储藏、品牌等进行统筹化与一体化的运作，最大限度地保证农产品地理标志质量与品牌信誉度。

4．中国农产品地理标志管理体系发展　近年来，我国开展了多项包括同墨西哥、法国等国家的龙舌兰酒、波尔多葡萄酒产品地理标志贸易合作，以及中欧“10＋10”地理标志互认互保试点项目，使得我国的平谷大桃、龙井茶、琯溪蜜柚、陕西苹果被欧盟批准为原产地名称保护标志（PDO），东山白芦笋、镇江香醋、盐城龙虾、蠡县麻山药、金乡大蒜和龙口粉丝被欧盟批准为受保护的地理标志（PGI）。2019 年 11 月 6 日，《中国国家知识产权局与法国农业和食品部、法国国家原产地和质量管理局关于农业和食品地理标志合作的议定书》在北京人民大会堂正式签署。2020 年 9 月 14 日，中欧正式签署《中欧地理标志协定》，2021 年 3 月 1 日，该协定正式生效。以上一系列的对外活动，不仅有助于地理标志产品合作与推广，也有利于促进地方特色经济及多边经贸发展。

9.2.4　农产品地理标志的特征

1．农产品地理标志的概念　农产品地理标志是标示农产品来源于特定地域，产品品质和相关特征主要取决于自然生态环境和历史人文因素，并以地域名称冠名的特有农产品标志。此处所称的农产品是指来源于农业的初级产品，即在农业活动中获得的植物、动物、微生物及其产品。其冠名组成为地域名称＋农产品名称，没有普通商标商品的期限限制，可以被某一区域的申请经营者永久使用。因此，农产品地理标志一旦申请确定，就有了永久的知识产权保护。

图9.6 农产品地理标志图案 彩图

农产品地理标志图案由中华人民共和国农业农村部中英文字样、农产品地理标志中英文字样、麦穗和日月组成的地球构成，如图9.6所示。标识的核心元素是天体、星球、太阳、月亮相互辉映，麦穗代表生命和农产品，同时从整体上看是一个地球在宇宙中运动的状态，体现了农产品地理标志和地球、人类共存的内涵。标识的颜色由绿色和橙色组成，绿色象征农业和环保，橙色寓意丰收和成熟。

2．农产品地理标志的特性

（1）独特自然生态环境。影响登记产品品质的特色形成和保持的独特产地环境因子，如独特的光照、温湿度、降水、水质、地形地貌、土质等。

（2）独特生产方式。农产品地理标志，除具有特定的品种、特定的地理环境外，特定的生产方式同样起着重要的作用，包括产前、产中、产后、储运、包装、销售等环节，如产地要求、品种范围、生产控制、产后处理等相关特殊性要求。

（3）独特产品品质。在特定的品种和生产方式基础上，各个地区又在得天独厚的自然生态环境条件下，培育出各地的名特农产品。这些名特农产品都以其优良的品质，丰富的营养和特殊风味而著称。

（4）独特人文历史。包括产品形成的历史、人文推动的因素、独特的文化底蕴等内容。

3．农产品地理的发展与标志分布

（1）农产品地理标志数量分布。2007年12月我国《农产品地理标志管理办法》发布，国家对农产品地理标志实行登记制度，以规范农产品地理标志的使用，保证农产品地理标志的品质和特色，提升农产品市场竞争力。经过两年运作共有210件农产品获得《中华人民共和国农产品地理标志登记证书》，此后国内各省对农产品地理标志获批数量上升至一个新的平台，2010～2019年每年农产品地理标志数量在200～350件，农产品地理标志得到快速的发展，而到2020年，全年获得农业农村部已颁发的农产品地理标志登记证书高达490件，较《农产品地理标志管理办法》发布初期提高4倍以上。

（2）农产品地理标志区域分布。截至2022年1月，除港澳台3地以外，国内其他省（自治区、直辖市）获批农产品地理标志登记证书3454件，但各地区数量分布差异较大。从东北、东部、中部、西部四大经济区角度统计分析，东北三省合计293件；京津冀、东部沿海地区及福建、广东、海南10省（直辖市）合计952件，其中山东省351件，居全国之首；中部地区，山西、河南、安徽、湖南、湖北、江西6省合计869件，其中山西省175件，居中部地区之首；西部地区，云南、贵州、重庆、四川、陕西、新疆、内蒙古等12省（自治区、直辖市）合计1340件，其中四川省199件，居西部地区之首。获得农产品地理标志登记证书前10位的省（自治区）是山东、四川、湖北、山西、黑龙江、河南、广西、浙江、贵州和内蒙古，这10个地区合计1839件，占全国总数的53%。

（3）农产品地理标志类别分布。农产品地理标志类别分为种植业、畜牧业和渔业三大类，种植业产品分为果品、蔬菜、粮食、茶叶、药材、食用菌、油料、香料、花卉、烟草、糖料、棉麻蚕桑、热带作物和其他植物共14个小类；畜牧业产品分为肉类产品、蛋类产品、奶制品、蜂类产品和其他畜牧产品共5个小类；渔业产品分为水产动物、水生植物和水产初级加工品共3个小类。截至2021年7月，种植业类获证2562件，畜牧业类499件，渔业类255件，种植业类占获证总数的77.3%。种植业类中，排名前三的果品901件、蔬菜574件、粮食396件，合计占种植业类的73.0%；畜牧业类中，肉类产品共计417件，占畜牧业类总数的83.6%；渔业类中，水产动物类共计242件，占渔业类总数的94.9%。

9.2.5　农产品地理标志认证管理

2007年12月25日农业部发布了《农产品地理标志管理办法》，2019年4月25日发布了修订版，修订版由“总则、登记、标志使用、监督管理、附则”五部分组成。

1．农产品地理标志管理部门　县级以上地方人民政府农业行政主管部门应当将农产品地理标志保护和利用纳入本地区的农业和农村经济发展规划，并在政策、资金等方面予以支持；省级人民政府农业行政主管部门负责本行政区域内农产品地理标志登记申请的受理和初审工作；农业农村部负责全国农产品地理标志的登记工作，农业农村部农产品质量安全中心负责农产品地理标志登记的审查和专家评审工作。农产品地理标志登记专家评审委员会由种植业、畜牧业、渔业和农产品质量安全等方面的专家组成。

2．农产品地理标志登记程序

（1）申请。农产品地理标志登记申请人为县级以上地方人民政府择优确定的农民专业合作经济组织、行业协会等组织。申请人应当具有监督和管理农产品地理标志及其产品的能力；具有为农产品地理标志生产、加工、营销提供指导服务的能力；具有独立承担民事责任的能力。申请登记的农产品生产区域在县域范围内的，由申请人提供县级人民政府出具的资格确认文件；跨县域的，由申请人提供地市级以上地方人民政府出具的资格确认文件。

符合农产品地理标志登记条件的申请人，可以向省级人民政府农业行政主管部门提出登记申请，申请材料包括：登记申请书；产品典型特征特性描述和相应产品品质鉴定报告；产地环境条件、生产技术规范和产品质量安全技术规范；地域范围确定性文件和生产地域分布图；产品实物样品或者样品图片；其他必要的说明性或者证明性材料。

（2）初审核查。省级农业行政主管部门自受理农产品地理标志登记申请之日起，应当在45个工作日内按规定完成登记申请材料的初审和现场核查工作，并提出初审意见。符合规定条件的，省级农业行政主管部门应当将申请材料和初审意见报农业农村部农产品质量安全中心。不符合规定条件的，应当在提出初审意见之日起10个工作日内将相关意见和建议书面通知申请人。

（3）专家评审。农业农村部农产品质量安全中心收到申请材料和初审意见后，应当在20个工作日内完成申请材料的审查工作，提出审查意见，并组织专家评审。必要时，农业农村部农产品质量安全中心可以组织实施现场核查。专家评审工作由农产品地理标志登记专家评审委员会承担，并对评审结论负责。

（4）公示登记。经专家评审通过的，由农业农村部农产品质量安全中心代表农业农村部在农民日报、中国农业信息网、中国农产品质量安全网等公共媒体上对登记的产品名称、登记申请人、登记的地域范围和相应的质量控制技术规范等内容进行为期10日的公示。公示无异议的，由农业农村部农产品质量安全中心报农业农村部作出决定。准予登记的，颁发《中华人民共和国农产品地理标志登记证书》并公告，同时公布登记产品的质量控制技术规范。专家评审没有通过的，由农业农村部做出不予登记的决定，书面通知申请人和省级农业行政主管部门，并说明理由。

（5）登记变更。农产品地理标志登记证书长期有效。发生下列情形之一的，登记证书持有人应当按照规定程序提出变更申请：登记证书持有人或者法定代表人发生变化的；地域范围或者相应自然生态环境发生变化的。变更申请内容符合规定要求的，由农业农村部重新核发《中华人民共和国农产品地理标志登记证书》并公告，原登记证书予以收回、注销。

3. 农产品地理标志使用 使用农产品地理标志，应当按照生产经营年度与登记证书持有人签订农产品地理标志使用协议，在协议中载明使用的数量、范围及相关的责任义务。农产品地理标志登记证书持有人不得向农产品地理标志使用人收取使用费。

符合下列条件的单位和个人，可以向登记证书持有人申请使用农产品地理标志：生产经营的农产品产自登记确定的地域范围；已取得登记农产品相关的生产经营资质；能够严格按照规定的质量技术规范组织开展生产经营活动；具有农产品地理标志市场开发经营能力。

农产品地理标志使用人享有的权利和义务：可以在产品及其包装上使用农产品地理标志；可以使用登记的农产品地理标志进行宣传和参加展览、展示及展销；自觉接受登记证书持有人的监督检查；保证农产品地理标志的品质和信誉；正确规范地使用农产品地理标志。

4. 农产品地理标志监督管理 县级以上人民政府农业行政主管部门应当加强农产品地理标志监督管理工作，定期对登记的农产品地理标志的地域范围、标志使用等进行监督检查。登记的农产品地理标志或登记证书持有人不符合《农产品地理标志管理办法》中规定的申报条件的，由农业农村部注销其地理标志登记证书并对外公告。

农产品地理标志的生产经营者，应当建立质量控制追溯体系。农产品地理标志登记证书持有人和标志使用人，对农产品地理标志的质量和信誉负责。任何单位和个人不得伪造、冒用农产品地理标志和登记证书。从事农产品地理标志登记管理和监督检查的工作人员滥用职权、玩忽职守、徇私舞弊的，依法给予处分；涉嫌犯罪的，依法移送司法机关追究刑事责任。

5. 农产品地理标志登记 为落实《农产品地理标志管理办法》，推进农产品地理标志事业高质量发展，中国绿色食品发展中心组织修订编制并于2021年4月1日发布了《农产品地理标志登记产品名称》等技术规范，规范农产品地理标志登记审查工作，保证审查工作质量。

（1）农产品地理标志登记产品名称。农产品地理标志产品名称应由地理区域名称和农产品通用名称组合构成。地理区域名称可以是行政区划名称、自然地理实体或居民点名称，也可以是约定俗成、当地使用广泛的特定地理位置名称。农产品通用名称是有关产品部分名称的统称，指在一定范围内法定或约定俗成，被普遍使用的名称。原则上，不应在农产品通用名称中添加形状、颜色、风味、生长环境等方面的修饰语。

（2）农产品地理标志登记申请人资格确定。申请人应为农民专业合作经济组织、行业协会等具有公共管理服务性质的组织，包括社团法人、事业法人等。县级以上地方人民政府农业农村行政主管部门接到申请材料后，应及时进行审查，并对申请人条件进行现场核实确认。审查内容包括：申请人是否持有合法的法人证书；申请人是否具备规范的办公场所和3名及以上专业技术人员；申请人是否具有指导监督生产经营者按照质量技术规范进行生产、加工及营销的能力。

申请人资格审查合格的，应由所在地县级以上地方人民政府农业农村行政主管部门通过官方网站向社会公示，公示内容包括拟申请登记产品名称、拟定申请人、拟保护生产地域范围等信息。公示期为20日，公示无异议的，报同级地方人民政府审定，由同级地方人民政府出具申请人资格确定文件。申请人获得登记资格确定文件后，方可按照规定提交登记申请材料。

（3）农产品地理标志登记生产地域范围确定。农产品地理标志登记生产地域范围确定应遵循以下基本原则：①形成产品特色品质的自然生态环境应一致；②形成产品特色品质的特定生产方式应一致；③产品实际生产分布和历史人文因素。生产地域范围确定应结合产品品质检测和外在感官特征鉴评，保证产品特色品质的一致性。

申请人应以现行行政区划为基础提出生产地域范围建议，并以最新行政区划图为蓝本，绘制生产地域分布图，并报所在地县级以上地方人民政府农业农村行政主管部门审核。县级以上地方人民政府农业农村行政主管部门审核确定生产地域范围及生产地域分布图后，应将拟保护生产地域范围与拟申请登记产品名称、拟定申请人等一并进行公示。

（4）农产品地理标志登记现场核查。省级农产品地理标志工作机构负责现场核查的组织和实施，中国绿色食品发展中心负责现场核查的指导和统筹。现场核查内容包括：申请人资质能力、产品生产地域范围、特色品质及其与自然生态环境和特定生产方式的关联、历史人文因素生产与声誉年限、产品质量控制技术规范的建立与实施、生产过程档案记录、产品包装与可追溯体系建设等情况。

现场核查完成后，核查组应对核查情况进行综合判定，做出现场核查结论，现场核查结论分三种：现场核查符合登记条件；现场核查不完全符合登记条件，限期整改；现场核查不符合登记条件。核查组完成现场核查后，应在 5 个工作日内将《登记现场核查报告》报送省级工作机构，省级工作机构结合初审情况，提出初审意见后报中国绿色食品发展中心。

（5）农产品地理标志登记证书变更。出现下列情形之一的，申请人应向省级农产品地理标志工作机构提出证书变更申请：①登记证书持有人名称发生变化的；②登记证书持有人因社团法人注销或事业单位改革等而发生变化的；③登记产品生产地域范围扩大的；④登记产品生产地域范围缩小的；⑤自然生态环境发生变化引起产品质量控制技术规范变化的。

省级工作机构自受理农产品地理标志登记证书变更申请之日起，应在 45 个工作日内完成变更申请材料的初审和现场核查（必要时）并提出初审意见。符合变更条件的，将变更申请材料和初审意见报中国绿色食品发展中心；不符合变更条件的，应在提出初审意见之日起 10 个工作日内书面通知申请人，并说明理由。中国绿色食品发展中心应自收到变更申请材料和初审意见之日起 20 个工作日内，对变更申请材料进行审查，提出审查意见并向社会公示。公示无异议的，由农业农村部做出登记证书变更决定并公告，换发《中华人民共和国农产品地理标志登记证书》。

（6）农产品地理标志登记专家评审。中国绿色食品发展中心地理标志处下设农产品地理标志登记专家评审委员会秘书处，具体负责专家评审的组织实施和评审意见的通知。秘书处根据申请登记产品的数量和涉及的行业类别，随机从评审委员会专家库中选取相关专业领域专家组成若干评审组开展评审工作。评审结论分为通过、不通过和暂缓三种。四分之三以上（含四分之三）专家同意登记的，该产品评审结论为通过专家评审。四分之三以上（含四分之三）专家不同意登记的，该产品评审结论为不通过专家评审，驳回申请。其他情形的，该产品为暂缓。

案例：打造“赣南脐橙”地域品牌标志助力脱贫

赣州为江西省的南大门，也称“赣南”，为我国最大的脐橙主产区，年产量世界第三、种植面积世界第一，以“靓丽的橙色”闻名于世。2003 年，赣南脐橙被国家质检总局批准为国家地理标志保护产品。2009 年 10 月，“赣南脐橙”地理标志证明商标由国家工商总局商标局核准注册。

自 2001 年起，依托赣南脐橙文化节的品牌力量，相关部门及领导人不断重视规范和完善赣南脐橙地理标志证明商标的使用和管理，做好与销售企业商标的融合，不断扩大“赣南脐橙”商标的知名度和影响力，在产业发展、品牌提升、推介赣州等方面发挥了巨大的推动作用。现今，赣南脐橙已被列入中欧“100 + 100”互认保护名单，地标品牌走出了国门。2020 年 5 月 10 日，在“2020 中国品牌价值评价信息发布”线上活动中，“赣南脐橙”以品牌价值 678.34 亿元位列全国区域品牌（地理标志产品）第六位、水果类第一位。

依托巨大的品牌价值和产业带动能力，一大批农民通过种植脐橙实现脱贫致富，脐橙产业成为赣州百姓脱贫致富的第一支柱产业，也是全国三大产业扶贫典范之一。2019 年，全市实现脐橙产业集群总产值 132 亿元，其中鲜果收入 70 亿元，帮助 25 万种植户、70 万果农增收致富；种植户户均收入 2.8 万元，果农人均收入 1 万元，占果农人均收入的 85%。另外，脐橙产业还解决了 100 万人口的农村劳动力就业，带动了苗木、生产、养殖、农资、分级、包装、加工、贮藏、运输、销售及机械制造、休闲旅游等全产业链发展。

9.2.6　农产品地理标志应用——五常大米

五常大米是黑龙江省哈尔滨市五常市的特产，是中国国家地理标志产品，是国家重要的商品粮食基地中生产的优质大米品牌。

1. 独特的地理环境　五常市稻作区三面环山，为开口朝西的盆地。其中东南部山脉可阻挡东南风，西部松嫩平原的暖流可进入盆地内部。五常市土壤肥沃，市内三大水系的冲击更加丰富了其肥沃浓厚的黑土资源，因此土壤有机质含量很高，赋予此地水稻优良的品质。五常市独特的地理环境、优良的气候条件、北方特有较大的昼夜温差，促使五常大米中支链淀粉含量较高，富含具有芳香气味的醛、醇、酯等风味类物质及人体所需的钙、铁、锌等 18 种微量元素，从种植到收获全部都是由无污染的山泉水灌溉，具有晶莹剔透、口味醇香、营养丰富等优点。

（1）土壤。五常市位于东经 127.15°，北纬 44.92°，地处世界三大黑土带之一的我国东北黑土带。五常市北接松嫩平原富硒带，该地区的土壤富含硒、锌、铁、钙等微量元素，土壤类型包括九大土类 33 个亚类，主要为草甸土和砂壤土。土壤有机质质量分数为 3%～5%，土壤通透性强，有效养分含量全，速效养分含量高，理化性质好，酸碱度小于 7，可有效满足品质优良的稻米在种植栽培过程中对多种营养元素的需求，进一步丰富五常大米中的营养成分。

（2）水分。五常市具有极为丰富的水力资源。全市主要由拉林河、阿什河两大水系组成，共有 15 条一级支流贯穿全境，其中二级支流有 147 条，三级小支流有 300 多条，河网密度达 0.3km/km^2，河流总长约 2240km。在五常市的三座大型水库中，龙凤山水库蓄水 2.7 亿 m^3 以上；磨盘山水库蓄水 4 亿 m^3 以上，在滋养 400 余万哈尔滨市民的同时还灌溉着 20 万亩[①]水田。此外，拉林河谷地还蕴藏着超过 10 亿 m^3 的地下大水库。正是得益于充沛丰富的水资源，五常市 360 万亩耕地、170 万亩水稻得以充足灌溉，160 万亩的水田实现旱涝保收。不仅如此，更为全国提供了 10 亿斤（1 斤＝0.5kg）优质商品粮大米。

（3）气候。五常市东南北三面被张广才岭环抱，西部紧连松嫩平原，形成了开口朝西的

① 1 亩≈666.7m^2

“C”字盆地，海拔超千米的崇山峻岭有效地遮挡了东南风，而松嫩平原的暖流从西部直接进入盆地内回旋，形成了五常特有的山区盆地小气候。根据在龙凤山水库设立的联合国大气本底监测站的监测数据显示，五常市常年活动积温约为 2700℃，无霜期为 130～140 天，全年最高温度为 35.6℃，最低温度为−45.4℃，终霜期为 5 月上中旬，初霜期为 9 月中下旬。水稻生长后期为 7～9 月，此时正处于雨热同季，昼夜气温差异较大，日照时间充裕，对水稻干物质的积累和形成非常有利，有助于提高水稻营养价值。

2．先进的种植技术

（1）稻米品种。五常市稻米种植多采用当地培育的品种，很少引进外来品种，这与其他品种的稻米是大为不同的。早在 20 世纪 80 年代五常水稻试验站就已经培育了‘松粳二号’稻米品种，90 年代又培育了‘五稻三号’稻米品种。进入 21 世纪后，‘五优稻一号’和‘五优稻二号’等一系列优质品种相继问世。在稻米品种培育过程中，五常市积极与农业技术中心、稻米研发所等农业科研机构展开合作，加强对新稻米品种和新技术的孵化，不断提高五常市稻米品种质量。

（2）栽培技术。五常大米栽培技术是采用具有五常特色的一段超早育苗及大棚旱育苗、旱育稀植等栽培技术，围绕“提高栽插密度，前期促早发；中期通过健株壮秆，促进大穗的形成；后期通过养根保叶，以提高结实率”的栽培方案进行调控。所谓“旱育稀植”栽培就是通过旱地大中棚旱育苗、温室两段育秧、钵体育苗方法培育出根系发达、矮壮多蘖的秧苗。在插秧规格上推广超稀植栽培和宽窄行交替超稀植栽培技术，巧夺积温，提高光合作用利用率。

3．高品质的产品质量　五常大米米粒细长，颗粒饱满，质地坚硬，有光泽；做成米饭后，因干物质超群，饭香清淡醇厚、入口略带微甜、回味芳香悠远；支链淀粉含量高，使籽粒整洁晶莹、色泽油光铿亮、食之绵软略黏，空碗不挂粒、剩饭不回生；直链淀粉含量适中、可速溶双链糖积累多，有益于胃肠消化吸收和身体健康。产品应完全符合国家标准《大米》（GB 1354—2018）和《地理标志产品　五常大米》（GB/T 19266—2008）的要求。

根据中国品牌建设促进会发布的 2021 年中国品牌价值评价信息显示，“五常大米”品牌价值达到 703.27 亿元，在全国地理标志产品排行榜中名列第四位，在全国农产品排行榜中位列第一，并连续 5 年蝉联地标产品大米类全国第一名。

思　考　题

1．简述发展无公害农产品的重要性。
2．简述无公害农产品的基本要求。
3．简述农产品地理标志的定义、农产品地理标志的种类并举例。
4．农产品地理标志的登记要经过哪些部门？各需要递交哪些材料？
5．简述国家对农产品地理标志如何进行监督管理。
6．简述农产品地理标志认证的意义。

第10章 绿色食品认证

【**本章重点**】掌握绿色食品基本概念、认证的基本内容，以便能够依据绿色食品生产原理和标准体系开展绿色食品生产和管理；了解绿色食品的发展现状、分类、标志及绿色食品生产管理的基本方法和法规。

10.1 绿色食品发展现状

绿色食品的基本理念是提高食品质量安全水平，增进消费者健康，保护农业生态环境，促进农业可持续发展。

10.1.1 绿色食品的起步和发展

我国是从 1990 年 5 月正式开始发展绿色食品。绿色食品工程率先在农垦系统实施，其发展经历了提出绿色食品的科学概念，建立绿色食品生产体系和管理体系，系统组织绿色食品工程建设实施，稳步向社会化、产业化、市场化、国际化方向推进的发展过程。近 20 年来，中国绿色食品产业伴随中国农村改革和新阶段农业发展的进程，适应国内外市场对安全优质农产品日益增长的需求，依托环境和资源优势，不断发展产品规模，扩大品牌影响力，加快产业体系建设，取得了显著的成效。

绿色食品产品种类丰富，现有的产品门类包括农产品、林产品、畜禽产品、水产品、饮品类产品等几大类、57 个小类、近 150 个种类，基本上覆盖了全国主要大宗农产品及加工产品。农林及加工产品有 23 986 个，占比 77.54%；畜禽类产品有 1698 个，占比 5.49%；饮品类产品有 2684 个，占比 8.68%。截至 2018 年底，全国绿色食品有效认证企业总数达 13 206 家，有效认证产品总数突破 3 万个，达到 30 932 个，同比增长 31.9%。全国已创建 680 个绿色食品原料标准化生产基地，基地种植面积 1.64 亿亩，产品总产量达到 1 亿吨。在绿色食品销量上，2018 年绿色食品销售额达到 4557 亿元，同比增长 12.96%。

10.1.2 绿色食品标准及认证体系建立

1. 标准体系的建立 按照“从农田到餐桌”全程质量控制的技术路线，参照欧盟、美国、日本等国家和地区及国际食品法典委员会农产品及食品质量安全标准，结合中国国情制定了绿色食品产地环境标准，肥料、农药、兽药、水产养殖用药、食品添加剂、饲料添加剂等生产资料使用准则，农作物和养殖业绿色食品生产技术规程，绿色食品产品标准，以及 AA 级和 A 级绿色食品认证准则等，建立起了科学、严格、系统的绿色食品标准体系，经过不断修订整体达到或超过了国际先进水平。“十三五”时期，共制修订绿色食品标准 85 项，有效使用绿色食品标准 140 项，组织编制绿色食品生产操作规程 212 项。《绿色食品产品适用标准目录》由中国绿色食品发展中心采用动态管理方式，根据绿色食品标准制修订和发布情况定期调整，并在“中国绿色食品网”上更新和发布。2017 年 7 月 31 日，《中国绿色食品发展中心关于停止续展企业使用备案企标的通知》（中绿科〔2017〕98 号）规定，停止企业在续展时继续使用经中心审核备案的企业标准，初次申请企业和续展企业要严格按照最新版《绿色食品产品适用标准目录》选用产品执行标准，不在目录内的产品不予受理。2021 年，《中国绿色食品发展中心关于执行〈绿色食品产品适用标准目录〉（2021 版）的通知》（中绿体〔2021〕113 号）公布了《绿色食品产品适用标准目录》（2021 版），共更新了 58 项标准，其中 40 项绿色食品产品标准已于 2021 年 11 月 1 日起实施。

2．认证程序的建立　绿色食品认证程序主要是依据标准对产地环境、产品生产加工过程、投入品的使用管理、产品质量检测、产品包装和储运等进行现场检查及审核与评定。绿色食品以标准化生产为基础，实行产品认证与证明商标管理相结合的基本制度。按照国家认证认可的基本要求，结合农产品认证的特点，绿色食品建立了体系完整、程序规范的认证制度，保证了认证的有效性。绿色食品标志是在我国国家商标局注册的证明商标，通过认证的企业许可使用绿色食品标志。截至 2020 年 10 月，绿色食品商标已在日本、韩国、法国、葡萄牙、俄罗斯、英国、芬兰、新加坡、澳大利亚、美国 10 个国家和中国香港地区成功注册，国际化进程不断加快。

3．监管体系的建立及推广　为了保证获证产品质量，规范企业使用标志行为，维护市场秩序，绿色食品现已建立并推行企业年检、产品抽检、市场监察、风险预警、产品公告 5 项基本监管制度。企业年检主要是检查督促落实绿色食品标准化生产；产品抽检主要是发现和处理质量不合格产品；市场监察主要是纠正违规使用标志行为，查处假冒产品；风险预警主要是产品质量控制与风险提示；产品公告主要是公开获证和退出产品信息。绿色食品标志许可审查程序和技术规范在工作实践中得到不断补充和修订，绿色食品企业年检、产品抽检、市场监察、风险预警、淘汰退出等证后监管制度已全面建立和实施，以标志管理为核心的绿色食品规范管理制度已基本完善。

发展绿色食品，体现了现代农业发展“高产、优质、高效、生态、安全”的基本目标和方向。绿色食品实施“环境有监测、操作有规程、生产有记录、产品有检验、上市有标识”的全程标准化生产模式，推行“保护环境、清洁生产、健康养殖”的可持续生产方式，采用以“品牌标志为纽带、龙头企业为主体、基地建设为依托、农户参与为基础”的产业化经营方式，提高了农产品质量安全水平，实现了农产品质量可追溯，创造了一个崇高的理性产业，使绿色食品发展呈现出“品牌引导消费、市场拉动生产”的良好发展局面。特别是通过发挥绿色食品的质量优势、产品优势和品牌优势，有效突破了农产品国际贸易技术壁垒，促进了农产品出口量的增加。

10.2　绿色食品概念及分类

绿色食品（green food）是指产自优良生态环境，按照绿色食品标准生产、实行全程质量控制并获得绿色食品标志使用权的安全、优质食用农产品及相关产品。

绿色食品的定义明确指出，在生产、加工过程中按照绿色食品的标准，禁用或限制使用化学合成的农药、肥料、添加剂等生产资料及其他有害于人体健康和生态环境的物质，并实施“从农田到餐桌”的全程质量控制。因此，绿色食品并非单纯是绿色植物生产出来的食品，而是对“无污染”食品的一种形象的表述。绿色象征生命和活力，食品是维系人类生命的物质基础，自然资源和生态环境是食品生产的基本条件，为了突出这类食品出自良好的生态环境，并能给人们带来旺盛的生命力，因此将其定名为“绿色食品”。

绿色食品须具备以下条件：①产品或产品原料产地环境符合绿色食品产地环境质量标准；②农药、肥料、饲料、兽药等投入品使用符合绿色食品投入品使用准则；③产品质量符合绿色食品产品质量标准；④包装贮运符合绿色食品包装贮运标准。

绿色食品分 AA 级和 A 级。AA 级绿色食品是在生产过程中不使用化学合成的肥料、农药、兽药、饲料添加剂、食品添加剂和其他有害于环境和人体健康的物质，按有机生产方式生产的产品。A 级绿色食品是限量使用限定的化学合成生产物质所生产的产品。

10.3　绿色食品标志

图 10.1　绿色食品标志　　彩图

绿色食品标志图形由三部分构成：上方的太阳、下方的叶片和蓓蕾，象征自然生态；标志图形为正圆形，意为保护、安全；颜色为绿色，象征着生命、农业、环保（图 10.1）。AA 级绿色食品标志与字体为绿色，底色为白色，A 级绿色食品标志与字体为白色，底色为绿色。整个图形描绘了一幅明媚阳光照耀下的和谐生机，告诉人们绿色食品是出自纯净、良好生态环境的安全、无污染食品，能给人们带来蓬勃的生命力。

绿色食品标志还提醒人们要保护环境和防止污染，通过改善人与环境的关系，保持自然界的和谐。

绿色食品标志商标作为特定的产品质量证明商标，已由中国绿色食品发展中心注册，其商标专用权受《中华人民共和国商标法》保护。凡具有生产“绿色食品”条件的单位和个人自愿使用“绿色食品”标志者，须向中国绿色食品发展中心或省（自治区、直辖市）绿色食品办公室提出申请，经有关部门调查、检测、评价、审核、认证等一系列过程，合格者方可获得“绿色食品”标志使用权。标志使用期为三年，到期后必须重新检测认证。这样既有利于约束和规范企业的经济行为，又有利于保护广大消费者的利益。

10.4　绿色食品认证与管理

10.4.1　绿色食品标志产品申报认证

中国绿色食品发展中心负责全国绿色食品标志使用申请的审查、颁证和颁证后跟踪检查工作。省级人民政府农业行政主管部门所属绿色食品工作机构（以下简称省级工作机构）负责本行政区域绿色食品标志使用申请的受理、初审和颁证后跟踪检查工作。地（市）、县级农业行政主管部门所属相关工作机构可受省级工作机构委托承担上述工作。

绿色食品标志是经中国绿色食品发展中心注册的质量证明商标。具有绿色食品生产、经营条件的单位或个人，如需在其生产、加工或经营的产品上使用绿色食品标志，均可向各省（自治区、直辖市）绿色食品委托管理机构直接提出申请。申请人可以是事业单位、生产加工企业、商业企业及个人等。申请使用绿色食品标志的生产单位（以下简称申请人），应当具备下列条件：①能够独立承担民事责任；②具有绿色食品生产的环境条件和生产技术；③具有完善的质量管理和质量保证体系；④具有与生产规模相适应的生产技术人员和质量控制人员；⑤具有稳定的生产基地；⑥申请前三年内无质量安全事故和不良诚信记录。

申请使用绿色食品标志的产品，仅限于由中国绿色食品发展中心在商标局注册的九大类商品范围内，申报程序如下。

（1）申请人向中国绿色食品发展中心及其所在省（自治区、直辖市）绿色食品办公室、绿色食品发展中心提交正式申请，领取《绿色食品标志使用申请书》《企业生产情况调查表》，或从中国绿色食品发展中心网站下载。

（2）除蔬菜外，不可一类食品（如果汁类、鸡及其制品类等）作为一个申报产品。申请人应当向省级工作机构提出申请，并提交下列材料：①标志使用申请书；②资质证明材料；③产品生产技术规程和质量控制规范；④预包装产品包装标签或其设计样张；⑤中国绿色食品发展中心规定提交的其他证明材料。

（3）受理。省级工作机构应当自收到申请之日起 10 个工作日内完成材料审查。符合要求的，予以受理，并在产品及产品原料生产期内组织有资质的检查员完成现场检查；不符合要求的，不予受理，书面通知申请人并告知理由。

（4）现场检查、产品抽样检测。现场检查合格的，省级工作机构应当书面通知申请人，由申请人委托符合规定的检测机构对申请产品和相应的产地环境进行检测；现场检查不合格的，省级工作机构应当退回申请并书面告知理由。检测机构接受申请人委托后，应当及时安排现场抽样，并自产品样品抽样之日起 20 个工作日内、环境样品抽样之日起 30 个工作日内完成检测工作，出具产品质量检验报告和产地环境监测报告，提交省级工作机构和申请人。检测机构应当对检测结果负责。

（5）初审。省级工作机构应当自收到产品检验报告和产地环境监测报告之日起 20 个工作日内提出初审意见。初审合格的，将初审意见及相关材料报送中国绿色食品发展中心。初审不合格的，退回申请并书面告知理由。省级工作机构应当对初审结果负责。

（6）认证审核。中国绿色食品发展中心应当自收到省级工作机构报送的申请材料之日起 30 个工作日内完成书面审查，并在 20 个工作日内组织专家评审。必要时，应当进行现场核查。

（7）颁证。

a．申请人与绿色食品发展中心签订《绿色食品标志商标使用许可合同》。

b．中心主任签发证书。绿色食品标志使用证书是申请人合法使用绿色食品标志的凭证，其载明了准许使用的产品名称、商标名称、获证单位及其信息编码、核准产量、产品编号、标志使用有效期、颁证机构等内容。绿色食品标志使用权的有效期从通过认证获证当日算起，有效期为三年，期满后，企业必须重新提出认证申请。

绿色食品认证申请、受理、检测、审核等程序具体流程如图 10.2 所示。

10.4.2　绿色食品生产基地认证

创建绿色食品标准化基地是绿色食品产业发展到一个新高度的重要标志，是推进农业标准化生产的重要措施，也是深化农业结构调整、优化农业生产布局、发展高产优质高效生态农业的重要手段。随着绿色食品产业的发展，越来越多的绿色食品生产企业要求其主要原料来自绿色食品基地。为了促进绿色食品的开发向专业化、规模化、系列化发展，形成产供销一体化、种养加工一条龙的经营格局，确保绿色食品产品的质量和信誉，中国绿色食品发展中心专门制定标准，来认定具有一定生产规模、生产设施条件及技术保证措施的食品生产企

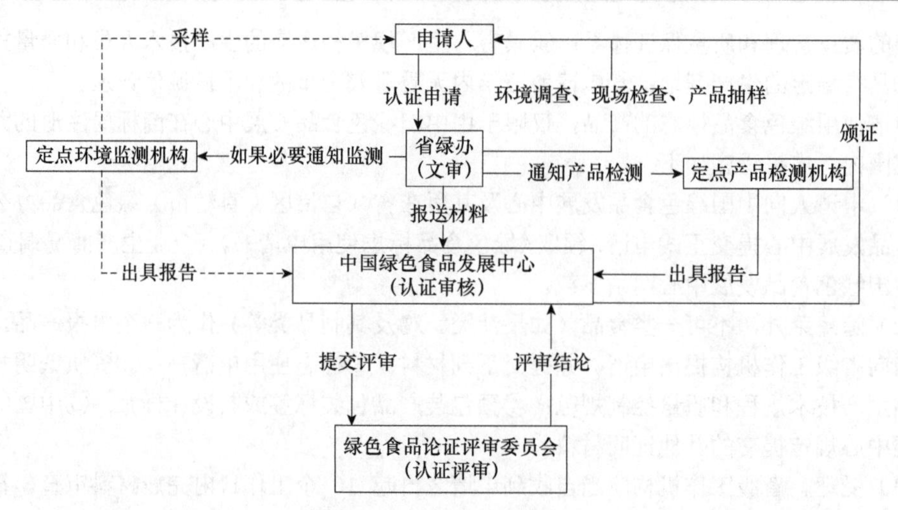

图 10.2　绿色食品认证程序

业或生产区域（以下统称生产单位）为绿色食品基地。

1．绿色食品基地标准

1）绿色食品基地的类型　　按产品类别不同，绿色食品基地可以分为以下三种：绿色食品初级农产品生产基地、绿色食品加工生产基地、绿色食品综合生产基地。

2）绿色食品初级农产品生产基地的条件

（1）绿色食品须为该单位的主导产品，绿色食品产量要达到表 10.1 所示生产规模。

（2）必须具有专门的绿色食品管理机构和生产服务体系，由专管机构负责绿色食品生产计划和规程的制订、生产技术的指导和咨询、产品收购和销售、生产资料的供应等服务体的建立和完善，并对绿色食品的生产实施监督作用。

（3）专管机构内，必须根据需要设立若干名绿色食品专管生产技术推广员，承担相应的专业技术工作。技术推广员必须接受有关绿色食品知识的培训，熟悉绿色食品生产的标准，考核后，取得证书才能上岗。

表 10.1　绿色食品生产规模一览表

产品类别	生产规模	说明
粮食：大豆类	2 万亩以上	因地域、产品差异，生产规模可适当调整
蔬菜	大田 1000 亩以上（或保护地 200 亩以上）	
水果	5000 亩以上	
茶叶	5000 亩以上	
杂粮	1000 亩以上	
蛋鸡	年存栏 15 万只以上	
蛋鸭	年存栏 5 万只以上	
肉鸡	年屠宰加工 150 万只以上	
肉鸭	年屠宰加工 50 万只以上	
奶牛	成奶牛存栏数 400 头以上	年产奶 400kg 以上的奶牛
肉牛	年出栏 2000 头以上	
猪	年出栏 5000 头以上	

续表

产品类别	生产规模	说明
羊	年出栏 5000 头以上	
水产养殖	粗养面积 1 万亩以上或精养面积 500 亩以上或网箱养殖面积 $1000m^2$ 以上	精养面积包括苗种池、养成池

（4）基地中直接从事绿色食品生产的人员必须经过绿色食品有关知识的培训。

（5）产地必须具备良好的生态环境，并采取行之有效的环境保护措施，使该环境持续稳定在良好的状态下。

（6）必须具备较完善的生产设施，保证稳定生产规模，具有抵御一般自然灾害的能力。

3）绿色食品加工生产基地的条件

（1）绿色食品加工品必须为该单位的主导产品，其产量或产值占该单位总产量或总产值的 60%以上。

（2）必须具备专门的绿色食品加工生产管理机构，负责原料供应、加工生产规程和产品销售，并制订出相应的技术措施和规章制度。

（3）从事绿色食品加工管理人员及直接从事加工生产人员必须经过绿色食品知识培训。

（4）企业必须有相应的技术措施和保障管理制度，以及具有行之有效的环境保护措施。

4）绿色食品综合生产基地的条件　同时具备绿色食品初级产品和绿色食品加工产品及绿色食品初级农产品生产基地及绿色食品加工生产基地条件的，则具备绿色食品综合生产基地条件。

2. 绿色食品基地申报　凡符合基地标准的绿色食品生产单位均可申请作为绿色食品基地。绿色食品基地申报需要的基本材料为：①建设绿色食品基地的申请报告；②绿色食品证书及有关基地建设的材料；③绿色食品生产操作规程；④基地建设示意图；⑤农作物地块轮作计划和基地管理规程；⑥专职管理机构和人员组成名单；⑦专职技术管理人员及培训合格证书；⑧各种档案制度（基地种植户名录、田间生产管理档案、原料收购记录、贮藏记录、销售记录、生资购买及使用记录等）；⑨各项检查管理制度等。

绿色食品基地的申报程序如下。

（1）申请人向所在省（自治区、直辖市）的绿色食品委托管理机构领取《绿色食品基地申请书》，按要求填写后，报当地绿色食品管理机构。

（2）申请人组织本单位直接从事绿色食品管理、生产的人员参加培训，人员须经上级机构考核、确认。

（3）由省（自治区、直辖市）绿色食品委托管理机构派专职管理人员赴申报基地单位实地考察，核实生产规模、管理、环境及质量控制情况，写出正式考察报告。

（4）以上材料经省（自治区、直辖市）绿色食品委托管理机构初审后，写出推荐意见，上报中国绿色食品发展中心审核。

（5）中国绿色食品发展中心根据需要，派专人赴申请材料合格的单位实地考察。由中国绿色食品发展中心与符合绿色食品基地标准的申请人签订《绿色食品基地协议书》，然后向其颁发《绿色食品基地建设通知书》。

（6）申请单位按基地实施细则要求，进一步完善管理体系、生产服务体系和制度，实施一年后，由绿色食品发展中心和省（自治区、直辖市）绿色食品委托管理机构认证人员（详见《基地管理细则》）对基地进行评估和确认。

（7）对符合要求的单位发给正式的绿色食品基地证书和铭牌，同时公告于众。对不合格的单位，适当延长建设期时间。

为进一步规范绿色食品标志许可审查和现场检查工作，保证审查工作的科学性、公正性和有效性，提高现场检查工作质量和效率，规避标志许可审查风险，依据《绿色食品标志管理办法》（农业农村部令 2022 年第 1 号修订）等法律法规，农业农村部绿色食品办公室、中国绿色食品发展中心制定了《绿色食品标志许可审查工作规范》《绿色食品现场检查工作规范》和相关配套文件。

10.4.3　绿色食品标志的使用与管理

绿色食品标志管理是依据绿色食品标志证明商标特定的法律属性，通过该标志商标的使用许可，衡量企业的生产过程及其产品的质量是否符合特定的绿色食品标准，并监督符合标准的企业严格执行绿色食品生产操作规程、正确使用绿色食品标志的过程。

10.4.3.1　绿色食品标志的使用

（1）绿色食品标志必须使用在经中国绿色食品发展中心许可的产品上，未经许可任何单位和个人不得使用绿色食品标志。

（2）获得绿色食品标志使用权后，半年内必须使用绿色食品标志。半年内没使用绿色食品标志的，中国绿色食品发展中心有权取消其标志使用权，并公告于众。

（3）绿色食品产品的包装、装潢应符合《中国绿色食品商标标志设计使用规范手册》的要求。必须做到标志图形、“绿色食品”文字、编号及防伪标签的“四位一体”；编号形式应符合规范，具体如下：

LB——××——××　××　××　×××　×

绿色食品编号含义为：LB 为标志代码；××是产品分类，如 01 是表示粮食作物类，39 是指酒类；×× ×× ×× ××× ×前两位是批准使用的年度；第三、四位表示该产品产地的国别；第五、六位表示企业所属地区，如 01 是北京，福建是 13；第七、八、九位表示当年产品的序号；第十位表示产品的分级，“1”表示 A 级，“2”表示 AA 级。

取得绿色食品标志使用权的单位，应将绿色食品标志用于产品的内外包装。企业应严格按照《中国绿色食品商标标志设计使用规范手册》的要求，设计相关的包装及宣传材料。使用单位应按《中国绿色食品商标标志设计使用规范手册》的要求准确设计，并将设计彩图报经中国绿色食品发展中心审核、备案。

（4）为了加强广大消费者及中国绿色食品发展中心、各绿色食品委托管理机构对绿色食品标志产品的监督，维护绿色食品的统一形象，提高标志产品的产品质量，当产品促销广告时，许可使用绿色食品标志的产品必须使用绿色食品标志。

（5）使用单位必须严格履行“绿色食品标志许可使用合同”。

（6）绿色食品标志许可使用的有效期为三年，需要继续使用绿色食品标志的，标志使用人应当在有效期满三个月前向省级工作机构提出续展申请，同时完成网上在线申报。标志使用人逾期未提出续展申请，或者续展未通过的，不得继续使用绿色食品标志。

（7）为提高绿色食品使用单位的管理水平和生产技术水平，规范生产单位严格按绿色食品生产操作规程生产（加工），确保绿色食品产品质量，生产单位应积极参加各级绿色食品管理部门的绿色食品知识培训及相关业务培训。

（8）使用单位应按中国绿色食品发展中心及绿色食品委托管理机构的要求，定期报告标志的使用情况，包括许可使用标志产品的当年年产量、原料的供应情况、肥料的使用情况（肥料名称、施用量、施用次数）、主要病虫害及防治方法（使用农药的名称、使用时间、使用方法、次数、最后一次使用的时间）、添加剂及防腐剂的使用情况、产品的年销量、年出口量、产品的质量状况、价格（批发价、零售价）、防伪标签的使用情况及获得标志后企业所取得的效益等内容。绿色食品标志专职管理人员每年至少一次赴企业考察，并对以上内容进行核实，报中心备案。另外，使用单位不得自行改变生产条件、产品标准及工艺。如果由于不可抗拒的因素丧失了绿色食品生产条件，企业应在一个月内上报中国绿色食品发展中心，中心将根据具体的情况责令使用单位暂停使用绿色食品标志，等条件恢复后，再恢复其标志使用权。

（9）在证书有效期内，标志使用人的单位名称、产品名称、产品商标等发生变化的，应当经省级工作机构审核后向中国绿色食品发展中心申请办理变更手续。产地环境、生产技术等条件发生变化，导致产品不再符合绿色食品标准要求的，标志使用人应当立即停止标志使用权，并通过省级工作机构向中国绿色食品发展中心报告。使用单位如不能稳定地保持产品质量，将根据有关规定取消其标志使用权。对于违反绿色食品生产操作规程，造成绿色食品产品质量下降，将被取消其标志使用权，对绿色食品形象造成严重影响的，还将追究其责任。

（10）任何获得绿色食品标志国内使用权的企业，其出口产品使用绿色食品标志必须取得中国绿色食品发展中心的许可。

10.4.3.2　绿色食品标志管理

中国绿色食品发展中心是组织和指导全国绿色食品产业发展的权威管理机构，也是绿色食品标志商标的所有者。中国绿色食品发展中心在全国构建了三个组织管理系统和一个协调组织：①在全国各地委托了分支管理机构，协助和配合中国绿色食品发展中心开展绿色食品宣传、发动、指导、管理、服务工作；②委托全国各地有省级计量认证资格的环境监测机构，负责绿色食品产地环境监测与评价；③委托区域性的食品质量监测机构负责绿色食品产品质量监测。中国绿色食品协会为全国性的专业协会，是绿色食品的协调组织，为我国绿色食品事业的健康发展提供服务和支持。

绿色食品组织管理建设采取委托授权的方式，并使管理系统与监测系统分离，这样不仅保证了绿色食品监督工作的公正性，也增加了整个绿色食品开发管理体系的科学性。

1）年审制　中国绿色食品发展中心对绿色食品标志进行统一监督管理，根据使用单位的生产条件、产品质量状况、标志使用情况、合同的履行情况、环境及产品的抽检（复检）结果及消费者的反映，对绿色食品标志使用证书实行年审。年审不合格者，取消产品的标志使用权，并公告于众。

2）抽检　中国绿色食品发展中心依据使用单位的年审情况，于每年初下达抽检任务，指定定点的环境监测机构、食品监测机构对使用标志的产品及其产地生态环境质量进行抽检。抽检不合格者，取消其标志使用权，并公告于众。

3）标志专职管理人员监督　绿色食品标志专职管理人员对所辖区域内的绿色食品生产企业每年至少进行一次监督考察。监督绿色食品生产企业种植、养殖、加工等规程的实施及标志许可使用合同的履行，并将监督、考察情况上报。任何单位和个人不得伪造、转让绿色食品标志和标志使用证书。

4）消费者监督　　使用单位应接受消费者的监督。对消费者发现不合标准的绿色食品，中国绿色食品发展中心将对有产品质量问题的企业进行查处。

标志使用人有下列情形之一的，由中国绿色食品发展中心取消其标志使用权，收回标志使用证书，并予以公告：①生产环境不符合绿色食品环境质量标准的；②产品质量不符合绿色食品产品质量标准的；③年度检查不合格的；④未遵守标志使用合同约定的；⑤违反规定使用标志和证书的；⑥以欺骗、贿赂等不正当手段取得标志使用权的。

标志使用人依照前款规定被取消标志使用权的，三年内中国绿色食品发展中心不再受理其申请；情节严重的，永久不再受理其申请。

案例：粉条销售有“门道”

2018年8月9日，消费者朱先生通过购物网站购买了一袋粉条（2500g），商家在网站网页上宣称是绿色无公害食品，且包装上印制有绿色食品无公害字样。朱先生收到粉条后，随机在物流单上签字确认。当天，朱先生查看了包装，发现无绿色食品标志，且与网站上展示的包装并不相同。朱先生觉得上当受骗，认为卖家属于虚假宣传，感觉受到了欺诈。他联系网站，要求退货并赔偿损失，但遭到拒绝。于是，朱先生向富平县消费者权益保护委员会（以下简称“富平县消保委”）投诉，要求卖家退货赔偿并要求予以查处。

富平县消保委受理投诉后，转办至车站投诉站展开调查发现消费者投诉基本属实：一是涉诉商品在购物网站页面商品详情下的具体商品彩页介绍中确实标有“绿色食品”字样；二是联系本地生产厂家并到其生产基地进行查看，检查中并未发现包装上有“绿色食品”字样。厂家表示在包装上使用“绿色、无公害食品”标志必须通过国家认证，作为生产厂家一直很规范，从未随意使用“绿色标志”。事实证明，是网店商家为了促进销售，在其网站页面通过后期修图处理，误导消费者，其行为已构成欺诈。

绿色食品标志是一种质量证明标志，食品生产企业使用时必须遵守《中华人民共和国商标法》，向上级农业质量管理部门申报，经过审查审批通过，取得绿色食品证书才可在其包装上使用。一切假冒、伪造或使用与该标志近似的标志，均属违法行为，各级工商行政部门均有权依据有关法律和条例予以处罚。富平县消保委经过调查核实，生产厂家并未在包装上使用绿色食品标志，商家使用绿色食品的宣传属于虚假宣传，要求商家对消费者予以退款赔偿，并责令改正。

10.4.4　绿色食品基地管理

1．绿色食品基地生产管理

（1）在省级绿色食品委托机构的指导下，结合当地实际情况，制订出适合基地绿色食品生产的操作规程。基地生产者须接受各级绿色食品管理机构的统一管理。

（2）以初级农产品基地为例，基地范围内的绿色食品生产地块（含倒茬地块）与非绿色食品生产地应明确区分并绘出示意图，并进行地块统一编号。

（3）建立基地管理档案，以供生产逆向追踪监控。

a．作物栽培管理档案内容包括：①生产地块编号及所在地；②作物名称、品种名及栽培面积；③播种或定植时间；④生产过程中土壤耕作、施肥等使用的农资名称，农资用量及使用时间；⑤为防治病虫草害，所使用的农药及植物生长激素名称及使用时间；⑥生产过程中，除④和⑤规定外，所使用的农资名称、用量、使用时间及目的；⑦收获记录，即每次收获日期和产量。

b．畜、禽饲养管理档案内容包括：①饲养场编号及所在地；②畜禽种类、品种及各生产阶段养殖数量；③入场日期；④饲料来源、名称、配方及用量；⑤饲料添加剂名称、用量、使用时间；⑥饲养方式（日喂次数、饲喂方法）；⑦消毒和防病所使用药剂种类、用量、时间；⑧出场日期、数量。

c．水产养殖管理档案内容包括：①养殖池编号及所在地；②水面面积；③清塘时间、方法、药物用量；④放养时间、品种、数量；⑤注排水时间、水量；⑥施肥（包括基肥、追肥）名称、数量及时间；⑦投饵料名称、配方（包括添加剂成分）、来源、时间、数量；⑧为防治疫病使用药品名称、数量及时间；⑨捕捞时间、产量。

2．绿色食品基地生产资料管理　生产资料的正确使用与否是影响绿色食品产品质量的重要因素之一。各生产基地应建立和完善生产资料服务体系，加强对农药、肥料、添加剂等生产资料的管理，实行统一购置和供应。基地必须使用经中国绿色食品发展中心认可、推荐的农药、肥料、添加剂等生产资料。生产资料应设立专门贮藏库，并按省级绿色食品委托管理机构统一印发的表格记录如下内容：①种类、品名；②入库时间、数量、生产厂、购入单位、有效期、入库批号；③出库时间、批号、数量；④领用人。

3．绿色食品基地销售、收购和贮存管理　以绿色食品初级农产品基地为例，绿色食品基地销售、收购和贮存管理应包括如下内容。

（1）基地生产者分散销售的产品，应有如下销售记录：①产品名称及品种名称；②产品生产地块编号及面积；③销售时间、数量；④销售对象、方式，并定期提交基地管理机构。

（2）大宗产品应由专管机构统一收购，或指定收购厂家。收购者要做如下记录：①产品名称、品种；②地块号、种植面积，③交售时间、数量；④交售人或单位；⑤收购经手人。

（3）绿色食品产品贮存应与非绿色食品分开，不同种类、品种分别贮放，并做管理记录：①贮存库号及所在地；②入库种类、品种、来源、时间及数量；③出库时间、数量及去向；④防虫、鼠措施，使用农药时间、名称、数量。

4．绿色食品基地标志管理

（1）绿色食品标志在基地的使用范围：①基地内生产的绿色食品产品；②基地建筑物内外挂贴性装潢；③广告、宣传品、办公用品、运输工具、小礼物等。绿色食品标志不得用于限定范围以外的商品。

（2）绿色食品基地自批准之日起有效期为 6 年。绿色食品基地必须严格履行《绿色食品基地协议》，基地到期须在有效期满前半年内重新申报，逾期未将重新申报材料递交中国绿色食品发展中心的，视为自动放弃使用“绿色食品基地”名称。

（3）基地必须严格履行《绿色食品基地协议》，按要求在使用范围内规范使用绿色食品标志。

（4）严格按照绿色食品标准要求进行生产、加工绿色食品，主动接受绿色食品主管部门的监督、检查，配合监督检查同时要做好自查，以保证绿色食品产品质量。

5．绿色食品基地监督管理

（1）各绿色食品生产基地管理机构和省级绿色食品委托管理部门，不定期对基地生产者的生产及销售记录进行监督检查、核定。发现不符合绿色食品生产要求时，要督促改正，以保证质量，情节严重的且不及时改正者，取消基地生产者的资格。

（2）在绿色食品基地有效期内，中国绿色食品发展中心及其省级委托管理机构对其标志使用及生产条件、生产资料等进行监督、检查。检查不合格的限期整改，整改后仍不合格的，自中国绿色食品发展中心撤销其绿色食品基地名称，在本使用期限内不再受理其申请。自动放弃或被撤销绿色食品基地名称的，由中国绿色食品发展中心收回证书和铭牌，并公告于众。

（3）擅自将绿色食品标志使用在基地非许可使用标志的产品上，或将绿色食品基地证书及铭牌转让给其他单位或个人，由中国绿色食品发展中心、省（自治区、直辖市）绿色食品管理机构及当地市场监督管理等部门依法进行处理。

10.5　绿色食品生产

绿色食品生产过程可概括为：以维护和建设产地优良生态环境为基础，以产出安全、优质产品和保障环境为目标，达到人与自然协调，实现生态环境效益、经济效益和社会效益相互促进的农、林、牧、渔、工（加工）综合发展的施行标准化生产的新型农业生产模式。

10.5.1　绿色食品生产的基本要求

绿色食品生产必须符合产地环境质量标准，即《绿色食品 产地环境质量》（NY/T 391—2021）规定的产地生态环境要求、空气质量要求、水质要求和土壤质量要求的各项指标及浓度限值。

绿色食品生产过程的控制是绿色食品质量控制的关键环节。绿色食品生产技术标准是绿色食品生产控制的核心，它包括绿色食品生产资料使用准则和绿色食品生产技术操作规程两部分。绿色食品生产资料使用准则包括生产绿色食品的农药、肥料、食品添加剂、饲料添加剂、兽药和水产养殖药的使用准则，对允许、限制和禁止使用的生产资料及其使用方法、使用剂量、使用次数和休药期等做了明确规定，生产者必须严格遵守。绿色食品生产技术操作规程是以上述准则为依据，按作物、畜牧种类和不同农业区域的生产特性分别制定的，用于指导绿色食品生产活动，规范绿色食品生产技术的技术规定，包括农产品种植、畜禽饲养、水产养殖和食品加工等技术操作规程。绿色食品产品标准是衡量最终产品质量的尺度。绿色食品产品标准主要体现在对农药残留、重金属和有害微生物的检测指标要求较严。绿色食品包装、贮运须符合《绿色食品 包装通用准则》（NY/T 658—2015）、《绿色食品 贮藏运输准则》（NY/T 1056—2021）规定要求。

10.5.2　绿色食品马铃薯生产应用

1. 产地要求　经省级绿色食品管理部门指定的环境监测部门检测，产地环境符合 NY/T 391—2021 要求。

对大气环境的要求：产地及产地周围不得有大气污染源，特别是上风口没有污染源，大气质量稳定。

对水的要求：应选择地表水、地下水水质清洁无污染的地区、水域，水域上游没有对该地区构成污染威胁的污染源。

对土壤的要求：要求基地位于土壤元素背景值正常区域，基地及基地周围没有金属或非金属矿山，未受到人为污染，土壤中农药残留量较低，并具有较高的土壤肥力。

其他条件的要求：应尽量避开繁华都市、工业区和交通要道，边远地区、农村农业生态环境相对较好的地区是首选基地。

2. 品种

1）品种选择　要选择三代以内的脱毒种薯并根据市场要求，选择适应当地生态条件且经审定推广的符合生产加工及市场需要的专用、优质、抗逆性强的优良马铃薯品种。

2）种薯处理　将种薯提前20～25天从窖中取出，放至10～15℃的室内催芽。幼芽长到1cm左右，晒种5～7天，播前1～2天切块，切刀用3%来苏儿水消毒，切块在25g以上，采用纵切方式，每块带1～2个芽眼，用草木灰拌匀。用30～50g的小整薯播种更好。

3. 施肥　允许使用的农家肥种类为堆肥、沤肥、厩肥、沼气肥、绿肥、作物秸秆、饼肥，每公顷施用腐熟无害化的农家肥30 000kg以上。

允许使用的商品肥料：商品有机肥、腐殖酸肥料、微生物肥料、无机（矿质）肥料、叶面肥（不含化学合成生长调节剂）、有机-无机复合肥。化肥必须与有机肥配合施用，有机氮与无机氮比例以1∶1为宜。禁止使用硝态氮肥。

4. 整地　栽培马铃薯地块深翻深度25～30cm，并全部起好垄，以利提温补墒。

5. 播种　当10cm土层地温稳定在6～7℃时即可播种。一般4月下旬到5月中旬播种。马铃薯栽种行距65～70cm，株距25～30cm，一般每公顷保苗50 000～70 000株为宜。

6. 田间管理

1）中耕除草　苗出全时查田补苗和拔除病株补种同品种小种薯。全生育期趟三遍，第一遍在出苗后苗高2cm时深趟，即趟蒙头土；第二遍在苗高10cm时，加厚培土，趟碰头土；最后一遍在现蕾封垄前深趟，结合整地人工拿一次大草。

2）追肥　苗高10cm时，结合趟二遍地每公顷追尿素120kg，肥料符合《绿色食品 肥料使用准则》（NY/T 394—2021）规定要求。

7. 病虫害防治

1）防治原则　以农业防治、物理防治、生态防治、生物防治为主，化学防治为辅。通过选用抗病品种、轮作倒茬、培育壮苗、精耕细作等农业措施；利用灯光、颜色诱杀、机械人工捕捉害虫等物理措施；利用间、混、套种等生物多样性生态措施；选用低毒生物农药，释放天敌等生物措施；有限度地施用部分化学合成农药，每种农药在作物生长的一季当中只允许使用一次，使用要求、用量、方法等符合《农药合理使用准则》（GB/T 8321）等系列标准要求，把病虫害危害降低到最低允许阈值以下。

2）农业防治　轮作换茬，避免与茄科作物连作；及时拔出病株，清除田间杂草；做好田间清沟排渍，降低田间湿度，改善通透条件；选用抗病品种。

3）化学防治

晚疫病：田间发现中心病株时，每公顷用雷多米尔-锰锌或瑞毒霉锰锌1500～1800g进行喷雾防治1～2次，为减少病原菌抗药性的产生，应结合使用其他高效低毒药剂。

瓢虫：每公顷用80%敌百虫晶体1500g，兑水750kg喷雾防治一次。

蚜虫：每亩用50%抗蚜威可湿性粉剂8～16g，配成3500倍液，或用10%吡虫啉可湿性粉剂20g配成2500倍液喷雾。

地下害虫：每公顷用3%辛硫磷颗粒剂60～125kg，播种时沟施。

草害防治：现蕾后开花期可进行锄草、培土，并及时拔除田间大草。

8. 收获　在生理成熟时开始收获，要选择晴天，避免土壤过湿时收获。以减少薯块带泥土，以提高收获质量。收获方法可采用机械收获或人工收获。做到分品种单收、单运、单储藏。

9. 贮藏　贮藏冻土层以下的地窖，深于冻层。窖温控制在 2～4℃，湿度控制在 85%～90%。

10. 其他　对全部生产过程，要建立田间技术档案，全面记载，以备查阅。

思考题

1. 简述发展绿色食品的意义。
2. 简述绿色食品与有机食品的异同点。
3. 简述绿色食品标准体系的构成。
4. 简述绿色食品生产中应注意的问题。

第11章 有机食品认证

【本章重点】掌握有机食品的概念、内涵及有机食品与无公害食品、绿色食品的区别；了解有机食品认证流程及管理办法、相关法律法规文件；熟悉中国有机食品标识；掌握中国有机产品标准所包括的内容。

11.1 国内外有机食品发展现状

11.1.1 国际有机食品发展现状

11.1.1.1 国际有机食品的起源

有机食品是伴随有机农业的发展及人们生态环境意识的提高而产生和形成的一类食品。

1. 有机食品的起源 有机食品的起源要追溯到1909年，当时美国农业部土地管理局局长H. K. King途经日本前往中国，他考察了中国农业数千年兴盛不衰的经验，并于1911年写成《四千年的农民》一书。书中指出：中国传统农业长盛不衰的秘密在于中国农民的勤劳、智慧和节俭，善于利用时间和空间提高土地利用率，并以人畜粪便和一切废弃物、塘泥等还田培养地力。该书对后来的农业变革、农产品品质要求、食品加工发展产生很大影响，如德国1924年开始的生物动力农业、瑞士1930年开办的有机农场、英国在20世纪30年代初开始倡导的有机农业、日本1935年兴起的自然农业、瑞典1940年出现的生物农业流派、美国1945年创办的有机农场等，为后来全球有机食品发展奠定了基础。随着现代“石油农业”对环境、生态和人类健康影响的日益加剧，发达国家纷纷于20世纪六七十年代自发建立有机农场，有机食品市场也初步形成。一些涉及有机农业和有机食品的组织也随后出现。

2. 国际有机农业运动联合会的建立 1972年11月5日，全球性非政府组织国际有机农业运动联盟（International Federation of Organic Agriculture Movements，IFOAM）由美国、英国、法国、瑞典、南非5国联合发起在法国创建，成为有机农业运动和有机食品发展的里程碑。经过50多年的发展，目前，IFOAM已经发展成为当今世界上最广泛、最庞大、最权威的一个国际有机农业组织，已拥有来自110多个国家的750多个会员。作为国际性的非政府性的组织，IFOAM履行制定全球有机食品基本标准，对全球的有机食品认证组织进行国际认可监督、指导全球有机生产的发展。根据瑞士有机农业研究所（Forschungsinstitut für biologischen Landbau，FiBL）对世界范围内有机产业发展的调查显示（截至2020年年底），全球有190个国家或地区不同程度从事有机农业生产及发展有机食品。其中亚洲、非洲和拉丁美洲各有30多个国家，其余为欧洲、北美和大洋洲等地区的国家。

11.1.1.2 国际有机食品发展现状

1. 国际有机食品生产状况 根据FiBL的数据，2020年全球有近7480万hm^2的有机农地（包括处于转换期的土地）。有机农地面积最大的两个大洲分别是大洋洲（3590 万 hm^2，几乎占世界有机农地面积的一半）和欧洲（1710 万 hm^2，23%）；其余为拉丁美洲 990 万 hm^2（13.2%）、亚洲（610 万 hm^2，8.1%）、北美洲（370 万 hm^2，5%）和非洲（210 万 hm^2，2.8%）。全球范围内，有机农地占总农地面积的比例为 1.6%。世界上有机农地面积最大的 3 个国家分别是澳大利亚（3570 万 hm^2）、阿根廷（450 万 hm^2）和乌拉圭（270 万 hm^2），中国和西班牙并列位于第 6 位（244 万 hm^2）。

北美国家是世界有机豆类、谷物及有机水果、蔬菜和乳制品的主产地。南美洲生产大量的有机橄榄油、糖、棉花、热带水果、可可、咖啡和牛肉。西欧的有机农业正在加速发展，欧洲的有机农业起步较早，有一定基础，有机农产品、畜产品已有一定规模。中国、泰国和马来西亚等亚洲国家则以有机茶叶、蔬菜、大米、咖啡、香料和油料为主打产品。澳大利亚是有机牛肉的主要供应国。在非洲，许多非政府组织正在帮助当地社区发展有机农业，其中有几个非洲国家还是有机产品的出口大国，如埃及的有机棉花、水果、蔬菜和香料已经向欧洲大量出口，马达加斯加向世界有机市场提供有机香料和热带植物油，坦桑尼亚则向欧洲出口茶叶、棉花、香料和热带水果等产品。

2. 国际有机食品消费状况 2020 年，全球有机食品和饮料的销售额达到 1290 亿美元，比上年增长 15%，其中约 170 亿美元的增长来源于新型冠状病毒感染疫情，提升了消费者对有机食品的需求。有机食品的消费市场主要在发达国家。多数发达国家受国土面积和气候条件的限制，或由于生产成本的原因，其所消费的有机食品中相当一部分是从发展中国家进口的，欧盟就从 60 多个发展中国家进口有机食品，英国每年从巴西、印度、中国、墨西哥等 9 个发展中国家进口的各种有机食品达 1 万多吨。而发展中国家则相反，其国内有机食品市场十分有限，产品主要供出口。

1）美国　美国是世界上最大的有机食品消费国家之一，美国有机农业发展迅速。根据 FiBL 调查数据，2018 年美国有机产品市场销售值为 406 亿欧元，美国占全球有机产品销售的 46%，而根据有机贸易协会 2021 年有机产业调查数据，2020 年美国有机食品销售额飙升至新高，达到 619 亿美元，比 2019 年增长 12.4%。这标志着有机食品和有机非食品的总销售额首次突破 600 亿美元，增速翻倍。美国有 27 000 多个经过有机认证的农场和企业。美国几乎所有的超市、连锁店都销售有机食品，市场销售比较多的是有机水果和蔬菜，销售额占美国所有零售果蔬销售额的 15%。另外市场上较多的产品为有机面粉和烘焙原料、有机肉类、有机牛奶和有机鸡蛋，有机饮料也越来越受欢迎。

美国有机食品发展的主要原因是：消费者不断增强的环保意识、健康意识及对转基因产品的抵制，使有机食品需求上升；零售市场的营销竞争，促使零售商加入有机食品贸易；严格的有机食品标准及完善供应链管理，促进了有机食品的生产和销售。2000 年 12 月，美国农业部颁布的有机食品标准，对生产和经营（包括有机农作物的生产、野生作物的采收、有机畜禽的管理和加工及有机作物制品的经营等）进行了规定，严格规定了使用有机食品标志的程序，此外还规定了在加工过程中必须遵守的有关承诺、相应的分析试验、分析样品数及必须保存有州政府批准的申请计划、相关的证明和记录资料。在允许使用的清单中，详尽规定了禁止使用合成和非合成的添加物。从而使之有章可循，按规运作，极大地推动了有机农业发展。

2）欧洲　德国是欧洲最大的有机食品消费市场，占欧洲有机食品销售值的 1/3 以上，在世界上仅次于美国，位居第二。德国 1997 年有机食品销售额为 18 亿美元，而 2018 年销售值为 109 亿欧元。目前德国的婴幼儿食品基本都是有机食品。德国每年进口的有机食品占其国内有机食品消费总量的 60%。除德国外，欧洲有机食品消费较多的国家还包括法国、英国、荷兰、瑞士、丹麦、瑞典和意大利，2018 年全球有机食品人均消费较高的国家是瑞士和丹麦。有机市场份额占比较高的国家是丹麦（11.5%）、瑞士（9.9%）和瑞典（9.6%），丹麦也是第一个有机市场份额超过 10%的国家。

欧洲国家大面积进行有机农业生产为有机贸易的开展奠定了基础。欧洲国内市场的主要供货者为国内生产商，特别是奶制品、蔬菜、水果和肉类。法国、西班牙、意大利、葡萄牙和荷兰有机食品的出口大于进口，而德国、英国和丹麦都有较大的贸易逆差，有机食品销售进口需求很大，其中英国 60%～70%依赖进口，德国约为 50%依赖进口。很多食品，特别是干燥食品往往是欧洲国家不生产或不加工的，只能从世界各地进口，包括从发展中国家进口。

3）日本　日本是世界上第三大食品进口国，年进口食品价值约 600 亿美元，中国仅占日本进口食品份额的 10%。日本 1998 年有机食品销售值为 12 亿美元（占食品销售总值的 2%），2000 年达 25 亿美元，2007 年 333 亿美元，年增长率保持在 10%，其中 60%的有机食品需要进口。

日本农林水产省（Ministry of Agriculture, Forestry and Fisheries，MAFF）近年来强化了对有机农业的支持。2020 年 4 月，MAFF 将有机农民的补贴金额提高到每 0.1hm^2 12 000 日元，比之前增加了 50%。2021 年 5 月，MAFF 公布了《可持续粮食系统战略：通过创新实现脱碳和恢复的措施》（MeaDRI），制定了到 2050 年实现农业、林业和渔业零碳排放的措施，目标到 2050 年将有机土地面积扩大到 100 万 hm^2，使有机农用耕地的比例提高到 25%。

新型冠状病毒感染疫情对日本有机食品的消费起到了促进作用。数据显示，2020 年有机食品（不包括大米、新鲜水果和蔬菜）的零售额比上一年增长了 17.51%。2020 年销售额增幅最大的是畜产品（577.16%），其次是冰淇淋（354.68%）、蛋糕预混料和其他家庭烘焙材料（221.87%）、乳制品（201.39%）和面条（78.13%）。有机大米销量增长 151.34%，有机新鲜果蔬销量增长 31.49%。

11.1.2　我国有机食品发展现状

11.1.2.1　我国有机食品的起源

我国的有机食品是在传统农业模式基础上发展的，但真正涉及有机食品内涵意义的发展要从 1990 年初期开始，整个发展分为三个时期。

1．探索期（1989～1994 年）　20 世纪 90 年代是中国经济发展的关键时期，“石油农业”对农业高速发展起到坚实作用，也为中国农民奔小康的战略目标奠定了雄厚经济基础，但同时农业领域“石油污染”逐渐增加，即农药、化肥使用量逐年增大。人们已经有了有机、绿色、无公害的意识，认识到农药、化肥带来的潜在危害，相关部门也积极采取措施保障农产品质量。在此期间，国外认证机构进入中国，启动了中国有机食品的认证和贸易。1989 年，国家环境保护局南京环境科学研究所农村生态研究室加入了 IFOAM，成为中国第一个 IFOAM 成员。1990 年，浙江省临安的裴后茶园和临安茶厂通过了荷兰有机认证机构 SKAL 认证检查，获得了荷兰 SKAL 有机证书，这是中国大陆的农场和加工厂第一次获得有机认证。相关的理论研究工作也在中国同步开展。

2．起步期（1995～2002 年）　这一时期，中国相继成立了自己的认证机构，并开展了相应的认证工作。同时依据 IFOAM 的基本标准制定了机构或部门的推荐性行业标准。1994 年，经国家环境保护局批准，南京环境科学研究所农村生态研究室改组成为“国家环境保护局有机食品发展中心”（Organic Food Development Center of SEPA，OFDC），2003 年改称为“南京国环有机产品认证中心”。自 1995 年开始认证工作以来，先后通过 OFDC 认证的农场和加工厂已经超过 300 家。OFDC 根据 IFOAM 的有机生产加工的基本标准，参照并借鉴欧盟委员会及其他国家的有机农业标准和规定，结合中国农业生产和食品行业的有关标准，于 1999 年制定了《有机产品认证标准（试行）》，2001 年 5 月由国家环境保护总局发布成为行业标准。1999 年 3 月中国农业科学院茶叶研究所成立了有机茶研究与发展中心（OTRDC），专门从事有机茶园、有机茶叶加工及有机茶专用肥的检查和认证。2003 年该中心更名为“杭州中农质量认证中心”并获得国家认证认可监督管理委员会的登记，通过该中心认证的茶园和茶叶加工厂已经超过 200 家。2002 年 10 月，农业部组建了“中绿华夏有机食品认证中心”（COFCC），并成为在国家认证认可监督管理委员会登记的第一家有机食品认证机构。COFCC 根据 IFOAM 标准及欧美日等国家和地区标准制定了《有机食品生产技术准则》，为国内企业开展有机食品认证工作提供了技术支撑。

3. 规范快速发展期（2003 年至今）　有机产品认证机构认可工作最初由国家环保总局的国家有机食品认证认可委员会负责。2002 年 11 月 1 日《中华人民共和国认证认可条例》的正式颁布实施，有机产品（食品）认证工作由国务院授权的国家认证认可监督管理委员会统一管理，使这一工作进入规范化阶段。2005 年 4 月 1 日，中华人民共和国国家标准《有机产品》（GB/T 19630.1～19630.4—2005）正式实施，标准分为四部分（生产、加工、标识与销售、管理体系），并制定了《有机产品认证管理办法》（可扫码查阅）。2011 年进行修订，2019 年再次修订。新版中华人民共和国国家标准《有机产品 生产、加工、标识和管理体系要求》（GB/T 19630—2019）将 GB/T 19630.1～19630.4—2011 对应条款内容进行了合并及相应条款进行了修改，成为生产企业生产、加工、销售及认证机构检查颁证的主要依据。同时标志着我国有机产品事业走上了一个规范化的新台阶。

（相关法规可扫码查阅）

1）*国内有机食品生产状况*　我国有机食品起步晚，从 1994 年开始，我国有机食品发展较快，从无到有，由少到多，规模逐渐扩大。1994 年通过有机食品生产认证的土地面积只有 6 万 hm^2，出口销售额约为 1000 万美元，2000 年通过有机食品生产认证的土地面积达到 10 万 hm^2，出口贸易额达到 2000 万美元。2006 年中国有机认证的土地面积为 230 万 hm^2，跃居世界第二位，还有 200 多万 hm^2 野生采集面积获得认证，有机转换土地为 110 万 hm^2，有机食品出口贸易额达到 3.5 亿美元。2007 年全国约有 2512 家有机生产企业，有机土地面积共 358.6 万 hm^2、转换土地面积 15.82 万 hm^2，合计约 374.42 万 hm^2，有机食品总销售额达 40 亿元。截至 2022 年 7 月，获中国合格评定国家认可委员会认可的中国有机食品认证机构共 34 家，2019 年颁发有机认证证书 21 746 张，较 2018 年增加 12.29%。2015～2019 年年均增长率为 13.76%。

2012 年我国建立了“一品一码”的 17 位有机码管理制度。获证产品的最小销售包装上必须使用有机码，并通过认证机构上报到中国食品农产品认证信息系统。2019 年我国有机码发放数量为 21.2 亿枚，备案数最多的是灭菌乳 14.8 亿枚，占 70%。2017～2019 年区域分布前三位的省（自治区）是内蒙古、贵州和山东。从 2019 年 11 月国家市场监管总局修订公布的《有机产品认证目录》来看，我国有 47 大类 500 多个认证品种。2019 年我国有机作物生产面积总体上呈现从北向南递减的趋势，其中大于 10 万 hm^2 的地区按顺序分别是黑龙江（51.71 万 hm^2）、内蒙古（29.6 万 hm^2）、辽宁（22.63 万 hm^2）、贵州（14.77 万 hm^2）。从地域分布来看，我国绝大多数有机食品生产基地分布在东北部各省区，近两三年来，西部地区利用西部特殊政策和区位优势，发展有机畜牧业，也已呈现良好的发展势头。

我国有机食品发展初期的产品主要是高山茶叶、东北大豆、野生果品、中药材等。近些年来陆续开发了粮食、蔬菜、油料、肉类、奶制品、蛋类、饮料、酒类、茶叶、草药、调味品、动物饲料、种子、纺织品、花卉等多类有机产品，发证数量较多的是谷物（水稻、玉米、高粱）、蔬菜（番茄、辣椒、黄瓜）、水果（苹果、桃、猕猴桃）、油料作物（大豆、茶籽、花生）。从有机食品结构来看，中国目前有机食品主要为初级原料，加工食品较少（加工最多的是谷物加工），以植物类食品为主，动物类食品相当缺乏，野生采集产品增长较快。有机茶、有机蔬菜、有机大豆和有机大米等所占比重较大，也是中国有机食品的主要出口品种。

2）国内有机食品的消费现状　　中国有机食品最初由出口需求推动其产生和发展。随着我国人民生活水平的不断提高，直到 2000 年国内才开始启动有机食品市场的发展及有机产品销售，此后的几年中，国内有机食品市场的增长趋势明显。目前，国内市场上销售的有机食品主要是新鲜蔬菜、茶叶、大米、水果和蜂蜜等。

近年来随着经济发展，越来越多的富裕群体愿意为安全食品支付溢价，扩大了国内消费者对有机食品的需求，消费增长较为迅速。2004 年底有机食品实物总量 37.2 万吨，产品国内年销售额 35 亿元。2015 年中国有机农产品消费市场规模超过 300 亿元。国家认证认可监督管理委员会网站公布，2019 年我国有机产品估算的销售额为 678.21 亿元，较 2018 年增加了 46.74 亿元。加工产品的销售额为 633.73 亿元，较 2018 年增加了 64.42 亿元，占我国有机产品总销售额的 93%；植物类产品销售额为 34.27 亿元，较 2018 年增加了 10 亿元，占比 5%。我国 2019 年从荷兰等国家进口额近 120 亿元，而出口额为近 7 亿美元。

11.1.2.2　我国有机食品认证体系发展现状

截至 2022 年 7 月，获得中国合格评定国家认可委员会（CNAS）认可的有机认证机构有 34 家。其中 OFDC 是我国成立最早、规模最大的专业从事有机产品研发、检查和认证的机构，也是我国第一个获得 IFOAM 认可的有机认证机构，目前 IFOAM 在我国有 17 个成员。

此外，在中国开展有机认证业务的还有几家国外有机认证机构。最早的是 1995 年进入中国的美国有机认证机构“国际有机作物改良协会”（Organic Crop Improvement Association，OCIA），该机构与 OFDC 合作在南京成立了 OCIA 中国分会。此后，欧盟国际生态认证中心（Ecological Certificate，ECOCERT）、瑞士生态市场研究所（Institute for Marketecology，IMO）、日本有机和自然食品协会（Japan Organic & Natural Foods Association，JONA）和 OCIA-JAPAN 等都相继在北京、长沙、南京和上海建立了各自的办事处，在中国境内开展了数量可观的有机认证检查和认证工作。

11.2　有机食品的概念

11.2.1　有机食品的定义及范畴

1. 有机食品的定义　　有机食品在不同的语言中有不同的名称，国外最普遍的叫法是

organic food，在其他语种中也有称生态食品、自然食品等。联合国粮食及农业组织和世界卫生组织的食品法典委员会将这类称谓各异但内涵实质基本相同的食品统称为“organic food”，中文译为“有机食品”。

IFOAM 对有机食品的定义是：“根据有机食品种植标准和生产加工技术规范而生产的、经过有机食品颁证组织认证并颁发证书的一切食品和农产品。”我国对有机食品定义是原料来自有机农业生产体系或野生生态系统，根据有机认证标准生产、加工，而且经有资质的独立认证机构认证的可食用农产品、野生产品及其加工产品，如粮食、蔬菜、水果、奶制品、畜禽产品、水产品、蜂产品及调料等。它包括一切可以食用的农副产品，是个狭义的概念。

有机食品在其生产和加工过程中绝对禁止使用农药等人工合成物质，因此有机食品生产过程要求比较严格，需要建立全新的生产体系，采用相应的替代技术。

2. 有机食品定义的相关范畴解释

（1）有机农业是指遵照特定的农业生产原则，在生产中不采用基因工程获得的生物及其产物，不使用化学合成的农药、化肥、生长调节剂、饲料添加剂等物质，遵循自然规律和生态学原理，协调种植业和养殖业的平衡，如转换期、定产、定量等，采用一系列可持续发展的农业技术以维持持续稳定的农业生产体系的一种农业生产方式。

欧洲把有机农业描述为：一种通过使用有机肥料和适当的耕作措施，以达到提高土壤长效肥力的系统。有机农业生产中仍然可以使用有限的矿物质，但不允许使用化学肥料。通过自然的方法而不是通过化学物质控制杂草和病虫害。

美国农业部对有机农业的描述是：有机农业是一种完全不用或基本不用人工合成的肥料、农药、生产调节剂和畜禽饲料添加剂的生产体系。在这一体系中，在最大的可行范围内尽可能地采用作物轮作、作物秸秆、畜禽烘肥、豆科作物、绿肥、农场以外的有机废弃物和生物防治病虫害的方法来保持土壤生产力和耕性，供给作物营养并防止病虫害和杂草的一种农业。尽管该定义还不够全面，但该定义描述了有机农业的主要特征，规定了从事有机农业的农民不能做什么，应该做什么。

IFOAM 对有机农业的描述为：有机农业包括所有能促进环境、社会和经济良性发展的农业生产系统。这些系统将自然土壤肥力作为成功生产的关键。通过尊重植物、动物和景观的自然能力，达到使农业和环境各方面质量都最完善的目标。有机农业通过禁止使用化学合成的肥料、农药和药品而极大地减少外部物质投入，相反利用强有力的自然规律来增加农业产量和抗病能力。IFOAM 倡导的有机农业发展四原则为：健康原则、生态原则、公平原则、关爱原则。

综观以上几种对有机农业定义的描述，可以认为有机农业是一种强调以生物学和生态学为理论基础并拒绝使用化学品的农业生产模式。非常注重当地土壤的质量，注重系统内营养物质的循环，注重农业生产要遵循自然规律，并强调因地制宜的原则，有机农业生产方式也决定了最终有机食品的质量状况及产品特征。主要特点有：建立种养结合的农业生产体系；系统内土壤、植物、动物和人类是相互联系的有机整体；采用土地（生态环境）可以承受的方法进行耕作。因此说，有机食品的生产原料离不开有机农业生产体系。

（2）有机产品是指按照有机产品标准，有机生产、有机加工的供人类消费、动物食用的产品。在有机农业生产体系中生产的所有有机产品除食品外，还包括纺织品、皮革、化妆品、林产品、家具等其他与人类生活相关的产品。可见，有机农业、有机产品的内涵和外延比有机食品的内涵更深刻、更广泛，有机产品来源于有机农业生产体系，有机食品是可食用的有机产品或者说有机食品只是有机农业的部分产品。

最初我国的有机认证是从有机茶开始的，随后出现有机食品概念，随着认证种类的增加，同时顺应国际有机产品的现状和发展方向，我国 2005 实施的《有机产品认证管理办法》及《有机产品》国家标准中，使用了“有机产品”这个内涵较大的概念并延续至今。

依据有机产品标准，作为有机食品应满足以下 5 个基本条件：①原料必须来自已经建立或正在建立的有机农业生产体系（又称有机农业生产基地），或采用有机方式采集的野生天然产品；②产品在整个生产过程中必须严格遵守有机食品的加工、包装、贮藏、运输等要求；③生产者在有机食品的生产和流通过程中，有完善的跟踪审查体系和完整的生产、销售的档案记录；④其生产过程不应污染环境和破坏生态，而应有利于环境与生态的持续发展；⑤必须通过独立的有机食品认证机构的认证审查。

11.2.2　有机食品、绿色食品与无公害食品的区别

目前，在我国食品市场上同时存在有机食品、绿色食品和无公害食品。三种食品与普通食品一同构成食品金字塔，普通食品位于最底端，数量最大；无公害食品位于食品金字塔的第二层，是普通食品都应当达到的一种基本要求；绿色食品位于食品金字塔的中端，是从普通食品向有机食品发展的一种过渡产品；而有机食品位于食品金字塔的最顶端，是食品级别最高的食品。

有机食品与其他食品的区别具体体现在如下几方面。

（1）概念不同。有机食品在其生产加工过程中绝对禁止使用农药、化肥、激素、化学添加剂等人工合成物质，并且不允许使用基因工程生物和辐照技术。

绿色食品是我国农业部门推广的认证食品，分为 A 级和 AA 级两种。其中 A 级绿色食品生产中允许限量使用化学合成生产资料。AA 级绿色食品则严格地要求在生产中不使用化学合成物质和其他有害于环境和健康的物质。从本质上讲，绿色食品是从普通食品向有机食品发展的一种过渡性产品。绿色食品对基因工程技术和辐照技术的使用未作规定。

无公害食品是按照相应生产技术标准生产的、符合通用卫生标准并经有关部门认定的安全食品。严格来讲，无公害是食品的一种基本要求，普通食品都应达到这一要求。它允许限量使用化学合成物质，对基因工程技术等未作规定。

（2）有机食品在土地生产转型方面有严格规定。考虑到某些物质在环境中会残留相当一段时间，土地从生产其他食品到生产有机食品需要 2～3 年的转换期，而生产绿色食品和无公害食品则没有转换期的要求。

（3）有机食品在数量上进行严格控制，有机食品的认证要求定地块、定产量，而其他食品没有如此严格的要求。

（4）发源地不同。有机食品和有机农业的发源地是欧洲，绿色食品、无公害食品主要起源于中国。

（5）认证证书的有效期不同。有机食品标志认证一次有效许可期限为一年，获证组织应至少在认证证书有效期结束前三个月向认证机构提出再认证申请，通过检查、审核合格后方可继续使用有机食品标志。而无公害农产品及绿色食品认证证书有效期为三年。

（6）标识不同。有机食品在不同的国家、不同的认证机构，其标识不相同。绿色食品标识是唯一的。绿色食品全都标注有统一的绿色食品名称及商标标志，这一标志已在中国和日

本注册使用。2003 年无公害产品全国统一为“麦穗”标识。

（7）认证机构不同。绿色食品的认证由中国绿色食品发展中心负责全国绿色食品的统一认证和最终认证审批，各省（自治区、直辖市）绿色食品办公室协助认证。有机食品的认证主要由国家认证认可监督委员会进行综合认证，或由中国农业科学院茶叶研究所有机茶研究与发展中心认证有机茶；也可由一些国外有机食品的认证机构在中国开展有机食品的认证。无公害食品的认证机构现在为农业农村部农产品质量安全中心。

（8）认证方式不同。有机食品的认证实行检查员制度，绿色食品的认证以检测认证为主，无公害食品的认证以检查认证为主，检测认证为辅。

（9）标准不同，分级不同。无公害食品、绿色食品和有机食品的标准各不相同，但总的可以分为三个档次，即无公害食品是基本档次，A 级绿色食品是第二档次，AA 级绿色食品和有机食品为最高档次。

11.3 有机认证标识与标志

11.3.1 有机认证标识与认证标志的概念

有机认证标识在国家标准《有机产品》（GB/T 19630—2019）中的定义是“在销售的产品及包装、标签或随同产品提供的说明性材料上，以书写、印刷的文字或图形的形式对产品所作的标示”。有机认证标志是指证明产品生产或者加工过程符合有机标准并通过认证的专有符号、图案或者符号、图案及文字的组合。可见标识的内涵大于标志，除图形或符号外，还涵盖了“非固定性”文字说明。认证标志是判断是否为有机产品的一种直接证明，如注册成为商标则称为有机认证证明商标。有机认证标志由有机认证机构或认证机构的监管部门设计和申请注册，而不是由有机证书的持有者设计和申请注册。有机认证标志分为国际标志、国家标志和认证机构标志 3 个层次。

11.3.2 有机认证标志

1. 国际和区域性有机认证标志

1）国际有机农业运动联盟（IFOAM）标志　IFOAM 组织是世界各国有机农业发展机构进行合作的国际性非政府组织，IFOAM 的标志属于国际标志，如图 11.1 所示。

图 11.1　IFOAM 的标志

2）欧盟（EU）有机认证标志　目前世界上只有欧盟地区采取统一的认证标准（EEC 2092/91），即欧盟有机认证，它是以欧盟法规（EC）834/2007 和（EC）889/2008 为依据的。2018 年 5 月，欧盟议会和理事会先后通过最新版欧盟有机法规（EU）848/2018［取代法规（EC）834/2007］，并于 2018 年 5 月 30 日正式发布，于 2021 年 1 月 1 日生效实施。根据欧盟有机法规规定，按欧盟有机法规生产通过认证，有机产品至少要由 95%的有机农业原配料构成，在欧盟包装和销售的有机产品必须使用统一的欧盟有机产品标志，欧盟统一的有机产品认证标志为“Euro-leaf”，由欧盟委员会农村与农业发展委员会负责，另外需要注意的是，欧盟各个国家的有机认证标志各不相同，而各国家不同机构之间也有不同的有机认证标志。欧盟统一的绿叶标志如图 11.2 所示。

2. 各国有机认证标志　为加强国家层面的有机产品认证管理，一些国家如美国、日本、瑞士、加拿大和中国，制定了本国的有机认证标准，规定在该国销售的有机产品必须符合其制定的有机产品认证标准，并使用统一的该国有机认证标志。国家有机认证标志的统一和标识的规定，一方面有利于国家管理，另一方面对于有机产品出口商来说，又无疑形成了一个潜在的技术壁垒。

图 11.2　欧盟（EU）有机认证标志

1）美国有机认证标志　美国的有机产品认证和标志的使用依据是 1990 年的《有机食品产品法案》和 2002 年 10 月 21 日正式实施的由美国农业部（USDA）制定的美国有机农业条例（National Organic Program，NOP）。其 USDA 有机标志为美国有机产品认证的官方标志，也是美国最权威的标志，其有机成分需达到 100%。使用超过 70%有机成分的产品可以称作“使用有机成分制造”，但不能使用 USDA 徽标。美国有机产品认证的标志上绿色的圆形标记有英文的“ORGANIC”和“USDA”字样。标准不仅适用于美国国内的产品，也适用于从外国进口的产品，见图 11.3。

图 11.3　美国（NOP）的有机认证标志

2）日本有机认证标志　1999 年 7 月日本国会通过了包含有机农产品的认证和标示制度的《有关农林物资的规格化和品质表示的正当化法律的部分修正案》，简称 JAS 法，即日本的有机农业认证标准（Japanese Agriculture Standard，JAS）。该法案规定：从 2001 年 4 月 1 日起在日本开始实施《有机农产品和有机加工食品的农林规格》（简称《有机 JAS 规格》），JAS 有机认证是日本农林水产省对食品农产品最高级别的认证。标志见图 11.4。进口有机农产品与日本本国有机农产品等同，如果在有机农产品上没有贴附全国统一的“有机 JAS 商标”，那么不能将农产品按有机农产品销售。在进口农产品上贴附“有机 JAS 商标”可以采取如下三种方式，以确保符合有机食品生产、加工、标识及销售指南：①由经过国内登录认证机构认证的进口商进行；②由经过农林水产省认定的国外登录认证机构所认证的生产管理者进行；③由经过日本国内登录认证机构认证的国外生产者进行。

3）中国有机认证标志　中国有机产品认证是由具备认证认可资格的第三方认证机构负责执行，对符合《有机产品　生产、加工、标识与管理体系要求》（GB/T 19630—2019）（可扫码查阅）及《有机产品认证管理办法》相应认证规定的产品允许使用中国有机产品认证标志（图 11.5），强调在中国销售的有机产品必须加贴全国统一中国有机产品认证标志。新标准取消了有机转换产品标志，明确规定不得将常规产品和有机转换期内的产品当作有机产品销售。

（相关法规可扫码查阅）

图 11.4　日本（JAS）的有机认证标志

图 11.5　中国有机产品认证标志

彩图

3. 认证机构的有机认证标志　目前全球的有机认证机构有 400 多家，并且大多为非政府的民间组织，如仅德国就有 50 家认证机构、美国有 49 家、日本有 51 家、加拿大有 46 家、意大利有 10 家等，这些认证机构大都有本机构的认证标志。一些国家有机标志使用管理办法中规定，在使用国家有机认证标志的同时，可以标示有机认证机构标志，因此目前全球有多种有机认证标志。下面列举了在我国境内受准开展有机认证的部分国内外机构及有机认证标志。

1）美国 OCIA 有机认证标志　国际有机作物改良协会（OCIA），1987 年成立于美国宾夕法尼亚州，OCIA 认证获得 IFORM、NOP、JAS 和欧盟 2092/91 有机法规的认可。经 OCIA 有机认证的有机种植者、加工者和贸易者可以顺利地将其有机产品销售到美国、日本和欧盟等目前世界上主要的有机产品市场。OCIA 有机认证标志如图 11.6 所示。

2）日本 JONA 有机认证标志　日本有机和自然食品协会（JONA），为 2000 年 8 月在日本农林水产省注册的认证机构，按照《有机 JAS 规格》进行有机 JAS 农产品和加工产品的认证工作。JONA 认证机构有机认证标志如图 11.7 所示。

图 11.6　美国 OCIA 有机认证标志

图 11.7　日本 JONA 有机认证标志

3）德国 BCS 有机认证标志　BCS 有机保证有限公司是 1992 年 5 月 11 日经德国农林食品部正式批准成立的独立有机认证机构。BCS 为 IFORM 和 IOIA（国际有机认证检查员协会）成员。BCS 除了按欧盟有机法 EG VO2092/91 进行农产品（包括畜产品）的生产、加工、进出口贸易方面的有机认证之外，还获得了美国农业部和日本农林水产省的授权，可以直接进行 NOP 和 JAS 有机认证。BCS 有机认证标志如图 11.8 所示。

4）法国国际生态认证中心（ECOCERT SA）有机认证标志　ECOCERT SA 成立于 1991 年，总部位于法国南部的图卢兹，是国际上最大的有机认证机构之一，按照《产品认证机构通用要求》（即 ISO65 导则，等同于欧盟 45011 导则）开展有机认证的机构，获欧盟、美国农业部和日本农林水产省的认可。法国 ECOCERT 有机认证标志如图 11.9 所示。

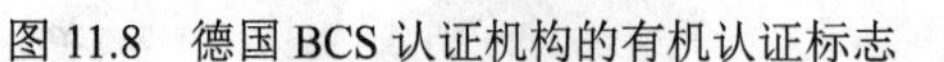

图 11.8　德国 BCS 认证机构的有机认证标志

图 11.9　法国 ECOCERT 有机认证标志

5）瑞士生态市场研究所（IMO）有机认证标志　瑞士生态市场研究所（IMO）是专业从事生态产品、有机农产品和管理体系的质量认证的机构之一。IMO 按照欧盟 EEC 2092/91 规定，提供有机产品和其交易的认证服务。同时 IMO 获得美国农业部（USDA）批准，可以根据美国国家有机项目（NOP）从事有机认证。另外，IMO 获得了日本农林水产省的认可，可以根据日本农业标准（JAS）从事有机认证。瑞士 IMO 有机认证标志见图 11.10。

6）中国有机认证机构的标志

（1）中绿华夏有机食品认证中心（COFCC）有机认证标志。COFCC 是中国农业部推动有机农业运动发展和从事有机食品认证、管理的专门机构，也是中国国家认证认可监督管理委员会（CNCA）批准设立的国内第一家有机食品认证机构（批准号为 CNCA-R-2002-100），并获得中国合格评定国家认可委员会（CNAS）的认可（注册号 CNAS C115-0）。COFCC 有机认证标志见图 11.11。

图 11.10　瑞士 IMO 有机认证标志

图 11.11　COFCC 有机认证标志

（2）南京国环有机产品认证中心（OFDC）有机认证标志。OFDC 成立于 1994 年，是中国成立最早、规模最大的专业从事有机产品研发、检查和认证的机构，也是获得国际有机农业运动联盟（IFOAM）认可的有机认证机构，现获准可从事 JAS 和 NOP 认证。OFDC 有机认证标志如图 11.12 所示。

图 11.12　南京国环（OFDC）有机认证标志

11.3.3　中国有机认证标志的组成及含义

中国有机认证标志使用“中国有机产品认证标志”（图 11.5），图案主要由三部分组成，即外围的圆形、中间的种子图形及其周围的环形线条。

标志外围的圆形形似地球，象征和谐、安全，圆形中的“中国有机产品”字样为中英文结合方式，既表示中国有机产品与世界同行，也有利于国内外消费者识别。

标志中间类似于种子的图形代表生命萌发之际的勃勃生机，象征了有机产品是从种子开始的全过程认证，同时昭示出有机产品就如同刚刚萌发的种子，正在中国大地上茁壮成长。

种子图形周围圆润自如的线条象征环形道路，与种子图形合并构成汉字“中”，体现出有机产品植根中国，有机之路越走越宽广。同时，处于平面的环形又是英文字母“C”的变体，种子形状也是“O”的变形，意为“China Organic”。

绿色代表环保、健康，表示有机产品给人类的生态环境带来完美与协调。橘红色代表旺盛的生命力，表示有机产品对可持续发展的作用。

11.3.4　有机认证标识管理

国家标准《有机产品　生产、加工、标识与管理体系要求》（GB/T 19630—2019）及《有机产品认证管理办法》对产品获证后如何标注提出明确要求。首先确定了只有最终通过中国有机产品认证，方可在产品名称前标识“有机”二字和使用中国有机产品标志。其次为加强责任管理，产品认证标志、有机码（每枚认证标志上的唯一编号）要与认证机构的标志或名称同时标注在产品上或产品包装上。为固定中国有机产品标志，任何使用者都不能对其图形、字体和颜色等进行改动，必须符合 GB/T 19630—2019 的标准要求。如果是将标志印刷在获证产品标签、说明书及广告宣传等材料上，使用者可以按比例放大或者缩小，但不能使其变形、变色。另外，认证机构的标志或机构名称应该清晰，且其相关图案和文字大小都不能大于有机产品标志。在国内销售的进口有机产品，应该遵照我国有关法规和标准的要求进行认证和有机产品标识。

根据国外有机法规或标准及按国外购货商合同要求，生产或认证的出口产品，可以根据出口国或合同订购者的有机标识要求进行产品标识。但如果这些有机产品同时在国内市场销售，则其标识与销售也应符合我国有关法规及中国有机标准的要求。进口有机产品申报入境检验检疫时，应当提交其所获中国有机产品认证证书复印件、有机产品销售证复印件、认证标志和产品标识等文件。

国家标准《有机产品 生产、加工、标识与管理体系要求》中明确了因有机配料含量不同的产品标识方法：有机配料含量等于或者高于95%并获得有机产品认证的加工产品，方可在产品名称前标识“有机”，在产品或者包装上加施中国有机产品认证标志，并标注认证机构的标识或者认证机构的名称。认证机构不得对有机配料含量低于95%的加工产品进行有机认证。

有机认证证书的有效期为一年，在此期间，认证机构应对有机认证证书和认证标志的所有权、使用和宣传展示情况进行跟踪管理，确保使用有机标志/标识的产品与认证证书范围一致（包括认证产品的数量与标志数量）。

11.4　有机食品认证与管理

有机食品是指来自有机农业生产体系，根据有机认证标准生产，并经独立认证机构认证的食用农产品及其加工产品。对有机食品实行认证制度是各国设置障碍的主要手段，具体的方法有两个：一是给本国的有机食品下一个与其他国家不同的定义，而且内容不断与时俱进；二是设立认证准入制度。按照有机食品法规的规定，是不是有机食品，并不是由业主自己说了算的，而是符合有机食品法令和标准的要求，由认证机构实施严密的监控，颁发有机食品的认证证书和标志后，才能被承认为有机食品的栽培商、生产商、加工商和分销商，按有机食品销售。依据我国法规，对中国境内有机认证机构也实行严格的认证认可管理制度。

11.4.1　有机食品认证

11.4.1.1　有机食品认证的含义

有机食品认证就是指经认证机构依据相关要求认证，以认证证书的形式予以确认的某一生产、加工或销售体系，认证以过程检查为基础，包括实地检查、质量保证体系的检查和必要时对产品或环境、土壤进行抽样检测。

有机产品的生产、加工依据的是有机产品标准，而有机产品标准只规定如何控制有机产品生产、加工的全过程。因此也就决定了有机产品的认证模式是对有机产品生产过程进行检查，通过对申请人的质量管理体系、生产过程控制体系、追踪体系及产地、生产、加工、仓储、运输、贸易等过程进行检查来评价其是否符合有机产品标准的要求。在检查过程中检查员认为有必要时，要对生产原料、土壤、水、大气、产品等进行抽样检测。

11.4.1.2　有机食品的认证分类

对于有机认证申请者来说，如果要对所生产的产品申请有机认证，必须了解国家有机食品的认证范围，必须要对产品所面对市场及对应的认证标准和要求有较为全面的了解，并做好足够的认识和准备，针对生产和加工产品，2019 年 11 月 6 日国家市场监督管理总局修订公布了我国《有机产品认证目录》（可扫码查阅）。

（相关法规可扫码查阅）

根据《有机产品认证管理办法》中的规定，认证主要分为生产认证、加工认证和经营认证。

1. 有机食品生产认证　有机食品生产认证主要对基地原产品及有机加工原料进行认证。在国家标准 GB/T 19630—2019 生产部分列出了生产的认证范围，包括作物种植、食用菌栽培、野生植物采集、畜禽养殖、水产养殖、蜜蜂及蜂产品等。

申请者除应该有合法的土地使用权和合法的经营证明文件外，有机产品生产要符合以下基本要求（要点）。①生产基地在最近三年内未使用过农药、化肥等违禁物质。②种子或种苗来自于自然界，未经基因工程技术改造过。③生产基地应建立长期的土地培肥、植物保护、作物轮作和畜禽养殖计划。④生产基地无水土流失、风蚀及其他环境问题。⑤作物在收获、清洁、干燥、贮存和运输过程中应避免污染。⑥从常规生产系统向有机生产转换通常需要转换期。标准规定一年生植物的转换期至少为播种前的 24 个月，草场和多年生饲料作物的转换期至少为有机饲料收获前的 24 个月，饲料作物以外其他多年生植物的转换期至少为收获前的 36 个月。新开荒的、撂荒 36 个月以上的或者有充分证据证明 36 个月以上未使用标准禁用物质的地块，也应经过至少 12 个月的转换期。野生采集区应是采集前的 36 个月内没有受到标准允许使用投入品之外的物质和重金属污染地区。⑦在生产和流通过程中，必须建立严格的质量管理体系、生产过程控制体系和追踪体系，并有完整的生产和销售记录档案。

如果农场既有有机生产又有常规生产，则农场经营者应单独管理和经营用于有机生产的土地。有机和常规生产部分（包括地块、生产设施和工具）应该能够完全分开，并采取适当措施避免与常规产品混杂和被禁用物质污染。同一生产单元内，一年生植物不应存在平行生产；而对多年生植物生产者应制订有机转换计划，应承诺在可能的最短时间内（时间最多不能超过 5 年）开始对同一单元中相关常规生产区域实施转换，否则不允许同一生产单元存在平行生产。在平行生产期间要采取适当的措施以保证从有机和常规生产区域收获的产品能够严格分离。

国际标准中对畜禽养殖、水产养殖等产品的认证也在平行生产和转换期方面做了较为详细的相关规定。

2. 有机食品加工认证　有机食品加工厂除了要符合国家规定的食品加工厂的一般要求，如食品生产（经营）许可证、企业工商营业执照和相关的质量管理体系，依据国家标准，还要满足以下要求。

有机产品加工的基本要求（要点）：①原料必须是来自已获得有机认证的产品或野生（天然）产品；②已获得有机认证的原料在终产品中所占的比例不得少于 95%；③只允许使用天然的调料、色素和香料等辅助原料，禁止使用其他化学合成物质、人工合成的添加剂；④有机食品在生产、加工、贮存和运输的过程中应避免污染；⑤禁止使用基因工程生物及产物；

⑥不得过度包装，尽可能使用可回收利用或来自可再生资源的包装材料；⑦不得在同一工厂同时加工相同品种的有机产品和常规产品，除非工厂能采取切实可行的保障措施，明确区分相同品种的有机和常规产品；⑧同一种配料禁止同时含有有机、常规或转换成分；⑨有机食品在生产、加工、贮存和运输的过程中必须杜绝化学物质污染；⑩加工厂在原料采购、生产、加工、包装、储存和运输等过程中必须有完整的档案记录，包括相应的票据，并要建立跟踪审查体系。

3．有机食品经营认证　对国内经认证合格的有机生产加工产品的销售者，认证机构会及时向认证委托人发放有机码或颁发销售证。对从事有机食品经营、贸易的单位或个人，应具备食品经营许可证、营业执照及合法经营的其他资质证明、相关的质量管理体系，对采购及销售的产品要索要生产加工认证者的产品销售证（或有机码）及认证证书复印件等材料，在经营、贸易过程中采取切实可行的保障措施，防止有机产品和常规产品混杂；确保有机食品在贸易过程中（运输、储存和销售）不受有毒有害化学物质的污染，并且全过程必须有完整的档案记录，包括相应的票据。

（相关法规可扫码查阅）

11.4.1.3　有机食品的认证程序

《有机产品认证实施规则》（CNCA-N-009：2019）（可扫码查阅）是对认证机构开展有机食品认证程序的统一要求，在执行中各认证机构间的认证程序可能有一定的差异。目前有机食品认证的模式通常为“过程检查＋必要的产品和产地环境检测＋证后监督”，认证的程序一般包括申请、申请受理、检查准备与实施、合格评定与认证决定、认证后监督与管理这些主要流程。

1．申请　申请人有意申请有机认证时，首先要了解认证产品是否在《有机产品认证目录》范围内。可通过电话或电子邮件与获得国家认证认可监督管理委员会批准的有机食品认证机构取得联系，领取及填写《有机认证申请书》及缴纳申请费。领取并填写《有机认证调查表》，按《有机认证书面材料清单》提交资料，认证机构会要求申请人按照国家标准《有机产品　生产、加工、标识与管理体系要求》（GB/T 19630—2019）建立质量管理体系、质量保证体系的技术措施和追踪体系及处理体系。

认证机构应要求申请人提交的文件资料至少包括：申请人的合法经营资质文件；申请者有机生产、加工、经营的基本情况，包括申请人名称、地址、联系方式；生产单元、加工、经营场所情况；申请认证的产品名称、品种、生产规模（包括面积、产量、数量、加工量等）；同一生产单元内非申请认证产品和非有机方式生产的产品的基本信息；过去三年间的生产历史情况说明材料，如植物生产的病虫草害防治、投入品使用及收获等农事活动描述；野生采集情况的描述，畜禽养殖、水产养殖的饲养方法、病害防治、投入品使用、动物运输及屠宰情况的描述等；产地（基地）区域范围描述，包括地理位置坐标、地块分布、缓冲带及产地周围邻近地块的使用情况；生产加工场所周边环境描述、厂区平面图、工艺流程图等；管理手册和操作规程；申请认证的有机产品生产、加工、经营计划；有机转换计划（适用时）；产地（基地）、加工场所有关环境质量的证明材料；有关专业技术和管理人员的资质证明材料；保证执行有机产品标准的声明；其他相关材料。在申请阶段，认证机构应向申请者非歧视地公开一些信息，如公开有机认证范围、认证程序和认证要求、认证依据标准、认证收费标准、认证机构和申请人的权利、义务；认证机构处理申诉、投诉和争议的程序等。

2．申请受理　在此期间，认证机构一方面应当对申请者提出的认证申请进行评审，重点关注申请是否符合有机认证基本要求及相关文件和资料是否齐全，明确该申请是否符合申请条件；另一方面明确该申请是否处在本认证机构的认可范围、能力范围或资源范围之内，完成该项认证所需的时间等，自收到申请人书面申请之日起 10 个工作日内，完成对所提交的申请文件和材料的审查，并做出是否受理的决定。同意受理的，认证机构与申请人签订认证合同；不予受理的，应当书面通知申请人，并说明理由。认证机构和申请者之间签订的正式书面认证协议应明确认证依据、认证范围、认证费用、现场检查日期、双方责任、证书使用规定、违约责任等事项。

3．检查准备与实施　认证协议签订后，认证机构即启动检查准备与实施程序，即有机认证检查程序，此程序可分为检查启动、文件评审、检查准备、检查实施及检查报告的编写 5 个阶段。

（1）检查启动。主要是认证机构认证部根据业务范围指定检查组长，组成检查小组，委托检查任务，确定检查目的、范围和准则，同申请人确定好检查时间和其他相关事宜。

（2）文件评审。检查组长对申请管理体系文件进行文件评审，确定其适宜性和充分性。

（3）检查准备。检查组长编制检查计划，进行组内分工，并准备好工作文件和工具。

（4）检查实施。根据认证依据标准的要求对申请人的管理体系进行评估，对委托人的产地、生产、加工、仓储、运输、贸易等进行实地检查评估，核实生产、加工过程与申请人按照认证要求所提交的文件的一致性，确认生产、加工过程与认证依据标准的符合性，填写现场检查记录表。

有机产品认证的检查一般包括以下内容：①对生产地块、加工、贮藏场所等的检查。②对生产管理人员、内部检查人员、生产者的访谈。③对生产或加工设施、土地、储藏、环境质量状况进行确认，评估对有机生产、加工的潜在污染风险。④识别和调查/检查有风险的地域；⑤管理体系文件和记录审核。⑥农田的生产/销售平衡、投入/产出平衡、加工和处理的追溯性的评价，对产品追溯体系、认证标识和销售证的使用管理进行验证。⑦经营者是否有效执行有机生产、加工标准和认证机构的相关规定。⑧允许和限制使用的物质，如添加剂，必要时，对土壤、水体、产品进行抽检取样检测；另外还应检查转换期的有关要求，分离生产的有关要求，平行生产的有关要求，基因工程产品的控制；必要时，还包括对非有机部分的生产、加工过程的检查等。⑨对内部检查和持续改进评估。⑩对上一年度提出的不符合项采取的纠正和纠正措施进行验证（适用时）。

检查组在结束检查前，应对检查情况进行总结，向受检查方和认证委托人确认检查发现的不符合项，明确存在的问题。允许被检查方对存在的问题进行说明。

（5）检查报告的编写。在完成现场检查后，根据现场检查发现，检查组根据收集的信息和证据，编制并向认证机构递交公正、客观和全面的关于认证要求符合性的检查报告。检查报告应含有风险评估和检查员对生产者的生产、加工活动与认证标准的符合性判断，对检查过程中收集的信息和不符合项的说明等相关方面进行描述。

4．合格评定与认证决定　有机认证机构技术委员会对申请人申请表、基本情况调查表、检查员的检查报告和其他有关信息材料进行全面审查，重点进行有机生产和加工过程符合性判定、产品安全质量符合性判定及产品质量是否符合执行标准的要求，最终做出能否发放证书的决定。通常得出以下几种不同认证决定结果。

（1）同意颁证。申请人的生产经营活动及管理体系符合认证标准的要求，认证机构予以批准认证。

（2）有条件颁证。申请人的某些生产经营活动及管理体系不完全符合认证标准的要求，只有申请人在规定的期限内完成整改或已经提交整改措施并有能力在规定的期限内完成整改以满足认证要求的，认证机构经过验证后可批准认证。

（3）拒绝颁证。生产者的生产活动不符合有机食品的生产标准，不给予颁证。在此情况下，认可委员会将向申请人告知不能颁证的原因。

生产、加工或经营活动存在以下情况之一，认证机构不应批准认证：提供虚假信息，不诚信的；未建立管理体系或建立的管理体系未有效实施的；列入国家信用信息严重失信主体相关名录；生产、加工或经营过程使用了禁用物质或者受到禁用物质污染的；产品检测发现存在禁用物质的；申请认证的产品质量不符合国家相关法律法规和（或）技术标准强制要求的；存在认证现场检查场所外进行再次加工、分装、分割情况的；一年内出现重大产品质量安全问题，或因产品质量安全问题被撤销有机产品认证证书的；未在规定的期限完成不符合项纠正和（或）纠正措施，或提交的纠正和（或）纠正措施未满足认证要求的；经检测（监测）机构检测（监测）证明产地环境受到污染的；其他不符合本规则和（或）有机产品标准要求，且无法纠正的。

认证机构应对批准认证的申请人及时颁发认证证书，签订《有机食品标志使用许可合同》，准许其使用认证标志/标识。

5. 认证后监督与管理 有机产品认证证书的有效期为一年，申请人在获证后，有机认证机构将对获证组织每年实施至少一次获证后的现场检查，以确认获证组织产品的持续符合性、生产企业管理的有效性、当地质量安全诚信水平总体情况等；监督检查包括证书到期的年度复评的例行检查和每年至少对 5%的获证组织实施一次不通知检查，不通知检查基于认证机构风险评估及来源于社会、政府、消费者对获证产品的信息反馈。认证机构应及时了解和掌握获证组织的变更信息，对获证组织实施有效跟踪，以保证其持续符合认证的要求。

6. 销售证和有机码 销售证是获证产品所有人提供给买方的交易证明。销售证由认证机构根据申请在销售获证产品过程中（前）发放给获证组织，以保证有机产品销售过程数量可控、可追溯。对于使用了有机码的产品，认证机构可不颁发销售证。销售证由获证组织交给购买方。获证组织应保存已颁发的销售证的复印件，以备认证机构审核。

《有机产品认证管理办法》规定，通过建立认证证书统一编号制度（有机码制度）、认证标志统一编号制度、档案记录制度，认证机构应按照编号规则，对有机码进行编号，每个销售的有机产品或其包装上都带有一个唯一的“有机码”，做到“一品一码”，保证获证有机产品具有可追溯性。通过国家认证认可监督管理委员会网站，可以查询、验证有机产品的真伪。认证机构不得向仅获得有机产品经营认证的认证委托人发放有机码。认证机构对其颁发的销售证和有机码的正确使用负有监督管理的责任。

7. 认证证书和再认证 有机产品认证证书有规范的格式要求，载明了证书持有人、生产（加工/经营）企业名称、负责的认证机构名称，尤其要载明获证基地面积、产品名称及数量和获证有效期等重要信息。有机产品认证证书有效期最长为 12 个月。再认证的有机产品认证证书有效期，不超过最近一次有效认证证书截止日期再加 12 个月。获证组织应至少在认证证书有效期结束前 3 个月向认证机构提出再认证申请。认证机构应在认证证书有效期内进行再认证检查。

参照国际通行的做法，为确保有机产品经认证后能持续符合认证要求，遵照《中华人民共和国认证认可条例》中要求的“认证机构应当对其认证的产品、服务、管理体系实施有效的跟踪调查，认证的产品、服务、管理体系不能持续符合认证要求的，认证机构应当暂停其使用直至撤销认证证书，并予公布”。

11.4.2　有机食品标准和管理体系认证

国际有机农业和有机农产品的法规与管理体系主要分为国际性（联合国）、国际性非政府组织、国家 3 个层次。国家层次的有机食品标准以欧盟、美国和日本为代表。

11.4.2.1　国际有机食品标准与管理体系认证

1. 国际有机食品标准与管理体系（联合国）　联合国层次的有机食品标准是由联合国粮食及农业组织（FAO）与世界卫生组织（WHO）制定的，是《食品法典》的一部分，即联合国食品法典委员会（CAC）的《有机食品生产、加工、标识和销售指南》（GL 32—1999），属于建议性标准。《食品法典》的标准结构、体系和内容等基本上参考了欧盟有机农业标准 EU2092/91 及国际有机农业运动联盟（IFOAM）的基本标准，可以为各成员国提供制定有机农业标准的依据。

2. 国际性非政府组织有机食品标准与管理体系　国际有机农业运动联盟（IFOAM）致力于制定和定期修改国际“IFOAM 有机农业和食品加工的基本标准”，作为非政府组织制定的一个有机农业标准，所具有的广泛民主性和代表性，已影响到联合国粮食及农业组织和许多国家有机农业标准的制定。

3. 欧盟的有机食品标准与管理体系　欧盟于 1991 年颁布了《关于农产品的有机生产和相关农产品及食品的有关规定》（EEC 2092/91），它是至今为止实施最成功的一个法规。该法规对有机农产品的生产、标识、检查体系、从第三国进口及在欧共体内部自由流通等进行了规范，它对欧洲成为世界最大的有机食品市场起到了重要的作用。

欧盟的有机农业法规（EC No.834/2007、EC No.889/2008、EC No.1235/2008）属于非政府组织制定的有机农业标准，每两年召开一次会员大会进行基本标准的修改。2018 年 5 月 30 日，欧盟委员会发布法规（EU）No.848/2018，废止法规（EC）No.834/2007，并于 2022 年 1 月 1 日正式实施。欧盟标准适用于各成员国所有有机农产品的生产、加工、贸易（包括进出口）、检查、认证及物品使用全过程，即所有欧盟的有机农产品的生产过程应该符合欧盟的有机农业标准。欧盟有统一的有机认证标志（Euro-leaf），同时各个成员国也有各自的有机标志，而各国家不同机构之间也有不同的有机认证标志。

4. 美国的有机食品标准与管理体系　1990 年，美国制定的《有机食品产品法案 1990》（Organic Food Production Act of 1990），对国家有机食品的生产程序、有机食品的国家标准、国家的认证程序等做了规定。并成立了国际有机农业标准委员会（National Organic Standards Board，NOSB），由美国农业部市场司领导。标准委员会由 15 个成员组成，分别代表了有机农产品的生产、消费、贸易、管理、研究等不同的领域。

2002 年 10 月美国农业部发布了相关系列的有机农业法规“国家有机计划”（National Organic Program，NOP），该类法规对有机农产品的定义、适用性、有机农作物等进行了详细的界定，列出了有机农产品中允许和禁止使用的物质，以后进行不断修订。美国的有机标准基本上与欧盟的类似，区别在于美国的标准是把检查、认证等完整地列入。该条例是强制性的，根据条例要求，所有出口到美国的有机农产品必须接受美国农业部认可的认证机构的检查和认证。未通过 NOP 法规认证的产品一律不得进入美国有机产品市场。

5. 日本的有机食品标准与管理体系 2000 年，日本农林水产省重新修订了《农林物资规范化和质量表示标准法则》，并于当年陆续颁布了《有机农产品和加工食品的日本农林规格》《有机食品认证技术标准》，2001 年以后，日本制定了 JAS，具体内容与欧盟标准的95%以上是相似的。在 JAS 中明文规定：只有在完全不使用农药和化肥的农场栽培，并通过指定机构检测的农产品，才能作为有机农产品贴上标签在市场上出售，到海外采购也主要以有机农产品为主，并于 2001 年 4 月 1 日起正式执行，2003 年进行了全面修订，2006 年又进行了部分修订。JAS 规定凡是进入日本的产品，必须由获得日本农林水产省注册批准的有机认证机构认证后，才能作为有机产品在日本市场上销售。

11.4.2.2 中国有机食品标准与管理体系认证

1. 中国有机食品标准 为规范和推动中国有机食品的发展，中国认证机构国家认可委员会（CNAB）委托南京国环有机产品认证中心（OFDC）于 2001 年 5 月发布了《有机产品认证标准》。在此基础上参考国际食品法典委员会（CAC）的《有机食品生产、加工、标识和销售指南》（GL 32—1999，Rev.1—2001）和国际有机农业运动联盟（IFOAM）等成熟机构的有机生产和加工的基本规范，结合我国农业生产和食品行业的有关标准，制定了《有机产品生产和加工认证规范》（CNAB-SI21：2003）。这一规范为我国有机产品认证工作提供了初步统一的认证评价依据，使有机产品认证能在一个较规范的起点上。而国家质量监督检验检疫总局和国家标准化管理委员会于 2005 年 1 月共同发布了国家标准《有机产品》(GB/T 19630—2005)，2011 年 12 月重新修订发布了国家标准《有机产品》（GB/T 19630—2011）4 部分标准，2019 年将 4 部分标准整合为现行国家标准《有机产品 生产、加工、标识与管理体系要求》（GB/T 19630—2019），此标准目前是我国有机食品生产、加工和贸易及有机认证的主要参照标准。

2. 中国有机产品认证的法律法规框架和管理体系 我国已建立起较为完善的认证认可法律法规和认证规范、规则和技术标准体系。国务院 2020 年发布实施的《中华人民共和国认证认可条例》（修订版），是目前我国规范境内认证认可活动及境外认证机构在中国境内开展国际互认工作的主要法规。该法律文本较全面地阐明并规定了认证认可原则、认证机构、认证、认可、监督管理、法律责任等准则，共分七章七十七条。这部行政法规，是当前国内认证机构进行认证活动必须遵守的重要文件。

为加强对认证认可活动的管理，我国还制定发布了《国家认可机构监督管理办法》《认证培训机构管理办法》《认证咨询机构管理办法》《认证证书和标志管理办法》等规章。

针对有机产品认证，我国发布了《有机产品认证管理办法》《有机产品认证实施规则》。现行《有机产品认证管理办法》（2022 年 9 月 29 日第二次修订）进一步增加了我国对有机产品认证实施、有机产品进口、认证证书和认证标志、监督管理、罚责等环节规范的实效性。国家认证认可监督管理委员会发布的《有机产品认证实施规则》（2019 版），是现行对认证机构开展有机产品认证程序的统一要求，分别对认证机构、认证人员、认证依据、认证程序、认证后管理、再认证、认证证书和标志的管理、信息报告和收费等做出了具体的规定。在《有机产品认证管理办法》中规定有机产品认证必须依据《有机产品 生产、加工、标识与管理体系要求》（GB/T 19630—2019）国家标准，因此，《有机产品 生产、加工、标识与管理体系要求》国家标准也是中国有机产品法规、标准体系的重要组成部分。

除此之外，我国与认证认可有关的法律包括《产品质量法》《进出口商品检验法》《标准化法》《计量法》，它们分别从不同角度规定了国家推行产品质量认证制度和管理体系认证制度及在不同领域利用和推动认证认可工作及其结果的政策和方式。

3．我国对有机食品认证机构和对认证人员的要求与管理　根据《有机认证机构管理办法》（可扫码查阅）有机产品认证机构必须经国务院认证认可监督管理部门批准，并依法取得法人资格后，方可从事批准范围内的有机产品认证活动。设立认证机构必须符合《中华人民共和国认证认可条例》规定的条件和申请及批准程序。认证机构实施认证活动的能力应当符合有关产品认证机构国家标准的要求。

（相关法规可扫码查阅）

从事认证的人员应当熟悉相关领域有机产品生产与加工等的认证技术法规、国内外相关标准及有机食品管理知识等，并经认证机构培训及由法定的认可机构考核合格，经注册机构注册后，才可从事有机产品认证检查活动，并对认证结果依法负责。认证人员不应是委托人的雇员，也不应是与认证产品有利益关系单位或个人的雇员。作为检查员不能连续三年对同一个项目进行检查。

11.4.3　有机产品认证的国际互认

有机产品的国际互认实质是不同国家及地区有机法规及有机标准互相认可的问题。事实上，尽管各国标准的原则要求（禁止使用合成的农用化学品，禁止转基因技术及生物，转换期、缓冲带、轮作、销售量控制等方面）是基本一致的，但不同国家的标准及法规在某些方面会存在不同，互相认可与否，已成为一个国家保护本国利益的重要贸易技术壁垒。

1．欧盟规定　根据欧盟有机农业条例 EEC 2092/91 规定，如果一个国家的法规和标准体系符合欧盟 EEC 2092/91 要求或与其等效，则可以申请列入欧盟有机产品进口第三国名单，这个国家的有机产品将可出口到欧盟。欧盟要求进口产品的标准和认证等同于欧盟法规，意味着产品实际采用的标准和认证可能与欧盟法规有细微区别，只要保证其能达到欧盟法规的目标和相同的确信度即可。中国和欧盟的有机认证没有等效互认，中国未被列入欧盟有机产品进口第三国名单，中国向欧盟出口有机产品，主要是通过外国认证机构进行认证，由欧盟成员国进口商申报，欧盟成员国同意后方能进口。

2．美国规定　美国的 NOP 法规更为详细，要求进口的产品必须完全符合这一法规，认证必须由美国农业部（USDA）批准的认证机构进行，只是认证机构可以是国外认证机构。美国现已认可 100 多家认证机构。只有经 USDA 认可的认证机构认证的产品才能进入美国市场以有机产品出售。2002 年国环有机产品认证中心（OFDC-CHINA）发行了《2002 年 OCIA 标准手册》（包含美国国家标准 NOP 和 OCIA 标准）。2002 年 12 月，国环有机产品认证中心通过了 IFOAM 认可和注册，成为中国第一个具有独立法人资格的专业有机认证机构，在开展中国有机产品认证的同时，也开始进行国内产品的 OCIA-JAPAN 和 JONA 国际有机认证。

美国和欧盟都接受通过双边谈判实现对另一国体系的认可，但互认程序在法规中提及甚少，欧盟和美国法规最有影响力，尽管现在各种国际组织在进行等同化和协调一致的努力，但仍有如日本等一些国家的法规与其不同，使有机国际贸易变得复杂。

3．中国规定　我国在《有机产品认证管理办法》第六条表明国家认监委按照平等互利的原则组织开展有机产品认证国际合作。开展有机产品认证国际互认活动，应当在国家对外签署的国际合作有机产品认证互认协议内进行。同时在第三章有机产品进口条款中规定，向中国出口有机产品的国家或者地区的有机产品认证体系与中国有机产品认证体系是等效的，国家认证认可监督管理委员会可以与其主管部门签署相关备忘录。该国家或者地区出口至中国的有机产品，依照相关备忘录的规定实施管理。未签署等效性相关备忘录的国家或地区的进口产品，应当符合中国有机产品相关法律法规和中国有机产品国家标准的要求，也应当向经国家认证认可监督管理委员会批准的认证机构提出申请认证委托。

在国家标准《有机产品 生产、加工、标识与管理体系要求》标识与销售部分中也明确指出，进口有机产品的标识和有机产品认证标志要符合我国的规定；而用于出口的产品，要根据国外有机标准或国外合同购货商要求生产，可以根据该国家或合同购货商的有机产品标识要求进行标识。

我国境外认证机构在我国境内设立代表机构须经批准，并向市场监督管理部门依法办理登记手续后，方可从事与其所属机构业务范围相关的推广活动，但不得从事认证活动。依法设立的认证机构名录由国务院认证认可监督管理部门公布。外国有机认证机构在中国开展认证工作时各自执行各国或各地区的标准，欧盟各认证机构执行的是欧盟 EEC 2092/91 法规（标准），美国认证机构执行的是美国国家有机标准（NOP），而日本认证机构执行的则是日本有机农业标准（JAS）。但从 2010 年开始国家将对中国有机产品标识使用加大监管力度，一是要求对按美国 NOP 认证标准、EU 认证标准和 JAS 认证标准所生产/加工，并获得相关认证机构认证的产品，在国内零售市场上不得以有机的名义进行销售，不得在产品的标签上描述为有机产品，也不得使用中国有机标识。二是对于获取双重认证的会员单位（既按我国有机标准 GB/T19630 获得认证，同时又按境外有机标准如 NOP、EU、JAS 等获得认证），在国内市场销售有机产品时其包装上只能标注中国有机产品标识和国内认证机构标识，不得加施国外有机标识（如 USDA 标识、JAS 标识、EU 标识等）和境外有机认证机构标识。

为促进中国有机产品国际贸易，中国已正式向欧盟提出申请，将中国列入欧盟有机进口第三国名单。此外，中国也积极与美国、日本等国家沟通，争取与这些国家及早开展互认谈判。中国的有机认证机构也在积极与其他国外认证机构联系，开拓与国外有机认证机构间的互认与合作。

11.5 有机食品生产应用（有机果汁生产关键性技术）

《有机产品 生产、加工、标识与管理体系要求》标准是生产、加工及经营者必须遵守的文件。对于生产者及加工业者，必须找到常规农业中投入物，如化肥、农药、添加剂等的有机可替代物或技术措施，制订有效生产和加工的技术规程，才能保证有机食品生产的成功性。

我国的有机农业从有机茶的认证开始，2002 年 7 月农业部发布了关于有机茶的农业行业系列标准，包括《有机茶》《有机茶生产技术规程》《有机茶加工技术规程》《有机茶产地环境》，这个标准组成有机茶的完整标准体系，规定了有机茶从产地到产品乃至包装和销售全过程的要求。为发展有机农业，保护农业生态环境，我国一些地方政府、科研单位、食品企业通过不断研究和实践，制定了有机食品生产和加工技术规范。有机农业是生态友好型农业，是充分调动生产者智慧的农业，尽管不同农产品的有机生产技术会不同，但一些生产加工过程中的原则要求及关键性技术有其共性，本节以《有机产品 生产、加工、标识与管理体系要求》标准和认证生产单位的实际操作为基础，阐述有机水果原料生产和果汁加工的要求及关键性技术，以阐明有机食品生产的关键过程和技术要点。

11.5.1　有机果品生产的基本要求

有机果品生产的基本要求如下。

（1）生产要求：①生产基地在最近 2～3 年未使用过农药、化肥等禁用物质；②种子与种苗，未经基因工程技术改造过也未经禁用物质处理过；③生产单位需建立长期的培肥地力、植保、轮作措施；④生产基地无水土流失及其他环境问题；⑤产品收获、贮藏运输过程中未受化学物质的污染；⑥有机生产体系与非有机生产体系间应有有效的隔离；⑦有机生产的全过程必须有完整的记录档案。

（2）加工要求：①原料必须是来自获得有机认证的产品或获得认证的野生天然产品；②已获得有机认证的原料在终产品中所占的比例不少于 95%（不包含水和食盐）；③只使用天然的调料、色素和香料等辅助原料，不用人工合成的添加剂；④在生产、加工、贮存和运输过程中应避免化学物质的污染并避免与非有机产品混杂；⑤加工过程必须有完整的档案记录，包括相应的票据。

11.5.2　有机水果生产的关键技术

11.5.2.1　水果基地的建设

1．生产环境选择　对土壤、空气和灌溉水质都有一定的要求。有机生产需要在适宜的环境条件下进行，土壤环境质量应符合 GB 15618—2018 的二级标准，环境空气质量应符合 GB 3095—2012 中二级标准的规定，农田灌溉用水水质应符合 GB 5084—2021 的规定。为此有机生产基地的选择应远离城区、工矿区、交通主干线、工业污染源、生活垃圾场等，而选择水质、土壤耕性、空气状况和生态环境良好无污染的地区。

2．保证有机生产地块和产品不受污染　要确保有机水果生产区远离常规生产区域，或设置缓冲带或物理障碍物，以防止邻近常规地块的禁用物质的漂移。

3．有机种植转换期　对于栽培的多年生水果，转换期一般不少于收获前 36 个月，转换期的开始时间从提交认证申请之日算起。新开荒的、长期撂荒的、长期按传统农业方式耕种的或有充分证据证明 36 个月未使用禁用物质的农田，也应经过至少 12 个月的转换期。转换期内必须完全按照有机农业的要求进行管理。

4．平行生产　是指在同一农场中，同时生产相同或难以区分的有机、有机转换或常规产品的情况。如果一个农场存在平行生产，应明确平行生产的水果品种，并制订和实施平行生产、收获、储藏和运输的计划，具有独立和完整的记录体系，能明确区分有机产品与常规产品。

根据实际情况，农场可以在整个农场范围内逐步推行有机生产管理，或先对一部分农场实施有机生产标准，制订有机生产计划，最终实现全农场的有机生产。

11.5.2.2　果品生产

1．果树品种的选择　果树品种应当适合当地土壤及气候条件，对病虫害有较强的抵抗力。选择品种时应注意保持品种遗传基质的多样性，不使用由基因工程获得的品种。选择适合贮藏和加工有机果汁的品种。

2．土壤培肥技术　适时采取土样分析，了解土壤理化性状及肥力状况，作为土壤培肥管理的依据。有机生产要增加土壤腐殖质量和生物活性，同时满足土壤的矿物质需求，经常施用的肥料有有机肥、堆肥、沤肥、饼肥、绿肥和矿物肥料。土壤培肥技术包括：①系统内尽可能建立牧场、家畜养殖场，使肥料尽可能来自本有机农场；②制作基地堆肥，利用草木灰或煤灰土、人畜禽粪便、厩肥堆肥等经过1～6个月充分腐熟的有机肥料；③将果园内秸秆、作物残留粉碎堆沤返田；④按土壤检测指标，为补充土壤所缺元素，可购买一些获得认证的有机肥料，严格遵守国家《有机产品 生产、加工、标识与管理体系要求》标准中关于在土壤培肥过程中允许使用和限制使用的物质的规定；⑤立体套种豆科作物，以增强土壤肥力，种植饲料作物，可为本农场提供有机饲料，过腹后还田；⑥不使用人工合成的化学肥料、污水、污泥和未经堆制的腐败性废弃物，堆肥过程中不使用基因工程改造的微生物。

3. 病虫草害防治　病虫草害防治的基本原则应是从作物-病虫草害整个生态系统出发，综合运用各种防治措施，创造不利于病虫草害滋生和有利于各类天敌繁衍的环境条件，保持农业生态系统的平衡和生物多样化，减少各类病虫草害所造成的损失。不使用任何基因改造生物的制剂及资材。

（1）植物检疫。植物检疫是植物病、虫、草害防治的第一道措施和防线。

农业措施防治

（2）农业措施防治。优先采用农业措施，通过选用抗病抗虫品种、非化学药剂种苗处理、培育壮苗、加强栽培管理、中耕除草、秋季深翻晒土、清洁田园、间作套种等一系列措施起到防治病虫草害的作用（扫码见彩图）。改善果园生态环境，优化温、湿、光、水肥、管理等均是有效的防治生物的栽培措施。采用热法覆盖、敷盖、翻耕及其他物理方法，适度控制果园杂草的发生。在不影响天敌生存的情况下，以人工或机械中耕除草。

生物防治

（3）生物防治。植物病害的生物防治主要有两条途径：一是直接施用外源的生防菌；二是调节环境条件使已有的有益微生物群体增长并表现拮抗性（一般是通过增加土壤中有机质及耕作、栽培措施实现的）。通过天敌来防治害虫。对害虫的生物防治可通过对天敌的保护利用、天敌的增殖和天敌的引进释放三种途径来实现（扫码见彩图）。

物理防治

（4）物理防治。物理防治主要利用物理隔离、热力、冷冻、干燥等手段隔离、抑制、钝化或杀死有害生物，达到防治病虫草害的目的。物理防治技术包括设立防虫网、果实套袋、苗木处理技术，辅助利用机械和人工除草等措施，防治病虫草害。依果园面积设置一定数量黄色粘贴板、糖醋液、性诱剂及杀虫灯诱捕害虫（扫码见彩图）。

（5）药剂防治。在应急的条件下，综合利用来源于自然或生物的活体或制剂防治病虫草害。根据其来源可利用植物源药剂（如苦参碱）、动物源药剂、微生物源药剂（如苏云金杆菌）、矿物源药剂（如波尔多液）和其他符合有机产品国家标准要求的物质。在采取一切可以预防有害生物的措施后，仍然无法将有害生物控制在经济允许的范围内，可以使用通过有机认证的商品药剂。

不使用化学除草剂、化学农药等合成物质及未经认证许可的物质。

4. 污染控制

（1）注意排灌系统以保证常规农田的水不会渗透或漫入有机果园。

（2）常规农业系统中的设备在用于有机生产前，要充分清洗，去除污染物残留。

（3）在使用保护性的建筑覆盖物、塑料薄膜、防虫网时，只使用聚乙烯、聚丙烯或聚碳酸酯类产品，并且使用后应从土壤中清除。不焚烧，不使用聚氯类产品。

（4）有机生产或加工中允许使用物质的残留量应符合相关食品安全法律法规或强制性标

准的规定。有机生产和加工中禁止使用的物质不得检出。

11.5.3　有机果汁加工的关键技术

11.5.3.1　加工厂选择和建设

（1）有机果品加工的工厂按照《食品生产通用卫生规范》（GB 14881—2013）的要求建设，其他加工厂符合国家及行业部门有关规定。设置“三废”处理装置，保护环境。

（2）加工厂环境。工厂的建设地不存在粉尘、有害气体、放射性物质和其他扩散性污染源；不存在垃圾堆、粪场、露天厕所和传染病医院；不存在昆虫大量滋生的潜在场所。生产区建筑物与外缘公路或道路设防护地带。制订正式的文件化的卫生管理计划，并提供以下几方面的卫生保障：①外部设施（垃圾堆放场、旧设备存放场地、停车场等）；②内部设施（加工、包装和库区）；③加工和包装设备（防止酵母菌、霉菌和细菌污染）；④职工的卫生（餐厅、工间休息场所和厕所）。

（3）加工用水。设立水处理设备，确保使水质达到《生活饮用水卫生标准》（GB 5749—2022）要求。

11.5.3.2　配料、添加剂和加工助剂

（1）加工所用的配料如蔗糖和蜂蜜等，必须是经过认证的有机原料，天然的或认证机构许可使用的。这些有机配料在终产品中所占的重量或体积不得少于配料总量的 95%。

（2）当有机配料无法满足需求时，可使用非人工合成的常规配料，但不得超过所有配料总量的 5%。一旦有条件获得有机配料时，应立即用有机配料替换。使用了非有机配料的加工厂都应提交将其配料转换为 100%有机配料的计划。

（3）同一种配料禁止同时含有有机、常规或转换成分。

（4）作为配料的水和食用盐，必须符合国家食品卫生标准，并且不计入有机配料中。

（5）允许使用《有机产品 生产、加工、标识与管理体系要求》国家标准中所列的添加剂和加工助剂，使用条件应符合《食品添加剂使用标准》（GB 2760—2014）的规定。需使用其他物质时，应事先按照有机标准规定程序对该物质进行评估。

（6）禁止使用矿物质（包括微量元素）、维生素、氨基酸和其他从动植物中分离的纯物质，法律规定必须使用或可证明食物或营养成分中严重缺乏的例外。

（7）禁止使用来自转基因的配料、添加剂和加工助剂。

11.5.3.3　加工工艺

（1）有机加工配备专用设备，必须用无污染的材料制造，如果必须与常规加工共用设备，则在常规加工结束后必须进行彻底清洗，并不得有清洗剂残留。也可在常规产品加工结束、有机产品加工开始前，先用少量有机原料进行加工，将残存在设备里的前期加工物质清理出去（冲顶加工）。冲顶加工的产品不能作为有机产品销售。冲顶加工应保留记录。

（2）加工工艺应不破坏食品的主要营养成分，可以使用机械、冷冻、加热、微波、烟熏等处理方法及微生物发酵工艺；可以采用提取、浓缩、沉淀和过滤工艺，但提取溶剂仅限于符合国家食品卫生标准的水、乙醇、动植物油、醋、二氧化碳、氮或羧酸，在提取和浓缩工艺中不得添加其他化学试剂。

生产果汁可直接采用机械破碎、压榨、离心、不锈钢网过滤、加热杀菌、热灌装等物理和热处理方式进行，在加工过程中不使用有机标准所禁止的防腐剂、色素、香精、甜味剂等化学合成物质。

（3）禁止在果品加工和贮藏过程中采用离子辐照处理。

（4）禁止在果汁加工中使用石棉过滤材料或可能被有害物质渗透的过滤材料。

案例：牛耕部落的致富路

有机食品追求“健康、生态、公平、关爱”理念原则，利用当地资源和环境优势，通过维护（建设）绿水青山，发展有机产业，不但可以满足人们生活水平提高对高质量产品的需要，同时有利于生态环境优化、农产品附加值提高、乡村旅游发展和农民收入增加等，实现乡村振兴和持续发展。例如，贵州省黔东南苗族侗族自治州黎平县尚重镇洋洞村森林覆盖率高、传统农业耕作氛围浓厚，组建“有牛复古农业专业合作社”后，积极打造生态优先的绿色、有机发展的牛耕部落农业种植基地小镇，2016年获批国家有机产品认证示范创建区。该区重点推介“牛、稻、鱼、鸭”共生共养的农业发展模式，种植推广“有牛米”品牌有机稻米（红米稻、黑米稻、补血黑糯等）及有机蔬菜，产值5200多万元；同时，积极打造农文旅融合发展的“牛棚客栈”品牌及“千牛同耕”体验式乡村扶贫旅游，3年多来，洋洞村累计接待游客2万余人，实现旅游扶贫产值达3000余万元，社员分红180余万元，有效带动322户贫困户1114贫困人口脱贫致富。

思 考 题

1．什么是有机食品？如何鉴别是否为有机食品？

2．有机食品与无公害食品及绿色食品的区别有哪些？

3．试述有机食品的认证流程。

4．试述中国有机食品标志组成、含义及使用要求。

5．讨论：老王的有机豆制品加工厂制作某种豆制品需要100t有机大豆原料，他在市场上只买到了96t有机大豆，于是，加工厂就用了4t常规大豆，这样做是否违反有机食品标准要求。

6．讨论：有一种果汁饮料由60%的水、38%的有机水果原汁和2%的常规糖配制加工而成，计算有机配料含量，这样的产品能否被认证为有机果汁饮料。

主要参考文献

陈法杰，李志刚. 2017. 国际农产品地理标志管理体系及经验借鉴. 江苏农业科学，45（9）：1-4

陈景军. 2022. 我国食品召回法律制度的现状及完善对策. 食品界，（3）：11-14

陈君石. 2011. 食品安全风险评估概述. 中国食品卫生杂志，23（1）：25-28

陈君石. 2012. 食品中化学物风险评估原则和方法. 北京：人民卫生出版社

陈权. 2019. 国际贸易技术壁垒案例评析. 北京：中国质检出版社

陈晓华. 2016. “十三五”期间我国农产品质量安全监管工作目标任务. 农产品质量与安全，1：3-7

崔巍. 2021. 绿色食品解析. 新农业，23：26

邓志喜. 2011. 加强农产品地理标志保护促进区域农村经济发展. 中国农垦，（3）：52-56

杜婧，陈永法. 2019. 监督管理浅析美国食品药品监督管理局强制性食品召回制度. 中国食品卫生杂志，31（6）：112-115

杜相革. 2008. 有机农业原理和技术. 北京：中国农业大学出版社：3-5，40-50

冯力更. 2009. 农产品质量管理. 北京：中央广播电视大学出版社

符春彦. 2020. 我国食品追溯的发展及相关解决方案探讨. 食品安全导刊，（28）:12-16

高琪. 2022. 食品经营环节食品安全现状及网格化监管的研究. 烟台：烟台大学硕士学位论文

顾世顺. 2014. 对比分析实施 HACCP 与 ISO 22000 认证的异同. 质量与认证，（8）：54-55

顾世顺. 2020. 对 ISO 22000：2018 标准中过程方法的解读. 质量与认证，（6）：79-80

郭元新. 2020. 食品安全与质量管理. 北京：中国纺织出版社

国家食品安全风险评估专家委员会. 2010a. 食品安全风险评估报告撰写指南

国家食品安全风险评估专家委员会. 2010b. 食品安全风险评估工作指南

国家市场监督管理总局. 2020. 食品召回管理办法

韩红磊. 2020. 乡村振兴战略视域下农产品地理标志法律保护与创新发展策略探析. 河南科技，39（36）：96-99

韩凯，代真真，王媛媛. 2020. 中国食品安全管理体系认证的现状及问题分析. 食品安全导刊，（24）：33

韩伟斌，郭迎迎，刘立蓝，等. 2016. 浅谈无公害农产品质量安全的监管制度. 农民致富之友，8：64

何静. 2016. 食品供应链管理. 北京：中国轻工业出版社

呼思璇. 2016. 浅谈农产品地理标志. 农业与技术，36（20）：251

胡秋辉，王承明. 2020. 食品标准与法规. 3 版. 北京：中国计量出版社

黄昆仑，车会莲. 2018. 现代食品安全学. 北京：化学工业出版社

黄昆仑. 2021. 食品安全风险评估与管理. 北京：中国农业大学出版社

黄屹. 2009. 浅析食品企业标准编制中存在的问题及对策. 标准科学，（8）：58-61

靳丽亚，林建清，荆永楠，等. 2015. 我国食品质量安全市场准入制度的评价. 食品工业，（10）：244-247

景钦隆，毛新武，刘建平，等. 2008. 广州市 2007 年食源性疾病检测分析. 华南预防医学，3（34）：65-66，69

鞠剑锋. 2016. 绿色食品生产与实训. 北京：中国农业大学出版社

李红. 2008. 食品安全政策与标准. 北京：中国商业出版社

李里特. 2009. 农产品标准化是现代农业和食品安全的基础. 标准科学，（1）：18-21

李宁. 2017. 我国食品安全风险评估制度实施及应用. 食品科学技术学报，3：20-22

李旭阳. 2022. 食品安全监管现状及保障体系研究. 现代食品，28（3）：46-48

李义峰. 2022. 食品安全现状及食品生产过程中的质量管理. 食品安全导刊，（15）：22-24，28

林大河，王春忠. 2020. 绿色食品生产原理与技术. 厦门：厦门大学出版社

刘畅，张浩，安玉发. 2011. 中国食品质量安全薄弱环节、本质原因及关键控制点研究——基于 1460 个食品质量安全事件的实证分析. 农业经济问题，（1）：24-31

刘春卉. 2019. 食品安全国家标准体系建设进展. 大众标准化，（5）：37-41

刘涛. 2019. 现代食品质量安全与管理体系的构建. 北京：中国商务出版社

刘新录. 2016. “十三五”我国无公害农产品及农产品地理标志发展目标及路径分析. 农产品质量与安全，2：7-10

路小彬，杨光明. 2021. 浅析绿色食品发展现状及展望. 农业与技术，41（18）：20-22

吕卉. 2016. 县级无公害农产品认证工作中存在的问题及对策研究. 山西农经，9：49

马娇豪. 2021. 我国食品安全风险评估现状分析. 饮料工业，5：15-16

孟枫平，祝洋. 2021. 中国绿色食品产业发展研究文献综述. 安徽农业大学学报（社会科学版），30（5）：58-66

穆建华. 2021. 欧盟农产品地理标志体系研究及启示. 农产品质量与安全，2：88-92

宁喜斌. 2017. 食品安全风险评估. 北京：化学工业出版社

钱和．2006．HACCP 原理与实施．北京：中国轻工业出版社
秦富，王秀清，辛贤，等．2003．欧美食品安全体系研究．北京：中国农业出版社：312-345
瑞士有机农业研究所（FiBL），IFOAM 国际有机联盟（IFOAM-Organic International）．2022．2022 年世界有机农业概况与趋势预测．正谷（北京）农业发展有限公司，译．北京：中国农业科技出版社：12，54-57
尚清，关嘉义．2018．食品召回法律制度的中外比较及启示．食品与机械，34（10）：57-60
尚禹，杨琳，宋宇迎，等．2021．浅谈绿色食品新要求及高质量发展．上海农业科技，6：30-31，33
宋筱瑜，李凤琴，江涛，等．2018．北京市市售牡蛎中诺如病毒污染对居民健康影响的初步定量风险评估．中国食品卫生杂志，30（1）：79-83
苏来金．2020．食品质量与安全控制．北京：中国轻工业出版社
孙长颢．2020．营养与食品卫生学．北京：人民卫生出版社
陶慧玲．2021．云南省农产品地理标志的现状分析与发展对策．安徽农业科学，49（22）：235-238
田岩，张晓云，周军永，等．2022．绿色食品基地建设发展情况及建议．现代农业科技，6：199-202
王冰，芦智远，张耀武，等．2021．浅谈农产品地理标志发展现状与品牌建设．现代食品，23：34-39
王春艳，韩冰，李晶，等．2021．综述我国食品安全标准体系建设现状．中国食品学报，21（10）：359-364
王海东．2022．绿色食品全产业链发展路径研究．山西农经，7：51-53
王秋捷．2022．食品质量安全管理体系建设研究．中国食品，（14）：97-99
王世平．2017．食品标准与法规．2 版．北京：科学出版社
王文焕，李崇高．2021．绿色食品概论．北京：化学工业出版社
王云．2004．国家食品质量安全市场准入指导．北京：中国计量出版社
魏伟．2018．五常市稻米产业发展研究．长春：吉林大学硕士学位论文
文晓巍．2019．食品安全风险识别、评估与管理研究综述．食品工业，1：224-227
吴澎，李宁阳，张淼．2021．食品法律法规与标准．北京：化学工业出版社
肖文芳，蔡东，李国怀．2009．中国有机果品发展概况及有机果品生产技术．中国农学通报，25（2）：160-163
肖颖，李勇．2005．欧洲食物安全：食物和膳食中化学物质的危险性评估．北京：北京大学医学出版社
徐兴家，于广武，李晓冰，等．2022．五常稻花香有机富硒、富锌、富钙大米的开发与生产．肥料与健康，49（1）：16-18
杨晓宇．2019．美国食品安全标准管理模式对我国食品安全监管的借鉴启示．食品安全质量检测学报，10（16）：5556-5560
杨月欣．2019．中国营养科学全书．北京：人民卫生出版社
叶洋滈．2021．我国农产品地理标志保护研究——评《中国地理标志品牌发展报告（2019）》．广东财经大学学报，36（6）：120
殷杰，石阳，贝君，等．2020．我国特殊食品法律法规和标准体系现状研究．食品安全质量检测学报，11（19）：7123-7129
郁齐亮．2016．无公害农产品的现状发展趋势及检测．农业与技术，36（6）：147
张建新，于修烛．2020．食品标准与技术法规．北京：中国农业出版社
张建新．2014．食品标准与技术法规．2 版．北京：中国农业出版社
张立实，李晓蒙，吴永宁．2020．我国食品安全风险评估及相关研究进展．现代预防医学，47（20）：3649-3652
张馨予，李兴江．2021．绿色食品对农业绿色发展的贡献研究．食品安全导刊，36：144-146
张雪梅，兰博文．2013．天蕴水养稻花香——寒地黑土造就五常大米的金牌品质．第 30 届中国气象学会年会论文集：1-4
张妍，赵欣．2017．食品安全认证．2 版．北京：化学工业出版社
张玉华，王瑛，阎少多，等．2017．研究型实验室认证/认可的经验与做法．中华医学科研管理杂志，30（3）：240-242
张智勇，何竹筠．2006．ISO 22000：2005 食品安全管理体系认证．北京：化学工业出版社
张紫莹．2020．我国食品召回制度的法律问题研究．轻纺工业与技术，49（11）：60-62
赵冠艳，栾敬东．2021．农产品地理标志的价值特征、实现途径与公共治理．财贸研究，32（10）：41-47
赵萍．2016．国际农产品地理标志保护模式分析．世界农业，8：157-161
郑晓冬，陈卫．2021．食品安全通识教程．杭州：浙江大学出版社
中国国家认证认可监督管理委员会．2020．中国有机产品认证与有机产业发展报告
中国质量认证中心．2019．ISO 22000：2018 食品安全管理体系审核员培训教程．北京：中国标准出版社
中华人民共和国产品质量安全法（实用版）．2018．北京：中国法制出版社
中华人民共和国农产品质量安全法（修订草案）．2021．北京：中国民主法制出版社
中华人民共和国食品安全法．2021．北京：中国法制出版社
周才琼．2017．食品标准与法规．2 版．北京：中国农业大学出版社
周佳，丁友超，龚玉霞，等．2018．ISO/IEC 17025 新旧要求的比较和浅析．中国标准化，（20）：7-8
宗四弟，樊纪亮，彭一文．2022．浙江省推进农产品地理标志和绿色食品融合发展的实践与思考．浙江农业科学，63（2）：241-243
Arana A, Soret B. 2002. Meat traceslility using DNA markers: application to the industry. Meat Science, 61: 367-373

主要参考文献

陈法杰，李志刚．2017．国际农产品地理标志管理体系及经验借鉴．江苏农业科学，45（9）：1-4
陈景军．2022．我国食品召回法律制度的现状及完善对策．食品界，（3）：11-14
陈君石．2011．食品安全风险评估概述．中国食品卫生杂志，23（1）：25-28
陈君石．2012．食品中化学物风险评估原则和方法．北京：人民卫生出版社
陈权．2019．国际贸易技术壁垒案例评析．北京：中国质检出版社
陈晓华．2016．“十三五”期间我国农产品质量安全监管工作目标任务．农产品质量与安全，1：3-7
崔巍．2021．绿色食品解析．新农业，23：26
邓志喜．2011．加强农产品地理标志保护促进区域农村经济发展．中国农垦，（3）：52-56
杜婧，陈永法．2019．监督管理浅析美国食品药品监督管理局强制性食品召回制度．中国食品卫生杂志，31（6）：112-115
杜相革．2008．有机农业原理和技术．北京：中国农业大学出版社：3-5，40-50
冯力更．2009．农产品质量管理．北京：中央广播电视大学出版社
符春彦．2020．我国食品追溯的发展及相关解决方案探讨．食品安全导刊，（28）:12-16
高琪．2022．食品经营环节食品安全现状及网格化监管的研究．烟台：烟台大学硕士学位论文
顾世顺．2014．对比分析实施 HACCP 与 ISO 22000 认证的异同．质量与认证，（8）：54-55
顾世顺．2020．对 ISO 22000：2018 标准中过程方法的解读．质量与认证，（6）：79-80
郭元新．2020．食品安全与质量管理．北京：中国纺织出版社
国家食品安全风险评估专家委员会．2010a．食品安全风险评估报告撰写指南
国家食品安全风险评估专家委员会．2010b．食品安全风险评估工作指南
国家市场监督管理总局．2020．食品召回管理办法
韩红磊．2020．乡村振兴战略视域下农产品地理标志法律保护与创新发展策略探析．河南科技，39（36）：96-99
韩凯，代真真，王媛媛．2020．中国食品安全管理体系认证的现状及问题分析．食品安全导刊，（24）：33
韩伟斌，郭迎迎，刘立蓝，等．2016．浅谈无公害农产品质量安全的监管制度．农民致富之友，8：64
何静．2016．食品供应链管理．北京：中国轻工业出版社
呼思璇．2016．浅谈农产品地理标志．农业与技术，36（20）：251
胡秋辉，王承明．2020．食品标准与法规．3 版．北京：中国计量出版社
黄昆仑，车会莲．2018．现代食品安全学．北京：化学工业出版社
黄昆仑．2021．食品安全风险评估与管理．北京：中国农业大学出版社
黄屹．2009．浅析食品企业标准编制中存在的问题及对策．标准科学，（8）：58-61
靳丽亚，林建清，荆永楠，等．2015．我国食品质量安全市场准入制度的评价．食品工业，（10）：244-247
景钦隆，毛新武，刘建平，等．2008．广州市 2007 年食源性疾病检测分析．华南预防医学，3（34）：65-66，69
鞠剑锋．2016．绿色食品生产与实训．北京：中国农业大学出版社
李红．2008．食品安全政策与标准．北京：中国商业出版社
李里特．2009．农产品标准化是现代农业和食品安全的基础．标准科学，（1）：18-21
李宁．2017．我国食品安全风险评估制度实施及应用．食品科学技术学报，3：20-22
李旭阳．2022．食品安全监管现状及保障体系研究．现代食品，28（3）：46-48
李义峰．2022．食品安全现状及食品生产过程中的质量管理．食品安全导刊，（15）：22-24，28
林大河，王春忠．2020．绿色食品生产原理与技术．厦门：厦门大学出版社
刘畅，张浩，安玉发．2011．中国食品质量安全薄弱环节、本质原因及关键控制点研究——基于 1460 个食品质量安全事件的实证分析．农业经济问题，（1）：24-31
刘春卉．2019．食品安全国家标准体系建设进展．大众标准化，（5）：37-41
刘涛．2019．现代食品质量安全与管理体系的构建．北京：中国商务出版社
刘新录．2016．“十三五”我国无公害农产品及农产品地理标志发展目标及路径分析．农产品质量与安全，2：7-10
路小彬，杨光明．2021．浅析绿色食品发展现状及展望．农业与技术，41（18）：20-22
吕卉．2016．县级无公害农产品认证工作中存在的问题及对策研究．山西农经，9：49
马娇豪．2021．我国食品安全风险评估现状分析．饮料工业，5：15-16
孟枫平，祝洋．2021．中国绿色食品产业发展研究文献综述．安徽农业大学学报（社会科学版），30（5）：58-66
穆建华．2021．欧盟农产品地理标志体系研究及启示．农产品质量与安全，2：88-92
宁喜斌．2017．食品安全风险评估．北京：化学工业出版社

钱和．2006．HACCP 原理与实施．北京：中国轻工业出版社
秦富，王秀清，辛贤，等．2003．欧美食品安全体系研究．北京：中国农业出版社：312-345
瑞士有机农业研究所（FiBL），IFOAM 国际有机联盟（IFOAM-Organic International）．2022．2022 年世界有机农业概况与趋势预测．正谷（北京）农业发展有限公司，译．北京：中国农业科技出版社：12，54-57
尚清，关嘉义．2018．食品召回法律制度的中外比较及启示．食品与机械，34（10）：57-60
尚禹，杨琳，宋宇迎，等．2021．浅谈绿色食品新要求及高质量发展．上海农业科技，6：30-31，33
宋筱瑜，李凤琴，江涛，等．2018．北京市市售牡蛎中诺如病毒污染对居民健康影响的初步定量风险评估．中国食品卫生杂志，30（1）：79-83
苏来金．2020．食品质量与安全控制．北京：中国轻工业出版社
孙长颢．2020．营养与食品卫生学．北京：人民卫生出版社
陶慧玲．2021．云南省农产品地理标志的现状分析与发展对策．安徽农业科学，49（22）：235-238
田岩，张晓云，周军永，等．2022．绿色食品基地建设发展情况及建议．现代农业科技，6：199-202
王冰，芦智远，张耀武，等．2021．浅谈农产品地理标志发展现状与品牌建设．现代食品，23：34-39
王春艳，韩冰，李晶，等．2021．综述我国食品安全标准体系建设现状．中国食品学报，21（10）：359-364
王海东．2022．绿色食品全产业链发展路径研究．山西农经，7：51-53
王秋捷．2022．食品质量安全管理体系建设研究．中国食品，（14）：97-99
王世平．2017．食品标准与法规．2 版．北京：科学出版社
王文焕，李崇高．2021．绿色食品概论．北京：化学工业出版社
王云．2004．国家食品质量安全市场准入指导．北京：中国计量出版社
魏伟．2018．五常市稻米产业发展研究．长春：吉林大学硕士学位论文
文晓巍．2019．食品安全风险识别、评估与管理研究综述．食品工业，1：224-227
吴澎，李宁阳，张淼．2021．食品法律法规与标准．北京：化学工业出版社
肖文芳，蔡东，李国怀．2009．中国有机果品发展概况及有机果品生产技术．中国农学通报，25（2）：160-163
肖颖，李勇．2005．欧洲食物安全：食物和膳食中化学物质的危险性评估．北京：北京大学医学出版社
徐兴家，于广武，李晓冰，等．2022．五常稻花香有机富硒、富锌、富钙大米的开发与生产．肥料与健康，49（1）：16-18
杨晓宇．2019．美国食品安全标准管理模式对我国食品安全监管的借鉴启示．食品安全质量检测学报，10（16）：5556-5560
杨月欣．2019．中国营养科学全书．北京：人民卫生出版社
叶洋滈．2021．我国农产品地理标志保护研究——评《中国地理标志品牌发展报告（2019）》．广东财经大学学报，36（6）：120
殷杰，石阳，贝君，等．2020．我国特殊食品法律法规和标准体系现状研究．食品安全质量检测学报，11（19）：7123-7129
郁齐亮．2016．无公害农产品的现状发展趋势及检测．农业与技术，36（6）：147
张建新，于修烛．2020．食品标准与技术法规．北京：中国农业出版社
张建新．2014．食品标准与技术法规．2 版．北京：中国农业出版社
张立实，李晓蒙，吴永宁．2020．我国食品安全风险评估及相关研究进展．现代预防医学，47（20）：3649-3652
张馨予，李兴江．2021．绿色食品对农业绿色发展的贡献研究．食品安全导刊，36：144-146
张雪梅，兰博文．2013．天蕴水养稻花香——寒地黑土造就五常大米的金牌品质．第 30 届中国气象学会年会论文集：1-4
张妍，赵欣．2017．食品安全认证．2 版．北京：化学工业出版社
张玉华，王瑛，阎少多，等．2017．研究型实验室认证/认可的经验与做法．中华医学科研管理杂志，30（3）：240-242
张智勇，何竹筠．2006．ISO 22000：2005 食品安全管理体系认证．北京：化学工业出版社
张紫莹．2020．我国食品召回制度的法律问题研究．轻纺工业与技术，49（11）：60-62
赵冠艳，栾敬东．2021．农产品地理标志的价值特征、实现途径与公共治理．财贸研究，32（10）：41-47
赵萍．2016．国际农产品地理标志保护模式分析．世界农业，8：157-161
郑晓冬，陈卫．2021．食品安全通识教程．杭州：浙江大学出版社
中国国家认证认可监督管理委员会．2020．中国有机产品认证与有机产业发展报告
中国质量认证中心．2019．ISO 22000：2018 食品安全管理体系审核员培训教程．北京：中国标准出版社
中华人民共和国产品质量安全法（实用版）．2018．北京：中国法制出版社
中华人民共和国农产品质量安全法（修订草案）．2021．北京：中国民主法制出版社
中华人民共和国食品安全法．2021．北京：中国法制出版社
周才琼．2017．食品标准与法规．2 版．北京：中国农业大学出版社
周佳，丁友超，龚玉霞，等．2018．ISO/IEC 17025 新旧要求的比较和浅析．中国标准化，（20）：7-8
宗四弟，樊纪亮，彭一文．2022．浙江省推进农产品地理标志和绿色食品融合发展的实践与思考．浙江农业科学，63（2）：241-243
Arana A, Soret B. 2002. Meat traceslility using DNA markers: application to the industry. Meat Science, 61: 367-373